ルンゲ・クッタで行こう！

物理シミュレーションを
基礎から学ぶ

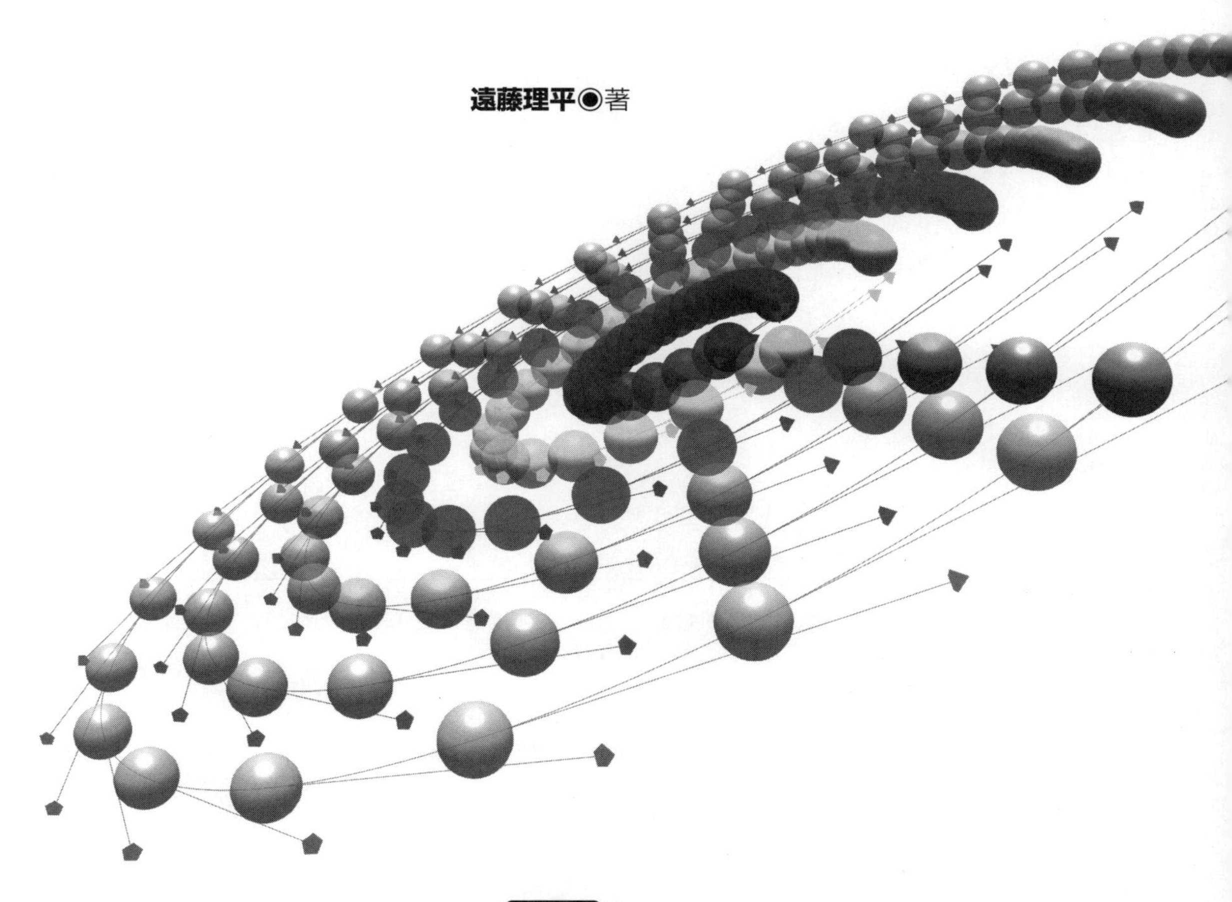

遠藤理平◉著

■サンプルファイルのダウンロードについて

本書掲載のサンプルファイルは、一部を除いてインターネット上のダウンロードサービスからダウンロードすることができます。詳しい手順については、本書の巻末にある袋とじの内容をご覧ください。

なお、ダウンロードサービスのご利用にはユーザー登録と袋とじ内に記されている番号が必要です。そのため、本書を中古書店から購入されたり、他者から貸与、譲渡された場合にはサービスをご利用いただけないことがあります。あらかじめご承知おきください。

はじめに

本書の表題にある「ルンゲ・クッタ」とは、常微分方程式の数値解を得るための計算アルゴリズム「ルンゲ・クッタ法」のことです。ルンゲ・クッタ法は比較的高い精度と実装の容易さ、またニュートンの運動方程式などの物理学の基礎方程式にそのまま適用できる汎用性から、最も有名な数値計算アルゴリズムとして知られています。本書は物理シミュレーションを勉強したいと志した方を対象に、このルンゲ・クッタ法を用いて、理工学系大学 1 年生程度で学習する物理学の内容を数値計算（物理シミュレーション）するために必要な数学、物理学、計算アルゴリズムを習得することを目的としています。

ところで、そもそもなぜ物理シミュレーションなのでしょうか。一般に物理シミュレーションというと、自然科学や工学における専門家に限られたマイナーな分野と受け取られるかと思います。しかしながら昨今、例えば、映画やゲームといったエンターテイメント分野においても、実行環境の進歩に伴い、人々がリアリティを追求する中で物理演算が実装されるなど、物理シミュレーションの知識は、「科学の世界」を飛び越えて「表現の世界」における主役的な存在へと生まれ変わっています。そしてこの流れは、昨今ニーズが高まるデジタル教材の普及に伴い、「教育の世界」へとさらに広がっていくことが考えられます。

物理シミュレーションは、これまで自然科学や工学の分野で「数値シミュレーション」「計算物理学」「計算機実験」などと呼ばれ、自然科学や工学の分野における一手法として発展してきました。「実験」と「理論」が主な手法であった物理学においても、近年、物理シミュレーションは第 3 の科学的手法として無くてはならない存在となりました。この飛躍を支えるのは、コンピュータの高性能化・低価格化です。一般用途向けパーソナルコンピュータでも、物理シミュレーションを行うのに十分な環境が整ってきました。

環境が整ってきた昨今では、誰でも知的好奇心のおもむくままに物理シミュレーションを楽しめると思いきや、そこにはひとつ高い壁が立ちはだかります。それは、物理シミュレーションを実現するには習得すべき内容が非常に膨大かつ多岐に渡るという点です。ある箇所で問題が発生したときにその原因が「数学の演算が間違っているのか？」あるいは「物理学的な理解が間違っているのか？」それとも「コンピュータ・プログラムの実装方法に問題があるのか？」というのが判然とせずに途方にくれることも多々あります。これに立ち向かうには数学、物理学、数値計算法などを個別に過不足なく学習して、かつそれらを有機的に繋いでいくことが必要になるわけですが、各分野に存在する数多くの名著の中から「何を」「どの順番で」「どの程度」勉強していけばよいか分からないだけでなく、さらには学んだ知識をどのように適用してよいのか分かりません。そうこうしている内に気がついたら数年はあっという間に経ってしまい大学生活も終わってしまいます。

そのような状況に対して、本書は理工学系の大学 1 年生で学習する古典力学の最も基本となる運動の物理シミュレーションを実現するための最小構成要素を示すことを目的として、**加速度**というキーワードを中心に話を進めます。というのも、物理法則に則っているか否かに関わらず物体の運動シミュレーションは「加速度」＋「ルンゲ・クッタ法」ですべて実現できるからです。

本書の前半、第 1 章では物理シミュレーションを実現するための必要最小限の数学をまとめ、第 2 章では様々な座標系における加速度を導出、第 3 章ではそもそも「運動」を数学的にどのように表すかを解説しています。ここまでで加速度と運動の関係が理解できるはずです。本書の第 4 章ではじめて自然界が満たす物理学（古典力学）の基礎方程式である「ニュートンの運動方程式」が登場し、自然法則に則った加速度の与え方が理解できます。そして本書後半、第 5 章では重力と空気抵抗力、第 6 章ではばね弾性力、第 7 章では張力、第 8 章では拘束力、第 9 章では万有引力と、各物理系に対する加速度の与え方を解説します。ここまで学習すると、「物理シミュレーションの実現」とは加速度の与え方を理解することに他ならないことに気がつくと思います。そのような意味で各物理系に対する加速度の与え方を本書では「**計算アルゴリズム**」と呼び、これを導出する過程を端折らずに全て記述しています。この方法論が理解できれば、読者それぞれが興味をもつ物理系に対して適用できる力が身につくはずです。

ただし、物理シミュレーションを実現できる力が身についても、運動方程式をいわゆる紙と鉛筆で解く重要性は変わりません。その理由は、計算結果が本当に正しいか否かは、運動方程式を厳密に解くことができる特別な条件で得られる解析解と比較することでしか判断できないためです。そのため、本書では各物理系に対する数値計算の結果を導出した解析解と比較して検証します。また、本書では数学と物理学の理解を助けるために、導出過程を除いて全ての数式やグラフなどに「数学公式」や「物理法則」といったタグ付けを行っています。タグの意味は次の通りです。

数学定義	数学的概念の数理表現
数学公式	定義から導き出された結果のうち覚えていると便利な関係式
物理量	物理現象（自然現象）を理解するために定義された量
数理モデル	物理量同士の関係を表した関係式
運動方程式	数理モデルから導き出された運動を表す方程式
物理法則	運動方程式から導かれる物理量同士の有用な関係式
解析解	基礎方程式に条件を課すことで導き出された解
数値解	数値計算の得られた数値的な関係

本書は先述のとおり、ルンゲ・クッタ法を用いて物理シミュレーションを実現するための最小構成要素を解説することを目的としているため、本書のみで数学、物理学ならびに数値計算全般を網

羅することは到底できませんが、本書が独力で更に広く深く学習するための指針として役立てば幸甚です。

最後に、本書の執筆の機会を頂きました株式会社カットシステムの石塚勝敏さん、厳しいスケジュールのなか丁寧な編集を行なって頂きました同社編集部の皆さん、また、日常的に議論に付き合って頂いている特定非営利活動法人 natural science の皆さんには、深く感謝申し上げます。

2018 年 3 月

遠藤理平

■ サンプルプログラムについて

本書で用いたグラフや3次元グラフィックスは全てHTML5（JavaScript）で作成されており、全プログラムのソースファイルが付属されています。HTML5を実行可能なGoogle Chrome、FireFoxなどの最新ブラウザで実行することができます。また、ルンゲ・クッタ法を用いた数値解を計算しているプログラムソースは、C++で作成したプログラムソースも別途用意しております（gcc 5.3.0とVisual Studio 2017にて動作確認済み）。

サンプルプログラムのファイル名は本書の該当箇所に個別に記載していますが、各ファイルへ直接アクセスすることのできる「index.html」ファイルを用意しています。

プログラムソース一覧

第1章　物理シミュレーションに必要な数学

1.1　三角比と三角関数
【関数グラフ】三角関数のグラフ（C++）
1.2　指数関数と対数関数
【関数グラフ】指数関数のグラフ（C++）
【関数グラフ】対数関数のグラフ（C++）
1.3　ベクトル
【C++】Vector3クラスの動作確認
1.4　微分
【関数グラフ】関数と接線のグラフ（C++）
【関数グラフ】sinc関数のグラフ（C++）
【数値解グラフ】ネイピア数の確認（C++）
【関数グラフ】sin関数のテーラー展開（C++）
1.7　連立方程式
【数値解】ガウスの消去法による線形連立方程式の計算
【数値解】ガウスの消去法による線形連立方程式の計算（ピボット操作無しによるエラー）
【数値解】ガウスの消去法による線形連立方程式の計算（ピボット操作付き）（C++）

第3章　様々な運動の表現

3.1　等速直線運動の表現
【解析解グラフ】等速度直線運動の位置の時間依存性（t-xグラフ）（C++）
3.2　等加速度直線運動の表現
【解析解グラフ】等加速度直線運動の位置の時間依存性（t-xグラフ）（C++）
【解析解グラフ】等加速度直線運動の速度の時間依存性（t-vグラフ）（C++）
3.6　物理シミュレータの使い方
【物理シミュレータ】仮想物理実験室の準備

【物理シミュレータ】球オブジェクトの配置と運動
3.7　物理シミュレータによる各種運動シミュレーション
【物理シミュレータ】等速直線運動シミュレーション
【物理シミュレータ】等加速度直線運動シミュレーション
【物理シミュレータ】等速円運動シミュレーション
【物理シミュレータ】任意の中心座標における等速円運動シミュレーション
【物理シミュレータ】等角加速度円運動シミュレーション
【物理シミュレータ】任意回転軸における等角加速度円運動シミュレーション

第 4 章　様々な運動の表現
4.5　ニュートンの運動方程式と計算アルゴリズム
【解析解＆数値解グラフ】オイラー法による等速円運動の x 座標の時間依存性（C++）
4.6　4 次精度の数値計算アルゴリズム「ルンゲ・クッタ法」
【解析解＆数値解グラフ】ルンゲ・クッタ法による等速円運動の x 座標の時間依存性（C++）
【数値解グラフ】オイラー法とルンゲ・クッタ法による数値計算誤差（大局誤差）の Δt 依存性（C++）

第 5 章　重力と空気抵抗力による運動
5.1　重力による運動
【物理シミュレータ】重力による運動シミュレーション
5.2　重力による運動
【解析解＆数値解グラフ】放物運動の軌跡の角度依存性（C++）
【解析解＆数値解グラフ】重力による運動における力学的エネルギーの時間依存性グラフ（C++）
5.3　空気抵抗力による運動
【解析解グラフ】粘性抵抗力による運動における速度の時間依存性
【解析解グラフ】慣性抵抗力による運動における速度の時間依存性
5.4　重力と空気抵抗力による運動
【解析解グラフ】重力と粘性抵抗力による運動における速度の時間依存性
【解析解グラフ】重力と慣性抵抗力による自由落下運動における速度の時間依存性
【解析解グラフ】重力と慣性抵抗力による鉛直投げ上げ運動における速度の時間依存性
【数値解グラフ】空気抵抗力を加えた放物運動の軌跡（C++）
【数値解グラフ】粘性抵抗における投射角度に対する飛距離のグラフ（C++）
【数値解グラフ】慣性抵抗における投射角度に対する飛距離のグラフ（C++）
5.5　物理シミュレータによる重力運動シミュレーション
【物理シミュレータ】重力による放物運動シミュレーション
【物理シミュレータ】重力と空気抵抗力による放物運動シミュレーション
【物理シミュレータ】床面との衝突を考慮した重力による放物運動シミュレーション

第 6 章　ばね弾性力による振動運動
6.1　単振動運動
【解析解＆数値解グラフ】単振動運動の変位の時間依存性（C++）
【解析解＆数値解グラフ】単振動運動の各エネルギーの時間依存性（C++）
6.2　ばね弾性力と重力による運動
【解析解＆数値解グラフ】ばね弾性力と重力による単振動運動の変位の時間依存性（C++）
【解析解＆数値解グラフ】ばね弾性力と重力による単振動運動の各エネルギーの時間依存性（C++）
6.3　減衰振動運動
【解析解グラフ】過減衰振動運動の変位の時間依存性
【解析解グラフ】減衰振動運動の変位の時間依存性
【解析解グラフ】単振動運動の各エネルギーの時間依存性
6.4　重力が加わった減衰振動運動
【解析解＆数値解グラフ】重力が加わった減衰振動運動シミュレーション（C++）
6.5　強制振動運動
【解析解グラフ】強制角振動数と固有角振動数が異なる場合の変位の時間依存性
【解析解グラフ】強制角振動数が固有角振動数の近傍の場合の変位の時間依存性
【解析解グラフ】強制角振動数が固有角振動数の一致する場合の変位の時間依存性
6.6　強制減衰振動運動
【数値解グラフ】強制減衰振動運動の変位の時間依存性（C++）
【解析解グラフ】角振動スペクトルと半値全幅
6.7　重力が加わった強制減衰振動運動
【数値解グラフ】重力と強制減衰振動運動の変位の時間依存性（C++）
【数値解グラフ】自然長が 5 にて強制角振動数を固有角振動数と一致させた場合（C++）
6.8　ばねの長さの最小値と最大値を考慮した非線形ばね弾性力
【解析解グラフ】非線形ばね弾性力の次数による違い
【解析解グラフ】非線形ばね弾性力の非線形線形ばね定数（係数）による違い
【解析解グラフ】非線形ばねにおけるポテンシャルエネルギーの変位依存性
【数値解グラフ】非線形ばねによる運動の力学的エネルギー保存則（C++）
【数値解グラフ】非線形ばねを用いた強制振動運動の時間依存性（C++）
6.9　物理シミュレータによる振動運動シミュレーション
【物理シミュレータ】ばね弾性力による単振動運動シミュレーション
【物理シミュレータ】ばね弾性力と重力による単振動運動シミュレーション
【物理シミュレータ】ばね弾性力と重力で単振動運動しない場合
【物理シミュレータ】ばね弾性力と粘性抵抗力と重力による減衰振動運動シミュレーション
【物理シミュレータ】重力が加わった強制振動運動シミュレーション
【物理シミュレータ】重力が加わった強制減衰振動運動シミュレーション

第７章　張力による振り子運動

7.1　単振子運動

【数値解グラフ】単振動運動の振れ角の時間依存性：初期振れ角を与えた場合（C++）

【数値解グラフ】単振動運動の振れ角の時間依存性：初速度を与えた場合（C++）

【数値解グラフ】各ひもの長さごとの周期の初期振れ角依存性（C++）

7.2　円錐振子運動

【解析解グラフ】円錐振子運動の速度と角度の関係

7.3　振り子運動シミュレーションの方法

【数値解グラフ】単振子運動の x 座標の時間依存性（t-x グラフ）（C++）

【数値解グラフ】ひもの長さ補正力を加えた単振子運動の x 座標の時間依存性（t-x グラフ）（C++）

7.4　強制振子運動

【数値解グラフ】強制振子運動の x 座標の時間依存性（t-x グラフ）（C++）

【数値解グラフ】強制振動運動における触れの最大値（z 座標）（C++）

【数値解グラフ】最大振れ角を実現する強制振動運動の z 座標の時間依存性（t-z グラフ）（C++）

7.5　多重振子運動

【数値解グラフ】２重振子運動シミュレーションの軌跡（x-z グラフ）（C++）

【数値解グラフ】２重振子運動シミュレーションの z 座標の時間依存性（t-z グラフ）（C++）

【数値解グラフ】２重振子運動シミュレーションの z 座標の時間依存性（わずかに異なる初速度の場合の比較）（C++）

【数値解グラフ】２重振子強制振動運動の軌跡（x-z グラフ）（C++）

【数値解グラフ】３重振子運動シミュレーションの軌跡（x-z グラフ）（C++）

【数値解グラフ】３重振子強制振動運動の軌跡（x-z グラフ）（C++）

7.6　物理シミュレータによる振り子運動シミュレーション

【物理シミュレータ】単振動運動シミュレーション

【物理シミュレータ】単振動運動シミュレーション（複数振り子）

【物理シミュレータ】円錐振子運動シミュレーション

【物理シミュレータ】円錐振子運動シミュレーション（複数振り子）

【物理シミュレータ】強制振動運動シミュレーション

【物理シミュレータ】２重振子運動シミュレーション

【物理シミュレータ】２重振子運動シミュレーション（わずかに異なる初速度の場合の比較）

【物理シミュレータ】多重振子運動シミュレーション

【物理シミュレータ】連生振子運動シミュレーション

【物理シミュレータ】多重連生振子運動シミュレーション

【物理シミュレータ】ニュートンのゆりかご

第８章　経路に拘束された運動

8.2　円経路に束縛された運動

【解析解グラフ】円経路の位置ベクトル・接線ベクトル・曲率ベクトル

【数値解グラフ】円経路に束縛された運動の軌跡（x-z グラフ）（C++）
8.3　楕円経路に束縛された運動
【解析解グラフ】楕円経路の位置ベクトル・接線ベクトル・曲率ベクトル
【数値解グラフ】楕円経路に束縛された運動の軌跡（x-z グラフ）（C++）
8.4　放物線経路に束縛された運動
【解析解グラフ】放物線経路の位置ベクトル・接線ベクトル・曲率ベクトル
【数値解グラフ】放物線経路に束縛された運動の軌跡（x-z グラフ）（C++）
8.5　サイクロイド曲線経路に束縛された運動
【解析解グラフ】サイクロイド曲線経路の位置ベクトル・接線ベクトル・曲率ベクトル
【数値解グラフ】サイクロイド曲線経路に束縛された運動の軌跡（x-z グラフ）（C++）
【数値解グラフ】サイクロイド曲線振り子の等時性シミュレーション（t-z グラフ）（C++）
8.6　物理シミュレータによる経路束縛運動シミュレーション
【物理シミュレータ】重力と円経路に束縛された運動シミュレーション
【物理シミュレータ】重力と楕円経路に束縛された運動シミュレーション
【物理シミュレータ】重力と放物線経路に束縛された運動シミュレーション
【物理シミュレータ】重力とサイクロイド曲線経路に束縛された運動シミュレーション
【物理シミュレータ】サイクロイド曲線振り子の等時性シミュレーション
【物理シミュレータ】動く円経路に束縛された運動シミュレーション

第 9 章　万有引力による軌道運動
9.2　ルンゲ・クッタで万有引力による運動シミュレーション
【数値解グラフ】万有引力による相対運動の軌跡（C++）
【数値解グラフ】万有引力による相対運動の力学的エネルギー（C++）
【数値解グラフ】万有引力による 2 物体の運動シミュレーション（C++）
9.3　力学的エネルギーによる軌道の分類
【解析解グラフ】動径方向運動のポテンシャルエネルギー
9.4　軌道の解析解とケプラーの法則
【解析解グラフ】万有引力による円軌道の軌跡（x-y）
【解析解グラフ】万有引力による楕円軌道の軌跡（x-y）
【解析解グラフ】万有引力による放物線軌道の軌跡（x-y）
【解析解グラフ】万有引力による双曲線軌道の軌跡（x-y）
9.5　物理シミュレータによる万有引力運動シミュレーション
【物理シミュレータ】万有引力による楕円軌道運動シミュレーション
【物理シミュレータ】万有引力による楕円軌道シミュレーション（ポテンシャル表示モード）
【物理シミュレータ】万有引力による円軌道シミュレーション（ポテンシャル表示モード）
【物理シミュレータ】万有引力による双曲線軌道シミュレーション（ポテンシャル表示モード）
【物理シミュレータ】万有引力による 3 体運動シミュレーション

■ gcc によるコンパイル時の注意点

本書では、Windows における gcc 実行環境である MinGW（最新バージョン 4.5.0）を用いて、C++ のコンパイル並びに実行確認しております。MinGW で提供されている gcc（バージョン 5.3.0）の C++ コンパイラーのデフォルトのバージョンは C++98 という少し古いタイプなので、C++ の最新の機能を利用する場合には注意が必要です。また、gcc の既知のバグとして std::to_string が利用できません。そのため、整数型から string 型への型変換が簡単には実行できず、C++ 標準ライブラリ std::ostringstream（文字列ストリーム）を利用する必要があります。ただし、計算結果を出力するファイル名を ostringstream クラスの文字列で指定する際に ostringstream クラスの str メソッドを利用する必要がありますが、この str メソッドは C++11 以降でしか利用できないため、gcc コンパイラーで C++ をコンパイルする際に C++11 を利用するコンパイルオプションを指定しなければなりません。なお、gcc（バージョン 5.3.0）では C++14 まで対応しているので、C++14 を利用することにします[†1]。コンパイル方法は次のとおりです。

```
g++ ファイル名.cpp -std=c++14
```

その他、gcc では、絶対値を計算する abs 関数は double 型に対応していないため、fabs 関数を利用する必要があることと、円周率を表す定数 M_PI を利用するにはプログラムのはじめに「#define _USE_MATH_DEFINES」を追加する必要があります。なお、コンパイラーとして Visual Studio を利用する場合は特に注意する必要はありません。

■ Visual Studio によるコンパイル時の注意点

本書で用意した C++ サンプルプログラムは、Visual Studio でコンパイルおよび実行することができます。ただし、各 C++ サンプルプログラムでは、必要に応じて Vector3 クラスや RK4 クラスなどが定義された外部ファイルを適切に配置して読み込む必要がありますが、その手間を省くために、5 つの Visual Studio プロジェクトを用意しました（場所：サンプルプログラム /C++/VisualStudio）。RK4 と RK4_Nbody はそれぞれ一体系と多体系におけるルンゲ・クッタ法による数値計算を行うための雛形となっていますので、サンプルプログラム（○○ .cpp）の内容を該当プロジェクトの main.cpp ファイルの内容にコピー & ペーストすることで直ちに実行することができます。なお、本プロジェクトは Visual Studio 2017 で動作確認を行っております。

† 1　gcc のバージョンと C++ コンパイラーのバージョンの対応は公式ページ「https://gcc.gnu.org/projects/cxx-status.html」で確認できます。

プロジェクト名	説明	書籍該当箇所
Vector3	Vector3 クラスの動作確認	1.3.5 項、1.3.6 項
solveSimultaneousEquations	連立方程式解法の動作確認	1.7.6 項
RK4	ルンゲ・クッタ法（一体系）による数値計算の雛形	4.6.5 項、4.6.6 項
RK4_Nbody	ルンゲ・クッタ法（多体系）による数値計算の雛形	4.6.8 項
多重振子の強制振動運動	C++ サンプルプログラムの適用例。 プログラム名：「ForcedVibrationMultiplePendulum_RK.cpp」	7.5.7 項

目次

はじめに iii

第1章 物理シミュレーションに必要な数学 1

1.1 三角比と三角関数 2

● 1.1.1 角度の単位と円周率……2 ● 1.1.2 三角比と三角関数……3
● 1.1.3 プログラミングによる三角関数の利用方法……4 ● 1.1.4 三角関数に関する公式集……6

1.2 指数関数と対数関数 8

● 1.2.1 指数関数の基本……8 ● 1.2.2 プログラミングによる指数関数の利用方法……8
● 1.2.3 指数関数に関する公式……9 ● 1.2.4 対数関数の基本……11
● 1.2.5 対数関数に関する公式……12 ● 1.2.6 プログラミングによる対数関数の利用方法……13

1.3 ベクトル 14

● 1.3.1 ベクトルの基本……14 ● 1.3.2 ……ベクトルの内積と外積……16
● 1.3.3 ベクトルに関する公式……17
● 1.3.4 【JavaScript】Vector3 クラスによるベクトル演算……18
● 1.3.5 【C++】Vector3 クラスの定義……19
● 1.3.6 【C++】Vector3 クラスを用いたベクトル演算方法……21

1.4 微分 23

● 1.4.1 微分の定義……23 ● 1.4.2 べき関数の微分……25
● 1.4.3 積の微分と合成関数の微分……27 ● 1.4.4 ……三角関数の微分……27
● 1.4.5 指数関数と対数の微分とネイピア数……29 ● 1.4.6 ……ベクトルの微分……32
● 1.4.7 テーラー展開……33

1.5 積分 35

● 1.5.1 不定積分の定義と公式……35 ● 1.5.2 ……定積分と面積の関係……36
● 1.5.3 積の積分と合成関数の積分……38

1.6 多変数関数の微分・積分 39

● 1.6.1 多変数関数の定義……39 ● 1.6.2 多変数関数の微分（偏微分）と全微分の定義……40
● 1.6.3 「d」と「∂」の関係……41 ● 1.6.4 偏微分演算子∇……42
● 1.6.5 ∇を用いた演算（勾配・発散・回転・ラプラシアン）……44
● 1.6.6 経路による積分……45

1.7 連立方程式 46

● 1.7.1 線形連立方程式……46 ● 1.7.2 線形連立方程式の解き方……47
● 1.7.3 【JavaScript】ガウスの消去法の計算プログラム……51
● 1.7.4 方程式の順番の入替（ピボット操作）……53
● 1.7.5 【JavaScript】ガウスの消去法の計算プログラム（ピボット操作付き）……54
● 1.7.6 【C++】solveSimultaneousEquations 関数の利用方法……56

第2章　様々な座標系……59

2.1　空間と時間……60

● 2.1.1　空間と座標系……60　● 2.1.2　時間と時刻……61
● 2.1.3　速度ベクトルの定義（「平均の速度」と「瞬間の速度」）……62
● 2.1.4　加速度ベクトルの定義……63

2.2　直交座標系……64

● 2.2.1　直交座標系の単位ベクトル……64
● 2.2.2　直交座標系における位置ベクトルと速度ベクトルと加速度ベクトル……65
● 2.2.3　位置ベクトルと速度ベクトルと加速度ベクトルの絶対値……66

2.3　2 次元極座標系と円筒座標系……66

● 2.3.1　2 次元極座標系の単位ベクトルと位置ベクトル……66
● 2.3.2　直交座標系と 2 次元極座標系の単位ベクトルの関係……67
● 2.3.3　2 次元極座標系の位置ベクトル……68　● 2.3.4　2 次元極座標系における速度ベクトル……69
● 2.3.5　2 次元極座標系における加速度ベクトル……70

2.4　円筒座標系……70

● 2.4.1　円筒座標系における単位ベクトル……70
● 2.4.2　円筒座標系における位置ベクトル・速度ベクトル・加速度ベクトル……71

2.5　3 次元極座標系……72

● 2.5.1　3 次元極座標系の単位ベクトルと位置ベクトル……72
● 2.5.2　直交座標系と 3 次元極座標系の単位ベクトルの関係……73
● 2.5.3　3 次元極座標系における速度ベクトル……73
● 2.5.4　3 次元極座標系における加速度ベクトル……74

第3章　様々な運動の表現……75

3.1　等速直線運動の表現……76

● 3.1.1　等速直線運動の数理モデル……76　● 3.1.2　等速直線運動の解析解……77
● 3.1.3　等速直線運動の解析解グラフ……77

3.2　等加速度直線運動の表現……79

● 3.2.1　等加速度直線運動の数理モデル……79　● 3.2.2　等加速度直線運動の解析解……79
● 3.2.3　等加速度直線運動の解析解グラフ……80

3.3　等速円運動の表現……82

● 3.3.1　円運動の位置ベクトルと速度ベクトル……82
● 3.3.2　角速度の定義と等速円運動の数理モデル……83
● 3.3.3　等速円運動の加速度ベクトルの関係……84

3.4　等角加速度円運動の表現……85

● 3.4.1　角加速度の定義と等角加速度円運動の数理モデル……85
● 3.4.2　等角加速度円運動の加速度ベクトル……87

3.5　任意の回転軸における円運動……88

● 3.5.1　3 次元空間中の角度ベクトル・角速度ベクトル・角加速度ベクトルの定義……88

● 3.5.2 円運動の角速度ベクトルと速度ベクトルとの関係……89
● 3.5.3 円運動の角加速度と加速度ベクトルの関係……90

3.6 物理シミュレータの使い方 ……90

● 3.6.1 仮想物理実験室のインターフェース……90 ● 3.6.2 仮想物理実験室の設定方法……93
● 3.6.3 仮想物理実験室への物体の配置とシミュレーション開始……95
● 3.6.4 球オブジェクトの生成と位置・速度の設定方法……96

3.7 物理シミュレータによる各種運動シミュレーション ……99

● 3.7.1 等速度直線運動シミュレーション……99
● 3.7.2 等加速度直線運動シミュレーション……100 ● 3.7.3 等速円運動シミュレーション……101
● 3.7.4 中心座標を指定した等速円運動シミュレーション……103
● 3.7.5 等角加速度円運動シミュレーション……103
● 3.7.6 任意回転軸による等角加速度円運動シミュレーション……105

第4章 古典力学の理論 ……107

4.1 物理学について ……108

● 4.1.1 物理学について……108 ● 4.1.2 物理学的手法：「実験」と「理論」……109
● 4.1.3 物理シミュレーションの位置づけ……110 ● 4.1.4 物理シミュレーションのまとめ……111

4.2 古典力学の「運動の 3 法則」 ……113

● 4.2.1 運動の第 1 法則：慣性の法則……113 ● 4.2.2 運動の第 2 法則：ニュートンの法則……114
● 4.2.3 運動の第 3 法則：作用・反作用の法則……115

4.3 古典力学の 3 つの保存則 ……116

● 4.3.1 力学的エネルギーと保存則……116 ● 4.3.2 運動量と運動量保存則……118
● 4.3.3 角運動量と角運動量保存則……120

4.4 各種座標系におけるニュートンの運動方程式 ……121

● 4.4.1 直交座標系におけるニュートンの運動方程式……121
● 4.4.2 2 次元極座標系および円筒座標系におけるニュートンの運動方程式……122
● 4.4.3 3 次元極座標系におけるニュートンの運動方程式……122

4.5 ニュートンの運動方程式と計算アルゴリズム ……123

● 4.5.1 ニュートンの運動方程式の形式解と加速度……123
● 4.5.2 等速直線運動の計算アルゴリズム……124
● 4.5.3 等加速度直線運動の計算アルゴリズム……125
● 4.5.4 1 次精度の数値計算アルゴリズム「オイラー法」……126
● 4.5.5 オイラー法を用いた数値計算の例……128

4.6 4 次精度の数値計算アルゴリズム「ルンゲ・クッタ法」 ……130

● 4.6.1 ルンゲ・クッタ法の漸化式……130
● 4.6.2 【JavaScript】ルンゲ・クッタ法による数値計算ライブラリ「RK4」……132
● 4.6.3 ルンゲ・クッタ法を用いた数値計算の例……134 ● 4.6.4 計算誤差の Δ t 依存性……135
● 4.6.5 【C++】RK4 クラスの実装内容……136 ● 4.6.6 【C++】RK4 クラスの利用方法……137
● 4.6.7 【JavaScript】多体系用数値計算ライブラリ「RK4_Nbody」……139
● 4.6.8 【C++】RK4_Nbody クラスの実装内容……141

第5章　重力と空気抵抗力による運動 143

5.1　重力による運動 144

● 5.1.1　重力による運動の数理モデル……144　● 5.1.2　重力による運動の解析解……146
● 5.1.3　重力による放物運動の各種解析解……147
● 5.1.4　ルンゲ・クッタで放物運動シミュレーション……148

5.2　重力による運動における力学的エネルギー保存則 149

● 5.2.1　重力のポテンシャルエネルギー……149
● 5.2.2　重力による運動の力学的エネルギーの数値計算方法……150
● 5.2.3　力学的エネルギー保存則の確認……151

5.3　空気抵抗力による運動 152

● 5.3.1　空気抵抗力の数理モデル……152　● 5.3.2　粘性抵抗力による運動……154
● 5.3.3　粘性抵抗力による運動における速度の時間依存性……155
● 5.3.4　慣性抵抗力による運動……156
● 5.3.5　慣性抵抗力による運動における速度の時間依存性……157

5.4　重力と空気抵抗力による運動 159

● 5.4.1　重力と粘性抵抗力による運動……159
● 5.4.2　重力と粘性抵抗力による自由落下運動における速度の時間依存性……160
● 5.4.3　重力と慣性抵抗力による運動……161
● 5.4.4　重力と慣性抵抗力による自由落下運動における速度の時間依存性……162
● 5.4.5　ルンゲ・クッタで空気抵抗力を加えた放物運動シミュレーション……165
● 5.4.6　【数値実験】最大飛距離を出す投射角度は？……166

5.5　物理シミュレータによる重力運動シミュレーション 168

● 5.5.1　重力の与え方……168　● 5.5.2　空気抵抗力の与え方……169
● 5.5.3　床面との衝突……170　● 5.5.4　力学的エネルギーを用いた計算誤差表示方法……172

第6章　ばね弾性力による振動運動 175

6.1　単振動運動 176

● 6.1.1　線形ばねによる弾性力の数理モデル……176　● 6.1.2　単振動運動の解析解……177
● 6.1.3　ルンゲ・クッタで単振動運動シミュレーション……178
● 6.1.4　ばね弾性力による運動の力学的エネルギー保存則……180
● 6.1.5　単振動運動の各エネルギーの時間依存性……181

6.2　ばね弾性力と重力による運動 182

● 6.2.1　ばね弾性力と重力による運動の数理モデル……182
● 6.2.2　ばね弾性力と重力による単振動運動の解析解……183
● 6.2.3　ルンゲ・クッタでばね弾性力と重力による単振動運動シミュレーション……184
● 6.2.4　ばね弾性力と重力による運動の力学的エネルギー保存則……186

6.3　減衰振動運動 187

● 6.3.1　ばね弾性力と抵抗力による運動の数理モデル……187
● 6.3.2　定数係数線形型２階の常微分方程式の一般解……189
● 6.3.3　減衰振動運動の一般解……190　● 6.3.4　解析解 (I)：過減衰（$D > 0$）……191
● 6.3.5　過減衰運動の変位の時間依存性……192　● 6.3.6　解析解 (II)：振動減衰（$D < 0$）……194

●6.3.7　減衰振動運動の変位の時間依存性……194　●6.3.8　解析解 (III)：臨界減衰（D＝0）……196
●6.3.9　臨界減衰運動の変位の時間依存性……196

6.4　重力が加わった減衰振動運動 ……… 198

●6.4.1　重力が加わった減衰振動運動の数理モデル……198
●6.4.2　ルンゲ・クッタで減衰振動運動シミュレーション……199

6.5　強制振動運動 ……… 200

●6.5.1　強制振動運動の数理モデル……200　●6.5.2　強制振動運動の解析解……201
●6.5.3　(1) 強制角振動数と固有角振動数が異なる場合……202
●6.5.4　(2) 強制角振動数が固有角振動数の近傍の場合……204
●6.5.5　(3) 強制角振動数が固有角振動数の一致する場合……204

6.6　強制減衰振動運動 ……… 206

●6.6.1　粘性抵抗力が加わった強制振動の数理モデル……206
●6.6.2　強制減衰振動運動の解析解……207
●6.6.3　ルンゲ・クッタで強制減衰振動運動シミュレーション……210
●6.6.4　強制減衰振動運動の最大振幅と共鳴角振動数……211
●6.6.5　振幅の強制角度数依存性と半値全幅……212

6.7　重力が加わった強制減衰振動運動 ……… 214

●6.7.1　重力が加わった強制減衰振動運動の数理モデル……214
●6.7.2　ルンゲ・クッタで強制減衰振動運動シミュレーション……215
●6.7.3　有限長ばねにおける「ばね反転」について……216

6.8　ばねの長さの最小値と最大値を考慮した非線形ばね弾性力 ……… 218

●6.8.1　ばねの最低長と伸び切りの数理モデル……218
●6.8.2　非線形ばね弾性力の変位依存性……219
●6.8.3　非線形ばねにおけるポテンシャルエネルギーの変位依存性……221
●6.8.4　非線形ばねによる運動の力学的エネルギー保存則の確認……222
●6.8.5　非線形ばねを用いた強制振動運動……224

6.9　物理シミュレータによる振動運動シミュレーション ……… 225

●6.9.1　ばね弾性力の与え方……225
●6.9.2　ばね弾性力と重力による単振動運動シミュレーション……226
●6.9.3　ばね弾性力と重力と粘性抵抗力による減衰振動運動シミュレーション……228
●6.9.4　強制減衰振動シミュレーション……229

第7章　張力による振り子運動 ……… 233

7.1　単振子運動 ……… 234

●7.1.1　伸び縮みしないひもによる張力の数理モデル……234
●7.1.2　3 次元極座標系におけるニュートンの運動方程式……236
●7.1.3　ルンゲ・クッタで単振子運動における振れ角シミュレーション……238
●7.1.4　【数値実験】周期の初期振れ角依存性……240　●7.1.5　単振子運動に関する解析解……241
●7.1.6　張力のポテンシャルエネルギーと力学的エネルギー保存則……243
●7.1.7　微小振動の解析解……244

7.2　円錐振子運動 ……… 245

●7.2.1　円錐振子運動の条件……245　●7.2.2　円錐振子運動の速度の角度依存性……246
●7.2.3　円錐振子運動に関する解析解……247

7.3 振り子運動シミュレーションの汎用的方法……248
●7.3.1 3次元直交座標系における数理モデル……248 ●7.3.2 振り子運動の計算アルゴリズム……249
●7.3.3 ルンゲ・クッタ法による振り子運動シミュレーション……251
●7.3.4 ひもの長さの補正……252
7.4 強制振子運動……254
●7.4.1 強制振子運動とは……254
●7.4.2 ルンゲ・クッタ法による強制振子運動シミュレーション……255
●7.4.3 【数値実験】振れ角が最大となる強制振動の角振動数は？……257
7.5 多重振子運動……258
●7.5.1 多重振子のモデルと運動方程式……258 ●7.5.2 張力に関する連立方程式の導き方……259
●7.5.3 振り子運動で式（7.63）を検証……262 ●7.5.4 2重振子運動の計算アルゴリズム……262
●7.5.5 ルンゲ・クッタ法による2重振子運動シミュレーション……264
●7.5.6 2重振子運動のカオス現象……267
●7.5.7 ルンゲ・クッタ法とガウスの消去法による多重振子運動シミュレーション……269
7.6 物理シミュレータによる振り子運動シミュレーション……274
●7.6.1 張力の与え方……274 ●7.6.2 張力と重力による単振子運動シミュレーション……275
●7.6.3 円錐振子運動シミュレーション……276 ●7.6.4 強制振子運動シミュレーション……278
●7.6.5 2重振子運動シミュレーション……279 ●7.6.6 多重振子運動シミュレーション……281
●7.6.7 連成振子運動シミュレーション……282 ●7.6.8 ニュートンのゆりかご……284
第8章 経路に拘束された運動……287
8.1 経路の解析的取り扱い……288
●8.1.1 経路ベクトル、接線ベクトル、曲率ベクトルの定義……288
●8.1.2 経路ベクトルの3次元成分媒介変数表示……290
●8.1.3 任意の経路に拘束された速度ベクトルと加速度ベクトル……293
●8.1.4 任意の経路に拘束された物体の運動方程式と計算アルゴリズム……295
●8.1.5 経路からのズレを補正する補正力……296
●8.1.6 ルンゲ・クッタ法で利用する加速度ベクトルの取得方法……296
8.2 円経路に束縛された運動……299
●8.2.1 円経路の経路ベクトル・接線ベクトル・曲率ベクトル……299
●8.2.2 円経路の各ベクトルの可視化……300
●8.2.3 ルンゲ・クッタで円経路に束縛された運動シミュレーション……303
8.3 楕円経路に束縛された運動……305
●8.3.1 楕円の定義と楕円の式……305
●8.3.2 楕円経路の経路ベクトル・接線ベクトル・曲率ベクトル……307
●8.3.3 楕円経路の各ベクトルの可視化……309
●8.3.4 ルンゲ・クッタで楕円経路に束縛された運動シミュレーション……311
8.4 放物線経路に束縛された運動……313
●8.4.1 放物線経路の経路ベクトル・接線ベクトル・曲率ベクトル……313
●8.4.2 放物線経路の各ベクトルの可視化……315
●8.4.3 ルンゲ・クッタで放物線経路に束縛された運動シミュレーション……318

8.5 サイクロイド曲線経路に束縛された運動 320

- 8.5.1 サイクロイド曲線の経路の経路ベクトル・接線ベクトル・曲率ベクトル……320
- 8.5.2 サイクロイド曲線経路の各ベクトルの可視化……323
- 8.5.3 媒介変数の取得方法……326
- 8.5.4 ルンゲ・クッタでサイクロイド曲線経路に束縛された運動シミュレーション……326
- 8.5.5 サイクロイド曲線振り子の等時性シミュレーション……329

8.6 物理シミュレータによる経路束縛運動シミュレーション 330

- 8.6.1 経路の与え方……330
- 8.6.2 重力と経路に束縛された運動シミュレーション……331
- 8.6.3 サイクロイド曲線振り子の等時性シミュレーション……333
- 8.6.4 動く円経路に束縛された運動シミュレーション……334

第9章 万有引力による軌道運動 337

9.1 万有引力による運動の理論 338

- 9.1.1 万有引力と万有引力定数……338
- 9.1.2 運動方程式と力学的エネルギー保存則……339
- 9.1.3 重心運動と相対運動……341
- 9.1.4 相対運動に対する力学的エネルギーと角運動量の保存則……343

9.2 ルンゲ・クッタで万有引力による運動シミュレーション 345

- 9.2.1 万有引力による相対運動の計算アルゴリズム……345
- 9.2.2 万有引力による相対運動シミュレーション……345
- 9.2.3 万有引力による相対運動の力学的エネルギー保存則……347
- 9.2.4 万有引力による 2 物体の運動シミュレーション……348

9.3 力学的エネルギーによる軌道の分類 351

- 9.3.1 2 次元極座標系における運動方程式……351
- 9.3.2 動径方向のポテンシャルエネルギーの概形……352
- 9.3.3 動径方向運動の力学的エネルギーと軌道の分類……354

9.4 軌道の解析解とケプラーの法則 356

- 9.4.1 万有引力による運動の軌跡の解析解……356
- 9.4.2 円軌道（$\epsilon = 0$）……360
- 9.4.3 楕円軌道（$0 < \epsilon < 1$）……360
- 9.4.4 放物線軌道（$\epsilon = 1$）……362
- 9.4.5 双曲線軌道（$\epsilon > 1$）……364
- 9.4.6 惑星運動が満たす 3 つの法則：ケプラーの法則……365

9.5 物理シミュレータによる万有引力運動シミュレーション 368

- 9.5.1 万有引力の与え方……368
- 9.5.2 ポテンシャルエネルギー表示モード……369
- 9.5.3 万有引力運動シミュレーション……371
- 9.5.4 3 体による万有引力運動シミュレーション……372
- 9.5.5 多体系における万有引力の与え方……373

索 引 375

物理シミュレーションに必要な数学

本章では、物理シミュレーションに必要な数学について高等学校の学習内容を中心に解説します。高等学校の範囲を超えるのは、1.4.6 項「ベクトルの微分」、1.4.7 項「テーラー展開」、1.6 節「多変数関数の微分・積分」だけです。この中で物理シミュレーションそのものに絶対に必要なのは「ベクトルの微分」だけで、「多変数関数の微分・積分」は物理学そのものを理解するために不可欠な演算、「テーラー展開」はある特定の条件における詳しい解析を行う際に必要となります。そのため、難しければ後者の 2 つは後回しで問題ありません。

1.1 三角比と三角関数

1.1.1 角度の単位と円周率

角度は、円周を 360 分割する**度数法**と呼ばれる単位が日常生活で用いられます。しかしながら、「360」という数は便宜上人為的に与えられたもので数学的な根拠がありません。そこで登場するのが、円の直径に対する円周の長さの比率で定義される、**円周率 π** と呼ばれる無理数[†1]を用いて定義される**弧度法**です。弧度法は、半径に対する円弧の長さで定義される量です。

図 1.1 ●円弧と角度の関係と三角比

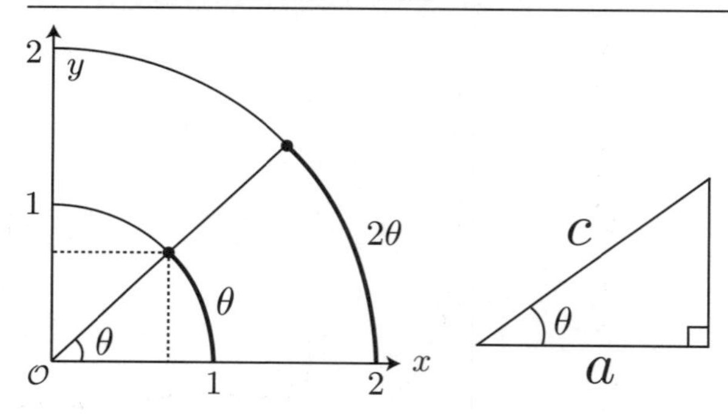

図 1.1（左）は半径 1 と 2 の円弧です。ある角度で切り取られる円弧の長さは、半径が 2 倍になれば円弧の長さも 2 倍になります。しかしながら、円弧の長さを半径で割り算した値は円の半径に依らず一定となるため、角度として利用することができます。弧度法の単位は**ラジアン [rad]** で、1 回転分の角度は 2π [rad] となります。

† 1　分数では表すことのできない実数のこと。

数学定義　**角度の定義（単位：rad）**

角度 ≡ 半径 1 の円弧の長さ

表 1.1 ●度数法と弧度法の関係

度数法	弧度法 [rad]	度数法	弧度法 [rad]
30°	$\pi/6$	210°	$7\pi/6$
45°	$\pi/4$	225°	$5\pi/4$
60°	$\pi/3$	240°	$4\pi/3$
90°	$\pi/2$	270°	$3\pi/2$
120°	$2\pi/3$	300°	$5\pi/3$
135°	$3\pi/4$	315°	$7\pi/4$
150°	$5\pi/6$	330°	$11\pi/6$
180°	π	360°	2π

1.1.2　三角比と三角関数

角度と関係して重要な量が、直角三角形の辺の比です。図 1.1（右）のような一つの角度が θ の直角三角形を考えた場合、θ の値によって 3 辺の長さの比は一意に決まります。例えば、$\theta = \pi/6$（30°）の場合には $a : b : c = \sqrt{3} : 1 : 2$、$\theta = \pi/4$（45°）の場合には $a : b : c = 1 : 1 : \sqrt{2}$ などです。斜辺 c を基準とした辺 a と辺 b の長さの比がそれぞれ $\cos\theta$ と $\sin\theta$ と定義されています。式で表すと次のとおりです。

数学定義　**三角比の定義**

$$\cos\theta \equiv \frac{a}{c}, \quad \sin\theta \equiv \frac{b}{c} \tag{1.1}$$

$\sin\theta$、$\cos\theta$ は一つの角度が θ である直角三角形の辺の比で定義される量ですが、$\sin\theta$ と $\cos\theta$ をそれぞれ θ の関数とみなしたのが**三角関数**です。両関数とも 0 から 2π が 1 周期となります。

図 1.2 ●三角関数のグラフ

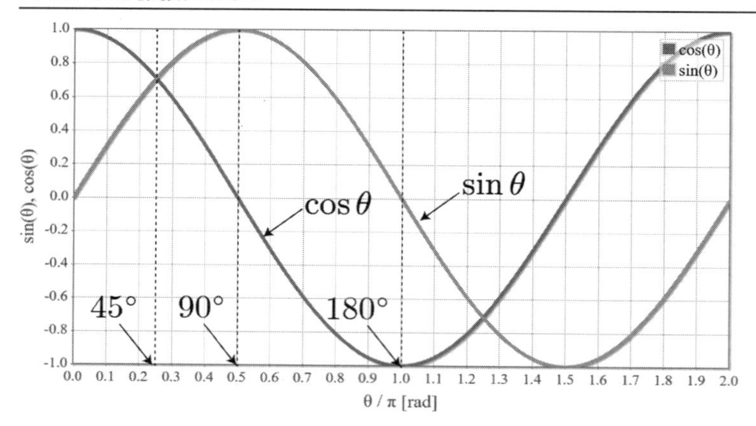

☞ Chapter1/trigonometry.html（HTML）、trigonometry.cpp（C++、データ生成のみ）

1.1.3 プログラミングによる三角関数の利用方法

三角関数は筆者が知りうる限り全てのプログラミング言語で定義されているため、ユーザーは任意の角度に対する値を即座に得ることができます。関数の引数に与える角度は弧度法（単位：rad）です。

JavaScript の三角関数

```
var s = Math.sin( theta );  // sin関数
var c = Math.cos( theta );  // cos関数
```

C++ の三角関数（math.h）

```
double s = sin( theta );    // sin関数
double c = cos( theta );    // cos関数
```

グラフ描画用データの生成方法

本書では、HTML（JavaScript）にて jqPlot というライブラリを利用してグラフ描画します。三角関数を題材としてグラフ描画用データの生成方法を解説します。次に示すサンプルプログラム「trigonometry.html」をテキストエディタで開いてください。

プログラムソース 1.1 ●グラフ描画用データの生成方法（trigonometry.html）

```
// 角度の範囲
var theta_min = 0;
var theta_max = 2;
// 描画点数
var M = 300;
// データ配列
var data1 = [];  <------------------------------------------- (※1-1)
var data2 = [];  <------------------------------------------- (※1-2)
// 描画データの生成
for( var j = 0; j <= M; j++ ){
  var theta = theta_min + (theta_max - theta_min)/M * j;
  var cos = Math.cos( Math.PI * theta );  <------------------- (※2-1)
  var sin = Math.sin( Math.PI * theta );  <------------------- (※2-1)
  data1.push([ theta, cos ]);  <------------------------------ (※3-1)
  data2.push([ theta, sin ]);  <------------------------------ (※3-2)
}
```

（※ 1）　グラフ描画用のデータを格納する配列を準備します。

（※ 2）　JavaScript では Math.cos と Math.sin で三角関数を利用することができます。関数の引数は弧度法の角度を与えます。また、Math.PI は π を表す定数です。

（※ 3）　（※ 1）で準備した配列に 2 次元グラフの各点 (x, y) を順番に与えます。

2 次元グラフ描画方法

準備したグラフ描画用データを用いて 2 次元グラフを描画する方法を解説します。なお、本書では jqPlot を利用しやすく定義した Plot2D クラスを用います。詳しい定義は「plot2D_r8.2.js」を参照してください。

プログラムソース 1.2 ● 2 次元グラフ描画方法

```
plot2D = new Plot2D( "canvas-frame_graph" );  <------------------------- (※1)
plot2D.options.axesDefaults.pad = 1;                                  // パディング
plot2D.options.axesDefaults.labelOptions.fontSize = "25pt"; // ラベル文字サイズ
plot2D.options.axesDefaults.tickOptions.fontSize = "20pt";  // 目盛文字サイズ
plot2D.options.axes.yaxis.label = 'sin(θ), cos(θ)';         // x軸ラベル
plot2D.options.axes.xaxis.label = 'θ / π [rad]';            // y軸ラベル
plot2D.options.axes.yaxis.labelOptions = { angle: -90 };    // y軸ラベル回転角
plot2D.options.seriesDefaults.lineWidth = 6.0;              // 線幅
plot2D.options.legend.show = true;                          // 凡例の有無
plot2D.options.legend.location = 'ne';                      // 凡例の位置
// 描画範囲
plot2D.options.axes.xaxis.min = 0;
plot2D.options.axes.xaxis.max = 2;
```

```
plot2D.options.axes.xaxis.tickInterval = 0.1;
plot2D.options.axes.yaxis.min = -1;
plot2D.options.axes.yaxis.max = 1;
plot2D.options.axes.yaxis.tickInterval = 0.2;
// 「pushData」メソッドによるデータの追加
plot2D.pushData( data1 );          // データ1 <------------------------ (※2-1)
plot2D.pushData( data2 );          // データ2 <------------------------ (※2-2)
var series = [];                   // データ列オプション用配列 <-------- (※3-1)
series.push({ <------------------------------------------------------ (※3-2)
  showLine: true,                  // 線描画の有無
  label: "cos(θ)",                 // 凡例の設定
  markerOptions: { show: false } // 点描画の有無
});
series.push({ <------------------------------------------------------ (※3-3)
  showLine: true,                  // 線描画の有無
  label: "sin(θ)",                 // 凡例の設定
  markerOptions: { show: false } // 点描画の有無
});
// データ列オプションの代入
plot2D.options.series = series; <------------------------------------ (※3-4)
// 線形プロット
plot2D.plot(); <----------------------------------------------------- (※4)
// グラフ画像データダウンロードイベントの登録
plot2D.initGraphDownloadEvent(); <----------------------------------- (※5)
```

（※ 1） Plot2D クラスのオブジェクトを生成します。引数で指定した HTML 文書中の id 名「canvas-frame_graph」の div 要素にグラフ描画します。

（※ 2） グラフ描画用データを（※ 1）で生成したオブジェクトに与えます。

（※ 3） 各データごとの描画オプションを指定します。

（※ 4） plot メソッドで 2 次元グラフ描画を実行します。

（※ 5） グラフの画像データ（PNG 形式）を生成するためのメソッドです。キーボードの S キーを押すとページ内に「ダウンロード」というリンクが生成され、クリックすると画像データをダウンロードすることができます。

1.1.4 三角関数に関する公式集

本項では、よく利用する三角関数に関する公式を列挙します。

数学公式 **三平方の定理**

$$\sin^2\theta + \cos^2\theta = 1 \tag{1.2}$$

数学公式　**三角関数の対称性**

$$\sin(-\theta) = -\sin\theta,\quad \cos(-\theta) = \cos\theta \tag{1.3}$$

数学公式　**三角関数の周期性**

$$\sin\left(\theta + \frac{\pi}{2}\right) = \cos\theta\ ,\ \sin\left(\theta - \frac{\pi}{2}\right) = -\cos\theta \tag{1.4}$$

$$\cos\left(\theta + \frac{\pi}{2}\right) = -\sin\theta\ ,\ \cos\left(\theta - \frac{\pi}{2}\right) = \sin\theta \tag{1.5}$$

数学公式　**加法定理**

$$\sin(\alpha + \beta) = \sin\alpha\cos\beta + \sin\beta\cos\alpha \tag{1.6}$$

$$\sin(\alpha - \beta) = \sin\alpha\cos\beta - \sin\beta\cos\alpha \tag{1.7}$$

$$\cos(\alpha + \beta) = \cos\alpha\cos\beta - \sin\alpha\sin\beta \tag{1.8}$$

$$\cos(\alpha - \beta) = \cos\alpha\cos\beta + \sin\alpha\sin\beta \tag{1.9}$$

数学公式　**三角関数の合成（和積公式）**

$$\sin x + \sin y = 2\sin\left(\frac{x+y}{2}\right)\cos\left(\frac{x-y}{2}\right) \tag{1.10}$$

$$\sin x - \sin y = 2\cos\left(\frac{x+y}{2}\right)\sin\left(\frac{x-y}{2}\right) \tag{1.11}$$

$$\cos x + \cos y = 2\cos\left(\frac{x+y}{2}\right)\cos\left(\frac{x-y}{2}\right) \tag{1.12}$$

$$\cos x - \cos y = -2\sin\left(\frac{x+y}{2}\right)\sin\left(\frac{x-y}{2}\right) \tag{1.13}$$

試してみよう！

- 式（1.2）の公式を数値的に確かめてみよう。プログラムソース「trigonometry.html」にて $\sin^2\theta + \cos^2\theta$ を計算したデータを追加して、グラフを描画しよう。うまく計算できていれば、全ての θ に対して 1 となるはずです。

1.2 指数関数と対数関数

1.2.1 指数関数の基本

指数関数とは、**底**と呼ばれる任意の正の実数の指数部に変数が存在する関数です。

数学定義 **指数関数の定義**

$$f(x) \equiv a^x \qquad (1.14)$$

a が底に対応します。$a > 0$ で定義されるため、任意の x に対して $f(x) > 0$ が成り立ちます。図 1.3 は底が 2、3、1／2、1 の場合の指数関数のグラフです。任意の a に対して $a^0 = 1$ が成り立つため、全ての関数は (0, 1) を通ります。また、$a = 2$ と 1／2 は指数部の符号が反対の場合に対応するので、$x = 0$ で対象のグラフとなります。

図 1.3 ●指数関数のグラフ

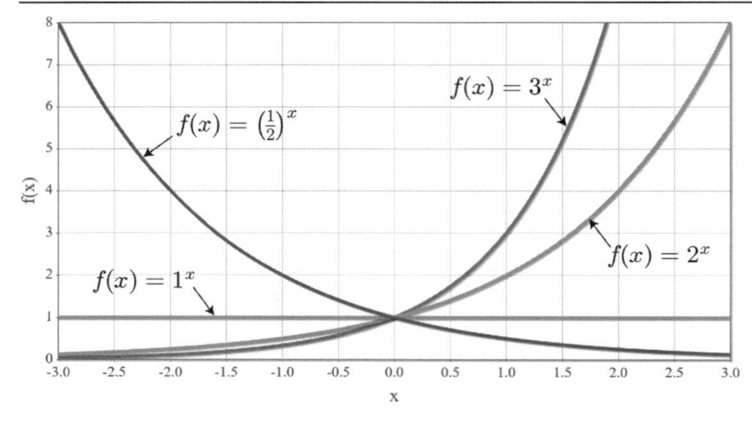

☞ Chapter1/exponential.html（HTML）、exponential.cpp（C++、データ生成のみ）

1.2.2 プログラミングによる指数関数の利用方法

指数関数も三角関数と同様に、さまざまなプログラミング言語で利用することができます。

JavaScript の三角関数

```
var y = Math.pow( a, x ); // 底aの指数関数
```

グラフ描画用データの生成方法

次のプログラムソースは、図 1.3 を描画するためのデータ生成方法です。なお、グラフ描画方法は 1.1.3 項を参照してください。

プログラムソース 1.3 ●指数関数のグラフ描画用のデータ生成（exponential.html）

```
// 描画範囲
var x_min = -3;
var x_max = 3;
// 描画点数
var M = 300;
// データ配列
var data1 = [];
var data2 = [];
var data3 = [];
var data4 = [];
// 描画データの生成
for( var j = 0; j <= M; j++ ){
  var x = x_min + (x_max - x_min)/M * j;
  data1.push([ x, Math.pow( 3, x ) ]);
  data2.push([ x, Math.pow( 2, x ) ]);
  data3.push([ x, Math.pow( 1, x ) ]);
  data4.push([ x, Math.pow( 1/2, x ) ]);
}
```

1.2.3 指数関数に関する公式

指数関数の公式というより指数の取り扱い方法ですが、以下に列挙します。

数学公式　底の逆数

$$\left(\frac{1}{a}\right)^x = \frac{1}{a^x} = a^{-x} \tag{1.15}$$

数学公式 **底が同じ場合の積算と乗算**

$$a^x \times a^y = a^{x+y},\ \ \frac{a^x}{a^y} = a^{x-y} \tag{1.16}$$

数学公式 **指数部が同じ場合の積算と乗算**

$$a^x \times b^x = (ab)^x,\ \ \frac{a^x}{b^x} = \left(\frac{a}{b}\right)^x \tag{1.17}$$

数学公式 **指数の累乗**

$$(a^x)^y = a^{xy} \tag{1.18}$$

指数の底の変換

任意の実数は任意の底の指数として表すことができるので、指数の底は任意の実数に変換することができます。実数 a、b、c に対して $a = b^c$ と表すことで次のとおりになります。

数学公式 **指数の底の変換**

$$a^x = (b^c)^x = b^{cx} \tag{1.19}$$

この変換を考慮することで、底も指数部も異なる指数も、底あるいは指数部を揃えることでまとめることができます。底を揃える場合には $b = a^d$ と表すことで、指数を揃える場合には $y = dx$ と表すことで次のとおりになります。

数学公式 **底も指数部も異なる指数の積算**

$$a^x \times b^y = a^x \times (a^d)^y = a^{x+dy} \tag{1.20}$$

$$a^x \times b^y = a^x \times b^{dx} = (ab^d)^x \tag{1.21}$$

$a^0 = 1$ の証明

式（1.16）から直接示されます。

$$a^0 = a^x \times a^{-x} = 1 \tag{1.22}$$

0^0 は 0 か 1 か？

そもそも指数関数は $a>0$ で定義されますが、$a=0$ の場合はどのようになるのでしょうか。0 は何を掛けても 0 になるので、任意の x に対して

$$0^x = 0 \tag{1.23}$$

が成り立つと考えられます。しかしながら、物理学やプログラミング言語の世界では利便性の都合から $0^0=1$ で定義されることが一般的です（利便性の一例として 1.4.7 項のテーラー展開を参照してください）。これは、0^0 のそもそもの定義の違いとして理解することができます。

数学定義　**$0^0=0$ となる定義**

$$0^0 \equiv \lim_{x\to 0} 0^x = 0 \tag{1.24}$$

数学定義　**$0^0=1$ となる定義**

$$0^0 \equiv \lim_{a\to 0} a^0 = 1 \tag{1.25}$$

前者は式（1.23）を前提として指数部を 0 へ、後者は式（1.22）を前提として底を 0 へと極限操作を行っています。つまり、極限のとり方によって値が変わる量ということです。

ちなみに、JavaScript でも $0^0=1$ となることは、次のプログラムを実行することで確認できます。

```
console.log( Math.pow(0,0) );
```

`console.log` はコンソールに値を出力するための関数です。ウェブブラウザがアクティブな状態で F12 キーを押すことで表示される、開発者用ツールの「Console」タブにて確認することができます。

1.2.4　対数関数の基本

対数関数とは、任意の正の実数を任意の底の指数で表したときの指数を抜き出す関数です。log という記号を用います。

数学定義　**対数関数の定義**

$$c = a^b \to b \equiv \log_a c \tag{1.26}$$

a が底（$a>0$）に対応します。また、任意の b に対して c は必ず正となる点に注意が必要です。$1=a^0$ と $a=a^1$ の関係から、任意の底に対して $\log_a 1=0$ を満たします。

数学公式　対数の性質

$$\log_a 1=0,\quad \log_a a=1 \tag{1.27}$$

また、変数を用いて式（1.26）を書き直して通常の関数風に書き直したのが

$$f(x)=\log_a x \tag{1.28}$$

です。$a>0$ と $x>0$ で定義されます。図 1.4 は底が 2、3、4、5 の場合の対数関数のグラフです。任意の a に対して $a^0=1$ が成り立つため、全ての関数は (1, 0) を通ります。また、x が 0 に近づくほど $f(x)$ は負の無限大へと発散します。

図 1.4 ●対数関数のグラフ

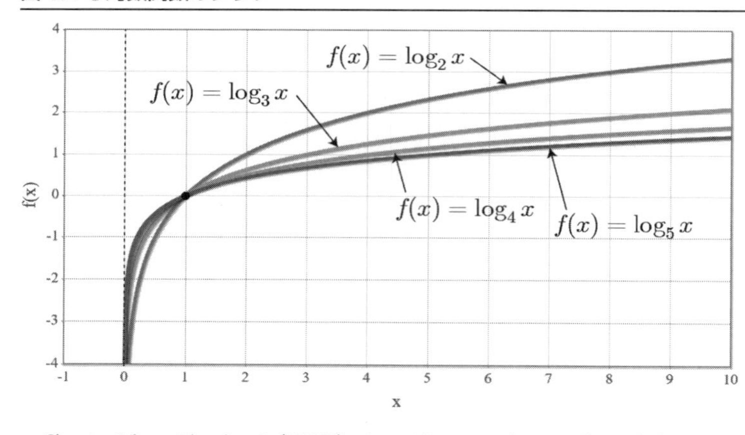

☞ Chapter1/logarithm.html（HTML）、logarithm.cpp（C++、データ生成のみ）

1.2.5 対数関数に関する公式

対数関数の公式というより指数の取り扱い方法ですが、以下に列挙します。

数学公式　累乗の対数

$$\log_a x^n=n\log_a x \tag{1.29}$$

数学公式 対数の和と差

$$\log_a x + \log_a y = \log_a(xy),\quad \log_a x - \log_a y = \log_a\left(\frac{x}{y}\right) \tag{1.30}$$

対数の底の変換方法

式（1.19）に基づいて指数の底を変換することで、対数の底を任意の実数に変換することもできます。

数学公式 対数の底の変換

$$\log_b x = \frac{\log_a x}{\log_a b} \tag{1.31}$$

指数と対数が組み合わった底の変換

式（1.19）で示した指数の底の変換は、$a = b^c \rightarrow c = \log_b a$ の関係を用いることで次のとおり表すことができます。

数学公式 指数の底の変換

$$a^x = (b^c)^x = b^{cx} = b^{x \log_b a} \tag{1.32}$$

1.2.6 プログラミングによる対数関数の利用方法

JavaScript では、任意の底の対数関数は定義されていません。ネイピア数と呼ばれる特殊な実数（無理数）を底とした対数関数が定義されています。ネイピア数は e（= 2.7182…）と表されます。log の底が省略された場合は底が e となります。なお、ネイピア数については 1.4.5 項であらためて定義します。

次のプログラムソースは、JavaScript にて定義されている対数関数と、その対数関数を用いて任意の底に対応した対数関数の宣言です。

JavaScript の対数関数

```
var y = Math.log(x) // 底eの対数関数
```

任意の底の対数関数の定義

```
// 底aの対数関数の宣言
function log(a, x) {
  return Math.log(x) / Math.log(a);  <------------------------------------ 式 (1.31)
}
```

グラフ描画用データの生成方法

次のプログラムソースは、図 1.4 を描画するためのデータ生成方法です。定義した任意の底の対数関数を用いています。

プログラムソース 1.4 ●対数関数のグラフ描画用のデータ生成（logarithm.html）

```
（省略：描画範囲、描画点数、データ配列）
// 描画データの生成
for( var j = 0; j <= M; j++ ){
  var x = x_min + (x_max - x_min)/M * j;
  data1.push([ x, log(2, x) ]);
  data2.push([ x, log(3, x) ]);
  data3.push([ x, log(4, x) ]);
  data4.push([ x, log(5, x) ]);
}
```

1.3 ベクトル

1.3.1 ベクトルの基本

ベクトルとは大きさだけでなく向きをあわせ持つ量です。位置や速度などの物理量（4.1 節参照）を表すことのできる非常に有用な道具です。

図 1.5 ● 2 次元直交座標系におけるベクトルの模式図

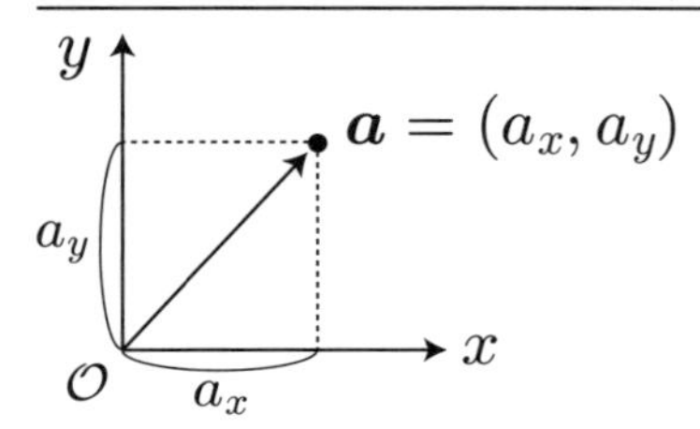

1 2 3 4 5 6 7 8 9

ベクトルは図などでは矢印の向きと長さで表現することが一般的です。一方、ベクトルを式で表現する最も直感的な方法はベクトルの始点を原点においた時のベクトルの終点の座標点として表すことです。図 1.5 は 2 次元直交座標系におけるベクトルの模式図です。矢印と座標の 2 通りで表現しています。

数学定義 **ベクトルの表現（座標形式）**

$$\boldsymbol{a} \equiv (a_x, a_y) \tag{1.33}$$

なお、高校数学ではベクトルを $\vec{a}$ と表しますが、大学では式が煩雑になることを嫌って $\boldsymbol{a}$ と太字で表記することが一般的となります。

ベクトルの大きさと絶対値

ベクトルの大きさは絶対値記号を用いて $|\boldsymbol{a}|$ と表します。図 1.5 のような直交座標系の場合には**三平方の定理**から求めることができます。

数学定義 **ベクトルの絶対値＝ベクトルの大きさ**

$$|\boldsymbol{a}| \equiv \sqrt{a_x^2 + a_y^2} \tag{1.34}$$

ベクトルの和と差

ベクトルは、四則演算の中では和と差のみが定義されています。図 1.6 はベクトルの和と差の模式図です。$\boldsymbol{a} + \boldsymbol{b}$ は、$\boldsymbol{a}$ と $\boldsymbol{b}$ を 2 辺とする平行四辺形の対角を結ぶ矢印、$\boldsymbol{a} - \boldsymbol{b}$ は、$\boldsymbol{b}$ の終点から $\boldsymbol{a}$ の終点まで結ぶ矢印となります。$\boldsymbol{a} - \boldsymbol{b}$ は $\boldsymbol{a} + (-\boldsymbol{b})$ と考えることもできます。

図 1.6 ●ベクトルの和と差の模式図

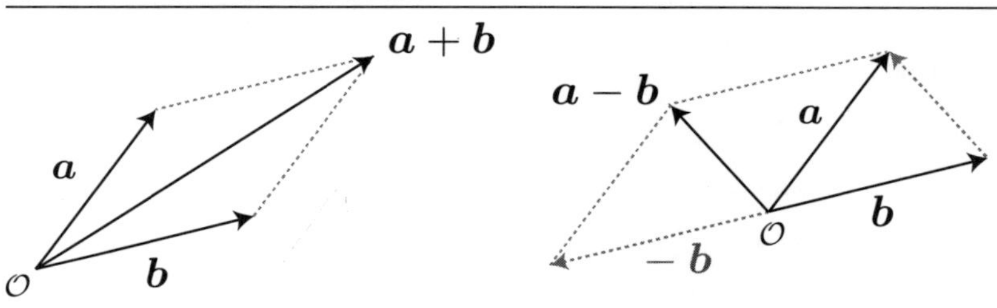

2 次元直交座標系における 2 つのベクトル $\boldsymbol{a} = (a_x, a_y)$ と $\boldsymbol{b} = (b_x, b_y)$ の和と差は、次のとおり定義されます。

数学定義 ベクトルの和と差

$$\boldsymbol{a} + \boldsymbol{b} \equiv (a_x + b_x, a_y + b_y) \tag{1.35}$$

$$\boldsymbol{a} - \boldsymbol{b} \equiv (a_x - b_x, a_y - b_y) \tag{1.36}$$

1.3.2 ベクトルの内積と外積

ベクトルには自然数のような単純な積は定義されていません。ベクトルの積として代表的なのは**内積**と**外積**です。内積は2つのベクトルの重なり度合いを、外積は直交度合いを表します。本書では利用しませんが、ダイアド積というのもあります。なお、外積は2次元では定義されないため、3次元直交座標系で解説します。図1.7は、3次元直交座標系における2つのベクトル $\boldsymbol{a}$ と $\boldsymbol{b}$ を表しています。

図 1.7 ● 3 次元直交座標系における 2 つのベクトルの模式図

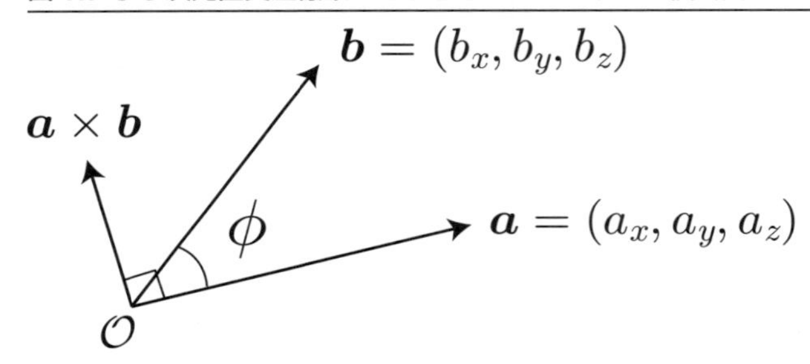

ベクトルの内積

ベクトルの内積は、2つのベクトルの重なり度合いを表す量として次のとおり定義されます。演算子は「·」です。内積の結果はベクトルではなく自然数となります。

数学定義 ベクトルの内積

$$\boldsymbol{a} \cdot \boldsymbol{b} \equiv a_x b_x + a_y b_y + a_z b_z = |\boldsymbol{a}||\boldsymbol{b}| \cos\phi \tag{1.37}$$

$|\boldsymbol{a}|$ と $|\boldsymbol{b}|$ はそれぞれのベクトルの絶対値、ϕ は2つのベクトルのなす角を表します。内積の結果は、2つのベクトルが平行の場合（$\phi = 0$）に最大値 $|\boldsymbol{a}|\ |\boldsymbol{b}|$ となり、直交する場合（$\phi = \pi/2$）に0となり、反平行の場合（$\phi = \pi$）に最小値 $-|\boldsymbol{a}|\ |\boldsymbol{b}|$ となります。なお、内積は積算の順番は関係ありません。

ベクトルの外積

2つのベクトルの外積は、直交度合いを表す量として次のとおり定義されます。演算子は「×」です。外積の結果は、2つのベクトルで張られる平面に垂直方向のベクトルとなります。垂直方向のどちらを向くかは「**右ねじの法則**」に従います。$\boldsymbol{a} \times \boldsymbol{b}$ の向きは図1.7で示したとおりです。

数学定義　**ベクトルの外積**

$$\boldsymbol{a} \times \boldsymbol{b} \equiv (a_y b_z - a_z b_y, a_z b_x - a_x b_z, a_x b_y - a_y b_x) \tag{1.38}$$

外積は、積算の順番が反対になると演算結果のベクトルの向きも反転します。また、外積の大きさだけであれば次の関係式で得ることができます。

$$|\boldsymbol{c}| = |\boldsymbol{a}||\boldsymbol{b}| \sin \phi \tag{1.39}$$

外積の大きさは、$\boldsymbol{a}$ と $\boldsymbol{b}$ が垂直の場合（$\phi = \pi/2$）に最大値 $|\boldsymbol{a}|\,|\boldsymbol{b}|$、平行の場合（$\phi = 0$）に最小値0となります。

1.3.3　ベクトルに関する公式

物理学でよく利用するベクトルの公式を列挙します。内積と絶対値の関係を除いて3次元ベクトルでのみ成り立ちます。

数学公式　**内積と絶対値の関係**

$$\boldsymbol{a} \cdot \boldsymbol{a} = |\boldsymbol{a}|^2 \tag{1.40}$$

数学公式　**スカラー三重積**

$$\boldsymbol{A} \cdot (\boldsymbol{B} \times \boldsymbol{C}) = \boldsymbol{B} \cdot (\boldsymbol{C} \times \boldsymbol{A}) = \boldsymbol{C} \cdot (\boldsymbol{A} \times \boldsymbol{B}) \tag{1.41}$$

数学公式　**ベクトル三重積**

$$\boldsymbol{A} \times (\boldsymbol{B} \times \boldsymbol{C}) = (\boldsymbol{A} \cdot \boldsymbol{C})\,\boldsymbol{B} - (\boldsymbol{A} \cdot \boldsymbol{B})\,\boldsymbol{C} \tag{1.42}$$

数学公式　**ヤコビの恒等式**

$$\boldsymbol{A} \times (\boldsymbol{B} \times \boldsymbol{C}) + \boldsymbol{B} \times (\boldsymbol{C} \times \boldsymbol{A}) + \boldsymbol{C} \times (\boldsymbol{A} \times \boldsymbol{B}) = 0 \tag{1.43}$$

1.3.4 【JavaScript】Vector3 クラスによるベクトル演算

物理シミュレーションでは3次元ベクトルに関する演算を繰り返すので、それらをコンピュータで計算するために3次元ベクトルを扱う Vector3 クラスを用意します（javascript/Vector3.js）。なお、本書で用意する Vector3 クラスは、本書の物理シミュレータで利用している3次元グラフィックスのライブラリ three.js で定義されている Vector3 クラスと同一です。Vector3 クラスのコンストラクタの引数に3成分 x、y、z を与えることで、3次元ベクトルオブジェクトを生成することができます。

コンストラクタによる3次元ベクトルオブジェクトの生成

```
var vector = new Vector3( x, y, z );
```

プロパティ

プロパティ名	データ型	デフォルト	説明
x、y、z	<float>	0	引数で与えた値が格納。

メソッド

メソッド名	引数	数式	説明
set(x, y, z)	<float>	$\boldsymbol{a} = (x, y, z)$	x、y、z 各プロパティ値に引数 x、y、z の値をそれぞれ与える。
clone()		$= \boldsymbol{a}$	本オブジェクトのクローンを生成。
copy(v)	<Vector3>	$\boldsymbol{a} = \boldsymbol{v}$	v の x、y、z 各プロパティ値に本オブジェクトの各プロパティに代入。
add (v)	<Vector3>	$\boldsymbol{a} = \boldsymbol{a} + \boldsymbol{v}$	引数 v を本オブジェクトの x、y、z 各プロパティに加算。
addScalar(s)	<float>	$\boldsymbol{a} = \boldsymbol{a} + (s, s, s)$	本オブジェクトの x、y、z 各プロパティ値に引数 s 値を加算。
addVectors(v, w)	<Vector3> <Vector3>	$\boldsymbol{a} = \boldsymbol{v} + \boldsymbol{w}$	引数 v、w に対して、v + w を計算後、本オブジェクトの x、y、z 各プロパティに代入。
sub (v)	<Vector3>	$\boldsymbol{a} = \boldsymbol{a} - \boldsymbol{v}$	本オブジェクトの x、y、z 各プロパティから引数 v の x、y、z 各プロパティ値を減算。
subScalar(s)	<float>	$\boldsymbol{a} = \boldsymbol{a} - (s, s, s)$	本オブジェクトの x、y、z 各プロパティ値から引数 s 値を減算。
subVectors(v, w)	<Vector3>	$\boldsymbol{a} = \boldsymbol{v} - \boldsymbol{w}$	引数 v、w に対して、v - w を計算後、本オブジェクトの x、y、z 各プロパティに代入。

メソッド名	引数	数式	説明
multiply(v)	<Vector3>	$\boldsymbol{a} = (a_x v_x, a_y v_y, a_z v_z)$	本オブジェクトの x、y、z 各プロパティ値に引数 v の x、y、z 各プロパティ値をそれぞれ積算。
multiplyScalar(s)	<float>	$\boldsymbol{a} = s\boldsymbol{a}$	本オブジェクトの x、y、z 各プロパティ値に引数 s 値を積算。
divide(v)	<Vector3>	$\boldsymbol{a} = (a_x/v_x, a_y/v_y, a_z/v_z)$	x、y、z 各プロパティ値を引数 v の x、y、z 各プロパティ値でそれぞれ除算。
divideScalar(s)	<float>	$\boldsymbol{a} = \boldsymbol{a}/s$	本オブジェクトの x、y、z 各プロパティ値を引数 s 値で除算。
dot(v)	<Vector3>	$= \boldsymbol{a} \cdot \boldsymbol{v}$	本オブジェクトと引数で指定 v との内積を計算。
length( )	なし	$= \lvert\boldsymbol{a}\rvert$	絶対値を計算。
lengthSq( )	なし	$= \lvert\boldsymbol{a}\rvert^2$	本オブジェクトの絶対値の 2 乗値を計算。
normalize( )	なし	$\boldsymbol{a} = \boldsymbol{a}/\lvert\boldsymbol{a}\rvert$	本オブジェクトの規格化を実行。
cross(v)	<Vector3>	$\boldsymbol{a} = \boldsymbol{a} \times \boldsymbol{v}$	本オブジェクトに引数 v を外積。
crossVectors(v, w)	<Vector3>	$\boldsymbol{a} = \boldsymbol{v} \times \boldsymbol{w}$	引数 v、w の外積を計算後、本オブジェクトの x、y、z 各プロパティに代入。
angleTo(v)	<Vector3>	$= \arccos(\boldsymbol{a} \cdot (\boldsymbol{v}/\lvert\boldsymbol{a}\rvert\lvert\boldsymbol{v}\rvert))$	本オブジェクトと引数 v とのなす角（ラジアン）を計算。
distanceTo(v)	<Vector3>	$= \lvert\boldsymbol{a} - \boldsymbol{v}\rvert$	本オブジェクトと引数 v との距離を計算。
distanceToSquared(v)	<Vector3>	$= \lvert\boldsymbol{a} - \boldsymbol{v}\rvert^2$	本オブジェクトと引数 v との距離の 2 乗を計算。
equals(v)	<Vector3>	$= (\boldsymbol{a} == \boldsymbol{v})$	本オブジェクトが引数 v と一致するかを判定。

1.3.5 【C++】Vector3 クラスの定義

前項の表は JavaScript 用 Vector3 クラスですが、同名のメソッド（メンバ関数）を持つ C++ の自作クラス「Vector3」を用意しました。JavaScript との違いは、2 つのベクトルから新しいベクトルを計算する subVectors メソッド、addVectors メソッド、crossVectors メソッドを静的メンバ関数として定義しています。そのため、v1.crossVectors(v2, v3) といった計算はできず、v1 = Vector3::crossVectors(v2, v3) という形で利用します。また、四則演算「+」「-」「*」「-」はベクトル演算に対応するようにオーバーロードしています。「+」は、演算子の後に来る変数（右オペランド）の型が Vector3 であれば add メソッド、double 型であれば addScalor メソッドと同様の動作を行い、計算結果を代入演算子で取得することができます。なお、演算子のオーバーロードによる演算後のオペランドの値は変化しません。次のプログラムソースは、Vector3 クラスの実装内容がわかるヘッダーファイル「Vector3.h」の内容です。具体的な実装は Vector.cpp に記述しています。

プログラムソース 1.5 ●ヘッダーファイル「Vector3.h」の内容

```
class Vector3 {
private:
public:
  // プロパティ
  double x, y, z;
  // コンストラクタ
  Vector3() { x = y = z = 0; }
  Vector3(double _x, double _y, double _z) { (省略) }
  // ディストラクタ
  ~Vector3() {};
  // オーバーロード
  friend void operator *= (Vector3& v1, const Vector3& v2) { (省略) }
  friend void operator += (Vector3& v1, const Vector3& v2) { (省略) }
  friend Vector3 operator * (const Vector3& v1, const Vector3& v2) { (省略) }
  friend Vector3 operator * (const Vector3& vec, double s) { (省略) }
  friend Vector3 operator * (double s, const Vector3 vec) { (省略) }
  friend Vector3 operator + (const Vector3& v1, const Vector3& v2) { (省略) }
  friend Vector3 operator + (const Vector3& v1, double s) { (省略) }
  friend Vector3 operator + (double s, const Vector3& v1) { (省略) }
  friend Vector3 operator - (const Vector3& v1, const Vector3& v2) { (省略) }
  friend Vector3 operator - (const Vector3& v1, double s) { (省略) }
  friend Vector3 operator - (double s, const Vector3& v1) { (省略) }
  friend Vector3 operator / (const Vector3& v1, const Vector3& v2) { (省略) }
  friend Vector3 operator / (const Vector3& vec, double s) { (省略) }
  friend Vector3 operator / (double s, const Vector3 vec) { (省略) }
  // 静的メンバ関数
  static double dot(Vector3&, Vector3&);                    // 内積
  static double distanceSq(Vector3&, Vector3&);             // 距離の2乗
  static double distance(Vector3&, Vector3&);               // 距離
  static double lengthSq(Vector3&);                         // 長さの2乗
  static double length(Vector3&);                           // 長さ
  static Vector3 addVectors(Vector3&, Vector3&);            // 和
  static Vector3 subVectors(Vector3&, Vector3&);            // 差
  static Vector3 crossVectors(Vector3&, Vector3&);          // 外積
  // メンバ関数
  Vector3 clone();                                          // クローン
  Vector3& set(double, double, double);                     // ベクトル成分の設定
  Vector3& copy(Vector3&);                                  // コピー
  Vector3& add(Vector3&);                                   // 和
  Vector3& sub(Vector3&);                                   // 差
  Vector3& addScalor(double);                               // スカラー和
```

```
    Vector3& subScalor(double);                        // スカラー差
    Vector3& multiply(double);                         // スカラー積
    Vector3& multiply(Vector3&);                       // 成分ごとの積
    Vector3& multiplyScalor(double);                   // スカラー積
    Vector3& divide(double);                           // スカラー商
    Vector3& divide(Vector3&);                         // 成分ごとの商
    Vector3& divideScalor(double);                     // スカラー商
    Vector3& normalize();                              // 規格化
    Vector3& cross(Vector3&);                          // 外積
    double dot(Vector3&);                              // 内積
    double length();                                   // 長さ
    double lengthSq();                                 // 長さの2乗
    double angleTo(Vector3&);                          // なす角
    double distanceTo(Vector3&);                       // 距離
    double distanceToSquared(Vector3&);                // 距離の2乗
    bool equals(Vector3&);                             // 同値判定
};
```

（※）　戻り値の型が Vector3& となっているメソッドは、Vector3 クラスのオブジェクトのアドレスが返されるため、メソッドチェーンでつなぐことができます。具体的な利用方法は次項を参照してください。なお、自作クラス Vector3 を利用するには、本クラスが定義された Vector3.cpp をコンパイルして生成されるオブジェクトファイル Vector3.o が必要です。コンパイル方法は次のとおりです。

```
g++  -c  Vector3.cpp  -std=c++14
```

コンパイルが成功すると Vector3.o が同一フォルダに生成されます。

1.3.6 【C++】Vector3 クラスを用いたベクトル演算方法

次のプログラムソースは、自作クラス Vector3 を用いてベクトル計算の動作確認を行うために用意した「Vector3_test.cpp」です。Vector3 クラスが定義されたヘッダーファイル「Vector3.h」を読み込み、実行時に前項で解説したオブジェクトファイル Vector3.o をリンクすることで利用することができます。コンパイルと実行方法は後述します。

プログラムソース 1.6 ● Vector3 クラスの動作確認（Vector3_test.cpp）

```
#include <iostream>
#include "Vector3.h"
int main(void) {
  // Vector3クラスのオブジェクトの生成
  Vector3 v1(1.0, 2.0, 3.0), v2(4.0, 5.0, 6.0) ;  <--------------- (※1)
```

```
    // 和の計算
    Vector3 v3 = v1 * v2 + 2.0 * v1;  <------------------------------------------ (※2)
    // 規格化の計算
    v3.normalize();
    // 外積の計算した後に規格化
    Vector3 v4 = Vector3::crossVectors( v1, v2 ).normalize();  <------------------ (※3)
    // 内積と偏角の計算
    double v1_dot_v2 = v1.dot(v2);
    double theta = v1.angleTo(v2);
}
```

（※ 1） 2 つの Vector3 クラスのオブジェクトを生成します。コンストラクタの引数に何も与えられない場合は (x, y, z) = (0, 0, 0) となります。

（※ 2） v1*v2 は各成分ごとの積を意味します。2.0*v1 は通常の実数とベクトルの積を意味します。その後、両者の和を v3 に代入しています。なお、これらの演算の結果 v1 と v2 の値は変化しません。

（※ 3） JavaScript と同様にメソッドの実行結果にそのままメソッドを実行するメソッドチェーンも可能です。2 つのベクトルの外積を計算した後に規格化を行い、その結果を v4 に代入しています。なお、この場合でも v1、v2 の値は変化しません。

コンパイル方法と実行方法

gcc で Vector3_test.cpp をコンパイル並びに実行するには、まずコンパイルオプション「-c」をつけて次のとおりコンパイルを行います。

```
g++ -c Vector3_test.cpp -std=c++14
```

コンパイルが無事に完了すれば、オブジェクトファイル「Vector3_test.o」が同一フォルダに生成されます。生成された Vector3_test.o と前項で解説した Vector3.o をリンクしてコンパイルを行います。

```
g++ Vector3_test.o Vector3.o
```

コンパイルが成功すると実行ファイル「a.exe」が生成されます。この実行ファイルは、コマンドプロンプトで「a」と打って Enter キーを押すことで実行することができます。なお、コンパイルオプション「-o」をつけて実行ファイル名を指定することもできます。実行ファイル名を「test.exe」とする場合は次のように記述します。

```
g++ Vector3_test.o Vector3.o -o test
```

1.4 微分

1.4.1 微分の定義

微分とは、指定した関数の**導関数**を計算する演算を指します。変数 t に対する任意の関数 $f(t)$ の導関数を $f'(t)$ と表した場合、微分は次のとおり定義されます。なお、物理学では時間 t による微分が頻出するため変数を t としていますが、変数名は任意です。

数学定義 **導関数（微分）**

$$f'(t) \equiv \lim_{\Delta t \to 0} \frac{f(t+\Delta t) - f(t)}{\Delta t} = \frac{df(t)}{dt} \tag{1.44}$$

$\lim_{\Delta t \to 0}$ は、Δt を 0 へと極限をとるという意味の数学記号です。また、「d○」は「○」の無限小を表す記号です。「d○／d□」のように分数の形になっている場合は、分母の「□」を無限に小さくしたときの「○」と「□」の比を表す記号となります。この「d」を用いた分数の形が**微分**と呼ばれ、「d○／d□」は「○」の「□」による微分と表現されます。

式（1.44）の第 3 式は

$$\frac{df(t)}{dt} = \frac{d}{dt} f(t) \tag{1.45}$$

とも表記します。この場合「d/dt」は関数 $f(t)$ に対して作用する演算子とみなし、**微分演算子**と呼ばれます。

導関数の意味

図 1.8 は導関数の意味をわかりやすくするための模式図です。式（1.44）の第 2 式は、2 点 $f(t+\Delta t)$ と $f(t)$ の間の傾き（変化の割合）を表していることがわかります。つまり、$\Delta t \to 0$ の極限で得られる導関数 $f'(t)$ は、横軸を t、縦軸を $f(t)$ とした場合の t における**接線の傾き**を表します。

図 1.8 ●式（1.44）第 2 式の模式図

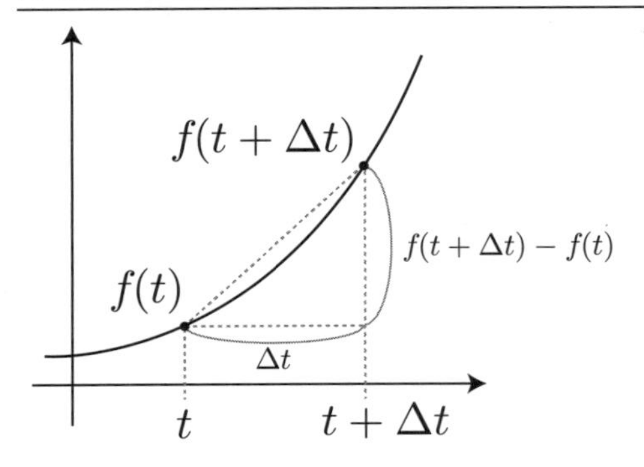

特定の地点における f(t) の導関数の値（微分係数）

式（1.44）の導関数は任意の t で成り立ちます。特定の地点における導関数の値は**微分係数**と呼ばれます。$t=t_0$ の微分係数は $f'(t_0)$ と表され、$t=t_0$ における接線の傾きとなります。

数学定義　**$t=t_0$ における微分係数**

$$f'(t_0) \equiv \left.\frac{df(t)}{dt}\right|_{t=t_0} \tag{1.46}$$

右辺は $f(t)$ を t で微分した後に、t に t_0 を代入する操作を明示的に表しています。

無限小の変数変換

無限小の記号である「d○」は、○と関係がある任意の関数に変換することができます。例えば、t の関数 $T(t)$ が存在した場合、dt と dT は通常の分数のように計算することができます。

数学公式　**無限小の変数変換**

$$dt = \left(\frac{dt}{dT}\right) dT \tag{1.47}$$

dt/dT の微分が既知の場合、この変換の結果 T を新たな変数として用いることができます。

1
2
3
4
5
6
7
8
9

微分の逆数

無限小の分数は通常の分数計算のように扱うことができます。その結果、分母と分子をひっくり返すことで、元の関数と逆関数の導関数の関係を導くことができます。

数学公式 **元の関数と逆関数の導関数**

$$f'(t) = \frac{df}{dt} = \frac{1}{\left(\frac{dt}{df}\right)} = \frac{1}{t'(f)} \tag{1.48}$$

この関係を考慮すると、式（1.47）の dt/dT は、逆関数 $t(T)$ を計算した後に T で微分することと、元の関数 T を t で微分することの 2 通りで計算することができます。

$$dt = t'(T)dT = \frac{1}{T'(t)}dT \tag{1.49}$$

1.4.2 べき関数の微分

$f(t) = t^n$ のような、変数 t の n 乗の関数は**べき関数**と呼ばれます。べき関数の導関数を式（1.44）の定義に則って計算することができます。分子の n 乗を展開する必要がありますが、Δt の 2 乗以上の項は $\Delta t \to 0$ の極限で全て 0 となるため、次のとおりになります。

数学公式 **べき関数の導関数**

$$f'(t) = \lim_{\Delta t \to 0} \frac{(t+\Delta t)^n - t^n}{\Delta t} = \lim_{\Delta t \to 0} \frac{nt^{n-1}\Delta t + O(\Delta t^2)}{\Delta t} = nt^{n-1} \lim_{\Delta t \to 0} O(\Delta t) = nt^{n-1} \tag{1.50}$$

ただし、$O(\Delta t^2)$ は Δt^2 以上の項の和を表す記号です。つまり、べき関数の導関数はべきの指数が係数としてされ、指数が 1 減った関数となります。

微分係数と接線

微分係数は任意の地点における関数の傾きを与えるので、微分係数を用いて接線の関数を得ることができます。$t = t_0$ による接線の関数 $g(t)$ は、微分係数 $f'(t_0)$ を用いて次のとおり与えられます。

数学公式 **f(t) の $t = t_0$ における接線の関数**

$$g(t) = f'(t_0)(t - t_0) + f(t_0) \tag{1.51}$$

図 1.9 は、関数 $f(t) = t^3$ の $t = 1$ と $t = -1.5$ における接線のグラフです。$f(t) = t^3$ の導関数は $f'(t) = 3t^2$ なので、それぞれの地点における微分係数は $f'(-1.5) = 6.75$、$f(1) = 3$ となります。

図 1.9 ● f(t) = t³ と t = 1 と t = –1.5 における接線のグラフ

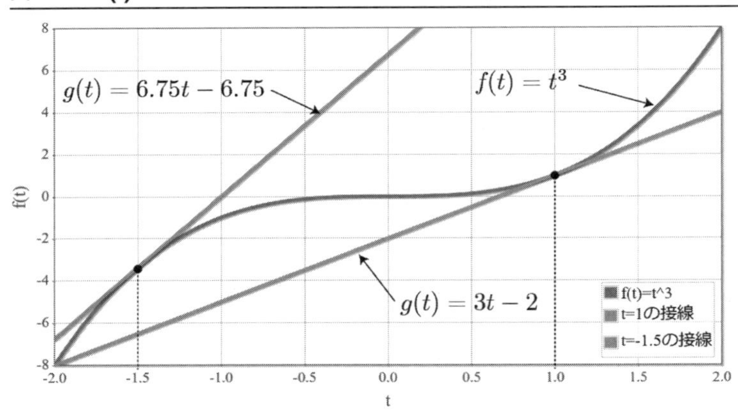

☞ Chapter1/derivative.html（HTML）、derivative.cpp（C++、データ生成のみ）

n 階の導関数

$f(t)$ の導関数 $f'(t)$ は、さらに微分することで $f'(t)$ の導関数 $f''(t)$ も定義することができます。$f''(t)$ は 2 階の導関数と呼ばれ、次のように表記されます。

数学定義　2 階の導関数

$$f''(t) = \frac{df'(t)}{dt} = \frac{d^2 f(t)}{dt^2} = \frac{d}{dt}\frac{d}{dt} f(t) \tag{1.52}$$

同様に、関数 $f(t)$ の n 階の導関数を $f^{(n)}$ と表した場合、次のとおり表記されます。

数学定義　n 階の導関数

$$f^{(n)}(t) = \frac{d^n f(t)}{dt^n} = \left(\frac{d}{dt}\right)^n f(t) \tag{1.53}$$

1.4.3 積の微分と合成関数の微分

本項では微分を演算する際に必要となる重要公式を 2 つ示します。1 つ目は 2 つの関数の積に対する微分です。式（1.44）の微分の定義式に則って計算することで次の関係式が得られます。

数学公式　積の微分

$$\frac{d}{dt}\left[f(t)g(t)\right] = \frac{df(t)}{dt}\,g(t) + f(t)\,\frac{dg(t)}{dt} \tag{1.54}$$

2 つ目は、f が t の関数 $T(t)$ の関数に対する t の関数（= 合成関数）に対する微分です。式（1.47）で示した変数変換によって自然に計算することができます。

数学公式　合成関数の微分（微分変数の変数変換）

$$\frac{d}{dt}\,f(T(t)) = \frac{dT}{dt}\,\frac{d}{dT}\,f(T) = \left(\frac{dT}{dt}\right) f'(T) \tag{1.55}$$

ちなみにこの合成関数に対する微分の公式を用いると次に示す、べき関数の導関数が導かれます。

数学公式　べき関数の導関数 2

$$f(t) = (t - t_0)^n \ \rightarrow\ f'(t) = n(t - t_0)^{n-1} \tag{1.56}$$

1.4.4 三角関数の微分

続いて、三角関数 $f(t) = \sin t$ の導関数を微分の定義式（1.44）から計算します。三角関数の和積の公式（1.11）を用いると、導関数は次のように変換できます。

$$f'(t) = \lim_{\Delta t\to 0}\frac{\sin(t+\Delta t) - \sin t}{\Delta t} = \lim_{\Delta t\to 0}\frac{\cos(t+\frac{\Delta t}{2})\sin(\frac{\Delta t}{2})}{\frac{\Delta t}{2}} = \cos t \lim_{\Delta t'\to 0}\frac{\sin\Delta t'}{\Delta t'} \tag{1.57}$$

ただし、$\Delta t / 2 = \Delta t'$ と変換しています。最後の表式の極限値は 1 に収束します。この証明は見た目から想像するよりも難しく、詳しくは高校数学の教科書（数学 III）に示されているので省略しますが、はさみうちの原理を用いて示されます。本項では sinc 関数と呼ばれる式（1.57）の被極限因子の振る舞いを数値的に示します。

数学定義 **sinc 関数**

$$\mathrm{sinc}(x) \equiv \frac{\sin x}{x} \tag{1.58}$$

図 1.10 は式（1.58）のグラフです。$x = 0$ は $0/0$ となり、コンピュータでは NaN（= not a number：非数）となるため除外しています。数値的な計算結果は数学的な証明ではありませんが、グラフから式（1.58）の $x \to 0$ の極限が 1 であることが想像できます。

図 1.10 ● sinc 関数のグラフ

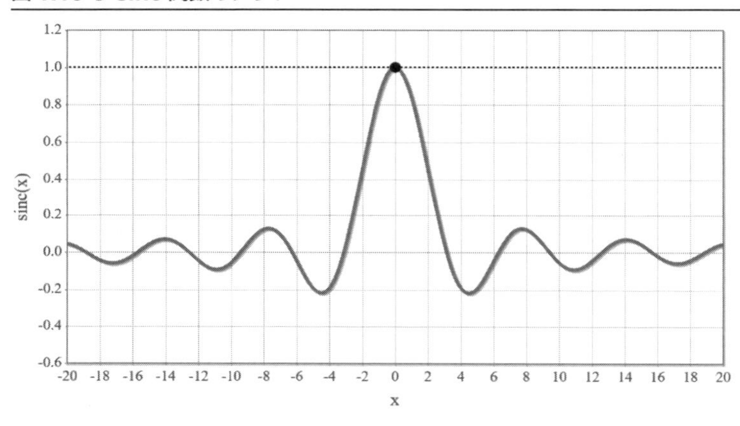

☞ Chapter1/sinc.html（HTML）、sinc.cpp（C++、データ生成のみ）

数学公式 **sinc 関数の x → 0 の極限値**

$$\lim_{x \to 0} \frac{\sin x}{x} = 1 \tag{1.59}$$

以上を踏まえて三角関数の導関数をまとめます。

数学公式 **三角関数の導関数**

$$f(t) = \sin t \to f'(t) = \cos t \tag{1.60}$$

$$f(t) = \cos t \to f'(t) = -\sin t \tag{1.61}$$

数学公式 三角関数の積の導関数

$$f(t) = \sin^2 t \to f'(t) = 2 \sin t \cos t \tag{1.62}$$

$$f(t) = \cos^2 t \to f'(t) = -2 \sin t \cos t \tag{1.63}$$

$$f(t) = \sin t \cos t \to f'(t) = \cos^2 t - \sin^2 t \tag{1.64}$$

式（1.62）と（1.62）は前項で解説した「積の微分」と「合成関数の微分」の両方を踏まえることで導くとができます。

1.4.5 指数関数と対数の微分とネイピア数

指数関数 $f(t) = a^t$ の導関数を定義式（1.44）に基づいて計算します。

$$f'(t) = \lim_{\Delta t \to 0} \frac{a^{t+\Delta t} - a^t}{\Delta t} = a^t \lim_{\Delta t \to 0} \left[\frac{a^{\Delta t} - 1}{\Delta t} \right] \tag{1.65}$$

もし、lim 以下の因子が 1 となる特別な a の値が存在するならば、導関数と元の指数関数が完全に一致することになります。つまり、その特別な指数の底を e と表して

$$\lim_{\Delta t \to 0} \left[\frac{e^{\Delta t} - 1}{\Delta t} \right] = 1 \tag{1.66}$$

を満たすならば、次の指数関数の微分が得られます。

数学公式 底がネイピア数の指数関数の導関数

$$f'(t) = \frac{d}{dt} e^t = e^t \tag{1.67}$$

一方、ネイピア数の定義として式（1.66）では少しわかりにくいので、e = ○という形式への変換を考えます。式の式（1.66）の被極限因子を

$$A(\Delta t) \equiv \frac{e^{\Delta t} - 1}{\Delta t} \tag{1.68}$$

と定義して e について解きます。

$$e = [1 + A(\Delta t)\Delta t]^{\frac{1}{\Delta t}} \tag{1.69}$$

そして、両辺に対して $\Delta t \to 0$ の極限をとる際に $\lim_{\Delta t \to 0} A(\Delta t) = 1$ を考慮すると次式が得られます。

数学定義 **ネイピア数の定義**

$$e \equiv \lim_{\Delta t \to 0} [1 + \Delta t]^{\frac{1}{\Delta t}} = \lim_{n \to \infty} \left[1 + \frac{1}{n}\right]^n \quad (1.70)$$

最後の表式は $n \equiv 1/\Delta t$ として極限値を 0 から∞に変更しています。図 1.11 はネイピア数を確認するために式（1.70）の n の大きさごとの値をグラフ化した結果です。

図 1.11 ●【数値解】ネイピア数の確認

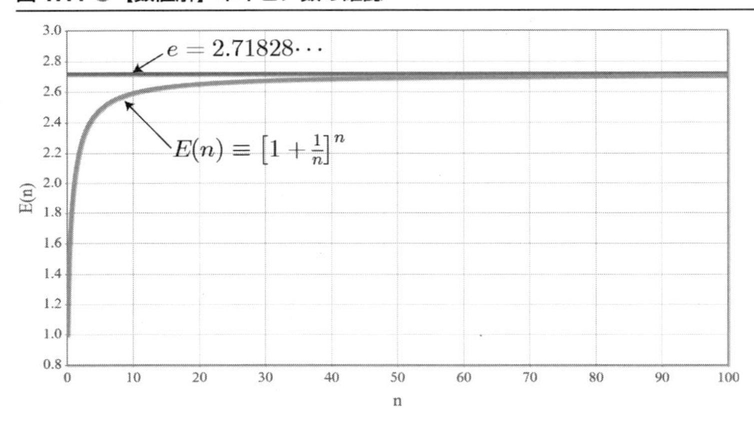

☞ Chapter1/Napier.html（HTML）、Napier.cpp（C++、データ生成のみ）

ネイピア数を底とした指数関数は頻出するため、$f(t) = \exp(t)$ という特別な記号が用意されています。プログラミング言語でも exp 関数が定義されていて、JavaScript では次のとおり記述します。

ネイピア数を底とした指数関数

```
var f = Math.exp( t );  // eを底とした指数関数
```

任意の底の指数関数の導関数

本項の最後に、任意の底の指数関数の導関数を示します。$a = e^{\log a}$ であることを用いて式（1.65）の被極限因子を書き換えると、次のようになります。

数学公式　**任意の底の指数関数の導関数**

$$f'(t) = a^t \lim_{\Delta t \to 0} \left[\frac{a^{\Delta t} - 1}{\Delta t} \right] = a^t \log a \lim_{\Delta t \to 0} \left[\frac{e^{\Delta t \log a} - 1}{\Delta t \log a} \right]$$
$$= a^t \log a \lim_{\Delta t' \to 0} \left[\frac{e^{\Delta t'} - 1}{\Delta t'} \right] = a^t \log a \tag{1.71}$$

対数関数の導関数

対数関数 $f(t) = \log t$ の導関数も、微分の定義式（1.44）から得られます。

$$f'(t) = \lim_{\Delta t \to 0} \left[\frac{\log(t + \Delta t) - \log(t)}{\Delta t} \right] = \lim_{\Delta t \to 0} \frac{1}{\Delta t} \log \left[\frac{t + \Delta t}{t} \right]$$
$$= \frac{1}{t} \log \left[\lim_{\Delta t' \to 0} (1 + \Delta t')^{\frac{1}{\Delta t'}} \right] = \frac{1}{t} \tag{1.72}$$

上記の式変形は、対数に関する公式（1.29）と（1.30）、$\Delta t = t\Delta t'$ の式変形とネイピア数の定義式（1.70）を用いています。なお、式（1.72）は $t > 0$ を前提としていましたが、元の対数関数を $f(t) = \log |t|$ と定義して、t の正負による場合分けを行っても式（1.72）と同じ結果が得られます。以上を踏まえて指数関数と対数関数の導関数をまとめます。

指数関数と対数関数の導関数のまとめ

数学公式　**指数関数の導関数**

$$f(t) = e^x \ \rightarrow \ f'(t) = e^x \tag{1.73}$$
$$f(t) = a^x \ \rightarrow \ f'(t) = a^x \log a \tag{1.74}$$

数学公式　**対数関数の導関数**

$$f(t) = \log |t| \ \rightarrow \ f'(t) = \frac{1}{t} \tag{1.75}$$
$$f(t) = \log_a |t| \ \rightarrow \ f'(t) = \frac{1}{t \log a} \tag{1.76}$$

1.4.6 ベクトルの微分

高校数学では登場しませんが、1.3 節で解説したベクトルの微分も、各成分ごとに微分した値として定義することができます。物理学では多くの量はベクトルで表されるので、確実に理解しておく必要があります。

数学定義 **ベクトルの微分**

$$\frac{d\boldsymbol{a}}{dt} \equiv \left(\frac{da_x}{dt}, \frac{da_y}{dt}, \frac{da_z}{dt}\right) \tag{1.77}$$

内積・外積の微分

通常の変数による積の微分と同様、内積と外積に対しても式（1.54）で示した積の微分が成り立ちます。

数学公式 **内積と外積の微分**

$$\frac{d}{dt}(\boldsymbol{a}\cdot\boldsymbol{b}) = \frac{d\boldsymbol{a}}{dt}\cdot\boldsymbol{b} + \boldsymbol{a}\cdot\frac{d\boldsymbol{b}}{dt} \tag{1.78}$$

$$\frac{d}{dt}(\boldsymbol{a}\times\boldsymbol{b}) = \frac{d\boldsymbol{a}}{dt}\times\boldsymbol{b} + \boldsymbol{a}\times\frac{d\boldsymbol{b}}{dt} \tag{1.79}$$

この公式は、ベクトルの成分ごとに微分の計算を行うことで確かめることもできます。また、式（1.58）の $\boldsymbol{b}$ を $\boldsymbol{a}$ とすることで次の公式も導かれます。

数学公式 **ベクトルの絶対値の 2 乗の微分**

$$\frac{d}{dt}|\boldsymbol{a}|^2 = \frac{d}{dt}(\boldsymbol{a}\cdot\boldsymbol{a}) = 2\boldsymbol{a}\cdot\frac{d\boldsymbol{a}}{dt} \tag{1.80}$$

以上のベクトルの微分にて、外積などのベクトルの微分値はベクトル、内積などのスカラーの微分値はスカラーとなることを注意しておくと計算ミスが減ります。

1.4.7 テーラー展開

テーラー展開とは、任意の関数 $f(t)$ を $t = t_0$ を中心として t のべき関数で表現することです。特に $f(t)$ の $t = t_0$ の近傍の振る舞いを調べる際に非常に重宝します。$f(t)$ の $t = t_0$ における n 階の導関数を $f^{(n)}(t_0)$ と表した場合、テーラー展開は次のとおりになります。

数学定義　$t = t_0$ における $f(t)$ のテーラー展開

$$f(t) = f(t_0) + f'(t_0)(t-t_0) + \frac{1}{2}f''(t_0)(t-t_0)^2 + \frac{1}{6}f'''(t_0)(t-t_0)^3 + \cdots$$
$$= \sum_{n=0}^{\infty} \frac{f^{(n)}(t_0)}{n!}(t-t_0)^n \qquad (1.81)$$

「$n!$」は階乗（$= n(n-1)(n-2)\cdots 2\cdot 1$）です。この式（1.81）は、「任意の $f(t)$ は、t の 0 次、t の 1 次、t の 2 次、t の 3 次、……、無限次のべきの和で表すことができる」ということを意味します。テーラー展開の表式（1.81）は、t が t_0 の近傍では $f(t)$ が無限回微分可能であれば厳密に成り立ちます（展開係数の導出については後述します）。また、テーラー展開が成り立つ t の範囲は無限項の和が収束する範囲と一致し、**収束半径**という量で与えられます。なお、この収束半径は $f(t)$ の関数形によって異なります。

テーラー展開の展開係数の導出

任意の関数 $f(t)$ を $t = t_0$ の周りで展開した係数が「$f^{(n)}(t_0)/n!$」となることを示します。関数 $f(t)$ が

$$f(t) = a_0 + a_1(t-t_0) + a_2(t-t_0)^2 + a_3(t-t_0)^3 + \cdots \qquad (1.82)$$

と $(t - t_0)$ のべきで表されると仮定して、両辺を t で n 回微分します。$(t - t_0)$ の n 次の項よりも小さい項はすべて消えてしまい、

$$f^{(n)}(t) = n!\,a_n + \frac{(n+1)!}{1}a_{n+1}(t-t_0) + \frac{(n+2)!}{2}a_{n+2}(t-t_0)^2 + \cdots \qquad (1.83)$$

となります。式（1.83）に、$t = t_0$ を代入すると $(t - t_0) = 0$ なので第 1 項目だけが残り、

$$f^{(n)}(t_0) = n!\,a_n \qquad (1.84)$$

となります。この式から a_n が決まり、式（1.81）の係数と一致することがわかります。

テーラー展開の例（sin(t) と cos(t)）

テーラー展開の例として、$f(t) = \sin(t)$ と $f(t) = \cos(t)$ の $t = 0$ の周りでの展開を示します。

数学公式　f(t) = sin(t) の t = 0 における展開

$$f(t) = t - \frac{1}{6}t^3 + \frac{1}{120}t^5 - \frac{1}{5040}t^7 + \cdots = \sum_{n=0}^{\infty} \frac{(-1)^n}{(2n+1)!} t^{2n+1} \tag{1.85}$$

数学公式　f(t) = cos(t) の t = 0 における展開

$$f(t) = 1 - \frac{1}{2}t^2 + \frac{1}{24}t^4 - \frac{1}{720}t^6 + \cdots = \sum_{n=0}^{\infty} \frac{(-1)^n}{(2n)!} t^{2n} \tag{1.86}$$

sin 関数が t の奇数次数のみで構成されているのは、sin 関数が「$f(-t) = -f(t)$」を満たす「**奇関数**」であるためです。反対に、cos 関数は「$f(-t) = f(t)$」を満たす「**偶関数**」であるため、t の偶数次数のみで構成されることになります。

図 1.12 ● f(t) = sin(t) の t = 0 におけるテーラー展開

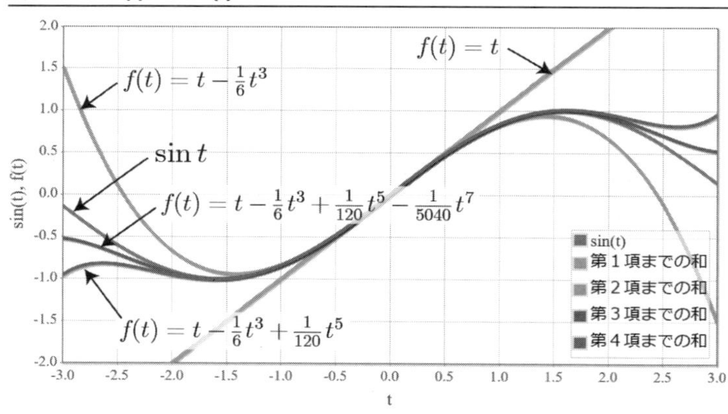

☞ Chapter1/TaylorSeries_sin.html（HTML）、TaylorSeries_sin.cpp（C++、データ生成のみ）

図 1.12 は sin 関数のテーラー展開です。$\sin(t)$ に対して、式（1.85）の第 1 項目まで和、第 2 項目までの和、第 3 項目までの和、第 4 項目までの和をプロットしています。第 1 項目までの和は 1 次関数（直線）なので、原点付近のみを表現します。第 2 項目、第 3 項目、第 4 項目までの和はそれぞれ 3 次関数、5 次関数、7 次関数で、項数が多くなるほど再現できている領域が広がっていることがわかります。物理学では t が十分小さい時に $\sin(t) \simeq t$ と近似することがよくありますが、

1
2
3
4
5
6
7
8
9

上記のグラフを見る限り、0.5 近くまでは概ねあっていることがわかります。

試してみよう！

- プログラムソース「TaylorSeries_sin.html」を改造して、式（1.86）の cos 関数のテーラー展開の公式を数値的に確かめてみよう。図 1.12 と同様に、第 1 項までの和から第 6 項までの和を計算したデータを追加してグラフを描画しよう。

1.5 積分

1.5.1 不定積分の定義と公式

積分とは、与えられた**導関数**から元の関数を計算する演算です。元の関数は**原始関数**と呼ばれます。微分の定義式（1.44）の無限小「dt」を両辺に掛けて変形することで、次のとおり積分記号を定義します。

数学定義　**積分記号の定義**

$$df = f'(t)dt \ \rightarrow \ \int df = \int f'(t)dt \ \rightarrow \ f(t) = \int f'(t)dt \tag{1.87}$$

原始関数とその微分である導関数の関係はすでに明らかなので、式（1.87）の積分記号を用いて各種関数の積分を表します。

数学公式　**定数の積分**

$$\int a\,dt = at + C \tag{1.88}$$

数学公式　**べき関数の積分**

$$\int t^n dt = \frac{1}{n+1}\,t^{n+1} + C \tag{1.89}$$

数学公式 **三角関数の積分**

$$\int \sin t\,dt = -\cos t + C \tag{1.90}$$

$$\int \cos t\,dt = -\sin t + C \tag{1.91}$$

数学公式 **指数関数の積分**

$$\int e^t dt = e^t + C \tag{1.92}$$

数学公式 **分数の積分**

$$\int \frac{1}{t}\,dt = \log|t| + C \tag{1.93}$$

右辺の C は全て積分定数と呼ばれる定数です。右辺を微分すると、C は定数なので消えて、積分記号の中身である被積分関数と一致することがわかります。上記の演算は**不定積分**と呼ばれますが、微分を理解していれば実は何も新しいことはありません。

1.5.2 定積分と面積の関係

定積分とは、積分区間という被積分関数の変数の範囲が与えられた積分です。この定積分の結果は、その区間における被積分関数と変数軸で囲まれる領域の面積と一致します。本項では、微分の定義から出発して定積分の定義を行い、また面積との関係を示します。

微分の定義式（1.44）の第 1 式と第 2 式の関係から出発します。最終的に $\Delta t \to 0$ の極限をとることを念頭においたまま、記述の煩雑さを避けるために lim 記号を省略して、次のとおり表します。

$$f(t+\Delta t) = f(t) + f'(t)\,\Delta t \tag{1.94}$$

式（1.94）は t と $t+\Delta t$ の地点における関数 f の関係を表していますが、この表式から t と任意の地点における関係を導くことができます。例えば、式（1.94）の t を $t+\Delta t$ に置き換えた式に元の式（1.94）を代入すると、t と $t+\Delta t$ の地点の関係が得られます。

$$\begin{aligned} f(t+2\Delta t) &= f(t+\Delta t) + f'(t+\Delta t)\Delta t \\ &= f(t) + f'(t)\Delta t + f'(t+\Delta t)\Delta t \end{aligned} \tag{1.95}$$

そしてこの操作を $N-1$ 回繰り返すと、

$$f(t+N\Delta t) = f(t) + \sum_{n=0}^{N-1} f'(t+n\Delta t)\Delta t \tag{1.96}$$

となります。この右辺第 2 項は、各地点における被積分関数の値に変数の間隔 Δt を掛け算した値の和となります。この値は、t から $t+N\Delta t$ までを等間隔に区切った長方形の面積に相当します。図 1.13 はその概念図です。

図 1.13 ●被積分関数による面積の概念図

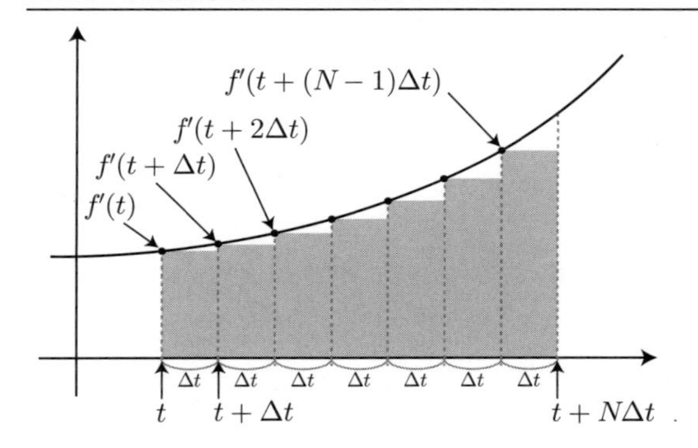

この長方形の面積の和を S_N と表すと、式（1.96）から次の関係式が得られます。

$$S_N = \sum_{n=0}^{N-1} f'(t+n\Delta t)\Delta t = f(t+N\Delta t) - f(t) \tag{1.97}$$

この関係式が興味深いのは、S_N が積分区間の両端の地点における原始関数 f の値の差だけで決まるという点です。そしてこの長方形の面積の和は、Δt を小さくするほど被積分関数と変数軸で囲まれた面積に近づいていくことも想像できます。式（1.97）に対して $N\Delta t = T$ として、T を固定したまま $\Delta t \to 0$（$N \to \infty$）の極限をとることを考えます。

$$S = \lim_{N\to\infty} S_N = \lim_{\Delta t\to 0} \sum_{n=0}^{N-1} f'(t+n\Delta t)\Delta t = f(t+T) - f(t) \tag{1.98}$$

この第 3 式が定積分です。式（1.87）で導入した積分記号を用いて定積分の定義を表すと次のとおりです。なお、表記をわかりやすくするために積分区間を $t_1 = t$、$t_2 = t + \Delta t$ と書き換えています。

数学定義　**定積分の定義**

$$\int_{t_1}^{t_2} f'(t)dt \equiv \lim_{\Delta t \to 0} \sum_{n=0}^{N-1} f'(t + n\Delta t)\Delta t = f(t_2) - f(t_1) \tag{1.99}$$

左辺の積分記号の下付きと上付きは、それぞれ積分区間の始点と終点を表します。さらに、表記を不定積分の一般的な表現に統一するために、F の導関数を f として表します。定積分の演算結果は次のとおりです。

数学公式　**定積分の演算結果**

$$\int_{t_1}^{t_2} f(t)dt = [F(t)]_{t_1}^{t_2} = F(t_2) - F(t_1), \quad \frac{dF(t)}{dt} = f(t) \tag{1.100}$$

1.5.3 積の積分と合成関数の積分

本項では積分に関する 2 つの重要な公式を導きます。1 つ目は、式（1.54）の積の微分から導かれる部分積分と呼ばれる公式です。無限小「d○」は自由に積算／除算を行うことができるので、式（1.54）の両辺に dt を積算した後に積分します。

$$\int dh = \int f'(t)g(t)dt + \int f(t)g'(t)dt \tag{1.101}$$

ただし $dh = d[f(t)g(t)]$ です。左辺は定数の積分なのでそのまま計算することができ、

$$f(t)g(t) = \int f'(t)g(t)dt + \int f(t)g'(t)dt \tag{1.102}$$

となります。この式から**部分積分**と呼ばれる公式が導かれます。不定積分でも定積分でも成り立ちます。

数学公式　**部分積分（不定積分）**

$$\int f'(t)g(t)dt = f(t)g(t) - \int f(t)g'(t)dt \tag{1.103}$$

数学公式　**部分積分（定積分）**

$$\int_{t_0}^{t_1} f'(t)g(t)dt = \left[f(t)g(t) \right]_{t_0}^{t_1} - \int_{t_0}^{t_1} f(t)g'(t)dt \qquad (1.104)$$

2つ目は合成関数の積分です。fがtの関数$T(t)$の関数に対するtの関数の場合、式（1.47）で示した変数変換によって自然に計算することができます。

数学公式　**合成関数の積分**

$$\int f(T(t))dt = \int f(T(t))\left(\frac{dt}{dT}\right)dT = \int \frac{f(T)}{T'(t)}\,dT \qquad (1.105)$$

1.6 多変数関数の微分・積分

1.6.1 多変数関数の定義

これまでに解説した関数は、変数が1つでした。これは、関数が1次元上の各点における何かしらの量を与えるものとして定義されていることを意味します。同様に考えると、変数が複数存在する**多変数関数**は多次元空間上の各点における何かしらの量を与えるものとして定義されます。関数はスカラーに限らずベクトルでも構いません。

数学定義　**多変数関数（3変数の場合）**

スカラー関数：$U(x, y, z)$
ベクトル関数：$\boldsymbol{F}(x, y, z)$

物理学では、スカラー関数は密度や温度などのスカラー量として定義される量の空間分布、ベクトル関数は電場や磁場、流速などのベクトル量で定義される量の空間分布を表すのに用いられます。

1.6.2 多変数関数の微分（偏微分）と全微分の定義

1.4 節で解説した微分は、1 変数関数だけでなく多変数関数に対しても同様に定義することができます。着目する変数以外を定数と見なして定義される式（1.44）の演算は**偏微分**、演算結果は偏導関数と呼ばれ、記号は「∂」を用います。3 つの変数 x、y、z の 3 変数関数 $U(x, y, z)$ の偏導関数（偏微分）は次のとおりです。

数学定義　3 変数関数 U(x, y, z) の偏導関数（偏微分）

$$\frac{\partial U(x,y,z)}{\partial x} \equiv \lim_{\Delta x \to 0} \frac{U(x+\Delta x, y, z) - U(x,y,z)}{\Delta x}$$
$$\frac{\partial U(x,y,z)}{\partial y} \equiv \lim_{\Delta y \to 0} \frac{U(x, y+\Delta y, z) - U(x,y,z)}{\Delta y} \qquad (1.106)$$
$$\frac{\partial U(x,y,z)}{\partial z} \equiv \lim_{\Delta y \to 0} \frac{U(x, y, z+\Delta z) - U(x,y,z)}{\Delta z}$$

多変数関数の偏導関数は各変数に対する勾配（変化の割合）を表します。微分演算子で利用する「d」は変数の無限の微小量として定義されるため、「df」や「dt」といった形で単独で出現して四則演算できますが、「∂」は上記の偏導関数でのみ定義される量であるため、必ず分数形でしか出現しません。例を挙げます。

正しい：　$dU = \dfrac{dU}{dx}dx$

誤り：　$\partial U = \dfrac{\partial U}{\partial x}\partial x$

式（1.106）の偏微分は

$$\frac{\partial U(x,y,z)}{\partial x} = \frac{\partial}{\partial x}U(x,y,z) \qquad (1.107)$$

とも表記します。微分と同様、偏導関数の偏導関数も定義することができ、n 回偏微分を計算した偏導関数は n 階の偏導関数と呼ばれます。

数学定義　n 階の偏導関数

$$\left(\frac{\partial}{\partial x}\right)^n U(x,y,z) \equiv \frac{\partial^n U(x,y,z)}{\partial x^n} \qquad (1.108)$$

また、同じ変数だけでなく、異なる変数に対する偏微分を計算した偏導関数も式（1.106）から導くこともできます。

数学公式 **n 階の偏導関数**

$$\frac{\partial}{\partial y}\frac{\partial}{\partial x}U(x,y,z)=\frac{\partial}{\partial x}\frac{\partial}{\partial y}U(x,y,z)=\frac{\partial^2 U(x,y,z)}{\partial x\partial y} \tag{1.109}$$

上式は式（1.106）の偏微分の定義から導くことができ、異なる変数による偏導関数は演算の順番には依存し無いことも示されます。

1.6.3 「d」と「∂」の関係

多変数関数も微分を定義することはできます。偏導関数は多変数関数の各変数ごとの独立した勾配を表すことは述べたとおりですが、多変数関数の微分は全変数の各勾配を総合した勾配として定義されます。全変数の各勾配を総合した勾配は**全微分**と呼ばれ、3 変数関数に対しては次のとおり定義されます。

数学定義 **3 変数関数の全微分**

$$dU \equiv \left(\frac{\partial U}{\partial x}\right)dx+\left(\frac{\partial U}{\partial y}\right)dy+\left(\frac{\partial U}{\partial z}\right)dz \tag{1.110}$$

上記の定義は、『関数 U は x と y と z をそれぞれ微小量「dx」「dy」「dz」変化させたときに「dU」だけ変化する。その際の各変数ごとの変化の割合が偏導関数である。』という意味です。上記の dU、dx、dy、dz は無限の微小量なので自由に四則演算することができ、両辺に任意の変数の無限の微小量を割り算することで多変数関数 U の微分を計算することもできます。

数学公式 **3 変数関数 U(x, y, z) の変数 t による微分**

$$\frac{dU}{dt}=\left(\frac{\partial U}{\partial x}\right)\frac{dx}{dt}+\left(\frac{\partial U}{\partial y}\right)\frac{dy}{dt}+\left(\frac{\partial U}{\partial z}\right)\frac{dz}{dt} \tag{1.111}$$

この表式は地味ですが非常に強力で、x、y、z が互いに独立ではない場合でも x、y、z が t の関数と見なすことで成り立ちます。また、$t \to x$ としても成り立ちます。

$$\frac{dU}{dx} = \left(\frac{\partial U}{\partial x}\right) + \left(\frac{\partial U}{\partial y}\right)\frac{dy}{dx} + \left(\frac{\partial U}{\partial z}\right)\frac{dz}{dx} \tag{1.112}$$

もし、x、y、z が互いに独立な場合、$dy/dx = 0$、$dz/dx = 0$ となるため

$$\frac{dU}{dx} = \left(\frac{\partial U}{\partial x}\right) \tag{1.113}$$

となりますが、両辺に dx を積算すると $dU = (\partial U/\partial x)dx$ となり、式（1.110）と矛盾してしまいます。そのため、y と z が x に依存しないことを明記する必要があり、

$$\left(\frac{dU}{dx}\right)_{y,z} = \frac{\partial U}{\partial x} \tag{1.114}$$

と記述する必要があります。左辺は「y と z を固定して U を x で微分する」という意味です。これは、式（1.106）の偏微分の定義と一致します。式（1.114）のような表記は、変数同士の関係が複雑に絡み合う熱力学などの分野で多用されます。

1.6.4 偏微分演算子∇

偏導関数が各変数に対する勾配を表すことは前述のとおりです。この勾配をベクトルの成分として表したのが、**勾配ベクトル**と呼ばれる量です。3 変数関数 $U(x, y, z)$ の勾配ベクトルは次のとおり定義されます。

数学定義 勾配ベクトル

$$\nabla U \equiv \left(\frac{\partial U}{\partial x}, \frac{\partial U}{\partial y}, \frac{\partial U}{\partial z}\right) \tag{1.115}$$

逆三角形の記号「∇」は**ナブラ**と呼ばれ、次のとおり定義されます。

数学定義 ナブラ

$$\nabla \equiv \left(\frac{\partial}{\partial x}, \frac{\partial}{\partial y}, \frac{\partial}{\partial z}\right) \tag{1.116}$$

∇は偏微分演算子で構成されるベクトルで、3 次元でのみ定義されます。私達が生活する世界は空間 3 次元なので、この∇は物理学全般で登場する非常に重要な演算子となります。

∇を用いた全微分の表現

式（1.110）を∇を用いて表現することを考えます。式（1.110）の右辺の各項は各成分の偏微分と無限微小量の積の和となっているので、3 次元空間中の無限微小量ベクトル

$$d\boldsymbol{r} \equiv (dx, dy, dz) \tag{1.117}$$

を導入して、式（1.115）とのベクトルの内積を計算することで表すことができます。

数学公式　**∇を用いた全微分の表現**

$$dU = \nabla U \cdot d\boldsymbol{r} \tag{1.118}$$

∇の別表現

最後に、∇を$d\boldsymbol{r}$を用いて表現することを考えます。式（1.118）右辺の$d\boldsymbol{r}$は内積として現れているので、両辺を勝手に$d\boldsymbol{r}$で割り算することはできません。そこで、分母に現れるベクトルを「分母にあるベクトルは同じベクトルとの内積を計算すると 1 になる」という意味として定義します。

数学定義　**分母にあるベクトルの定義**

$$\frac{1}{\boldsymbol{a}} \cdot \boldsymbol{a} = \boldsymbol{a} \cdot \frac{1}{\boldsymbol{a}} = 1 \tag{1.119}$$

この定義は、分母にベクトルが現れたら同じベクトルとの内積を計算することを念頭に置く必要があることを意味しています。

$$\boldsymbol{a} = \frac{c}{\boldsymbol{b}} \leftrightarrow \boldsymbol{a} \cdot \boldsymbol{b} = c \tag{1.120}$$

この定義を用いることで、式（1.118）は

$$\frac{dU}{d\boldsymbol{r}} = \nabla U \tag{1.121}$$

と表現でき、両辺を比較することで形式的に次の対応が得られます。

数学定義 ベクトルによる微分とナブラの関係

$$\frac{d}{d\boldsymbol{r}} \equiv \nabla \tag{1.122}$$

この表式は 1.6.7 項で解説する線積分で役に立ちます。

1.6.5 ∇を用いた演算（勾配・発散・回転・ラプラシアン）

∇はベクトルなので、内積と外積といったベクトル演算が可能です。ベクトル量を扱う物理学の分野では頻出し、それぞれ**発散**と**回転**という呼び名が与えられています。ただし、本書では利用しないため紹介だけします。任意のベクトル量の関数 $\boldsymbol{F}(x, y, z)$ に対する、発散と回転の具体的表式は次のとおりです。

数学公式 発散（ナブラとの内積）

$$\nabla \cdot \boldsymbol{F}(x, y, z) = \frac{\partial F_x(x, y, z)}{\partial x} + \frac{\partial F_y(x, y, z)}{\partial y} + \frac{\partial F_z(x, y, z)}{\partial z} \tag{1.123}$$

数学公式 回転（ナブラとの外積）

$$\nabla \times \boldsymbol{F}(x, y, z) = \left(\frac{\partial F_y(x, y, z)}{\partial z} - \frac{\partial F_z(x, y, z)}{\partial y},\ \frac{\partial F_z(x, y, z)}{\partial x} - \frac{\partial F_x(x, y, z)}{\partial z},\ \frac{\partial F_x(x, y, z)}{\partial y} - \frac{\partial F_y(x, y, z)}{\partial z}\right) \tag{1.124}$$

発散は内積なので演算結果はスカラー、回転は外積なので演算結果はベクトルとなります。なお、式（1.115）のようにスカラー関数に作用させる演算は**勾配**と呼ばれます。

また、∇はベクトルなので、2 つの∇の内積も存在します。2 つの∇の内積は 2 階の偏微分を表す演算子で**ラプラシアン**と呼ばれ、記号としてΔが利用されます。

数学公式 ラプラシアン（ナブラ同士の内積）

$$\Delta \equiv \nabla^2 = \nabla \cdot \nabla = \left(\frac{\partial}{\partial x}\right)^2 + \left(\frac{\partial}{\partial y}\right)^2 + \left(\frac{\partial}{\partial z}\right)^2 = \frac{\partial^2}{\partial x^2} + \frac{\partial^2}{\partial y^2} + \frac{\partial^2}{\partial z^2} \tag{1.125}$$

1.6.6 経路による積分

式（1.87）第1式と式（1.118）を見比べると、$f(t)$ と $f'(t)$ が $U(\boldsymbol{r})$ と ∇U に対応していることがわかります（$U(\boldsymbol{r})$ と $U(x, y, z)$ は同じです）。つまり、式（1.118）の両辺を積分した結果がベクトル微小量 $d\boldsymbol{r}$ との内積による不定積分と考えることができます。

数学定義　ベクトル微小量による不定積分

$$\int dU = \int \nabla U \cdot d\boldsymbol{r} \ \rightarrow\ U(\boldsymbol{r}) = \int \nabla U \cdot d\boldsymbol{r} \tag{1.126}$$

ただし、ベクトル微小量による不定積分は一般には利用されることはなく（利用する機会がなく）、実際上、積分範囲が明示された定積分が利用されます。

積分範囲は3次元空間の始点と終点をつなぐ経路で定義されます。図1.14は、始点 $\boldsymbol{r}_1$ から終点 $\boldsymbol{r}_2$ までの経路（点線）に対するベクトル関数の積分を表した模式図です。図中には2つの経路を示しましたが、実際には非可算無限個の経路が存在します。

図中の $\boldsymbol{F}(\boldsymbol{r})$ と $d\boldsymbol{r}$ は、経路上の点 $\boldsymbol{r}$ における被積分関数 ∇U の値と経路の接線方向を向く無限微小ベクトルを表します。式（1.126）ではこの両者が内積されていることから、積分は被積分ベクトル関数の経路におけるの接線方向成分の足し合わせという意味を持ちます。

図1.14●経路による積分の模式図

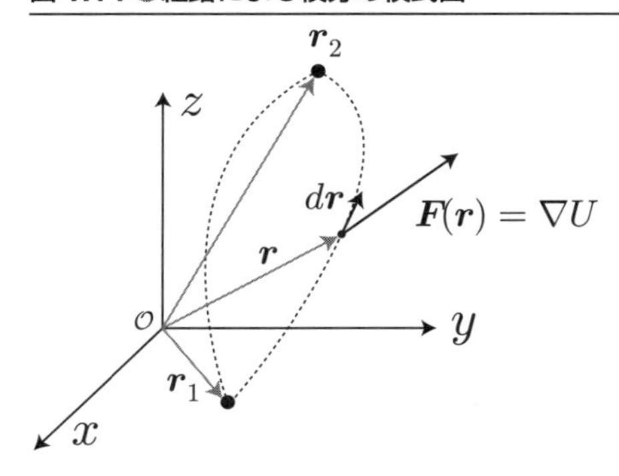

図1.14の経路を加味して式（1.126）を書き換えたのが定積分です。

数学公式　経路による積分（経路に依存しない）

$$\int_{U(\boldsymbol{r}_1)}^{U(\boldsymbol{r}_2)} dU = \int_{\boldsymbol{r}_1}^{\boldsymbol{r}_2} \nabla U \cdot d\boldsymbol{r} \ \rightarrow\ U(\boldsymbol{r}_2) - U(\boldsymbol{r}_1) = \int_{\boldsymbol{r}_1}^{\boldsymbol{r}_2} \nabla U \cdot d\boldsymbol{r} \tag{1.127}$$

この表式が興味深いのは、被積分関数 $\boldsymbol{F}$ が ∇U であれば、積分結果は始点と終点の関数値 $U(\boldsymbol{r}_1)$ と $U(\boldsymbol{r}_2)$ の差だけで得られるということが示されている点です。つまり、$\boldsymbol{r}_1$ から $\boldsymbol{r}_2$ をつなぐ経路に全く依存しないことを意味します。反対に、被積分関数がスカラー関数の勾配で与えられない場合には、経路に依存することになります。

このような被積分関数 $\boldsymbol{F}$ は特殊な例のように思えます。ここまで長々と多変数関数の微分と積分を解説してきた理由があり、上記の $\boldsymbol{F}$ と U の関係が、物理学における「力」と「ポテンシャルエネルギー」の関係となっているためです†2。この演算は「力学的エネルギー保存則」という重要な法則と密接な関係があり、その関係を示す数学的な準備として本節があったというわけです。

なお、経路に依存した積分は、次のように積分記号の下に C の文字を書き、別途経路を指定する必要があります。経路に依存する場合、式（1.126）で定義したような不定積分は定義できないことに注意が必要です。

数学定義　経路に依存した線積分

$$\phi_C = \int_C \boldsymbol{A}(\boldsymbol{r}) \cdot d\boldsymbol{r} \tag{1.128}$$

経路に依存する・しないに関わらず、経路による積分は**線積分**と呼ばれます。この他にも、指定した曲面上で積分する「面積分」、指定した体積領域で積分する「体積分」など、積分の方法によって多種多様に存在します。これらの演算は**ベクトル解析**と呼ばれる分野で、本節ではそれらのごく一部を解説したという位置づけになります。

1.7 連立方程式

1.7.1 線形連立方程式

連立方程式とは中学校で学習する非常に基本的な数学ですが、実は物理学で物理現象を表す「解を求める」というのは、ニュートンの運動方程式などの基礎方程式に初期条件と境界条件を連立させた「連立方程式を解く」という作業そのものを指すぐらい重要です。これは、解析解を導出する場合でも数値解を得る場合でも変わりません。一般的に、物理現象を記述する基礎方程式は微分方程式の形式を取るものが多く、そこから様々な関数形の連立方程式が導出されますが、それらを連

†2　後に詳しく解説しますが、「力」と「ポテンシャルエネルギー」の関係は理由があってマイナス符号が付きます。

立させて解析的に解を得られることは少なく、数値的に取り扱うことが多くなります。

本節で取り扱う線形連立方程式とは、変数が1次で構成される方程式（x^2 や e^x、$\sin x$ などが現れない方程式）における最も基本的な連立方程式で、物理シミュレーションにおいても非常によく現れます。本節では、**ガウスの消去法**と呼ばれる、線形連立方程式を数値的に解く方法について解説します。

次の連立方程式は、3つの未知の変数 x、y、z と12個の既知の定数 a、b、c、d、e、f、g、h、i、j、k、l に対して、3つの方程式が与えられている連立方程式の例です。未知の変数 x、y、z がすべて1次なので、これは線形連立方程式となります。

$$\begin{cases} ax + by + cz = d \\ ex + fy + gz = h \\ ix + jy + kz = l \end{cases} \tag{1.129}$$

上記の線形連立方程式は、未知の変数3個に対して方程式の数も3本あるため、特別な場合を除いて中学校でも学習するとおり紙と鉛筆で解く（解析的に解く）ことができます[†3]。次項で示しますが、線形連立方程式の解の導出は非常に機械的で、計算アルゴリズムを立ててコンピュータを用いて計算するにはうってつけです。しかも、変数の数が増えても繰り返し文による繰り返しの実行回数を増やすだけで対応が可能となります。

1.7.2 線形連立方程式の解き方

本項では、ガウスの消去法と呼ばれる線形連立方程式を解く方法に基づいた計算アルゴリズムの導出を行います。次項でプログラムを記述する際にわかりやすくするために、式（1.129）を

$$\begin{cases} a_{11}^{(1)} x_1 + a_{12}^{(1)} x_2 + a_{13}^{(1)} x_3 = a_{14}^{(1)} \\ a_{21}^{(1)} x_1 + a_{22}^{(1)} x_2 + a_{23}^{(1)} x_3 = a_{24}^{(1)} \\ a_{31}^{(1)} x_1 + a_{32}^{(1)} x_2 + a_{33}^{(1)} x_3 = a_{34}^{(1)} \end{cases} \tag{1.130}$$

と表します。未知の変数を全て x と表記し、3つの変数は添字で区別します。同様に、既知の定数

---

†3　ただし、定数が次の場合には解が得られません。
（1）2つ以上の方程式が互いに平行の場合（例えば a、b、c と e、f、g の組が定数倍の場合）、解は存在しません。
（2）自明な方程式（例えば、a、b、c、d が全て0）や定数倍の方程式（例えば、$a/e = b/f = c/g = d/h$ の場合）が含まれる場合、解は一意に決まりません。
（3）方程式に矛盾が存在する場合（例えば、a、b、e、$f = 0$ かつ $d/c \neq h/g$ の場合）、解は存在しません。

もすべて a と表記し、12 個の定数は下付き添字で区別します（添字の左側整数は方程式の番号、右側整数は変数番号）。また、a の上付きの添字は、計算ステップの回数を表すとします。最終的に、x_i（$i = 1$、2、3）を a_{jk}（$j = 1$、2、3、$k = 1$、2、3、4）だけで表すことができれば、線形連立方程式が解けたことになります。

ガウスの消去法の基本形

ガウスの消去法は、結論から言うと、式（1.130）の各方程式に操作を繰り返して次の形に変形を行います。

$$\begin{cases} a_{11}^{(1)} x_1 + a_{12}^{(1)} x_2 + a_{13}^{(1)} x_3 = a_{14}^{(1)} \\ a_{22}^{(2)} x_2 + a_{23}^{(2)} x_3 = a_{24}^{(2)} \\ a_{33}^{(3)} x_3 = a_{34}^{(3)} \end{cases} \tag{1.131}$$

ただし、$a_{ij}^{(k)}$ は i 番目の方程式の変数 x_j の係数を表し、k は k 回操作されたことを表します（$a_{22}^{(1)}$ と a_{22}^{2} は別の値です）。式（1.131）と式（1.131）を見比べると、1 行目は変化なし、2 行目は x_1 が無くなっていて、3 行目は x_1 と x_2 が無くなっていることがわかります。この形式に変形することができたとすると、即座に解（x_1、x_2、x_3）を計算することができます。

式（1.131）の 3 行目から直ちに

$$x_3 = a_{34}^{(3)} / a_{33}^{(3)} \tag{1.132}$$

が得られます。次に、式（1.131）の 2 行目を x_2 について解くと

$$x_2 = (a_{24}^{(2)} - a_{23}^{(2)} x_3) / a_{22}^{(2)} \tag{1.133}$$

となるわけですが、x_3 は式（1.132）で得られているので、x_2 は式（1.133）で得られていることになります。最後に、式（1.131）の 1 行目を x_1 について解くと

$$x_1 = (a_{14}^{(1)} - a_{13}^{(1)} x_3 - a_{12}^{(1)} x_2) / a_{11}^{(1)} \tag{1.134}$$

となるわけですが、x_3 は式（1.132）、x_2 は式（1.133）で得られているので、x_1 は式（1.134）で得られていることになります。つまり、与えられた連立方程式を変形して式（1.131）で示した形にできればよいということになります。また、上記の方法は、変数の数が増えても全く同じ手順で全ての変数を決定することができます。なお、式（1.131）の形から式（1.132）～（1.134）までの手順は、ガウスの消去法における**後進代入**と呼ばれる作業です。次に、式（1.130）から式（1.131）の形への変形方法について解説します。

前進消去

式（1.130）から式（1.131）の導出は、次に挙げる方程式に関する一般的な性質

（1）方程式は両辺を定数倍しても成り立つ
（2）2 つの方程式の片々をそれぞれ四則演算しても成り立つ

を用いて操作を繰り返して連立方程式の変形を行います。基本的な考え方は簡単です。式（1.131）の 2 行目、3 行目には x_1 の項は存在しないので、上記の（1）と（2）の操作を行って 2 行目と 3 行目の x_1 の項を消去します。具体的には、式（1.130）の 1 行目の両辺に $a_{21}^{(1)} / a_{11}^{(1)}$ と $a_{31}^{(1)} / a_{11}^{(1)}$ をそれぞれ積算したものを、2 行目と 3 行目から引きます。その結果、x_1 は消去されて

$$\begin{cases} a_{11}^{(1)} x_1 + a_{12}^{(1)} x_2 + a_{13}^{(1)} x_3 = a_{14}^{(1)} \\ a_{22}^{(2)} x_2 + a_{23}^{(2)} x_3 = a_{24}^{(2)} \\ a_{32}^{(2)} x_2 + a_{33}^{(2)} x_3 = a_{34}^{(2)} \end{cases} \tag{1.135}$$

となります。ただし、$a_{ij}^{(2)}$ は $a_{ij}^{(1)}$ を用いて

$$\begin{cases} a_{22}^{(2)} = a_{22}^{(1)} - a_{12}^{(1)} \times a_{21}^{(1)} / a_{11}^{(1)} \\ a_{23}^{(2)} = a_{23}^{(1)} - a_{13}^{(1)} \times a_{21}^{(1)} / a_{11}^{(1)} \\ a_{24}^{(2)} = a_{24}^{(1)} - a_{14}^{(1)} \times a_{21}^{(1)} / a_{11}^{(1)} \end{cases} \tag{1.136}$$

$$\begin{cases} a_{32}^{(2)} = a_{32}^{(1)} - a_{12}^{(1)} \times a_{31}^{(1)} / a_{11}^{(1)} \\ a_{33}^{(2)} = a_{33}^{(1)} - a_{13}^{(1)} \times a_{31}^{(1)} / a_{11}^{(1)} \\ a_{34}^{(2)} = a_{34}^{(1)} - a_{14}^{(1)} \times a_{31}^{(1)} / a_{11}^{(1)} \end{cases} \tag{1.137}$$

と表されます。これで、式（1.131）の 2 行目が得られました。続いて、式（1.135）の 3 行目から x_2 を消去するために、式（1.135）の 2 行目の両辺に対して $a_{32}^{(2)} / a_{22}^{(2)}$ を積算したものを 3 行目から引きます。その結果、x_2 が消去されて、

$$\begin{cases} a_{11}^{(1)} x_1 + a_{12}^{(1)} x_2 + a_{13}^{(1)} x_3 = a_{14}^{(1)} \\ a_{22}^{(2)} x_2 + a_{23}^{(2)} x_3 = a_{24}^{(2)} \\ a_{33}^{(3)} x_3 = a_{34}^{(3)} \end{cases} \tag{1.138}$$

となります。ただし、$a_{ij}^{(3)}$ は $a_{ij}^{(2)}$ を用いて

$$\begin{cases} a_{33}^{(3)} = a_{33}^{(2)} - a_{23}^{(2)} \times a_{32}^{(2)} / a_{22}^{(2)} \\ a_{34}^{(3)} = a_{34}^{(2)} - a_{24}^{(2)} \times a_{32}^{(2)} / a_{22}^{(2)} \end{cases} \tag{1.139}$$

と表されます。式（1.138）は式（1.131）と同じで、目的を達成することができました。式（1.130）から出発し、式（1.135）～（1.139）までの流れはガウスの消去法における**前進消去**と呼ばれ、この後に後進代入を行うことで解を得ることができます。

ガウスの消去法の計算アルゴリズム

線形連立方程式の解を導出する以上の流れを詳しくみると、規則性があることがわかります。例えば、前進消去を行う際の式（1.136）、（1.137）、（1.139）の添字に着目すると、

$$a_{ij}^{(k+1)} = a_{ij}^{(k)} - a_{kj}^{(k)} \times a_{ik}^{(k)} / a_{kk}^{(k)} \tag{1.140}$$

の関係があることが確認できます。式（1.140）は k に関する漸化式の形になっているので、初期値（$a_{ij}^{(1)}$）が与えられれば、$k = 1, 2$ と順番に計算することができます。つまり、この式（1.140）が前進消去の計算アルゴリズムとなります。

変数の数（方程式の数）を n とした場合、k は 1、2、……、n、i は $k + 1$ から n、j は $k + 1$ から $n + 1$ まで取るので、$a_{ij}^{(n)}$ の全ては繰り返し文を利用することで計算することができます。擬似コードで表すと次のようになります。

```
for( k=1; k<n; k++){
  for( i=k+1; k<=n; i++){
    for( j=k+1; k<=n+1; j++){
      a_{ij}^{(k+1)} = a_{ij}^{(k)} - a_{kj}^{(k)} × a_{ik}^{(k)} / a_{kk}^{(k)}
    }
  }
}
```

また、後進代入も式（1.132）、（1.133）、（1.134）の添字に着目すると、

$$x_k = \left(a_{kn+1}^{(k)} - \sum_{j=k+1}^{n} a_{kj}^{(k)} x_j \right) \Big/ a_{kk}^{(k)} \tag{1.141}$$

の関係があることがわかります。$i = n$ から始めて $i = 1$ まで順番に計算することができるので、式（1.141）が後進代入の計算アルゴリズムとなります。後進代入の擬似コードは次のとおりです。

```
for( k=n; k>0; k--){
  x_k = ( a_{kn+1}^{(k)} - Σ_{j=k+1}^{n} a_{kj}^{(k)} x_j ) / a_{kk}^{(k)}
}
```

以上、式（1.140）と（1.141）が、ガウスの消去法を用いた計算アルゴリズムとなります。ただし、上記のプログラムには重大な欠陥があります。$a_{kk}^{(k)} = 0$ の場合に、0 による割り算が起きてしまいます。この対処法については 1.7.4 項で解説します。

1.7.3 【JavaScript】ガウスの消去法の計算プログラム

前項で示した計算アルゴリズムを用いて、任意の連立数における線形連立方程式の解を取得するライブラリの開発を行います。式（1.130）で示した連立方程式の係数が次に示す行列で表され、プログラム上では 2 重配列として用意されているとします。

$$\begin{pmatrix} a_{11} & a_{12} & a_{13} & a_{14} \\ a_{21} & a_{22} & a_{23} & a_{24} \\ a_{31} & a_{32} & a_{33} & a_{34} \end{pmatrix} \rightarrow \begin{pmatrix} a_{00} & a_{01} & a_{02} & a_{03} \\ a_{10} & a_{11} & a_{12} & a_{13} \\ a_{20} & a_{21} & a_{22} & a_{23} \end{pmatrix} \rightarrow M[i][j] \tag{1.142}$$

ただし、プログラム上で配列を扱う際には要素番号は 0 から始まるので、添字を 0 から始めるようにします。そのため、前項で示した擬似コードと for 文の範囲を少し変更する必要があります。次のプログラムソースは、引数に式（1.142）で示した 2 重配列を渡し、連立方程式の解を配列で返す関数となります。

プログラムソース 1.7 ●ガウスの消去法による線形連立方程式の計算（solveSimultaneousEquations.html）

```
function solveSimultaneousEquations ( M ) {
  // 連立数の取得
  var n = M.length;
  // 前進消去
  for( var k = 0; k < n-1; k++ ){  <------------------------------ (※1-1)
    for( var i = k + 1; i < n; i++){  <-------------------------- (※1-2)
      for( var j = k + 1; j <= n; j++){  <----------------------- (※1-3)
        M[i][j] = M[i][j] - M[k][j] * M[i][k] / M[k][k];  <------ 式（1.140）（※2）
      }
    }
  }
  // 連立方程式の解を格納する配列
  var ans = [];
  // 後退代入
  for( var k = n - 1; k >= 0; k--){  <--------------------------- (※1-4)
    for( var j = k + 1; j < n; j++){  <-------------------------- (※1-5)
      M[k][n] = M[k][n] - M[k][j] * ans[j];  <------------------- 式（1.141）（※3-1）
    }
    ans[i] = M[k][n] / M[k][k];  <------------------------------- 式（1.141）（※3-2）
  }
```

```
    return ans;
  }
```

（※ 1）　行列の添字を 0 スタートとした結果、i、j、k を 0 から n − 1 の間に限定します。

（※ 2）　この行では M[i][j] を上書きしています。式（1.141）では a に上付きの添字を用いて、上書き前後の値を区別していましたが、実は、上書き前の値は 2 度と利用しないため、わざわざ残しておく必要が無いので上書きしてしまいます。例えば、式（1.136）の $a_{22}^{(1)}$ は $a_{22}^{(2)}$ の計算に利用しますが、その後は利用されていません。その他の行列要素も同様です。これで数値計算を行う際のメモリ量を節約することができます。

（※ 3）　式（1.141）で示した j に関するサメーションによる差を計算しています。全ての引き算を終了した後に、式（1.141）の割り算を実行します。

検証

続いて、上記の関数の検証を行うため、次に用意した連立方程式を解いてみましょう。

$$
\begin{cases}
-2x - 2y = -1 \\
2x + y + z = 2 \\
4x + 2y + 3z = 1
\end{cases}
\tag{1.143}
$$

手でも簡単に計算することができて、解は $(x, y, z) = (-9/2, -4, -3)$ となります。上記の連立方程式に対応する配列を用意し、先の関数に代入して計算結果を取得してみましょう。

プログラムソース 1.8 ●線形連立方程式の計算例（solveSimultaneousEquations.html）

```
var J = [];
J[0] = [-2,-2,0,-1];
J[1] = [2,1,1,2];
J[2] = [4,2,3,1];
var A = solveSimultaneousEquations( J );
console.log( A );
```

図 1.15 は、上記プログラムの計算結果 A をコンソール画面に出力した結果です。配列に正しい解が x、y、z の順番で格納されているのがわかります。

図 1.15 ●計算結果を出力したコンソール画面

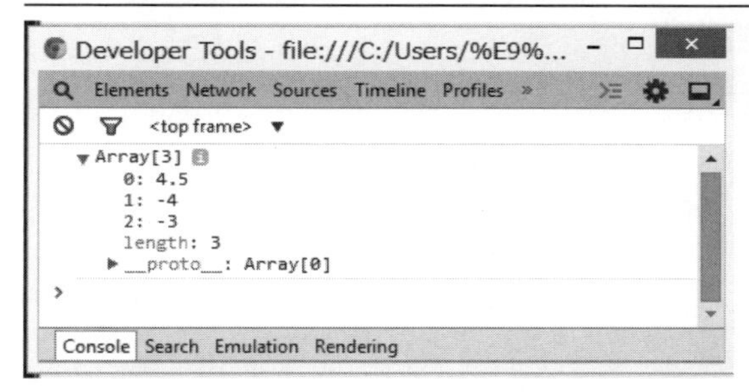

☞ Chapter1/solveSimultaneousEquations.html（HTML）

1.7.4　方程式の順番の入替（ピボット操作）

連立方程式は、連立された方程式の順番を入れ替えても当然解は同じになるはずです。例えば、式（1.143）の 1 行目と 3 行目を入れ替えた連立方程式

$$\begin{cases} 2x + y + z = 2 \\ 4x + 2y + 3z = 1 \\ -2x - 2y = -1 \end{cases} \tag{1.144}$$

の解も変化するはずはありません。しかしながら、式（1.144）に対する配列を用意して、連立方程式の解を返す solveSimultaneousEquations 関数を実行してみると、その結果は図 1.16 のとおり解が得られません。

プログラムソース 1.9 ●線形連立方程式の計算例

```
var J = [];
J[0] = [2,1,1,2];
J[1] = [4,2,3,1];
J[2] = [-2,-2,0,-1];
var A = solveSimultaneousEquations( J );
console.log( A );
```

図 1.16 ●解が得られていない

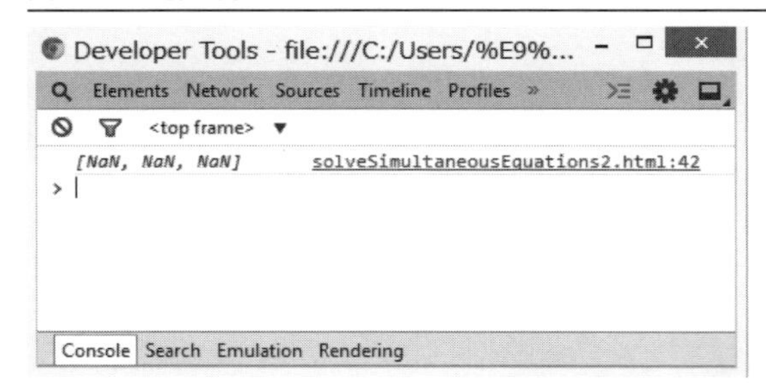

☞ Chapter1/solveSimultaneousEquations2.html（HTML）

これは、5.4.2 項の最後で言及した $a_{kk}^{(k)}=0$ が起こってしまっている結果です[†4]。このように $a_{kk}^{(k)}=0$ となった場合は論外ですが、$a_{kk}^{(k)}$ が小さい場合も計算誤差（丸め誤差）が大きくなってしまいます。本項ではその対処法である**ピボット操作**について解説します。

ピボット操作とは

式（1.143）と式（1.144）で示したような連立方程式の方程式の順番は、本来、解には影響を与えません。にも関わらずガウスの消去法では、方程式の順番によっては解が得られない、あるいは誤差が大きくなってしまうことがあります。この問題の発生の原因である $a_{kk}^{(k)}$ はピボットと呼ばれ、このピボットが最も大きくなるように方程式の順番を変更（ピボット操作）することで、計算精度を向上させることができます。

具体的には、式（1.130）の段階で、$a_{11}^{(1)}$、$a_{21}^{(1)}$、$a_{31}^{(1)}$ のうち最も絶対値の大きなものを探して、その値をピボットとするために方程式の順番を入れ替えます。そして、入れ替えた方程式の順番に対してあらためて係数 $a_{ik}^{(k)}$ を割り振った後に、これまでと同じ手続きに移ります。次に、式（1.135）の段階で $a_{22}^{(2)}$ と $a_{32}^{(2)}$ の絶対値を比較して、同様の行の交換を行います。つまり、ピボット操作は初期状態だけでなく各ステップで行う必要があり、$a_{kk}^{(k)}$、$a_{k+1k}^{(k)}$、……、$a_{n,k}^{(k)}$ の中から絶対値が最も大きなものを選択するという操作を行います。

1.7.5 【JavaScript】ガウスの消去法の計算プログラム（ピボット操作付き）

上記の内容を踏まえて、1.7.3 項のプログラムにピボット操作を追記します。

† 4　図 1.16 の「NaN」は「not a number」の略です。JavaScript では、0 で割り算を行った結果は「Infty」という文字列を返しますが、この文字列と算術演算を行ってしまった結果、「NaN」となっています。

プログラムソース 1.10 ●ピボット操作付きガウスの消去法（solveSimultaneousEquations_pibot.html）

```
function solveSimultaneousEquations ( M ) {
// 連立数の取得
var n = M.length;
// 前進消去（ピボット操作あり）
for( var k = 0; k < n-1; k++ ){
//////////////////////////////////////////////////// 追記はじめ
  var p = k;  <------------------------------------------------ (※1-1)
  var max = Math.abs( M[k][k] );  <---------------------------- (※1-2)
// ピボット選択
  for( var i = k + 1; i < n; i++){
    if( Math.abs( M[i][k] ) > max){  <------------------------- (※2-1)
      p = i;  <------------------------------------------------ (※2-2)
      max = Math.abs( M[i][k] );  <---------------------------- (※2-3)
    }
  }
  if( p != k ){  <--------------------------------------------- (※3-1)
    for(var i = k; i <= n; i++){
      var tmp = M[k][i];  <------------------------------------ (※3-2)
      M[k][i] = M[p][i];  <------------------------------------ (※3-3)
      M[p][i] = tmp;  <---------------------------------------- (※3-4)
    }
  }
//////////////////////////////////////////////////// 追記終わり
  for( var i = k + 1; i < n; i++){
    for( var j = k + 1; j <= n; j++){
      M[i][j] = M[i][j] - M[k][j] * M[i][k] / M[k][k];
    }
  }
}
（省略：後進代入）
}
```

（※ 1）　p はピボット行番号、max は初期ピボットの絶対値を初期値として与えます。

（※ 2）　ピボット候補となる他の行の該当列の絶対値と、初期ピボットの絶対値を比較して、ピボット候補の方が大きければ、p と max をその行の値を用いて更新します。

（※ 3）　k と p が異なる場合、つまりピボット操作の必要性が示された場合に行の交換を行います。具体的には、2 重配列の要素番号 k と p の値を一時変数を利用して入れ替えます。

以上を踏まえて、仮想物理実験室内で線形連立方程式を解くための上記の関数と同名のメソッドを PHYSICS.Math クラスに定義します。その際に、何かしらの原因でピボット値が小さすぎる場合に、注意をうながす文をコンソール画面に出力するようにします。

前進消去中「if(p != k){」の直前

```
if( Math.abs( max ) < 1E-12){
  var ans = [];
  for( var k = 0; k < n; k++ ) ans[k] = 0;
  console.log("前進消去時のピボットが小さすぎます（方程式の数が足りない可能性があります）");
  return ans;
}
```

前進消去中のピボット操作後のピボットが小さすぎる値となるのは、与えた方程式に重複があり、実質的に方程式が足りていない状況であることが考えられます。本メソッドでは、解の全てが「0」として返します。

後進代入中「ans[k] = M[k][n] / M[k][k]」実行時

```
if( Math.abs( M[k][k] ) < 1E-12){
  console.log("前進消去時のピボットが小さすぎます（方程式の数が多すぎる可能性があります）");
  ans[k] = 0;
} else {
  ans[k] = M[k][n] / M[k][k];
}
```

後進代入中のピボット値が小さすぎる値となるのは、変数の数が方程式の数よりも少ない場合が考えられます。本メソッドでは、本来存在しない解を「0」として返します。

1.7.6 【C++】solveSimultaneousEquations関数の利用方法

前項で示した、ピボット操作付きガウスの消去法による連立方程式の解を求めるC++用の関数 `solveSimultaneousEquations` は、ヘッダーファイル「solveSimultaneousEquations.h」で定義しています。C++で連立方程式の解を求めるプログラムを以下に示します。

プログラムソース 1.11 ●ガウスの消去法を用いた動作確認（solveSimultaneousEquations_test.cpp）

```
#include <iostream>
#include <fstream>
#include <string>
#include <direct.h>
#include <math.h>
#include "solveSimultaneousEquations.h"
int main(int argc, char* argv[]) {
  // 行列の初期化
  double **M = new double*[3];  <---------------------------------------- (※1-1)
```

```
    for (int i = 0; i<3; i++) {
      M[i] = new double[4];  <------------------------------------ (※1-2)
    }
    // 行列要素の準備
    M[0][0] = 4.0;  M[0][1] = 2.0;  M[0][2] = 3.0;  M[0][3] = 1.0;
    M[1][0] = 2.0;  M[1][1] = 1.0;  M[1][2] = 1.0;  M[1][3] = 2.0;
    M[2][0] = -2.0; M[2][1] = -2.0; M[2][2] = 0.0;  M[2][3] = -1.0;
    std::cout << "----------------元の行列-----------------" << std::endl;
    readMatrix(3, 4, M);  <-------------------------------------- (※2-1)
    // 解を保持する配列
    double *ans = new double[3];
    // ガウスの消去法による連立方程式の解を計算
    solveSimultaneousEquations(3, M, ans);  <-------------------- (※3)
    std::cout << "----------------解-----------------" << std::endl;
    readMatrix(3, ans);  <--------------------------------------- (※2-2)
    // 動的に確保した領域をそれぞれ解放
    for (int i = 0; i<3; ++i) delete[] M[i];  <------------------ (※4-1)
    delete[] M;  <----------------------------------------------- (※4-2)
    delete[] ans;  <--------------------------------------------- (※5)
}
```

(※ 1)　2 重配列を動的に確保します。このようにメモリを確保することで、各要素の値の取得と代入を通常の 2 重配列と同様に扱うことができます。

(※ 2)　配列要素の値を表示する関数も solveSimultaneousEquations.h で定義しています。2 重配列の場合には、第 1 引数に行数、第 2 引数に列数、第 3 引数に配列を与え、通常の配列の場合には、第 1 引数に行数、第 2 引数に配列を与えます。

(※ 3)　第 1 引数に行数（未知の変数の数）、第 2 引数に連立方程式を表す二重配列、第 3 引数に連立方程式の解を受け取る格納する配列を与えます。

(※ 4)　動的確保した二重配列のメモリを開放する手続きです。

(※ 5)　動的確保した配列のメモリを開放する手続きです。

様々な座標系

私達は、空間3次元、時間1次元の合計4次元の世界で生活しています。つまり、時間・空間上の1点を4つのパラメータ（変数）で表すことができます。

私達が通常生活するスケールでは、空間は行ったり来たりすることができるのに対して、時間は一方向に進んでいきます。そのため、スカラー量の時間と3次元ベクトル量の空間に分離して考えることができます。しかしながら、このスカラー量とベクトル量との間には、単に次元の大きさを表す以上に本質的な違いがあります。それは、スカラー量である時間は、目盛となる単位を定義するだけで一意に決定できるのに対して、3次元ベクトルで表される空間上の位置の表し方である「座標系」は、実は無限にあるということです。最も直感的なのは、直交する3軸に目盛を定義する直交座標系ですが、他にも地球上の位置を把握するための必然性から生まれた経度・緯度・標高を3つ目盛とした測地系などが存在します。つまり、空間上の位置を表す3次元ベクトルは、目的に応じて自由に定義することができるのです。

本章では、各座標系における位置ベクトル、速度ベクトル、加速度ベクトルの導出方法を解説します。

2.1 空間と時間

2.1.1 空間と座標系

日常でも用いられる**位置**という量も、あらかじめ定義された座標系における座標点を表す物理量です。座標空間は対象の対称性に合わせて任意に定義することができます。図2.1は、座標軸が互いに垂直に交わる直交座標系と、垂直ではない斜交座標系の例です。図中の丸（$\boldsymbol{r}$）は空間中の位置を表す座標点、矢印は原点を始点とした位置を表す**ベクトル**です。位置のように方向と大きさをもつ物理量は**ベクトル量**と呼ばれ、位置は**位置ベクトル**とも呼ばれます。なお、原点も対象に合わせて任意に定義することができます。

図2.1 ●座標系の例（直交座標系と斜交座標系）

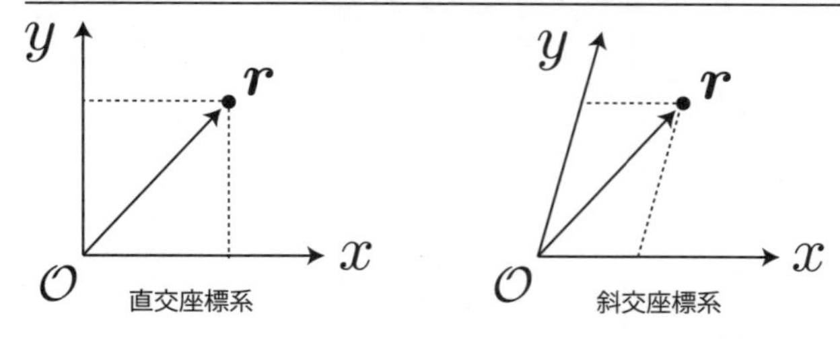

本書では、以下に挙げる座標系を扱います。同じ運動でも座標系によって物理法則の表現方法が異なります。

- 3 次元直交座標系　→　2.2 節
- 2 次元極座標系　→　2.3 節
- 円筒座標系　→　2.4 節
- 3 次元極座標系　→　2.5 節

長さの単位

物理量は数値だけでは意味がなく、基準となる**単位**が用意されています。位置と密接に関係のある単位は**長さ**です。長さを表す単位は地域や年代によって様々存在しますが、物理学では**メートル（m）**が主に利用されます。メートルの定義も歴史的に変遷をたどって来ましたが、現在では物理学において不変量として知られる光速を用いて次のとおり定義されています。

物理量　**メートルの定義（単位：m）**

$$1[\mathrm{m}] \equiv \frac{\text{光が 1 秒間に進む距離}}{299792458}$$

2.1.2 時間と時刻

時間という量も物理量です。ある事象が発生してから終わるまでの時間的間隔として定義することができます。時間の単位も地域や年代によって様々存在しますが、物理学では**秒（s）**が主に利用されます。秒の定義も歴史的に変遷をたどって来ましたが、安定した時間間隔を刻むことが知られているセシウムを用いた原子時計を用いて、次のとおり定義されています。

物理量　**秒の定義（単位：s）**[†1]

秒は、セシウム 133 の原子の基底状態の二つの超微細準位の間の遷移に対応する放射の周期の 9192631770 倍に等しい時間として現示する。

時間と時刻

時間も位置と同様に、任意に原点を決めることができます。その原点からの時間は**時刻**と呼ばれます。

† 1　この文言は、1972 年（昭和 47 年）に改正された計量法に記載されたものです。近年では光格子時計と呼ばれる計測方法を用いたさらに精度の高い秒の定義が提案されています。

2.1.3 速度ベクトルの定義（「平均の速度」と「瞬間の速度」）

位置と時間という2つの物理量が定義されましたが、この2つの物理量から、単位時間あたりの位置の変化を表す**速度**という物理量が定義されます。図2.2は、時刻 t_1 に位置 $\boldsymbol{r}(t_1)$ にいた物体が、時刻 t_2 に位置 $\boldsymbol{r}(t_2)$ に移動した模式図です。速度は向きと大きさを持つのでベクトル量です。図中では $\boldsymbol{v}$ と表しています。

図2.2 ●位置ベクトルの時間変化の模式図

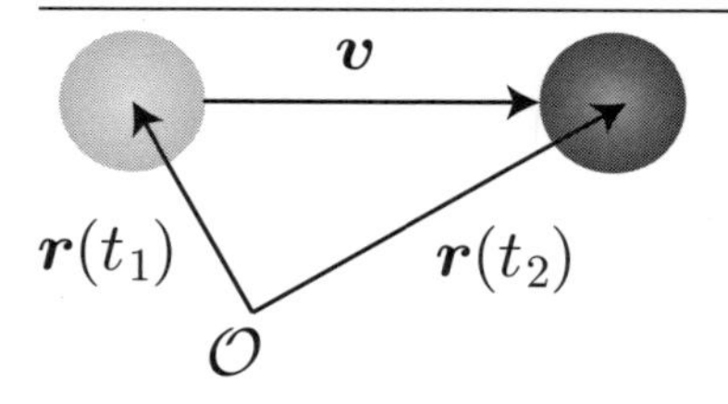

速度は定義する時間間隔によって、**「平均の速度」**と**「瞬間の速度」**の2種類存在します。1つ目の「平均の速度」は、2つの時刻 t_1 と t_2 における位置の変化（**差分**）で定義します。これは小学校で学習する公式「速さ＝距離／時間」に相当します。

数学定義　平均の速度（単位：m/s）

$$\boldsymbol{v}_{\text{ave.}} \equiv \frac{\boldsymbol{r}(t_2) - \boldsymbol{r}(t_1)}{t_2 - t_1} \tag{2.1}$$

2つ目の「瞬間の速度」は、2つの時刻 t_1 と t_2 の間隔を無限小とした極限で定義されます。時間間隔 $\Delta t \equiv t_2 - t_1$ を小さくするに従って、位置の差 $\Delta \boldsymbol{r} \equiv \boldsymbol{r}(t_2) - \boldsymbol{r}(t_1)$ も小さくなりますが、小さくなり方が異なります。つまり、「瞬間の速度」は公式「速さ＝距離／時間」の無限小時間の場合に相当します。

数学定義　瞬間の速度（単位：m/s）

$$\boldsymbol{v}_{\text{ins.}} \equiv \lim_{\Delta t \to 0} \frac{\Delta \boldsymbol{r}}{\Delta t} = \frac{d\boldsymbol{r}}{dt} \tag{2.2}$$

$\lim_{\Delta t \to 0}$ は、Δt を0の極限とする意味の数学記号です。

一般的に単に「速度」というと「瞬間の速度」を指す場面が多いですが、コンピュータを用いた数値計算の場合には「平均の速度」を用いる計算アルゴリズムも多数あります。どちらの定義を用いているかは文脈から判断することができるので、必要以上に気にする必要はありません。

測定原理の違いによる速度の定義の違い

移動する物体の速度を測定する場合、計測原理によってどちらの速度を計測しているかが異なります。

- 画像解析などによる位置の変化から速度を計測する場合　→平均の速度
- レーダーなどによるドップラー効果で速度を計測する場合 →瞬間の速度

2.1.4 加速度ベクトルの定義

位置、速度という 2 つの物理量が定義されましたが、さらに、単位時間あたりの速度の変化を表す**加速度**という物理量が定義できます。図 2.3 は、時刻 t_1 に速度 $\boldsymbol{v}(t_1)$ の物体が、時刻 t_2 に速度 $\boldsymbol{v}(t_2)$ に変化した模式図です。加速度は向きと大きさを持つのでベクトル量です。図中では $\boldsymbol{a}$ と表しています。

図 2.3 ●速度ベクトルの時間変化の模式図

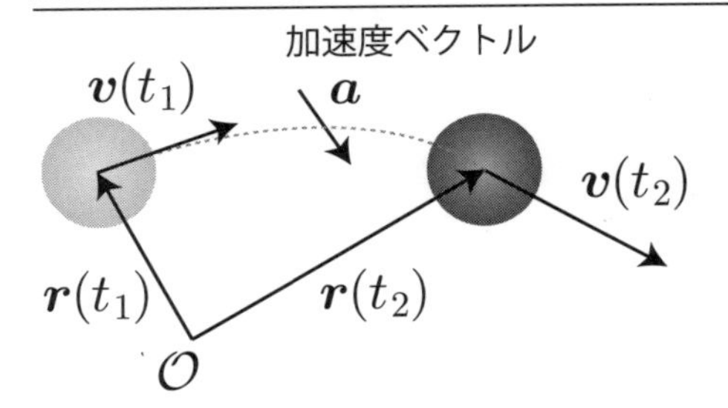

速度と同様に**平均の加速度**（式（2.3）左）と**瞬間の加速度**（式（2.3）右）が定義されます。

物理定義　平均の加速度と瞬間の加速度（単位：m/s²）

$$\boldsymbol{a}_{\rm ave.} \equiv \frac{\boldsymbol{v}(t_2) - \boldsymbol{v}(t_1)}{t_2 - t_1}, \quad \boldsymbol{a}_{\rm ins.} \equiv \frac{d\boldsymbol{v}(t)}{dt} \tag{2.3}$$

加速度の単位は「速度/時間」なので [m/s²] です。なお、平均の加速度は一般には用いられず、加速度と言えば瞬間の加速度を指します。

2.2 直交座標系

2.2.1 直交座標系の単位ベクトル

座標軸が互いに垂直に交わる座標系は**直交座標系**と呼ばれます。図 2.4 は、3 つの座標軸（x、y、z）が存在する 3 次元直交座標系です。座標系の性質は、座標軸の方向を表す長さが 1 のベクトルである**単位ベクトル（基底ベクトル）**で特徴づけられます。本書では、3 次元直交座標系を構成する 3 軸の単位ベクトルをそれぞれ $\hat{\boldsymbol{e}}_x$、$\hat{\boldsymbol{e}}_y$、$\hat{\boldsymbol{e}}_z$ と表します。なお、「^」は長さが 1 のベクトルであることを意味します。

図 2.4 ●直交座標系の単位ベクトルの模式図

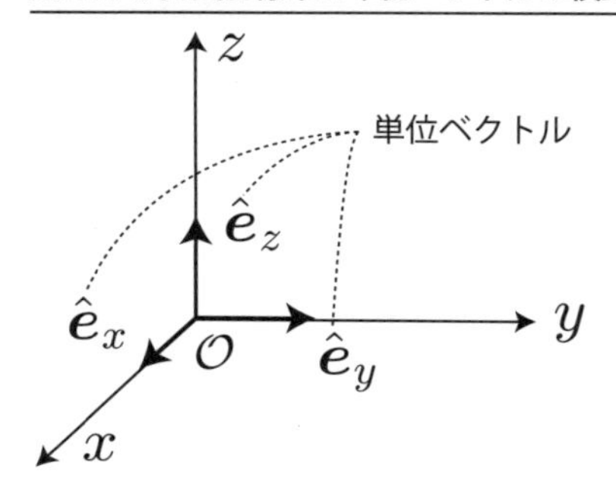

直交座標系の単位ベクトルの性質

直交座標系の単位ベクトルは、長さが 1 で互いに垂直となるという**正規直交条件**を満たします。この正規直交条件は、「同じ単位ベクトル同士の内積は 1（長さが 1 の条件）、異なる単位ベクトル同士の内積は 0（垂直の条件）」と数学で表現されます。x、y、z 軸の単位ベクトルは各々にこの関係を満たします。

数学公式　直交座標系の単位ベクトルの正規直交性

$$\hat{\boldsymbol{e}}_x \cdot \hat{\boldsymbol{e}}_y = 0, \quad \hat{\boldsymbol{e}}_y \cdot \hat{\boldsymbol{e}}_z = 0, \quad \hat{\boldsymbol{e}}_x \cdot \hat{\boldsymbol{e}}_z = 0 \tag{2.4}$$

$$\hat{\boldsymbol{e}}_x \cdot \hat{\boldsymbol{e}}_x = 1, \quad \hat{\boldsymbol{e}}_y \cdot \hat{\boldsymbol{e}}_y = 1, \quad \hat{\boldsymbol{e}}_z \cdot \hat{\boldsymbol{e}}_z = 1 \tag{2.5}$$

2.2.2 直交座標系における位置ベクトルと速度ベクトルと加速度ベクトル

図 2.5 のように、3 次元直交座標系中に存在する物体の位置ベクトルを $\boldsymbol{r}$ と表すとします。

図 2.5 ●直交座標系の位置ベクトルと速度ベクトルの模式図

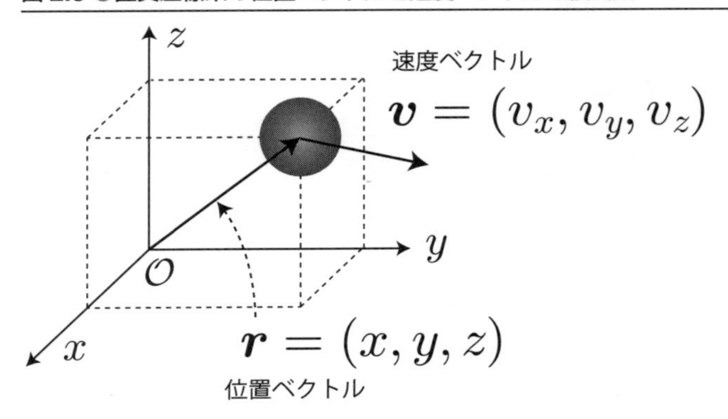

この位置ベクトルを表現する方法は 2 つあります。1 つ目は座標形式で表す方法、2 つ目は前項で定義した単位ベクトルを用いて表す方法です。場面によって使い分けます。物体の位置座標を (x, y, z) とした場合の、座標形式と単位ベクトルを用いた形式は以下のとおりです。

数学公式　直交座標系における位置ベクトルの表現方法

$$\boldsymbol{r} = (x, y, z), \quad \boldsymbol{r} = x\hat{\boldsymbol{e}}_x + y\hat{\boldsymbol{e}}_y + z\hat{\boldsymbol{e}}_z \tag{2.6}$$

また、速度ベクトルは式（2.2）に基づいて式（2.6）を時間微分することで計算することができます。

数学公式　直交座標系における速度ベクトル

$$\boldsymbol{v} = (v_x, v_y, v_z), \quad \boldsymbol{v} = v_x\hat{\boldsymbol{e}}_x + v_y\hat{\boldsymbol{e}}_y + v_z\hat{\boldsymbol{e}}_z \tag{2.7}$$

なお、上記の公式は 3 次元直交座標系の単位ベクトルは時間に依存しない場合に成り立ちます。

数学公式　直交座標系における加速度ベクトル

$$\boldsymbol{a} = (a_x, a_y, a_z), \quad \boldsymbol{a} = a_x\hat{\boldsymbol{e}}_x + a_y\hat{\boldsymbol{e}}_y + a_z\hat{\boldsymbol{e}}_z \tag{2.8}$$

2.2.3 位置ベクトルと速度ベクトルと加速度ベクトルの絶対値

直交座標系の場合、位置ベクトルと速度ベクトルと加速度ベクトルの絶対値は、それぞれ原点からの距離と速度の大きさ（速さ）、加速度の大きさを表す量で、**三平方の定理**から次のとおり与えられます。

数学公式 **直交座標系における位置ベクトル、速度ベクトル、加速度ベクトルの絶対値**

$$r = |\boldsymbol{r}| = \sqrt{x^2 + y^2 + z^2}, \quad v = |\boldsymbol{v}| = \sqrt{v_x^2 + v_y^2 + v_z^2}, \quad a = |\boldsymbol{a}| = \sqrt{a_x^2 + a_y^2 + a_z^2} \tag{2.9}$$

2.3 2次元極座標系と円筒座標系

2.3.1 2次元極座標系の単位ベクトルと位置ベクトル

2次元極座標系とは、原点からの距離 r と x 軸とのなす角度 θ の 2 つのパラメータで 2 次元空間の位置を表す座標系です。原点における回転対称性が存在する系で便利な座標系です。図 2.6 は 2 次元極座標系と直交座標系との関係を関係を表した図です。

図 2.6 ● 2 次元極座標系と直交座標系との関係

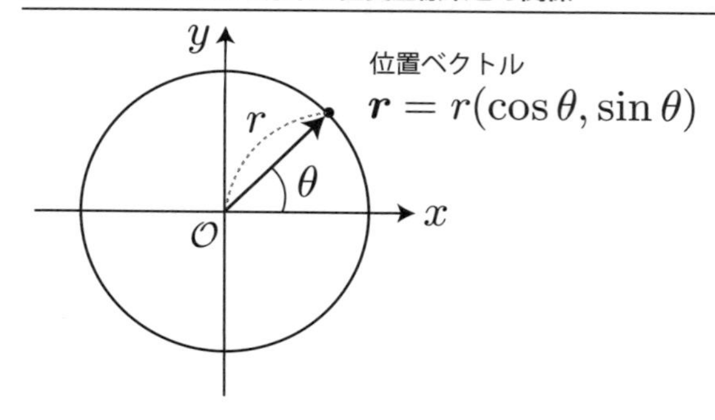

直交座標系 (x, y) と 2 次元座標系 (r, θ) には次の関係があります。

1
2
3
4
5
6
7
8
9

数学公式　直交座標系 (x, y) と2次元極座標系 (r, θ) の関係

$$\begin{cases} x = r\cos\theta \\ y = r\sin\theta \end{cases} \tag{2.10}$$

2次元極座標系における単位ベクトル

2次元極座標系の単位ベクトルは、図2.7で示した $\hat{\boldsymbol{e}}_r$ と $\hat{\boldsymbol{e}}_\theta$ の2つです。言葉ではわかりづらいですが、あえて言うと「2次元極座標系の単位ベクトルは r と θ をそれぞれ大きくしたときに代表点が変化する方向の長さ1のベクトル」となります。直交座標系との大きな違いは、$\hat{\boldsymbol{e}}_r$、$\hat{\boldsymbol{e}}_\theta$ とも θ によって変化する点です。なお、$\hat{\boldsymbol{e}}_r$ は**動径方向**とも呼ばれます。

図2.7 ● 2次元極座標系の単位ベクトル

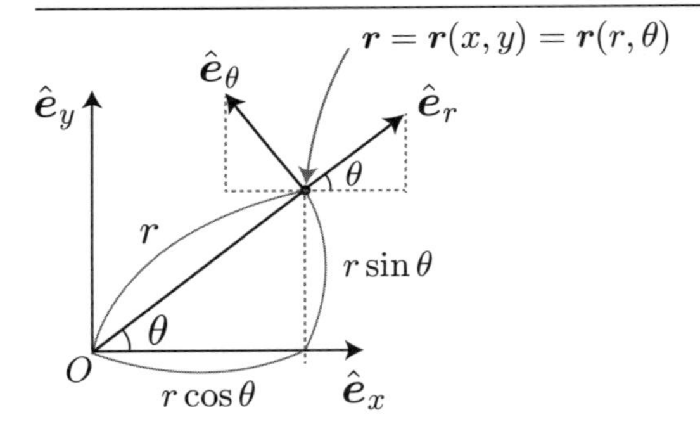

2次元極座標系の2つの単位ベクトルも直交座標系と同様の関係を満たします。

数学公式　2次元極座標系の単位ベクトルの性質

$$\hat{\boldsymbol{e}}_r \cdot \hat{\boldsymbol{e}}_\theta = 0, \quad |\hat{\boldsymbol{e}}_r| = 1, \quad |\hat{\boldsymbol{e}}_\theta| = 1 \tag{2.11}$$

2.3.2　直交座標系と2次元極座標系の単位ベクトルの関係

直交座標系と2次元極座標系の単位ベクトルには次の関係があります。

数学公式 **直交座標系と 2 次元極座標系の単位ベクトルの関係**

$$\begin{cases} \hat{\boldsymbol{e}}_x = \cos\theta\,\hat{\boldsymbol{e}}_r - \sin\theta\,\hat{\boldsymbol{e}}_\theta \\ \hat{\boldsymbol{e}}_y = \sin\theta\,\hat{\boldsymbol{e}}_r + \cos\theta\,\hat{\boldsymbol{e}}_\theta \end{cases} \tag{2.12}$$

$$\begin{cases} \hat{\boldsymbol{e}}_r = \cos\theta\,\hat{\boldsymbol{e}}_x + \sin\theta\,\hat{\boldsymbol{e}}_y \\ \hat{\boldsymbol{e}}_\theta = -\sin\theta\,\hat{\boldsymbol{e}}_x + \cos\theta\,\hat{\boldsymbol{e}}_y \end{cases} \tag{2.13}$$

任意のベクトルの直交座標系と 2 次元極座標系への変換

直交座標系と 2 次元極座標系における任意のベクトルを、$\boldsymbol{A}(x, y)$、$\boldsymbol{A}(r, \theta)$ と表すとします。両ベクトルとも座標系が異なるだけなので、単位ベクトルを変換（正射影）することでいつでも変換することができます。

数学公式 **直交座標系と 2 次元極座標系の関係**

$$\boldsymbol{A}(r, \theta) = [\boldsymbol{A}(x, y) \cdot \hat{\boldsymbol{e}}_r]\,\hat{\boldsymbol{e}}_r + [\boldsymbol{A}(x, y) \cdot \hat{\boldsymbol{e}}_\theta]\,\hat{\boldsymbol{e}}_\theta \tag{2.14}$$

$$\boldsymbol{A}(x, y) = [\boldsymbol{A}(r, \theta) \cdot \hat{\boldsymbol{e}}_x]\,\hat{\boldsymbol{e}}_x + \left[\boldsymbol{A}(r, \theta) \cdot \hat{\boldsymbol{e}}_y\right]\,\hat{\boldsymbol{e}}_y \tag{2.15}$$

2.3.3 2 次元極座標系の位置ベクトル

2 次元極座標系における位置ベクトルの表現は、直交座標系の座標形式を用いる場合と、2 次元極座標系単位ベクトルを用いる 2 通りがあります。

数学公式 **2 次元極座標系の位置ベクトルの表現**

$$\boldsymbol{r}(r, \theta) = r(\cos\theta, \sin\theta), \quad \boldsymbol{r}(r, \theta) = r\,\hat{\boldsymbol{e}}_r(\theta) \tag{2.16}$$

前者は直感的にわかりやすいですが、わざわざ 2 次元極座標系を用いるメリットが無くなる恐れがあります。後者は単位ベクトル$\hat{\boldsymbol{e}}_r$自身が θ に依存する点に注意が必要ですが、各種計算が容易になります[†2]。

†2　ベクトルを座標形式で表した時の係数は、各成分に対して分配法則が成り立ちます。つまり、$\mathrm{r}(\cos\theta, \sin\theta)$ と $(\mathrm{r}\cos\theta, \mathrm{r}\sin\theta)$ は同等です。

2.3.4　2 次元極座標系における速度ベクトル

次に、2 次元極座標系の単位ベクトルを利用した速度ベクトルを導出します。図 2.8 は、時刻 t に $\boldsymbol{r}(t)$ にあった座標点が、Δt 秒後に $\boldsymbol{r}(t + \Delta t)$ に移動したとする模式図です。その時の r と θ の変化分をそれぞれ Δr と $\Delta\theta$ と表しています。

図 2.8 ●位置ベクトルの微小変化の模式図

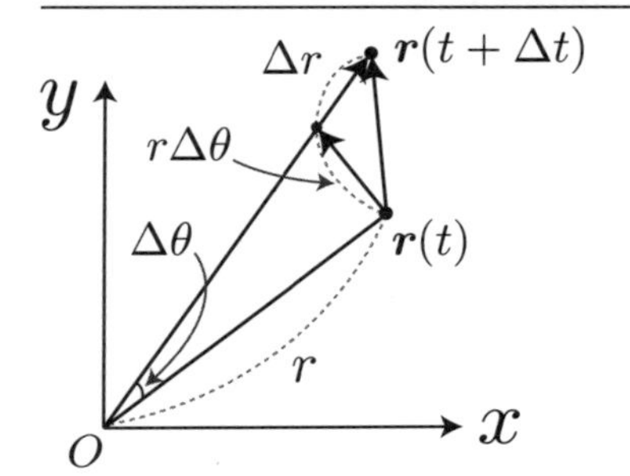

Δt が十分小さい場合、座標点の移動量は、時刻 t のときの極座標系の単位ベクトルを用いて

$$\boldsymbol{r}(t + \Delta t) - \boldsymbol{r}(t) = r\Delta\theta\,\hat{\boldsymbol{e}}_\theta + \Delta r\,\hat{\boldsymbol{e}}_r \tag{2.17}$$

と表すことができます。この表式は Δt が小さいほど成り立つため、両辺を Δt で割った後に $\Delta t \to 0$ の極限を考えます。この極限は微分の定義そのものなので、式（2.17）の両辺は次のとおり表されます。

$$(\text{左辺}) = \lim_{\Delta t \to 0} \frac{\boldsymbol{r}(t + \Delta t) - \boldsymbol{r}(t)}{\Delta t} = \frac{d\boldsymbol{r}(t)}{dt} \tag{2.18}$$

$$(\text{右辺}) = \lim_{\Delta t \to 0} \left[r\,\frac{\Delta\theta}{\Delta t}\,\hat{\boldsymbol{e}}_\theta + \frac{\Delta r}{\Delta t}\,\hat{\boldsymbol{e}}_r \right] = r\,\frac{d\theta}{dt}\,\hat{\boldsymbol{e}}_\theta + \frac{dr}{dt}\,\hat{\boldsymbol{e}}_r \tag{2.19}$$

速度ベクトルは位置座標の時間微分で与えられるので、2 次元極座標系における速度ベクトルは次のとおりになります。

数学公式　**2 次元極座標系における速度ベクトル**

$$\boldsymbol{v}(t) = \frac{d\boldsymbol{r}(t)}{dt} = r\,\frac{d\theta}{dt}\,\hat{\boldsymbol{e}}_\theta + \frac{dr}{dt}\,\hat{\boldsymbol{e}}_r \tag{2.20}$$

2.3.5 2次元極座標系における加速度ベクトル

加速度ベクトルは速度ベクトルを時間微分することで得られるわけですが、2つの単位ベクトル $\hat{\boldsymbol{e}}_r$ と $\hat{\boldsymbol{e}}_\theta$ は θ を介して時間に依存することを考慮する必要があります。まずは $\hat{\boldsymbol{e}}_r$ と $\hat{\boldsymbol{e}}_\theta$ の時間微分を示します。

数学公式 2次元極座標系単位ベクトルの時間微分

$$\frac{d\hat{\boldsymbol{e}}_r}{dt} = -\frac{d\theta}{dt}\sin\theta\,\hat{\boldsymbol{e}}_x + \frac{d\theta}{dt}\cos\theta\,\hat{\boldsymbol{e}}_y = \frac{d\theta}{dt}\hat{\boldsymbol{e}}_\theta \tag{2.21}$$

$$\frac{d\hat{\boldsymbol{e}}_\theta}{dt} = -\frac{d\theta}{dt}\cos\theta\,\hat{\boldsymbol{e}}_x - \frac{d\theta}{dt}\sin\theta\,\hat{\boldsymbol{e}}_y = -\frac{d\theta}{dt}\hat{\boldsymbol{e}}_r \tag{2.22}$$

この関係式を用いることで、式（2.20）で与えられた速度ベクトルの時間微分で加速度ベクトルが得られます。

数学公式 2次元極座標系における加速度ベクトル

$$\begin{aligned}\boldsymbol{a}(t) &= \frac{d^2\boldsymbol{r}(t)}{dt^2}\\ &= \frac{dr}{dt}\frac{d\theta}{dt}\hat{\boldsymbol{e}}_\theta + r\frac{d^2\theta}{dt^2}\hat{\boldsymbol{e}}_\theta + r\frac{d\theta}{dt}\frac{d\hat{\boldsymbol{e}}_\theta}{dt} + \frac{d^2r}{dt^2}\hat{\boldsymbol{e}}_r + \frac{dr}{dt}\frac{d\hat{\boldsymbol{e}}_r}{dt}\\ &= \left(\frac{d^2r}{dt^2} - r\left(\frac{d\theta}{dt}\right)^2\right)\hat{\boldsymbol{e}}_r + \left(r\frac{d^2\theta}{dt^2} + 2\frac{dr}{dt}\frac{d\theta}{dt}\right)\hat{\boldsymbol{e}}_\theta\end{aligned} \tag{2.23}$$

2.4 円筒座標系

2.4.1 円筒座標系における単位ベクトル

円筒座標系とは、2次元極座標系で表された平面（xy平面）と垂直方向（z軸方向）を加えた3次元座標系です。$\hat{\boldsymbol{e}}_r$、$\hat{\boldsymbol{e}}_\theta$ に加えて $\hat{\boldsymbol{e}}_z$ が単位ベクトルに加わります。円筒座標系は1軸（z軸）を中心とした回転対称性が存在する系で便利な座標系となります。

図 2.9 ●円筒座標系の単位ベクトル

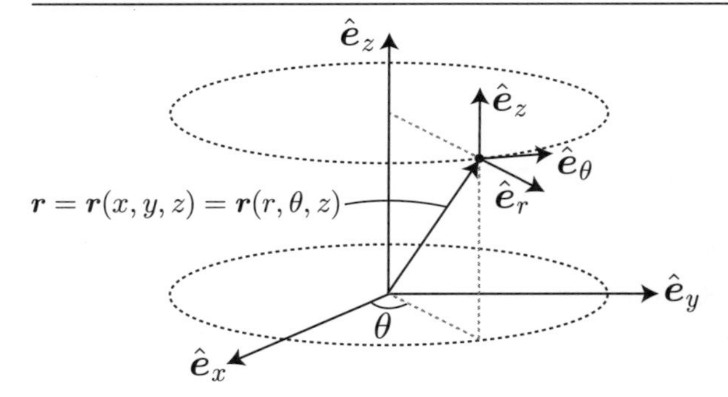

1 2 3 4 5 6 7 8 9

2.4.2 円筒座標系における位置ベクトル・速度ベクトル・加速度ベクトル

円筒座標系における位置ベクトル、速度ベクトル、加速度ベクトルは 2 次元極座標系に z 軸方向成分を加えたものになります。

数学公式　円筒座標系の位置ベクトルの表現

$$\boldsymbol{r}(r, \theta, z) = r\,\hat{\boldsymbol{e}}_r(\theta) + z\,\hat{\boldsymbol{e}}_z \tag{2.24}$$

数学公式　円筒座標系における速度ベクトル

$$\boldsymbol{v}(t) = \frac{d\boldsymbol{r}(t)}{dt} = r\,\frac{d\theta}{dt}\,\hat{\boldsymbol{e}}_\theta + \frac{dr}{dt}\,\hat{\boldsymbol{e}}_r + \frac{dz}{dt}\,\hat{\boldsymbol{e}}_z \tag{2.25}$$

数学公式　円筒座標系における加速度ベクトル

$$\boldsymbol{a}(t) = \left(\frac{d^2r}{dt^2} - r\left(\frac{d\theta}{dt}\right)^2\right)\hat{\boldsymbol{e}}_r + \left(r\,\frac{d^2\theta}{dt^2} + 2\,\frac{dr}{dt}\,\frac{d\theta}{dt}\right)\hat{\boldsymbol{e}}_\theta + \frac{d^2z}{dt^2}\,\hat{\boldsymbol{e}}_z \tag{2.26}$$

2.5 3次元極座標系

2.5.1 3次元極座標系の単位ベクトルと位置ベクトル

3次元極座標系とは、3次元空間上の位置を原点からの距離を r、z軸からの偏角を θ、x軸からの偏角を ϕ と表す座標系です。原点における中心対称性が存在する系で便利な座標系となります。直交座標系 (x, y, z) と3次元座標系 (r, θ, ϕ) には次の関係があります。

数学公式　直交座標系 (x, y, z) と3次元極座標系 (r, θ, φ) の関係

$$\begin{cases} x = r\sin\theta\cos\phi \\ y = r\sin\theta\sin\phi \\ z = r\cos\theta \end{cases} \tag{2.27}$$

3次元極座標系の単位ベクトルは、2次元極座標系の $\hat{\boldsymbol{e}}_r$ と $\hat{\boldsymbol{e}}_\theta$ に加え、ϕ を大きくした時の変化方向の単位ベクトル $\hat{\boldsymbol{e}}_\phi$ が加わります。

図2.10 ● 3次元極座標系の単位ベクトル

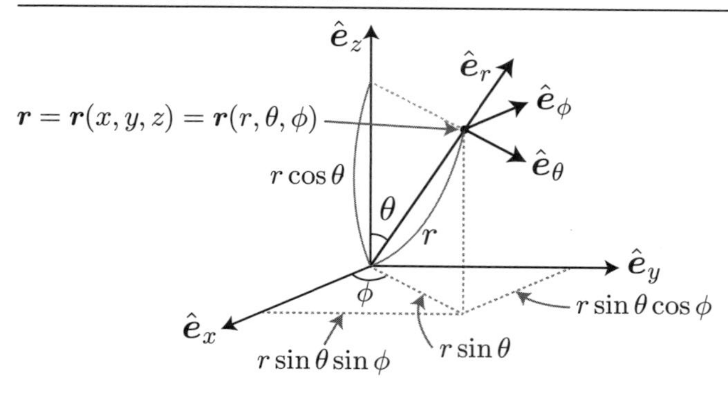

数学公式　3次元極座標系の単位ベクトルの性質

$$|\hat{\boldsymbol{e}}_r| = 1, \quad |\hat{\boldsymbol{e}}_\theta| = 1, \quad |\hat{\boldsymbol{e}}_\phi| = 1 \tag{2.28}$$

$$\hat{\boldsymbol{e}}_r \cdot \hat{\boldsymbol{e}}_\theta = 0, \quad \hat{\boldsymbol{e}}_\theta \cdot \hat{\boldsymbol{e}}_\phi = 0, \quad \hat{\boldsymbol{e}}_\phi \cdot \hat{\boldsymbol{e}}_r = 0 \tag{2.29}$$

$$\hat{\boldsymbol{e}}_r \times \hat{\boldsymbol{e}}_\theta = \hat{\boldsymbol{e}}_\phi, \quad \hat{\boldsymbol{e}}_\theta \times \hat{\boldsymbol{e}}_\phi = \hat{\boldsymbol{e}}_r, \quad \hat{\boldsymbol{e}}_\phi \times \hat{\boldsymbol{e}}_r = \hat{\boldsymbol{e}}_\theta \tag{2.30}$$

数学公式　**3 次元極座標系の位置ベクトルの表現**

$$\boldsymbol{r}(r,\theta) = r, \quad \hat{\boldsymbol{e}}_r(\theta) = r, \quad \hat{\boldsymbol{e}}_r(\theta,\phi) \tag{2.31}$$

1
2
3
4
5
6
7
8
9

2.5.2 直交座標系と 3 次元極座標系の単位ベクトルの関係

直交座標系と 3 次元極座標系の単位ベクトルには次の関係があります。

数学公式　**直交座標系と 3 次元極座標系の単位ベクトルの関係**

$$\begin{cases} \hat{\boldsymbol{e}}_r = \sin\theta\cos\phi\,\hat{\boldsymbol{e}}_x + \sin\theta\sin\phi\,\hat{\boldsymbol{e}}_y + \cos\theta\,\hat{\boldsymbol{e}}_z \\ \hat{\boldsymbol{e}}_\theta = \cos\theta\cos\phi\,\hat{\boldsymbol{e}}_x + \cos\theta\sin\phi\,\hat{\boldsymbol{e}}_y - \sin\theta\,\hat{\boldsymbol{e}}_z \\ \hat{\boldsymbol{e}}_\phi = -\sin\phi\,\hat{\boldsymbol{e}}_x + \cos\phi\,\hat{\boldsymbol{e}}_y \end{cases} \tag{2.32}$$

任意のベクトルの直交座標系と 3 次元極座標系への変換

数学公式　**直交座標系と 3 次元極座標系の関係**

$$\boldsymbol{A}(r,\theta,\phi) = [\boldsymbol{A}(x,y,z)\cdot\hat{\boldsymbol{e}}_r]\,\hat{\boldsymbol{e}}_r + [\boldsymbol{A}(x,y,z)\cdot\hat{\boldsymbol{e}}_\theta]\,\hat{\boldsymbol{e}}_\theta + \left[\boldsymbol{A}(x,y,z)\cdot\hat{\boldsymbol{e}}_\phi\right]\hat{\boldsymbol{e}}_\phi \tag{2.33}$$

$$\boldsymbol{A}(x,y,z) = [\boldsymbol{A}(r,\theta,\phi)\cdot\hat{\boldsymbol{e}}_x]\,\hat{\boldsymbol{e}}_x + \left[\boldsymbol{A}(r,\theta,\phi)\cdot\hat{\boldsymbol{e}}_y\right]\hat{\boldsymbol{e}}_y + [\boldsymbol{A}(r,\theta,\phi)\cdot\hat{\boldsymbol{e}}_z]\,\hat{\boldsymbol{e}}_z \tag{2.34}$$

2.5.3 3 次元極座標系における速度ベクトル

式（2.32）で示した 3 つの単位ベクトルとも θ と ϕ に依存し、またそれらを介して時間に依存します。まずは速度ベクトルと加速度ベクトルを導出するために必要な 3 つの単位ベクトルの時間微分を示します。直交座標系の単位ベクトルは時間依存しないとして、式（2.32）の両辺を時刻で微分することで 3 つの単位ベクトルの時間微分が得られます。

数学公式　**3 次元極座標系単位ベクトルの時間微分**

$$\frac{d\hat{\boldsymbol{e}}_r}{dt} = \frac{d\theta}{dt}\,\hat{\boldsymbol{e}}_\theta + \frac{d\phi}{dt}\sin\theta\,\hat{\boldsymbol{e}}_\phi \tag{2.35}$$

$$\frac{d\hat{\boldsymbol{e}}_\theta}{dt} = \frac{d\phi}{dt}\cos\theta\,\hat{\boldsymbol{e}}_\phi - \frac{d\theta}{dt}\hat{\boldsymbol{e}}_r \tag{2.36}$$

$$\frac{d\hat{\boldsymbol{e}}_\phi}{dt} = -\frac{d\phi}{dt}\sin\theta\,\hat{\boldsymbol{e}}_r - \frac{d\phi}{dt}\cos\theta\,\hat{\boldsymbol{e}}_\theta \tag{2.37}$$

速度ベクトルは、式（2.31）で示した位置ベクトルを、式（2.35）～（2.37）を考慮して時間微分することで得られます。

数学公式　3 次元極座標系における速度ベクトル

$$\boldsymbol{v}(t) = \frac{d\boldsymbol{r}(t)}{dt} = \frac{dr}{dt}\hat{\boldsymbol{e}}_r + r\frac{d\theta}{dt}\hat{\boldsymbol{e}}_\theta + r\frac{d\phi}{dt}\sin\theta\,\hat{\boldsymbol{e}}_\phi \tag{2.38}$$

2.5.4 3 次元極座標系における加速度ベクトル

さらに式（2.38）を時間微分することで、3 次元極座標系における加速度ベクトルが得られます。

数学公式　3 次元極座標系における加速度ベクトル

$$\begin{aligned}\boldsymbol{a}(t) = \frac{d\boldsymbol{v}(t)}{dt} &= \left[\frac{d^2r}{dt^2} - r\left(\frac{d\theta}{dt}\right)^2 - r\sin^2\theta\left(\frac{d\phi}{dt}\right)^2\right]\hat{\boldsymbol{e}}_r \\ &\quad + \left[2\frac{dr}{dt}\frac{d\theta}{dt} + r\frac{d^2\theta}{dt^2} - r\left(\frac{d\phi}{dt}\right)^2\sin\theta\cos\theta\right]\hat{\boldsymbol{e}}_\theta \\ &\quad + \left[2\frac{dr}{dt}\frac{d\phi}{dt}\sin\theta + 2r\cos\theta\frac{d\theta}{dt}\frac{d\phi}{dt} + r\sin\theta\frac{d^2\phi}{dt^2}\right]\hat{\boldsymbol{e}}_\phi\end{aligned} \tag{2.39}$$

様々な運動の表現

本章では、位置ベクトル、速度ベクトル、加速度ベクトルの関係性から様々な運動の特徴を導きます。3.1 節の「等速直線運動」、3.2 節の「等加速度直線運動」の位置や速度の時間依存性は高校物理で学習する内容ですが、運動の時間依存性（解析解）を常微分方程式を解くことで導く練習問題として詳しく解説します。また、3.3 節の「等速円運動」も高校物理で学習しますが、公式として暗記するしかなかった速度ベクトル、向心加速度ベクトルが、位置ベクトルを微分することでいとも簡単に導出されます。3.4 節、3.5 節を含め、ベクトルの演算の練習問題として詳しく解説します。なお、3.6 節、3.7 節では、本書に添付した物理シミュレータを用いて各運動をシミュレーションする方法を示します。

3.1 等速直線運動の表現

ポイント

- 等速直線運動とは一定速度で直線的に移動する運動
- 移動距離は時間に比例

3.1.1 等速直線運動の数理モデル

等速直線運動とは、時間に依存しない一定速度で移動する運動です。速度が変化しないため結果的に**直線運動**となります。図 3.1 は等速直線運動の数理モデルです。速度方向を x 軸として、時刻 t の位置を $x(t)$、初期位置 x_0、速度を v と表します。

図 3.1 ●等速直線運動の数理モデル

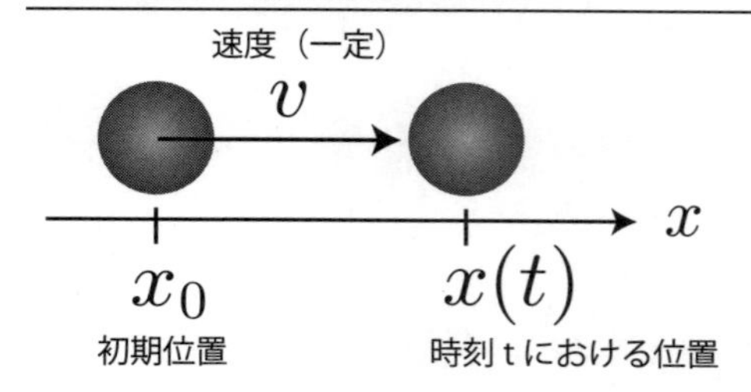

3.1.2 等速直線運動の解析解

等速直線運動の解は高校物理で学習する最も簡単な公式ですが、本項では微分方程式の解き方に不慣れな方のために、解析解の導出を詳細に説明します。出発点は速度の定義式（2.2）で表された微分方程式です。式（2.2）は図 3.1 の数理モデルに合わせて 1 次元で表すと

$$v = \frac{dx}{dt} \tag{3.1}$$

となります。この微分方程式から解析解を導出する手順を示します。

（1）両辺に微小量 dt を積算して求めたい微小量 dx について解いた後に、両辺を不定積分する

$$dx = v\,dt \tag{3.2}$$

$$\int dx = \int v dt \tag{3.3}$$

（2）両辺の不定積分（1.5 項）を計算して x について解く

$$x + C_1 = vt + C_2 \tag{3.4}$$

$$x(t) = vt + C \tag{3.5}$$

なお、x が時刻 t の関数であることを明示するために $x \to x(t)$ と表しています。また、積分定数を $C = C_2 - C_1$ とまとめています。

（3）初期条件 $x(0) = x_0$ を課して積分定数を決定する

$$x(0) = C \to C = x_0 \tag{3.6}$$

この結果を式（3.5）に代入した結果が等速直線運動の解析解です。

解析解　等速直線運動の位置と時間の関係

$$x(t) = vt + x_0 \tag{3.7}$$

3.1.3 等速直線運動の解析解グラフ

図 3.2 は式（1.65）に基づいて、初期位置を原点（$x_0 = 0$）とした物体に一定速度 v = 0、2、4、6、8、10 を与えた際の $x(t)$ のグラフです。時刻と移動距離は比例関係（比例定数が v）となります。また、グラフ描画用のプログラムソースの解析解を指定する部分を示します。

図 3.2 ●【解析解グラフ】等速度直線運動の位置の時間依存性

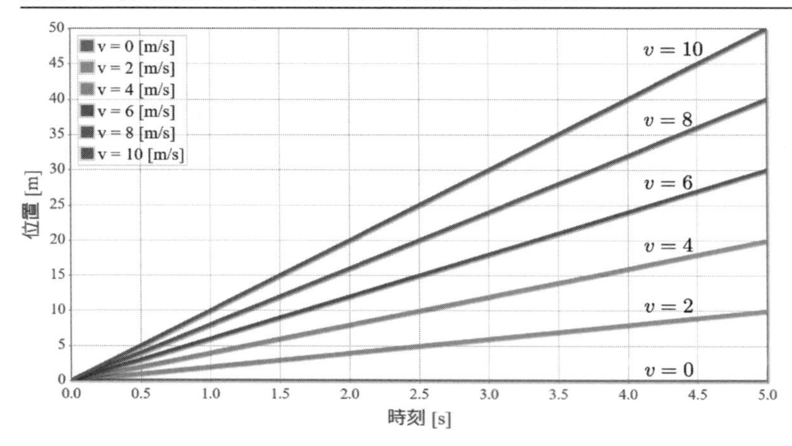

☞ Chapter3/UniformLinearMotion_graph.html（HTML）、UniformLinearMotion.cpp（C++、データ生成のみ）

プログラムソース 3.1 ●等速直線運動の解析解グラフ

```
//////////////////// 物理パラメータ ////////////////////
// 時刻の範囲
var t_min = 0;
var t_max = 5;
// 描画点数
var M = 100;
// 位置を時刻依存性
function X( v, t ){  <---------------------------------------- 式（3.7）
  return v * t;
}
// 指定速度
var Vs = [0, 2, 4, 6, 8, 10];  <------------------------------ （※）
```

（※）　この配列で指定した速度の解析解を描画します。

3.2 等加速度直線運動の表現

ポイント

- 等加速度直線運動とは一定加速度で直線的に移動する運動
- 速度は時間に比例
- 移動距離は時間の 2 乗に比例

3.2.1 等加速度直線運動の数理モデル

等加速度運動とは、時間に依存しない一定加速度で移動する運動です。速度方向と加速度方向が一致する場合には直線運動となり、**等加速度直線運動**と呼ばれます。図 3.3 は等加速度直線運動の数理モデルです。時刻 t の位置を $x(t)$、速度を $v(t)$、初期位置を x_0、初速度を v_0、加速度を a と表します。

図 3.3 ●等加速度直線運動の数理モデル

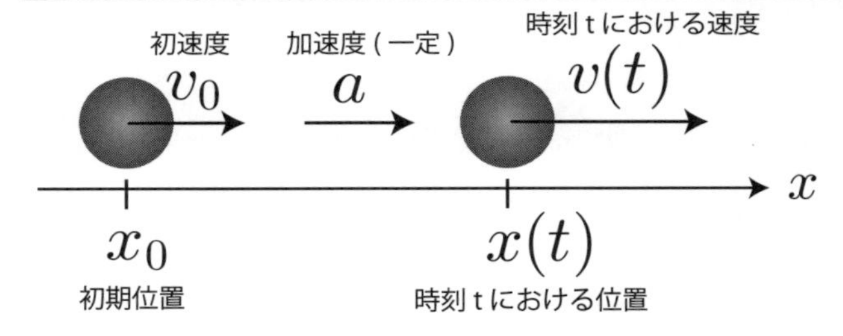

3.2.2 等加速度直線運動の解析解

加速度の定義式（2.3）から等加速度直線運動の解析解を導出します。式（2.3）は図 3.1 の数理モデルに合わせて 1 次元で表すと

$$a = \frac{dv}{dt} \tag{3.8}$$

となりますが、これは式（3.1）の $v \to a$、$x \to v$ に置き換えたのと同じであるため、同じ手順で速度 $v(t)$ の解析解を得ることができます。

解析解 等加速度直線運動の速度と時間の関係

$$v(t) = at + v_0 \tag{3.9}$$

続いて、式（3.2）から位置の時間依存性を導出します。$v(t)$ を速度の定義式（3.1）に置き換えた

$$\frac{dx}{dt} = at + v_0 \tag{3.10}$$

を出発点とします。ここからの手順は 3.1.2 項とほぼ同じです。

（1） 両辺に微小量 dt を積算して、両辺を不定積分する

$$\int dx = \int at\,dt + \int v_0 dt \tag{3.11}$$

（2） 両辺の不定積分を計算して x について解く

$$x(t) = \frac{1}{2}at^2 + v_0 t + C \tag{3.12}$$

（3） 初期条件 $x(0) = x_0$ を課して積分定数を決定する

$$x(0) = C \rightarrow C = x_0 \tag{3.13}$$

この結果を式（3.12）に代入した結果が、等速直線運動の位置の解析解です。

解析解 等加速度直線運動の位置と時間の関係

$$x(t) = \frac{1}{2}at^2 + v_0 t + x_0 \tag{3.14}$$

3.2.3 等加速度直線運動の解析解グラフ

図 3.4 と 3.5 は、式（1.68）と（1.69）に基づいて、初期位置を原点（$x_0 = 0$）、静止状態（$v = 0$）として加速度 a = 0、1、2、3、4、5 を与えた際の $x(t)$ と $v(t)$ のグラフです。移動距離は時間の 2 次関数、速度は 1 次関数（比例）となります。また、グラフ描画用のプログラムソースの解析解を指定する部分を示します。

図 3.4 ● 【解析解グラフ】等加速度直線運動の位置の時間依存性

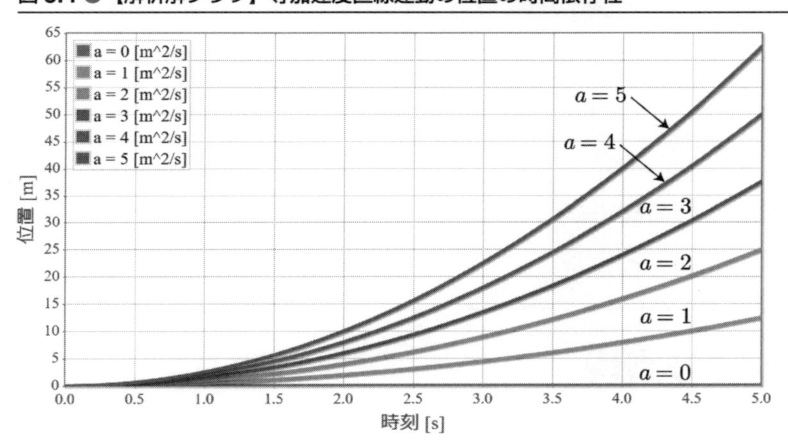

☞ Chapter3/UniformAccelerationLinearMotion_graph.html（HTML）、UniformAccelerationLinearMotion.cpp（C++、データ生成のみ）

図 3.5 ● 【解析解グラフ】等加速度直線運動の速度の時間依存性

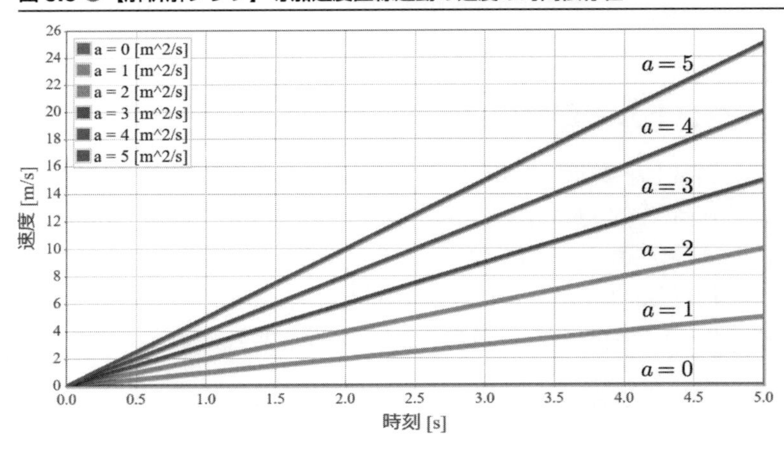

☞ Chapter3/UniformAccelerationLinearMotion_graph2.html（HTML）、/UniformAccelerationLinearMotion2.cpp（C++、データ生成のみ）

プログラムソース 3.2 ●等加速度直線運動の解析解グラフ

```
//////////////////// 物理パラメータ ////////////////////
（省略：時刻の範囲、描画点数）
// 位置を時刻依存性
function X( a, t ){
  return 1/2 * a * t * t;  <------------------------------------ 式（3.14）
}
```

```
// 速度の時間依存性
function V( a, t ){
  return a * t;  <------------------------------------------------------------------------------------------- 式 (3.9)
}
// 指定加速度
var As = [0, 1, 2, 3, 4, 5];  <------------------------------------------------------------------------ (※)
```

（※）　この配列で指定した速度の解析解を描画します。

3.3 等速円運動の表現

ポイント

- 等速円運動とは一定角速度で円周上を移動する運動
- 速度ベクトルは円周の接線方向を向く
- 加速度ベクトルは円の中心方向を向く

3.3.1 円運動の位置ベクトルと速度ベクトル

等速円運動とは、一定速度で円周上を移動する運動です。本項では、等速ではなく円運動一般で成り立つ公式を示します。円運動は、原点における回転対称性が存在するので 2 次元極座標系で表現することが適当です。2 次元極座標系における位置ベクトルと速度ベクトルは式（2.16）と（2.20）で示したとおりですが、円運動は半径が一定である（時間に依存しない）ため $dr/dt=0$ となることから、円運動の位置ベクトルと速度ベクトルは次のとおりになります。

数学公式　円運動の位置ベクトルと速度ベクトル

$$\boldsymbol{r}(t)=r(\cos\theta,\sin\theta) \tag{3.15}$$

$$\boldsymbol{v}(t)=\frac{d\boldsymbol{r}(t)}{dt}=r\,\frac{d\theta}{dt}(-\sin\theta,\cos\theta) \tag{3.16}$$

円運動の位置ベクトルと速度ベクトルは直交する

図 3.6 は、円運動の位置ベクトルと速度ベクトルの模式図です。円運動の場合、速度ベクトルは必ず円の接線方向となるため、位置ベクトルと速度ベクトルは必ず**直交**（直角に交わる）します。

これは 2 つのベクトルの内積が 0 となることで示されます。

数学公式　**位置ベクトルと速度ベクトルの直交性**

$$\boldsymbol{r} \cdot \boldsymbol{v} = 0 \tag{3.17}$$

なお、式（3.17）は任意の時刻で成り立ちます。

図 3.6 ●円運動の位置ベクトルと速度ベクトルの模式図

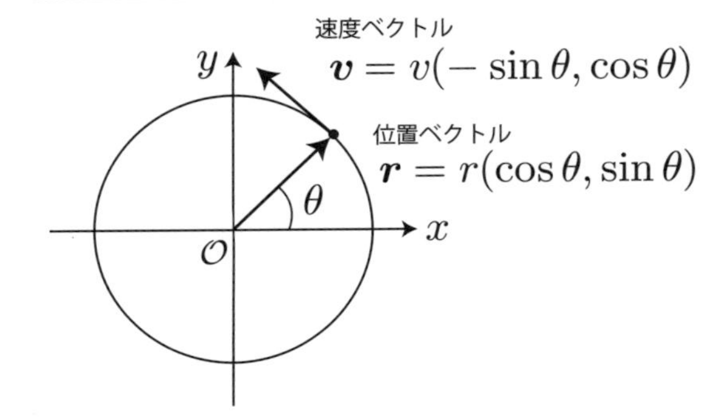

3.3.2　角速度の定義と等速円運動の数理モデル

円運動は、式（3.15）と（3.16）の θ の時間変化で表すことができます。等速円運動はこの θ が一定の割合で変化することになります。この θ の変化の割合は角速度と呼ばれ、位置に対する速度の関係と同じです。図 3.7 は角速度の模式図です。

図 3.7 ●角速度の模式図

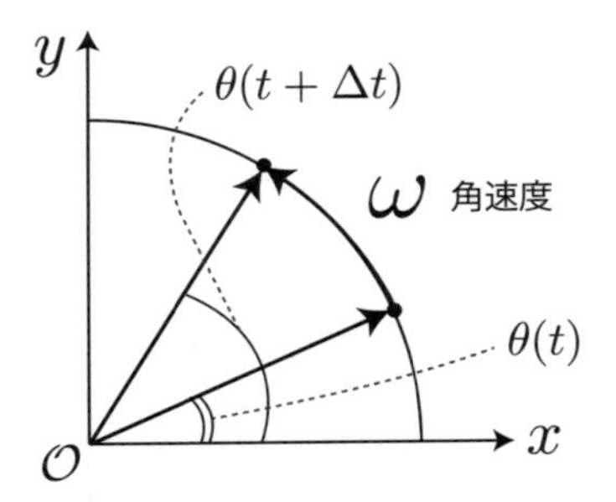

角速度とは、単位時間あたりの角度の変化を表す物理量です。時刻 t の角度を $\theta(t)$、Δt 後の角度

を $\theta(t+\Delta t)$ と表した場合、角速度は次のとおり定義されます。

数学定義 **角速度（単位：rad/s）**

$$\omega(t) \equiv \frac{d\theta(t)}{dt} = \lim_{\Delta t \to 0} \frac{\theta(t+\Delta t) - \theta(t)}{\Delta t} \tag{3.18}$$

角速度の単位は「角度／時間」なので [rad／s] です。2 次元極座標系の場合、角度はスカラー量なので角速度もスカラー量です。ω を用いると、式（3.16）は

$$\boldsymbol{v}(t) = \frac{d\boldsymbol{r}(t)}{dt} = r\frac{d\theta}{dt}(-\sin\theta, \cos\theta) \tag{3.19}$$

と表され、速度ベクトルの大きさは

$$v = |\boldsymbol{v}(t)| = r\left|\frac{d\theta}{dt}\right| = r|\omega| \tag{3.20}$$

となります。等速円運動の場合は r も ω も時間に依存しないため、速度の大きさ v は時間に依存しないことがわかります。しかしながら、次項で示すとおり速度の向きは刻一刻と変化するため、加速度が生じます。

等速円運動の数理モデル

等速円運動は「半径が一定」かつ「等角速度」で運動するため、これを表現する数理モデルとして必要なパラメータは、時刻 t の角度 $\theta(t)$、時間に対し一定な角速度 ω と初期角度 θ_0 です。

解析解 **等速円運動の角度と時間の関係**

$$\theta(t) = \omega t + \theta_0 \tag{3.21}$$

なお、位置ベクトル、速度ベクトルはそれぞれ式（3.15）、式（3.19）に式（3.21）を代入した値となります。

3.3.3 等速円運動の加速度ベクトルの関係

等速円運動の加速度ベクトルは、式（1.74）で示した速度ベクトルを時間で微分することで得られます。

数学公式　**等速円運動の加速度ベクトル**

$$\boldsymbol{a}(t) = \frac{d\boldsymbol{v}(t)}{dt} = -r\omega^2(\cos\theta, \sin\theta) \tag{3.22}$$

さらに、式（3.15）から位置ベクトルとの関係が得られます。

数学公式　**等速円運動の加速度ベクトルと位置ベクトルの関係式**

$$\boldsymbol{a}(t) = -\omega^2\boldsymbol{r} \tag{3.23}$$

この関係式は、加速度ベクトルは円の中心に向かう方向で大きさが $r\omega^2$ となること意味します。これは、等速円運動は円周上を等速で運動しますが加速度が常に生じていることを示しています。なお、r も ω も時間に依存しないため、加速度の大きさ a は一定となります。

$$a = |\boldsymbol{a}(t)| = r\omega^2 = \frac{v^2}{r} \tag{3.24}$$

なお、この等速円運動を実現する中心向きの加速度は**向心加速度**とも呼ばれます。

3.4 等角加速度円運動の表現

ポイント

- 等角加速度円運動とは一定角加速度で円周上を移動する運動
- 速度ベクトルは円周の接線方向
- 加速度ベクトルは円の中心方向＋速度ベクトル方向

3.4.1 角加速度の定義と等角加速度円運動の数理モデル

等角加速度円運動とは一定加速度で円周上を移動する運動です。角速度 ω が一定の割合で変化することになります。この ω の変化の割合は角加速度と呼ばれ、速度に対する加速度の関係と同じです。図 3.8 は角加速度の模式図です。

図 3.8 ●角加速度を表す模式図

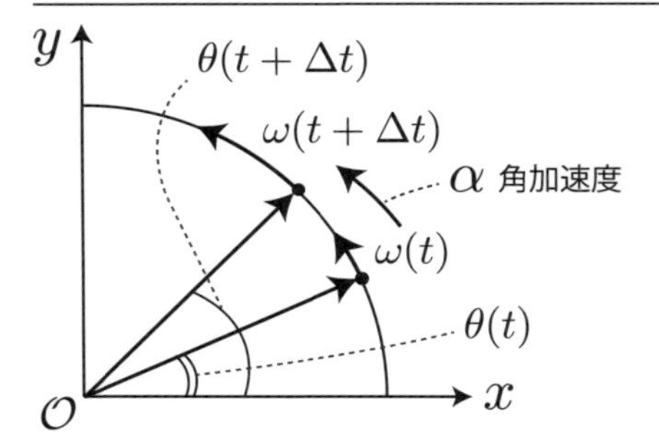

角加速度とは、単位時間あたりの角速度の変化を表す物理量です。時刻 t の角度を $\theta(t)$、Δt 後の角度を $\theta(t+\Delta t)$ と表した場合、角速度は次のとおり定義されます。

数学定義　角加速度（単位：rad／s²）

$$\alpha(t) \equiv \frac{d\omega(t)}{dt} = \lim_{\Delta t \to 0} \frac{\omega(t+\Delta t) - \omega(t)}{\Delta t} \tag{3.25}$$

角加速度の単位は「角速度／時間」なので [rad／s²] です。2 次元極座標系の場合、角度はスカラー量なので角速度もスカラー量となります。なお、角速度は角度の時間微分なので、角加速度と角度の関係は

$$\alpha(t) = \frac{d\omega(t)}{dt} = \frac{d^2\theta(t)}{dt^2} \tag{3.26}$$

です。等角加速度円運動はこの α が時刻に対して一定値をなります。

等角加速度円運動の数理モデル

等角速度円運動は「半径が一定」かつ「等角加速度」で運動するため、これを表現する数理モデルとして必要なパラメータは、時刻 t の角度 $\theta(t)$、角速度 $\omega(t)$、時間に対し一定な角加速度 α と初期角度 θ_0、初期角速度 ω_0 です。

解析解　角度と角速度の時間依存性

$$\theta(t) = \frac{1}{2}\alpha t^2 + \omega_0 t + \theta_0 \tag{3.27}$$

$$\omega(t) = \alpha t + \omega_0 \tag{3.28}$$

なお、位置ベクトルと速度ベクトルは、それぞれ式（3.15）と式（3.19）に式（3.27）を代入した値となります。

1
2
3
4
5
6
7
8
9

3.4.2 等角加速度円運動の加速度ベクトル

等角加速度円運動の位置ベクトルと速度ベクトルはそれぞれ前項で示した式（3.15）と式（3.16）と一致しますが、加速度ベクトルは式（3.22）と一致しません。これは、角速度 ω が時間に依存するため、速度ベクトルの時間微分で ω の時間微分に関する項が加わるためです。

数学公式　等角加速度円運動の加速度ベクトル

$$\boldsymbol{a}(t) = \frac{d\boldsymbol{v}(t)}{dt} = r\,\frac{d^2\theta}{dt^2}(-\sin\theta, \cos\theta) - r\left(\frac{d\theta}{dt}\right)^2(\cos\theta, \sin\theta) \tag{3.29}$$

式（3.29）の第 2 項は、等速円運動で登場した向心力ベクトルです。式（3.28）の第 1 項は円周の接線方向であることがわかります。つまり、等角加速度円運動の加速度ベクトルは、円周の接線方向と円の中心方向の和で表されることがわかります。位置ベクトルと速度ベクトルの単位ベクトルを用いると

$$\boldsymbol{a}(t) = r\,\frac{d^2\theta}{dt^2}\,\hat{\boldsymbol{v}}(t) - r\left(\frac{d\theta}{dt}\right)^2\hat{\boldsymbol{r}}(t) = r\alpha\hat{\boldsymbol{v}}(t) - r\omega^2\hat{\boldsymbol{r}}(t) \tag{3.30}$$

と表すことができます。この表式には一つ問題があります。それは、速度ベクトルの大きさが 0 の場合に接線方向を表す単位ベクトルが得られないことです。そのため、式（3.30）を数値計算でそのまま利用するのは問題があります。そこで、2 次元極座標系に z 軸方向を加えた円筒座標系を考えて、$\hat{\boldsymbol{v}}(t)$ を z 軸方向の単位ベクトル $\hat{\boldsymbol{e}}_z$ を用いて書き直すことを考えます。$\hat{\boldsymbol{v}}(t)$ は xy 平面上なので $\hat{\boldsymbol{e}}_z$ と直交し、また円運動は、式（3.17）で示したとおり $\hat{\boldsymbol{v}}(t)$ と $\hat{\boldsymbol{r}}(t)$ も直交するため、ベクトル外積演算から

$$\hat{\boldsymbol{v}}(t) = \hat{\boldsymbol{e}}_z \times \hat{\boldsymbol{r}}(t) \tag{3.31}$$

と表すことができます。つまり、式（3.30）を式（3.31）で書き直した次式が加速度ベクトルの正しい表式となります。

数学公式　等角加速度円運動の加速度ベクトル（円筒座標系）

$$\boldsymbol{a}(t) = r\alpha\,[\hat{\boldsymbol{e}}_z \times \hat{\boldsymbol{r}}(t)] - r\omega^2\hat{\boldsymbol{r}}(t) \tag{3.32}$$

3.5 任意の回転軸における円運動

ポイント

- 角度、角速度、角加速度も回転軸方向のベクトルとして定義することができる

3.5.1 3次元空間中の角度ベクトル・角速度ベクトル・角加速度ベクトルの定義

これまでは2次元平面上における円運動を考えていたため、角度、角速度、角加速度をスカラー量として扱いました。角度もベクトル量で表すことで、3次元空間中の任意の回転軸を表すことができます。図3.9は角度ベクトルの模式図です。角度ベクトルは次のように定義されます。

数学定義　角度ベクトル

- 方向：回転軸（回転面の法線方向）
- 大きさ：回転角度
- 正負：反時計回りを正、時計回りを負

図3.9 ●角度ベクトル・角速度ベクトル・角加速度ベクトルの模式図

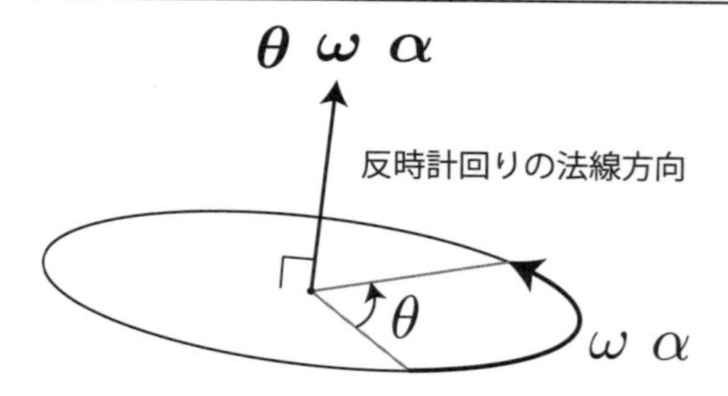

角速度ベクトル、角加速度ベクトルも同様に定義されます。時刻 t の角度ベクトルを $\boldsymbol{\theta}(t)$ と表した場合、角速度ベクトル、角加速度ベクトルはそれぞれ次のとおり表されます。

数学定義　角速度ベクトル・角加速度ベクトル

$$\boldsymbol{\omega}(t) \equiv \frac{d\boldsymbol{\theta}(t)}{dt}, \quad \boldsymbol{\alpha}(t) \equiv \frac{d\boldsymbol{\omega}(t)}{dt} = \frac{d^2\boldsymbol{\theta}(t)}{dt^2} \tag{3.33}$$

以上のように定義することで、成分でしか表現できなかった式（1.88）の角速度と速度ベクトルとの関係は、ベクトルのみで次のように表すことができます。

3.5.2 円運動の角速度ベクトルと速度ベクトルとの関係

2 次元平面上の円運動の場合の速度ベクトルは、式（3.15）で示したとおりです。3 次元空間における角速度ベクトルを式（1.88）のとおり定義すると、速度ベクトルと角速度ベクトルの関係はもっと簡単に表すことができます。図 3.10 は、位置ベクトルの原点を回転中心とした場合の、角速度ベクトルと速度ベクトルの模式図です。

図 3.10 ●角速度ベクトルと速度ベクトルの模式図

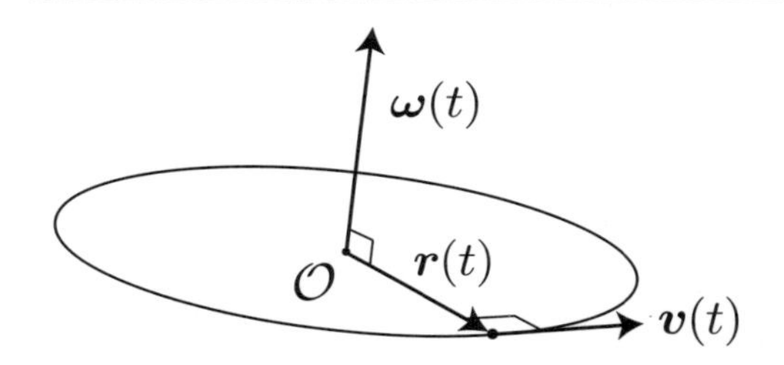

図 3.10 で示したとおり、位置ベクトル $\boldsymbol{r}(t)$、速度ベクトル $\boldsymbol{v}(t)$、角速度ベクトル $\boldsymbol{\omega}(t)$ はそれぞれ垂直となる点に着目すると、次の関係式が得られます。

数学公式　円運動における角速度ベクトルと速度ベクトルとの関係

$$\boldsymbol{v}(t) = \boldsymbol{\omega}(t) \times \boldsymbol{r}(t) \tag{3.34}$$

なお、式（3.34）は等速円運動でも等角加速度円運動でも成り立ちます。また、位置ベクトルの原点が回転中心と一致しない場合でも、回転中心を基準とすることでそのまま成り立ちます。具体的には、回転中心の位置ベクトルを $\boldsymbol{r}_0$ とした場合、

$$\boldsymbol{v}(t) = \boldsymbol{\omega}(t) \times (\boldsymbol{r}(t) - \boldsymbol{r}_0) \tag{3.35}$$

と変更するだけです。

なお、速度ベクトルから角速度ベクトルを得るには、式（3.34）の両辺に左から $\boldsymbol{r}$ を外積して、ベクトル三重積の公式（1.42）を適用すると次のように得られます†1。

$$\omega = \frac{\boldsymbol{r} \times \boldsymbol{v}}{r^2} \tag{3.36}$$

†1　自分自身との外積は必ず 0 となります（$\boldsymbol{r} \times \boldsymbol{r} = 0$）。

3.5.3 円運動の角加速度と加速度ベクトルの関係

円運動の加速度ベクトルは、式（3.34）を時間で微分することで得られます。ベクトルの外積の微分の公式（1.59）とベクトル三重積の公式（1.42）を適用して整理すると、次のとおりになります。

数学公式 **円運動における角加速度ベクトルと加速度ベクトルとの関係**

$$\boldsymbol{a}(t) = \frac{d\boldsymbol{\omega}(t)}{dt} \times \boldsymbol{r}(t) + \boldsymbol{\omega}(t) \times \frac{d\boldsymbol{r}(t)}{dt} = \boldsymbol{\alpha} \times \boldsymbol{r} + \boldsymbol{\omega} \times \boldsymbol{v}$$
$$= \boldsymbol{\alpha} \times \boldsymbol{r} - \omega^2 \boldsymbol{r} \tag{3.37}$$

第 1 項は角加速度における加速を表す項です。角加速度ベクトルと角速度ベクトルが同一方向の場合には、式（3.34）から第 1 項の向きは速度ベクトルと一致します。第 2 項は等速円運動で示した向心加速度ベクトルです。

3.6 物理シミュレータの使い方

3.6.1 仮想物理実験室のインターフェース

本書では、物理現象を視覚的に分かりやすく理解できるように、Google Chrome などのウェブブラウザで実行することができる HTML5 で開発した物理シミュレータを用意いたしました。本シミュレータは、コンピュータ内に生成した仮想 3 次元空間にて物理法則に則って運動する物体をシミュレーションすることができます。サンプルプログラムのファイル名に「○○ _PhysLab.html」と記載のあるものが、本シミュレータを利用していることを表しています。

本項では本シミュレータの使い方を解説します。図 3.11 は、仮想物理実験室の実行画面（Google Chrome）です。生成した実験室内に「床オブジェクト」と「軸オブジェクト」を登場させています[†2]。グラフィックス上で、マウスの左ボタンでマウスドラックするとカメラの位置を、右ボタンでマウスドラックするとカメラの視野中心を移動することができますので試してみてください。また、画面左下に表示されているボタン類は本実験室を操作するためのインターフェースです。

†2　オブジェクトとは、プログラミング言語 JavaScript におけるデータのまとまりを表すデータ形式です。本項では実験室に登場する仮想の物体を「○○オブジェクト」と呼びます。

図 3.11 ●仮想物理実験室の実行画面

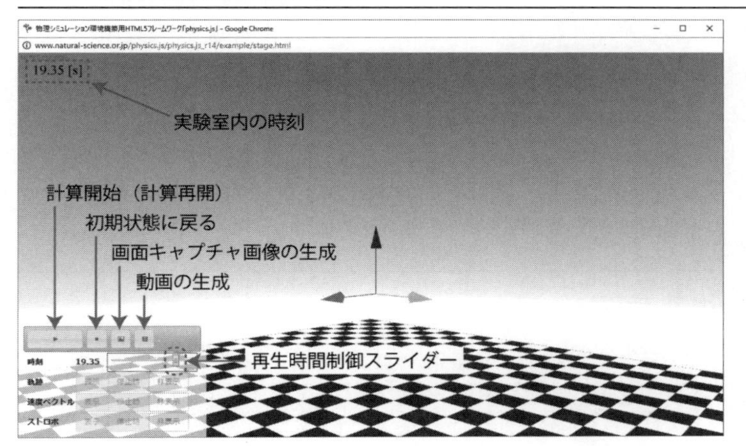

☞ Chapter3/stage_PhysLab.html（HTML）

仮想物理実験室の制御インターフェース

仮想物理実験室を制御するためのインターフェースとして、様々なボタンやスライダーが HTML 要素（button 要素や input 要素など）で用意されています。 具体的には、上段の「▶」は実験室の時刻を進めるボタン、「■」は実験室の状態を初期状態に戻すボタン、「写真マーク」は現在表示しているグラフィックスを PNG 形式の画像データとして出力するボタン、「フィルムマーク」はこれまでにシミュレーションした結果を元に WebM 形式の動画を生成するボタンです。動画生成の挙動については後述します。

本実験室には「**一時停止状態**」と「**計算中状態**」の 2 つの状態があります。図 3.11 のインターフェースは「一時停止状態」の状態で、この状態のときに中段の表にある「時刻」のとなりのスライダーが表示され、つまみで指定した時刻の状態を表示することができます。

「計算中状態」の場合は、図 3.12 のとおり、計算停止を表す「**II**」ボタンのみが表示され、それ以外のボタンが非表示となります。なお、下段の「軌跡」「速度ベクトル」「ストロボ」は後で解説します。

図 3.12 ●「計算中状態」のインターフェース

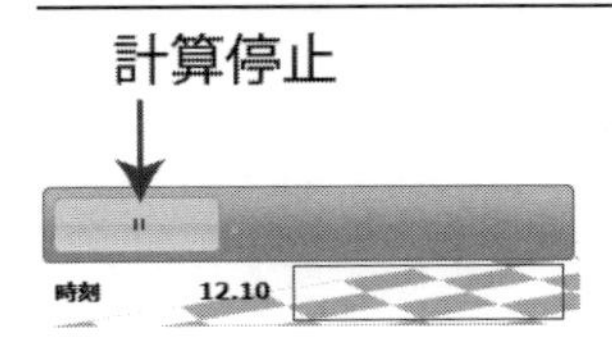

動画生成時の挙動

「動画生成ボタン」は、仮想物理実験室が「初期状態」を除く「一時停止状態」の場合に表示されます。クリックすると動画生成のための再生が、時刻 0 から実験室で計算済みの時刻まで実行されます。この再生時のグラフィックスが実際の動画として記録されるため、マウスドラックによるカメラ操作などが反映されます。再生が終了して動画生成完了後、図 3.13 のとおり「↓」ボタンが表示されます。このボタンをクリックすると、動画を出力することができます。

図 3.13 ●「動画出力ボタン」の表示

実験室の時刻表示について

図 3.11 では、実験室の時刻をグラフィックス左上部と制御インターフェース内の 2 箇所で表示しています。この 2 つの時刻表示には大きな違いがあります。 1 つ目の時刻表示はグラフィックス内に画像として表示されているため画像が動画に出力した場合に表示されるのに対して、2 つ目のものは HTML 要素内にテキスト（文字）として表示しているため画像が動画には反映されません。また、1 つ目の時刻表示はカメラの位置や向きに依存しません。なお、どちらも表示の有無を指定することができます。

フレームレートの表示について

3 次元グラフィックスは一般に計算負荷が大きいために、マシンパワーが必要となります。仮想物理実験室では物理シミュレーションの計算も行うため、さらに計算負荷が加わります。そして、コンピュータが処理できる計算負荷を超えると動作が重くなっていきます。3 次元グラフィックスはアニメーションと同じように静止画を連続的に切り替えることで動きを表現するわけですが、この動作が重いという状態は、1 秒間当たりに切り替わる回数（フレームレート、単位：FPS）が小さくなることを意味します。本実験室ではフレームレートを左上に小さく表示しています（図 3.14）。なお、フレームレートはコンピュータのディスプレイの設定にも依りますが、通常 60 [FPS] です。

図 3.14 ●フレームレートの表示

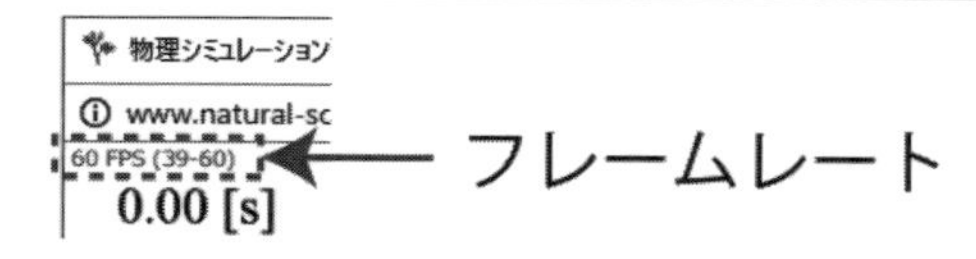

3.6.2 仮想物理実験室の設定方法

仮想物理実験室の各種設定は、仮想物理実験室オブジェクトの生成時に行うことができます。HTML ソース「Chapter3/stage_PhysLab.html」をテキストエディタで開いてみてください。以下のプログラムソースで示した箇所が確認できると思います。この部分をプログラミング風に説明すると、PhysLab クラスのコンストラクタを用いてインスタンス（仮想物理実験室オブジェクト）を生成するという意味になります。このコンストラクタの引数に与えたオブジェクト（「{」から「}」まで）で、仮想物理実験室の設定を行います。各プロパティの意味はプログラムソース内に記述しています。

プログラムソース 3.3 ●仮想物理実験室オブジェクトの生成

```
PHYSICS.physLab = new PHYSICS.PhysLab({
  // 計算モード（リアルタイム計算モード／プレ計算モード）
  calculateMode : PHYSICS.RealTimeMode, // (PHYSICS.RealTimeMode | PHYSICS.PreMode)
  <------------------------------------------------------------------------ (※1)
  // 数値計算パラメータ
  dt: 0.001,                        // 1ステップあたりの時間間隔 <------------ (※2)
  skipRendering: 50,                // 描画間引回数 <------------------------ (※3)
  // レンダラー関連パラメータ
  renderer : {
    clearColor : 0xE1FCFF,          // クリアーカラー（背景色） <------------ (※4)
  },
  // トラックボール関連パラメータ
  trackball : {
    enabled : true,                 // トラックボール利用の有無 <------------ (※5)
  },
  // カメラ関連パラメータ
  camera: { <------------------------------------------------------------- (※6)
    type : "Perspective",           // カメラの種類 (Perspective | Orthographic)
    position: {x: 12, y: 12, z:5}, // カメラの位置
    target: {x:0, y:0, z:5},        // カメラの視野中心座標
  },
  // 光源関連パラメータ
  light: { <-------------------------------------------------------------- (※7)
    type :"Directional",            // 光源の種類 ( Directional | Spot | Point)
    position: {x:-5, y:-5, z:12},   // 光源位置
    target: {x:0, y:0, z:0},        // 光源対象中心座標
    color: 0xFFFFFF,                // 光源色
    ambient: 0x888888,              // 環境光源の光源色
  },
  // 影関連パラメータ
  shadow: {
```

```
    shadowMapEnabled:     true, // シャドーマップの利用  <------------------------------------------ (※8)
  },
  // フラグ関連
  locusFlag : false,            // 軌跡の表示 (true | false | "pause")  <-------------- (※9-1)
  velocityVectorFlag : false,   // 速度ベクトルの表示 (true | false | "pause")  <----- (※9-2)
  strobeFlag : false,           // ストロボオブジェクトの表示 (true | false | "pause")
  <------------------------------------------------------------------------------------------ (※9-3)
  // 再生時間制御スライダー
  timeslider : {
    enabled : true,             // 利用の有無  <------------------------------------------------ (※9)
    skipRecord : 50,            // 時系列データの間引数
  },
  // 動画生成用
  video : {  <-------------------------------------------------------------------------------- (※10)
    enabled : true,             // ビデオ生成利用の有無
    speed : 40,                 // 動画のフレームレート
    quality :0.8,               // 動画の画質
    fileName : "video.webm",    // 動画のファイル名
  },
  // 背景指定用
  skydome : {  <------------------------------------------------------------------------------ (※11)
    enabled : true,             // スカイドーム利用の有無
    radius  : 200,              // スカイドームの半径
    topColor : 0x2E52FF,        // ドーム天頂色
    bottomColor : 0xFFFFFF,     // ドーム底面色
    exp : 0.8,                  // 混合指数
    offset : 20                 // 高さ基準点
  },
  // 実験室内時刻表示ボード
  timeBoard : {  <---------------------------------------------------------------------------- (※12)
    enabled : true,   // 時刻表示ボード表示の有無
    size: 10,         // 時刻表示ボードの大きさ (単位はステージに対する[%])
    top : 2,          // 上端からの位置 (単位はステージに対する[%])
    left : 2,         // 左端からの位置 (単位はステージに対する[%])
    rotation : 0,     // ボードの回転角度
    fontSize : 20,    // フォントサイズ (単位はボードに対する[%])
    fontName :"Times New Roman", // フォント名 (CSSで指定可能な文字列)
    textAlign : "left",          // 行揃え (CSSで指定可能な文字列)
    textColor : {r: 0, g:0, b:0, a: 1 },         // 文字色
    backgroundColor : { r:1, g:1, b:1, a:0 }, // 背景色 (RGBA値を0から1で指定)
    resolution : 9,                              // テクスチャサイズ (2の乗数)
  }
});
```

(※ 1)　本実験室は、数値計算と同時に 3 次元グラフィックスを更新する「リアルタイム計算モード」と、指定した時刻まであらかじめ数値計算を行う「プレ計算モード」があります。

calculateMode プロパティに「PHYSICS.RealTimeMode」（リアルタイム計算モード）あるいは「PHYSICS.PreMode」（プレ計算モード）を指定することで、モードを指定することができます。

（※ 2）　本実験室内部の時間間隔を表します。なお、本実験室は、4.6 節で解説するルンゲ・クッタ法と呼ばれる時間発展計算アルゴリズムを用います。

（※ 3）　数値計算した結果のうち、3 次元グラフィックスを描画する間隔を指定します。50 と指定した場合、数値計算 50 回に対して 1 回だけ描画します。パソコンのフレームレートは一定なので、この値を小さくするほど 3 次元グラフィックスは素早く動作します。

（※ 4）　（※ 12）のスカイドーム機能が無効の場合の単色の背景色です。16 進数リテラル（「0x」から始まる数値）で、はじめの 2 バイト（00 から FF まで 256 通り）が赤、次の 2 バイトが緑、最後の 2 バイトが青を表し、合計 6 バイトで 256 × 256 × 256 = 16777216 通りの色を指定することができます。

（※ 5）　マウス操作によるカメラ操作の有無を指定します。

（※ 6）　カメラの初期パラメータを指定します。

（※ 7）　実験室内に配置する光源を指定します。type プロパティに "Directional" を与えると平行光源、"Spot" を与えるとスポットライト光源、"Point" を与えると点光源となります。position プロパティで指定した位置に光源が配置され、target プロパティの方向を向きます（点光源を除く）。

（※ 8）　シャドーマップとは、影の映り込みを計算する際に利用するマッピングです。true で床面などに物体の影を描画します。

（※ 9）　物体運動の軌跡、速度ベクトル、ストロボの表示形態を指定するフラグです。true で表示、false で非表示、"pause" で一時停止状態で表示します。→ 3.6.3 項参照

（※ 10）　一時停止状態で利用することのできる再生時間制御スライダーの利用の有無を指定します。

（※ 11）　本シミュレータでは、物理シミュレーション結果を WebM 形式の動画で保存することができます。enabled プロパティに true を与えると、前項で解説した動画生成ボタンが現れます。

（※ 12）　スカイドームとは、背景色をグラデーション化する機能です。描画色に関するプロパティを指定することできます。

（※ 11）　前項で紹介した、実験室内の時刻を表示するボードに関するプロパティを指定することできます。

3.6.3　仮想物理実験室への物体の配置とシミュレーション開始

仮想物理実験室に登場する物体は「3 次元オブジェクト」と総称します。図 1 には床オブジェクトと軸オブジェクトの 2 つが登場します。 全ての 3 次元オブジェクトは、3 次元オブジェクトを生成後、仮想物理実験室オブジェクトの「objects」プロパティ（配列）に格納することで登場させることができます。

3次元オブジェクトの生成方法と実験室への配置

床オブジェクトは Floor クラス、軸オブジェクトは Axis クラスというように、3次元オブジェクトはその種類ごとにクラスが用意されています。また、実験室オブジェクトと同様にコンストラクタの引数で各種設定を行うことができます。 そして、objects プロパティ（配列）に順番に格納していくことで実験室への配置を行うことができます。

```
// 床オブジェクトの準備
PHYSICS.physLab.objects[ 0 ] = new PHYSICS.Floor({ ～省略～ });
// 軸オブジェクトの準備
PHYSICS.physLab.objects[ 1 ] = new PHYSICS.Axis({ ～省略～ });
```

上記のように配列の要素番号を指定して代入するほかに、以下のように配列の push メソッドを用いて代入することもできます。

```
PHYSICS.physLab.objects.push(
  new PHYSICS.Floor({ ～省略～ })
);
PHYSICS.physLab.objects.push(
  new PHYSICS.Axis({ ～省略～ })
);
```

こちらの方が配列番号を把握しておく必要が無いので実装が容易となります。なお、デフォルトでは床面の市松模様の1枚分の長さが「1」、矢印の長さが「3」となっています。

仮想物理実験室の実行開始

実験室オブジェクトを生成後、3次元オブジェクトの配置も完了して準備が整ったら、最後に実験室の実行を開始する startLab メソッドを実行します。 なお、このメソッドは PhysLab クラスで定義されています。

```
// 仮想物理実験室のスタートメソッドの実行
PHYSICS.physLab.startLab();
```

3.6.4 球オブジェクトの生成と位置・速度の設定方法

本書で扱う物理シミュレーションは、**質点**と呼ばれる体積を持たずに質量のみをもつ「点」の運動を対象としています（質量の定義は4.2.2項を参照）。シミュレーション結果を3次元グラフィックスとして描画する際には、点では不便なので適当な大きさの球として表示するのが一般的です。本シミュレータでは、3次元オブジェクトの一つとして球オブジェクトを Sphere クラスで生成することができます。

図 3.15 は、実験室内に球オブジェクトを配置して速度を与えた時の様子です。運動の軌跡、速度ベクトル、一定時間間隔の球体の様子を半透明で表示するストロボといった、球体オブジェクトの運動を視覚的に理解しやすくするためのグラフィックスが追加されています。それぞれの表示の有無は、図左下の制御インターフェースやプログラムで指定することができます。

図 3.15 ●球オブジェクトの運動の様子

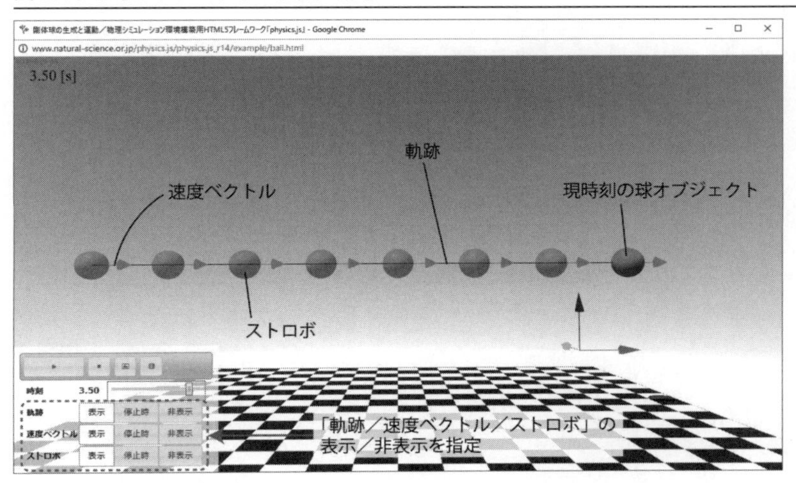

☞ Chapter3/stage_PhysLab.html（HTML）

仮想物理実験室内で球オブジェクトを運動させるための最も重要なプロパティは、次に挙げる 3 つです。

（1）球体の位置を表す `position` プロパティ
（2）球体の速度を表す `velocity` プロパティ
（3）実験室の時間経過に従って運動するかを指定する `dynamic` プロパティ

`velocity` プロパティには、速度の各成分（x、y、z）をプロパティとするオブジェクトを与えます。そして、`dynamic` プロパティに `true` を与えると、仮想物理実験室の制御インターフェースの「計算開始ボタン」で時間経過とともに運動します。次のプログラムソースは「Chapter3/ball_PhysLab.html」の球オブジェクトの生成に関する部分です。

プログラムソース 3.4 ●球オブジェクトの生成

```
PHYSICS.physLab.ball = new PHYSICS.Sphere({
  // 運動関連
  dynamic: true,          // 運動の有無  <------------------------------ (※1)
```

```
    // 物理量パラメータ
    mass: 1,                    // 質量
    radius: 0.5,                // 球の半径  <-------------------------------- (※2)
    // 初期状態パラメータ
    position: { x: ○ , y: ○, z: ○ }, // 位置ベクトル
    velocity: { x: ○, y: ○, z: ○ },  // 速度ベクトル
    // 材質オブジェクト関連パラメータ
    material : {
      type : "Phong",
      color : 0xff2af0,   // 反射色  <------------------------------------ (※3)
      castShadow : true,  // 影の描画
    },
    // 軌跡関連パラメータ
    locus : {  <------------------------------------------------------------ (※4)
      enabled : true,      // 利用の有無
      visible : true,      // 軌跡の表示の有無
      color : null,        // 描画色
      maxNum : 1000,       // 軌跡ベクトルの最大配列数
    },
    // 速度ベクトル関連パラメータ
    velocityVector : {  <--------------------------------------------------- (※5)
      enabled : true,      // 利用の有無
      visible : true,      // 表示の有無
      color : null,        // 描画色
      scale : 0.4,         // 矢印のスケール（大きさ）
      startPointOffset : true // ベクトル始点のオフセット
    },
    // ストロボ関連パラメータ
    strobe :{  <------------------------------------------------------------ (※6)
      enabled : true,      // ストロボ撮影の有無
      visible : true,      // 表示・非表示の指定
      color : null,        // 描画色
      transparent : true, // 透明化
      opacity : 0.5,       // 透明度
      maxNum : 50,         // ストロボ数
      skip : 10,           // ストロボの間隔
      velocityVectorEnabled : true, // 速度ベクトルの利用
      velocityVectorVisible : true, // 速度ベクトルの表示
    }
  });
  // 球オブジェクトを配置
  PHYSICS.physLab.objects.push( PHYSICS.physLab.ball );  <------------------ (※7)
```

（※ 1）　dynamic プロパティを true に設定すると、物理法則に則った運動を行います。

（※ 2）　質点運動の場合、球の半径はあくまでグラフィックス上の見た目だけです。

（※ 3） 光源からの光（光線ベクトル）が垂直に当たったときの球オブジェクトの描画色です。垂直ではない箇所は陰影が描画されます。

（※ 4） 軌跡に関するプロパティを指定します。利用する場合は enabled プロパティに true を与えます。visible プロパティで表示の有無を切り替えることができます。enabled プロパティと visible プロパティが共に true、かつ 3.6.2 項の（※ 9）で解説した実験室オブジェクトの locusFlag フラグが true あるいは "pause" で一時停止中のときに表示されます。color プロパティが null の場合、軌跡の描画色は球色と一致します。

（※ 5） 速度ベクトルに関するプロパティを指定します。enabled プロパティと visible プロパティ、color プロパティに関しては（※ 4）と同様です。startPointOffset プロパティに true を与えると、ベクトルの始点を質点位置から球オブジェクトの表面へ移動します。

（※ 6） ストロボ機能に関するプロパティを指定します。enabled プロパティと visible プロパティ、color プロパティに関しては（※ 4）と同様です。velocityVectorEnabled プロパティと velocityVectorVisible プロパティに true を与えることで、ストロボにも速度ベクトルを表示することもできます。

（※ 7） 実験室オブジェクトの objects プロパティ（配列）に格納することで実験室に配置されます。

3.7 物理シミュレータによる各種運動シミュレーション

3.7.1 等速度直線運動シミュレーション

式（1.67）の等速運動を、前項で紹介した物理シミュレーションで実現します。図 3.16 は速度を v = 1、2、3、4、5、6 と与えた場合の運動のスナップショットです。半透明の球体は、等時間間隔ごとの位置をわかりやすく可視化するためのストロボ撮影機能です。等速直線運動の場合、ストロボ撮影された球体は等間隔となります。

図 3.16 ●【シミュレータ】等速度直線運動シミュレーション

☞ Chapter3/UniformLinearMotion_PhysLab.html（HTML）

上記シミュレーションの初期位置ベクトルと速度ベクトルは、position プロパティと velocity プロパティでそれぞれ指定することができます。

プログラムソース 3.5 ●初期位置ベクトルと速度ベクトル

```
PHYSICS.physLab.balls[i] = new PHYSICS.Sphere({  <------------------------------------------------ (※)
  (省略)
  // 初期状態パラメータ
  position: { x: -12, y: 0, z: 2*i+1 },  // 位置ベクトル
  velocity: { x: i+1, y: 0, z: 0  },      // 速度ベクトル
  (省略)
});
PHYSICS.physLab.objects.push( PHYSICS.physLab.balls[i] );
```

（※）　複数の球オブジェクトを生成するために配列で管理します。i の値によって位置と速度を変化させます。

3.7.2 等加速度直線運動シミュレーション

式（1.71）と（1.72）の等加速度直線運動のシミュレーションを実現します。図 3.17 は、初速度 $v = 0$、加速度を $a = 1, 2, 3, 4, 5, 6$ と与えた場合の運動のスナップショットです。時間ごとに加速するためにストロボ撮影時の球体の間隔は広がります。

1
2
3
4
5
6
7
8
9

図 3.17 ●【シミュレータ】等加速度直線運動シミュレーション

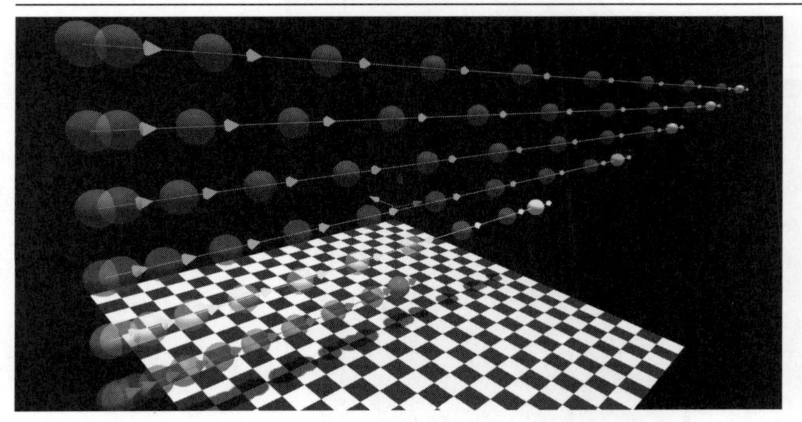

☞ Chapter3/UniformAccelerationLinearMotion_PhysLab.html（HTML）

上記シミュレーションでは、球体に力を加えることで加速させることができます。加える力は addForces プロパティ（配列）に関数として与えます。なお、力と加速度の関係は第 4 章で解説しますが、質量が 1 [kg] の場合、力に「1」を与えると加速度は「1」[m/s^2] となります。

プログラムソース 3.6 ●力（加速度ベクトル）の与え方

```
PHYSICS.physLab.balls[ i ].n = i+1;  <------------------------------------ (※1)
PHYSICS.physLab.balls[ i ].addForces[ 0 ] = function( _this ){  <---------- (※2)
  return { x: _this.n, y:0, z:0 } // 加速度ベクトル  <--------------------- (※3)
}
```

（※ 1）　球オブジェクト自身は自分が何番目に生成されたかを知りません。そのため、プロパティ n に番号を保存しておきます。

（※ 2）　引数に与えられる「_this」は、球オブジェクトそのものを指す変数です。

（※ 3）　この関数内で i を用いるとグローバル変数としての i を参照するため、球オブジェクト自身の番号を取得することができず、実行時の i の値を取得してしまいます。そのため（※ 1）のとおり球オブジェクト自身の番号をプロパティに確保しています。「_this.n」は（※ 1）で与えた値となります。

3.7.3 等速円運動シミュレーション

同一の角速度で異なる半径の等速円運動を行ったシミュレーションです。球体を半径 2、4、6、8、10、12 [m]、角速度 2 π /10 [rad/s]（10 秒で 1 回転）の円運動をさせています。角速度が同じ場合、半径が大きいほど速度が大きくなるため（式（3.20））、ストロボ撮影時の球体の間隔が広くなります。

図 3.18 ●【シミュレータ】等速円運動シミュレーション

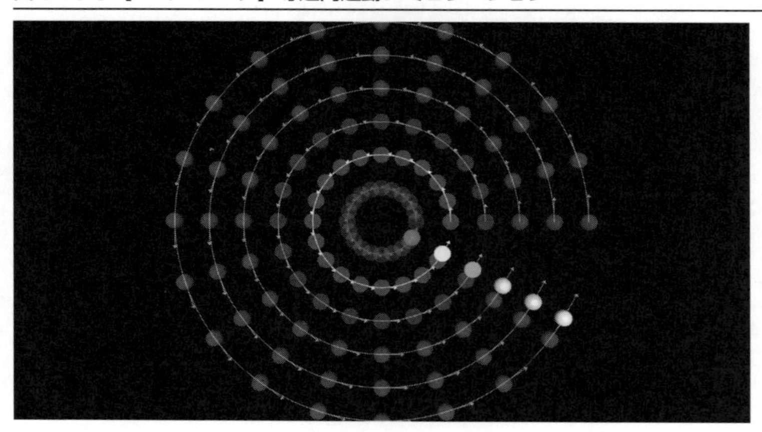

☞ Chapter3/UniformCircularMotion_PhysLab.html（HTML）

本シミュレーションは直交座標系が採用されているため、球体を等速円運動させるには半径と角速度に対する速度ベクトル、加速度ベクトルを適切に与える必要があります。なお、次のプログラムでは初期位置を x 軸上、初速度を y 軸方向に与えています。

プログラムソース 3.7 ●力（加速度ベクトル）の与え方

```
// 等速円運動のパラメータ
var omega = 2*Math.PI/10; // 角速度
var r = 2*i+2;            // 半径
var v = r * omega;        // 速度  <------------------------------------------- 式（3.20）
// 球オブジェクト
PHYSICS.physLab.balls[i] = new PHYSICS.Sphere({
  （省略）
  // 初期状態パラメータ
  position: { x: r, y: 0, z: 0 }, // 位置ベクトル
  velocity: { x: 0, y: v, z: 0 }, // 速度ベクトル
  （省略）
});
// 力の与え方
PHYSICS.physLab.balls[ i ].addForces[ 0 ] = function( _this, object ){  <---------- (※)
    var ax = -omega * omega * object.position.x;  <---------------------------- 式（3.23）
    var ay = -omega * omega * object.position.y;  <---------------------------- 式（3.23）
      return { x:ax, y:ay, z:0 }
  }
);
```

（※）　`object`は、時間発展をルンゲ・クッタ法による多段数値を考慮した位置、速度が格納されたオブジェクトです。加速度ベクトルの向きは球の位置ベクトルは「`object.position`」で取得することができます。

1
2
3
4
5
6
7
8
9

3.7.4 中心座標を指定した等速円運動シミュレーション

前項までは等速円運動の中心を原点と想定していました。初期位置を固定したまま任意の点を中心とした等速円運動を実現するには、速度ベクトルと加速度ベクトルを適切に与える必要があります。中心座標を $\boldsymbol{C}$ と表した場合の速度ベクトルと加速度ベクトルは次のとおりです。

$$\boldsymbol{v}(t) = |\boldsymbol{r} - \boldsymbol{C}|\, \omega(-\sin\theta, \cos\theta) \tag{3.38}$$

$$\boldsymbol{a}(t) = -\omega^2(\boldsymbol{r} - \boldsymbol{C}) \tag{3.39}$$

前項と同じ初期位置の球体に対して、$\boldsymbol{C} = (0, 0, 10)$、初速度ベクトルと加速度ベクトルに式（3.38）、式（1.38）を与えた際のシミュレーション結果は次のとおりです。どの等速円運動も同一の中心をもっていることが確認できます。

図 3.19 ●【シミュレータ】中心座標を指定した等速円運動シミュレーション

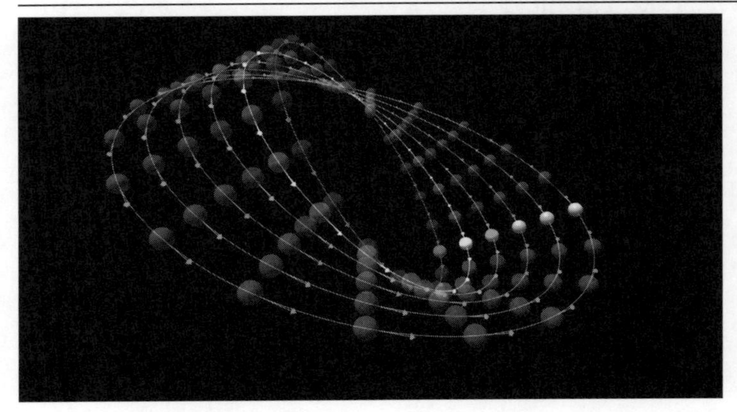

☞ Chapter3/UniformCircularMotion2_PhysLab.html（HTML）

3.7.5 等角加速度円運動シミュレーション

異なる半径にて、初速度 0 [m] から角加速度 π / 10 [rad / s^2] で等角加速度円運動を行ったシミュレーションです。徐々に回転速度が早くなっていることがストロボ撮影時の球体間隔が広くなっていることでわかります。このシミュレーションも加速度ベクトルを適切に与えることで実現することができます。なお、ベクトル量の数値計算を行うメソッドは、1.3.4 項で解説した `Vector3` クラスを参照してください。

図 3.20 ●【シミュレータ】等角加速度円運動のシミュレーション

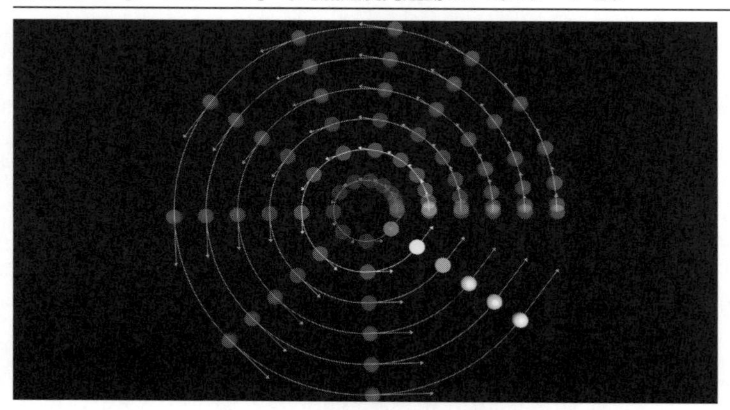

☞ Chapter3/UniformAccelerationCircularMotion_PhysLab.html（HTML）

プログラムソース 3.8 ●力（加速度ベクトル）の与え方（UniformAccelerationCircularMotion.html）

```
// 角加速度ベクトル
var alpha = new THREE.Vector3(0, 0, Math.PI/10);  <---------------------------一定の角加速度を設定
PHYSICS.physLab.balls[ i ].addForces[ 0 ] = function( _this, object ){
  // 半径を取得
  var r = object.position.length();  <------------------------------------------球の半径を取得（※1-1）
  // 角速度
  var omega = object.velocity.length() / object.position.length();
<--------------------------------------------------------------------------------------------式（3.20）（※1-2）
  // 速度ベクトルと位置ベクトルの単位ベクトルの生成
  var v = object.velocity.clone().normalize();  <----------------------------------------（※2-1）
  var p = object.position.clone().normalize();  <----------------------------------------（※2-2）
  // 速度ベクトルの大きさが0の場合（初期状態）
  if( v.length() == 0 ) v = new THREE.Vector3(0,1,0);
  // 加速度ベクトルの計算
  var a1 = v.multiplyScalar( r * alpha );  <--------------------------------------式（3.30）（※3-1）
  var a2 = p.multiplyScalar( - r * omega * omega  );  <---------------------式（3.30）（※3-2）
  var a = new THREE.Vector3().addVectors( a1, a2 );  <------------------------------式（3.30）
  return a;
}
```

（※ 1） length は実行したベクトルの大きさを計算するメソッドです。

（※ 2） clone は実行したベクトルのコピーを生成するメソッドです。normalize は実行したベクトルの長さを 1 に規格化するメソッドです。JavaScript では、上記のようにメソッドを連続して記述することが可能です。

（※ 3） multiplyScalar は実行したベクトルにスカラー値を積算するメソッドです。

3.7.6 任意回転軸による等角加速度円運動シミュレーション

原点を中心として 30° 傾いた平面上を、初速度 0 から等角加速度円運動させたシミュレーションです。角加速度ベクトルを式（3.37）のとおりに与えることで実行することができます。

図 3.21 ●【シミュレータ】任意回転軸における等角加速度円運動シミュレーション

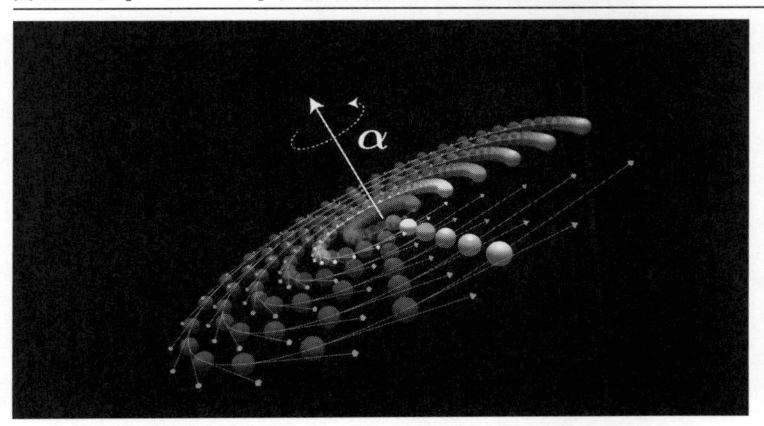

☞ Chapter3/UniformAccelerationCircularMotion2_PhysLab.html（HTML）

プログラムソース 3.9 ●力（加速度ベクトル）の与え方

```
// 角加速度ベクトル
var alpha = new THREE.Vector3( -Math.sin( Math.PI/6 ) , 0, Math.cos( Math.PI/6 ) );
PHYSICS.physLab.balls[ i ].addForces[ 0 ] = function( _this, object ){
  // 向心加速度
  var omega = new THREE.Vector3().crossVectors( object.position, object.velocity );
<------------------------------------------------式（3.36）（※）
  omega.divideScalar( object.position.lengthSq() );  <---------------- 式（3.36）
  var a = object.position.clone();
  a.multiplyScalar( - omega.lengthSq() );  <-------------------- 式（3.37）第2項
  // 速度方向（円周の接線方向）
  var v_ = new THREE.Vector3().crossVectors( alpha, object.position );
<----------------------------------------------式（3.37）第1項（※）
  a.add( v_ );
  return a;
}
```

（※） crossVectors は引数で指定した 2 つのベクトルの外積を計算します。

古典力学の理論

本章第 1 節では、自然科学における物理学の位置づけや物理学に含まれる分野、また方法論（物理的手法）について詳しく解説します。特に、理論と実験に対する物理シミュレーション（数値実験）の重要性を強調します。4.2 節と 4.3 節では、高校物理でも学習する古典力学の最も基本となる「ニュートンの運動方程式」と、この方程式から導出される 3 つの保存則を、ここまでに学習した数学を用いて統一的に詳しく解説します。4.5 節と 4.6 節では、ニュートンの運動方程式を用いて物理シミュレーションを実現するための方法論を詳しく解説します。

4.1 物理学について

ポイント

- 物理学は物理量と呼ばれる実験により観測可能な量の因果関係を研究する自然科学の一分野
- 研究手法は実験と理論を両輪とし、近年急速に発展した計算機も積極的に利用される

4.1.1 物理学について

物理学とは、**自然科学**と呼ばれる学問体系に含まれる一分野です。自然科学とは、「いつでも」「どこでも」「誰でも」同じ条件であれば必ず起きる、もしくは起こすことができる（客観的・普遍的）自然現象を対象に、その**因果関係（自然法則）**を理解して組み立てることを目的とした学問体系です。「**仮説**」「**実験・観察**」「**検証**」を繰り返すことで知見を深めていく「科学的方法」に基づいて体系化されていきます。その中で物理学は、物理学で取り扱うことが可能な自然界における様々な現象（**物理現象**）と、それを構成する物質の振る舞いとの因果関係（特に**物理法則**と呼ばれる）を理解することを目的とします。物理学ではその因果関係を**数学**という言語で記述し、最終的には、物理法則を集約した「方程式」の形でまとめていきます。特に一般性の高い重要な方程式は「**基礎方程式**」と呼ばれ、基礎方程式を様々な条件で解くことで新たな知見を得ることも可能となります。

これまでに様々な物理現象の対象物に応じた体系が構築され、それぞれに対応した基礎方程式が導出されてきました。特に、巨視的な物体の運動を記述する**古典力学**、熱現象の巨視的性質を記述する**熱力学**、固体と流体の運動を記述する**連続体力学**、電場・磁場の関係を記述する**電磁気学**、光速度に近い運動や大きな重力場における運動を記述する**一般相対性理論**、微視的な物理法則を基に巨視的な性質を記述する**統計力学**、微視的粒子の現象を記述する**量子力学**に対する基礎方程式は、それぞれ莫大な「実験・観察」による試練に耐えた信頼に足る物理法則の集大成として、物理学の

根幹を担っています。

図 4.1 ●物理学の学問体系からの位置づけ

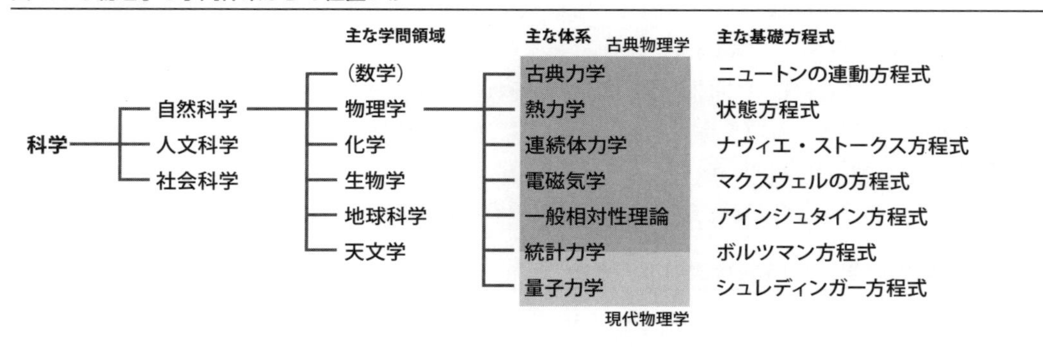

図 4.1 は、学問領域の親子・兄弟関係を表したものです。「数学」にカッコがついているのは、近代的な解釈では自然科学ではなく、論理学や言語学の仲間とする形式科学に分類されることが多いためです。というのも、数学は直接自然現象を取り扱わず「実験・観察」も行わないため、歴史的に自然科学と不離の関係でありながらも、あくまで自然科学を記述するための「言語」という位置づけというわけです。また、物理学は「観測行為」による対象物への影響の有無によって大別することができます。影響を与えない「古典物理学」に対して、影響を与えるのが「現代物理学」です。図中にも示しています。

4.1.2　物理学的手法：「実験」と「理論」

物理学では、物理現象の中に潜む因果関係を、物理法則として数学を用いて表現するとは先に述べましたが、ではどのような手段で物理法則を導き出すのでしょうか。数学との相性の良い物理学は、自然科学の主な手法である「実験・観測」に立脚する**実験物理学**に加え、理論的な仮説に基づいた方程式に対して「数学的操作」を施すことで実験事実や未知の現象を予言し得る**理論物理学**と呼ばれる分野も非常に重要な役割を果たします。

図 4.2 は、実験物理学と理論物理学の関係性を示したものです。両者とも、既知の事実やこれまでに得られた知見から新たな課題や問題に対して、新しい実験系を構築したり新しい方程式を導出し、そこから実験結果（実験的事実）ないし**解析解**（理論的予測）を得ます。解析解を得るとは、与えられた方程式に対して様々な条件や近似を課し、数学的操作を行うことで、所望の量を既知の関数で表現する（解析的に解く）ことです。俗に言う「紙と鉛筆だけで…」の世界です。「実験」と「理論」には優劣や時間的前後がなく、先に発見された実験的事実に対する理論的裏付けや、理論的予測に対する実験的検証といった関係で新たな知見を得ていきます。両者の結果が一致するこ

とで、物理現象を理解することができたことを意味します。そして、新しい「物理法則」として認知されことになります。互いの結果が食い違うときは、それぞれ検証と修正が行われ、一致するまで繰り返されることになります。つまり、物理学は「実験」と「理論」の両輪で未踏領域を前進していく学問です。

しかしながら、ここにひとつ問題があります。それは、せっかく立てた方程式を解くことが困難であることが非常に多いという事実です。方程式は、**解析的に解けるか解けないかに関わらず特定の範囲で「正しい」**のにも関わらず、そこから新たな知見が得られないことは非常にもったいないことです。そこに登場したのが、近年進歩した人類の新しい武器、「コンピュータ」です。

図 4.2 ●「実験物理学」と「理論物理学」の関係性

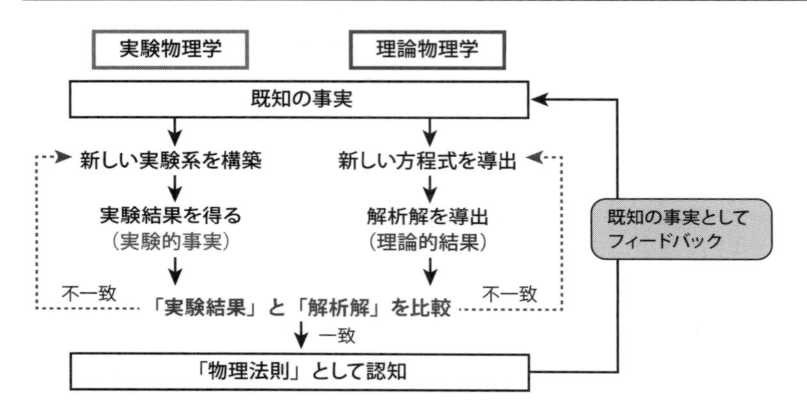

4.1.3 物理シミュレーションの位置づけ

コンピュータは「電子計算機」を意味するとおり、もともと数値計算をするための道具として登場しました。これまでは、解析的に解くことができなかった方程式に対して、コンピュータに解かせるための計算アルゴリズム（計算手順）をプログラミング言語で記述し、数値的に解かせて（数値計算）結果を得るということが容易に行えるようになりました。こうして得られた数値結果は「**数値解**」と呼ばれます。

コンピュータ登場の当初、性能面の限界から小規模な計算しかできなかったため、あくまで解析解に対する補助輪的な役割でしかなかった数値計算ですが、昨今の演算速度の向上やメモリの増大などといったコンピュータの性能（計算資源）の飛躍的な向上と安価化は、コンピュータを活用した物理学に更なる活躍の場が与えられるようになりました。それが「**計算物理学（物理シミュレーション）**」です。

1
2
3
4
5
6
7
8
9

図 4.3 は、計算物理学成立後の実験物理学と理論物理学の関係性を示したものです。計算物理学の大きな特徴は、潤沢な計算資源を前提とした大規模数値計算です。既知の事実やこれまでに得られた知見から新たな課題や問題に対して、理論的な仮説に基づいた「**数理モデル**」を構築し、数理モデルに対して適切な基礎方程式を用いて数値計算を行います。この基礎方程式というのは、物理学で最も信頼のおける物理法則を用いた数値計算なので、単なる方程式の数値計算というよりも、仮想空間内に配置した実験室における実験という意味を込めて「**数値実験**」とも呼ばれます。解析解と実験結果の関係と同様、数値解も実験結果と比較することで検証を行い、両者の結果が一致すれば、数値計算の元なる方程式や数理モデルの正当性が認知されることになります。また、数理モデルを構築する際に、仮定や近似を一切持ち込まない数値計算は「**第 1 原理計算**」と呼ばれ、より精密な数値計算が可能とされ、物理学にとどまらず様々な分野で期待されています。そして、得られた知見は既知の事実としてフィードバックされることになります。さらには、計算物理学もまた、実験物理学と理論物理学と同様、それぞれの研究に対する指針を示すといったことも可能となり、物理学の発展に寄与することは間違いないと考えられます。

図 4.3 ●「計算物理学」成立後の関係性

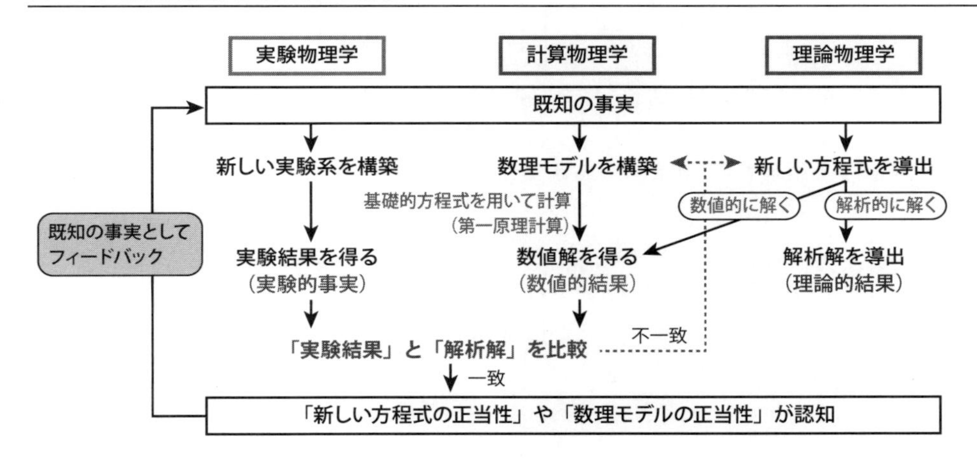

4.1.4　物理シミュレーションのまとめ

私達が生活しているメートルスケールにおける物体の運動は、すべて「**ニュートンの運動方程式**」を満たしていることが実験的に確認されています。逆の言い方をすれば、ニュートンの運動方程式を解くことができれば、実際の物理実験を行わなくても結果を予測できたり、現在の状況から未来を予測したりすることができるわけです。

図4.4は、物理シミュレーションを実現するために必要な道のりを表した概念図です。本節のまとめとして示します。本書の第5章以降では、この道のりに則して古典力学で基本となる運動の物理シミュレーションを実現します。各物理系に対する「数理モデル」や「微分方程式」を示し、解析解が得られる場合にはそれを示し、最後に物理シミュレーションのための「計算アルゴリズム」を示します。

図4.4 ●物理シミュレーションまでの道のり

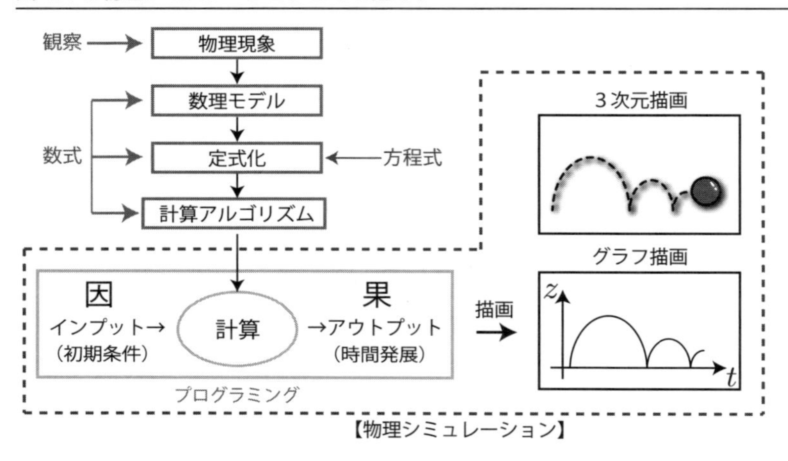

以下、本書で頻出する用語です。まとめておきます。

物理量

物理学では、古典物理学、現代物理学の区分や対象に依らず、実験装置などで観測可能な量を**物理量**と呼びます。物理量同士の関係を導くことが物理学の目的の一つとなります。そのため、物理量同士の関係を図示したグラフが多用されます。

数理モデル・定式化

数理モデルとは、対象とする物理現象を構成する物理量同士の関係を、数学を用いて表したものを指します。微分方程式の形で表される物理法則を組み合わせた微分方程式によって定式化されます。

解析解・数値解

数理モデルとして立てた微分方程式を「解く」ことで物理現象を明らかにするわけですが、このときに「解く」ための方法として次の2種類があります。

解析解　微分方程式を数学的操作のみで導いた解。
数値解　微分方程式を四則演算の関係で表す差分方程式に変換して、物理量の関係を数値的に導いた解。

微分方程式は、解析的に解けるのであればそれに越したことはありません。しかしながら、対象とする物理現象が複雑になるほど微分方程式は複雑になり、解析解を得ることが難しくなります。数値解は、微分方程式が持つ情報を引き出すための有用な手法として確立されています。

数値計算・物理シミュレーション

微分方程式を差分方程式に変換して数値的に計算することは**数値計算**と呼ばれます。くだけた表現として**物理シミュレーション**とも呼ばれます。数値計算は様々な**初期条件**や**境界条件**を与えることで数値解を得ることができるため、解析解が得られないような場合でも有用な知見を得ることができます。しかしながら、数値計算には様々な要因で生じる**計算誤差**が必ず含まれます。場合によっては計算誤差によって現実とは全くことなる結果が得られてしまうこともありますので注意が必要です。

1
2
3
4
5
6
7
8
9

4.2 古典力学の「運動の 3 法則」

ポイント

- 古典力学が対象とするすべての運動は「慣性の法則」「ニュートンの法則」「作用・反作用の法則」の 3 法則から導かれる

4.2.1 運動の第 1 法則：慣性の法則

万有引力（第 5 章）の発見者として、地上の物体と天空の星が同じ法則で運動していることを証明したことで、物理学の中で最も有名なニュートン。運動に関する法則を「慣性の法則」、「ニュートンの運動方程式」、「作用・反作用の法則」の 3 つにまとめました。本項で解説する第 1 の法則である**慣性の法則**は下記のとおりです。

すべての物体は外部から力を加えられない限り、静止している物体は静止状態を続け、運動している物体は等速直線運動を続ける

ただし、この法則は加速していない座標系でのみで成り立つことに注意が必要です。このような座標系は**慣性系**と呼ばれます。

例として、電車などの乗り物に乗っている場合を想定します。電車がレールの上を等速直線運動している最中は乗っている人は力を感じません。この等速直線運動している最中の電車の中で固定された座標系は「加速していない座標系」とみなせる慣性の法則を満たします。一方、電車が加速（減速）している最中は加速の反対方向に力を感じます。つまり、加速運動している最中の電車の中で固定された座標系（**非慣性系**）は慣性の法則を満たしません。上記のように非慣性系の物体に加わる見かけ上の力は**慣性力**と呼ばれます。遠心力やコリオリ力がその例となります。

図 4.5 ●慣性系と非慣性系

なお、地球上に固定された座標系は、地球そのものが自転・公転に伴う回転運動しているため慣性系ではありませんが、日常生活レベルにおける空間と時間の大きさでは近似的には慣性系とみなせます。

4.2.2 運動の第 2 法則：ニュートンの法則

運動の第 2 法則は「**ニュートンの法則**」と呼ばれ、物体の運動を司る古典力学で最も重要な法則です。力と質量と加速度の関係を表し、次のとおり表現されます。

物体の加速度は、物体に加えた力に比例し、質量に反比例する

上記の関係を、加速度ベクトルを $\boldsymbol{a}$、力を $\boldsymbol{F}$、質量を m と表すと次のとおりです。

物理法則　ニュートンの運動方程式

$$\boldsymbol{a} = \frac{\boldsymbol{F}}{m} \tag{4.1}$$

これは**ニュートンの運動方程式**と呼ばれます。質量は加速しづらさを表す物理量で単位は [kg]、

1 2 3 4 5 6 7 8 9

力の単位は式（1.55）から「加速度×質量」で [kg m / s^2] = [N] となります。$\boldsymbol{F}$ が時間に依存すると $\boldsymbol{a}$ も時間に依存し、物体は様々な運動を行うことになります。なお、力そのものの定義は「質量がわかっている物体の加速度」で定義されます。

物理量　**力（単位：kg m/s^2 = N）**

$$\boldsymbol{F} \equiv m\boldsymbol{a} \tag{4.2}$$

このニュートンの運動方程式は、直交座標系に限らず任意の座標系で成り立ちます。各座標系における具体的な表式は次項で示します。なお、ニュートンの運動方程式は慣性系でのみ成り立ちます。

4.2.3　運動の第 3 法則：作用・反作用の法則

運動の第 3 法則は「**作用・反作用の法則**」と呼ばれる経験則です。2 つの物体が互いに力を及ぼしている場合、各物体に加わる力は互いに向きが反対で大きさが等しいというものです。物体 2 から受ける物体 1 に働く力を $\boldsymbol{F}_{12}$、反対に物体 1 から受ける物体 2 に働く力を $\boldsymbol{F}_{21}$ と表した場合、作用・反作用の法則は次のように表されます。

物理法則　**作用・反作用の法則**

$$\boldsymbol{F}_{12} = -\boldsymbol{F}_{21} \tag{4.3}$$

図 4.6 ●作用・反作用の法則の模式図

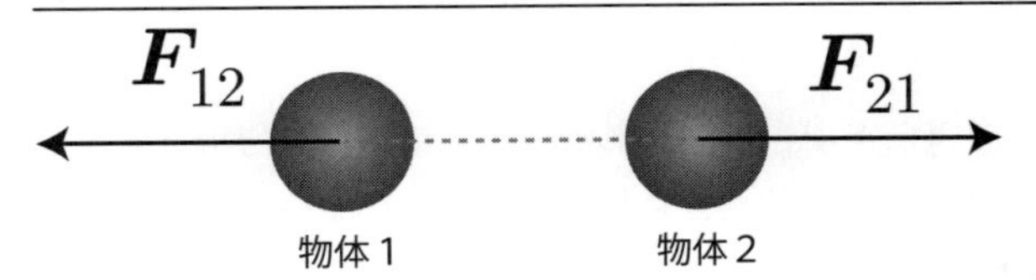

この法則は直接的な衝突だけでなく、万有引力のように距離が離れている物体同士に加わる力に対しても成り立ち、力の発生メカニズムに依らないと考えられています。

4.3 古典力学の3つの保存則

ポイント

● ニュートンの運動方程式から力学的エネルギー、運動量と角運動量の各保存則が導かれる

4.3.1 力学的エネルギーと保存則

ニュートンの運動方程式の両辺を1.6.6項で解説した線積分することで、**力学的エネルギー保存則**と呼ばれる古典力学における普遍な法則が導かれます。式（4.1）の両辺を $\boldsymbol{a} = d\boldsymbol{v}/dt$ を踏まえて $\boldsymbol{r}_1$ から $\boldsymbol{r}_2$ まで積分します。

$$\int_{\boldsymbol{r}_1}^{\boldsymbol{r}_2} m \frac{d\boldsymbol{v}}{dt} \cdot d\boldsymbol{r} = \int_{\boldsymbol{r}_1}^{\boldsymbol{r}_2} \boldsymbol{F} \cdot d\boldsymbol{r} \tag{4.4}$$

左辺は、分母にある dt を $d\boldsymbol{v}$ から $d\boldsymbol{r}$ に移すことで積分を実行することができます。この dt の操作は積分の変数変換に対応し、積分区間は $[\boldsymbol{r}_1, \boldsymbol{r}_2]$ から $[\boldsymbol{v}_1, \boldsymbol{v}_2]$ に変換されます[†1]。この変数変換の結果、被積分関数と積分変数がともに $\boldsymbol{v}$ となり、実質的に1変数関数の積分となるため、線積分の経路を考える必要が無くなります。

物理量　運動エネルギー（単位：kg m²/s² = J）

$$T \equiv \frac{1}{2} m v^2 \tag{4.5}$$

一方の式（4.4）の右辺は、力がある条件を満たす場合に経路に依存せずに線積分を実行することができます。その条件は1.6.6項で解説したとおりですが、$\boldsymbol{F}$ がスカラー関数 U を用いて ∇U となることです。この U は**ポテンシャルエネルギー**と呼ばれ、次のとおりに定義されます。

†1　$\boldsymbol{v}_1$ と $\boldsymbol{v}_2$ は、物体の位置が $\boldsymbol{r}_1$ と $\boldsymbol{r}_2$ の時の速度をそれぞれ表しています。物体の位置が $\boldsymbol{r}_1$ と $\boldsymbol{r}_2$ の時の時刻を t_1、t_2 とした場合、$\boldsymbol{v}_i = d\boldsymbol{r}/dt|_{t=t_1}$

$$（左辺）= \int_{\boldsymbol{r}_1}^{\boldsymbol{r}_2} m \frac{d\boldsymbol{v}}{dt} \cdot d\boldsymbol{r} = \int_{\boldsymbol{v}_1}^{\boldsymbol{v}_2} m\, d\boldsymbol{v} \cdot \frac{d\boldsymbol{r}}{dt} = \int_{\boldsymbol{v}_1}^{\boldsymbol{v}_2} m\boldsymbol{v} \cdot d\boldsymbol{v} = \frac{1}{2} m v_2^2 - \frac{1}{2} m v_1^2 = T_2 - T_1 \tag{4.6}$$

最後の T は**運動エネルギー**と呼ばれるスカラー量です。

1
2
3
4
5
6
7
8
9

物理量　**ポテンシャルエネルギー（単位：Nm = J）**

$$U \equiv -\int \boldsymbol{F} \cdot d\boldsymbol{r}, \quad \boldsymbol{F} = -\frac{dU}{d\boldsymbol{r}} = -\nabla U \tag{4.7}$$

反対に、力ベクトルはポテンシャルエネルギーの勾配で与えられることを意味します。定義にマイナス符号が付いているのは、力の向きをポテンシャルエネルギーが小さくなる方向に定義するためです。図 4.7 は、ポテンシャルエネルギーの勾配と力の向きの関係を表した模式図です。マイナス符号を付けることで、勾配が「負」のときに力の向きが「正」となります。

図 4.7 ●ポテンシャルエネルギーの勾配と力の向きの関係の模式図

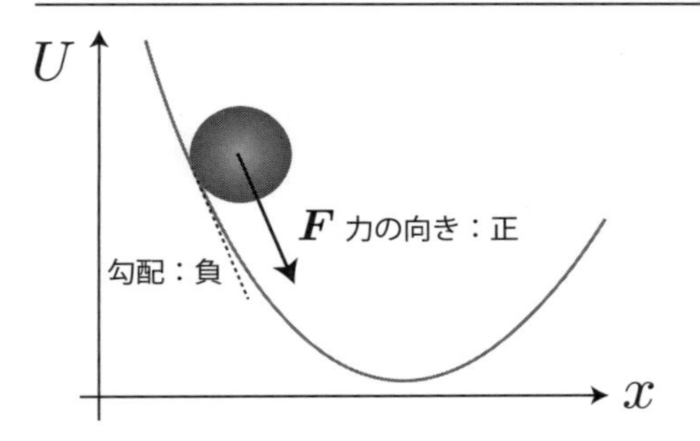

この U を用いると、式（4.4）の右辺は式（1.119）を考慮すると積分変数が $\boldsymbol{r}$ から U へ変換され、積分を実行することができます。

$$(\text{右辺}) = -\int_{\boldsymbol{r}_1}^{\boldsymbol{r}_2} \frac{dU}{d\boldsymbol{r}} \cdot d\boldsymbol{r} = -\int_{U_1}^{U_2} dU = -U_2 + U_1 \tag{4.8}$$

式（4.6）と式（4.8）から、空間中の各点における運動エネルギーとポテンシャルエネルギーの和は一定であることが導かれます。

物理法則　**力学的エネルギー保存則**

$$T_1 + U_1 = T_2 + U_2 \tag{4.9}$$

この運動エネルギーとポテンシャルエネルギーの和は**力学的エネルギー**と呼ばれ、力が式（4.7）で示したポテンシャルエネルギーから与えられる場合には、位置や時間に依らず必ず一定値となります。また、式（4.6）と式（4.8）の積分は始点と終点のみで決定され、経路には依存しません。時刻 t における位置 $\boldsymbol{r}$ と速度 $\boldsymbol{v}$ に対する力学的エネルギーは次のとおりです。

物理量 **力学的エネルギー（単位：J = kg m²/s²）**

$$E \equiv T + U = \frac{1}{2} m v^2 - \int \boldsymbol{F} \cdot d\boldsymbol{r} \tag{4.10}$$

4.3.2 運動量と運動量保存則

ニュートンの運動方程式と作用・反作用の法則を組み合わせることで、**運動量保存則**と呼ばれる物体の衝突などで成り立つ重要な法則が導かれます。式（4.1）の両辺を、$\boldsymbol{a} = d\boldsymbol{v}/dt$ を踏まえて時刻 t_1 から t_2 まで積分します。

$$\int_{t_1}^{t_2} m \frac{d\boldsymbol{v}}{dt}\, dt = \int_{t_1}^{t_2} \boldsymbol{F}\, dt \tag{4.11}$$

上式の左辺は dt を通分することで積分変数を t から $\boldsymbol{v}$ に変数変換され、積分を実行することができます。時刻 t_1 と t_2 の速度ベクトルを $\boldsymbol{v}_1$、$\boldsymbol{v}_2$ と表した場合、式（4.11）は

$$m\boldsymbol{v}_2 - m\boldsymbol{v}_1 = \int_{t_1}^{t_2} \boldsymbol{F}\, dt \tag{4.12}$$

となります。上式の右辺は、時刻 t_1 から t_2 まで加えられた力の総和を表す量で、**力積**と呼ばれます。左辺の速度と質量の積は**運動量**と呼ばれる量で、式（4.12）は次の意味を持ちます。

運動量の変化 = 力積

物理量 **運動量（単位：kg m/s）**

$$\boldsymbol{p} \equiv m\boldsymbol{v} \tag{4.13}$$

物体の衝突における運動量保存則

式（4.12）はニュートンの運動方程式を時間で積分しただけなので、新しい情報を含んでいるわけではありません。作用・反作用の法則と組み合わせることで、衝突に関する有用な物理法則である**運動量保存則**が導かれます。

図 4.8 ● 2 つの物体の衝突の模式図

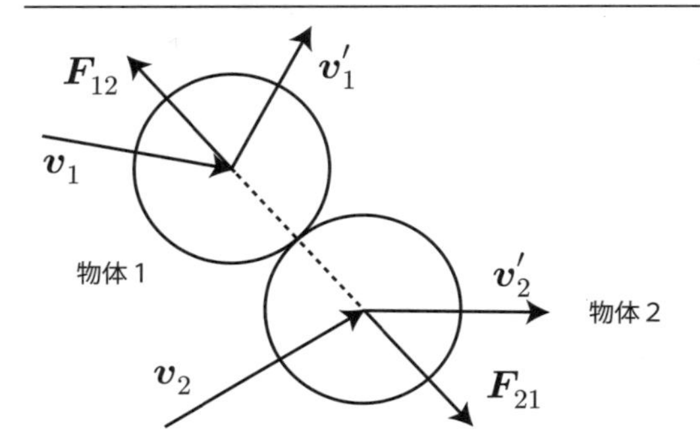

質量 m_1 の物体 1 と質量 m_2 の物体 2 が衝突する場合を考えます。衝突直前の速度をそれぞれ $\boldsymbol{v}_1$ と $\boldsymbol{v}_2$ とします。衝突時にそれぞれの物体は互いからの力を受け、物体 1 には $\boldsymbol{F}_{12}$、物体 2 には $\boldsymbol{F}_{21}$ の力が加わると表すとします。衝突直後の速度ベクトルをそれぞれ $\boldsymbol{v}'_1$ と $\boldsymbol{v}'_2$ とした場合、各物体の速度の変化は式（4.12）から

$$m_1\boldsymbol{v}'_1 - m_1\boldsymbol{v}_1 = \int_{t_A}^{t_B} \boldsymbol{F}_{12}\, dt \tag{4.14}$$

$$m_2\boldsymbol{v}'_2 - m_2\boldsymbol{v}_2 = \int_{t_A}^{t_B} \boldsymbol{F}_{21}\, dt \tag{4.15}$$

と与えられます。なお、衝突は時刻 t_A から t_B の間で完了したとします。衝突間に両物体に加わる力には作用・反作用の法則が成り立つので、式（4.14）と式（4.15）の右辺は符号が異なる同じベクトル量となり、右辺を消去すると次の関係が導かれます。

物理法則　**運動量保存則**

$$m_1\boldsymbol{v}_1 + m_2\boldsymbol{v}_2 = m_1\boldsymbol{v}'_1 + m_2\boldsymbol{v}'_2 \tag{4.16}$$

左辺は衝突前の運動量の和、右辺は衝突後の運動量の和を表し、衝突前後の運動量が保存すること、つまり運動量保存則を表しています。図 4.8 は剛体球同士の衝突を図示していますが、この法則は衝突の形態（衝突力の時間依存性や距離依存性）に依らず成り立つため非常に有用です。

4.3.3 角運動量と角運動量保存則

物体に加わる力の向きに対して垂直方向に関する法則も、ニュートンの運動方程式から導くことができます。式（4.1）の両辺に右から $\boldsymbol{r}$ との外積をとることで、垂直方向成分を含む形の法則を導きます。

$$m\boldsymbol{r} \times \boldsymbol{a} = \boldsymbol{r} \times \boldsymbol{F} \tag{4.17}$$

左辺は、$\boldsymbol{a} = d\boldsymbol{v}/dt$ を考慮して時間微分を前にくくり出すと

$$\frac{d}{dt}(m\boldsymbol{r} \times \boldsymbol{v}) = \boldsymbol{r} \times \boldsymbol{F} \tag{4.18}$$

となります[†2]。この左辺の被時間微分の項は**角運動量**と呼ばれる回転運動に関する量で、次のとおり定義されます。

物理量　角運動量ベクトル（単位：kg m/s）

$$\boldsymbol{L} \equiv \boldsymbol{r} \times \boldsymbol{p} = m\boldsymbol{r} \times \boldsymbol{v} \tag{4.19}$$

この角運動量を用いると、式（4.18）は角運動量の時間変化を与える表式となります。

物理法則　角運動量の時間依存

$$\frac{d\boldsymbol{L}}{dt} = \boldsymbol{r} \times \boldsymbol{F} \tag{4.20}$$

この表式は、位置ベクトルと直角方向に力が加わった場合に角運動量が変化することを意味します。また反対に、位置ベクトルと直角方向に力が加わらない場合には角運動量は変化しないという保存則、**角運動量保存則**を表しています。なお、角運動量における位置ベクトルの原点は任意です。

式（4.20）の右辺は偶力（トルク）と呼ばれるベクトル量で、回転を引き起こす力として理解することができます。この表式は、図 4.9 に示すいわゆる「**てこの原理**」も表現しています。人間が力を加える**力点**の位置が**支点**から遠いほど、また加える力の向きが支点と作用点を結ぶ直線に対して垂直なほど、偶力が大きくなることは経験的に知っています。

† 2　m を定数として、式（1.59）の外積の微分と $\boldsymbol{v} \times \boldsymbol{v} = 0$ から式（4.17）に戻ることが確認できます。

図 4.9 ●てこの原理の模式図

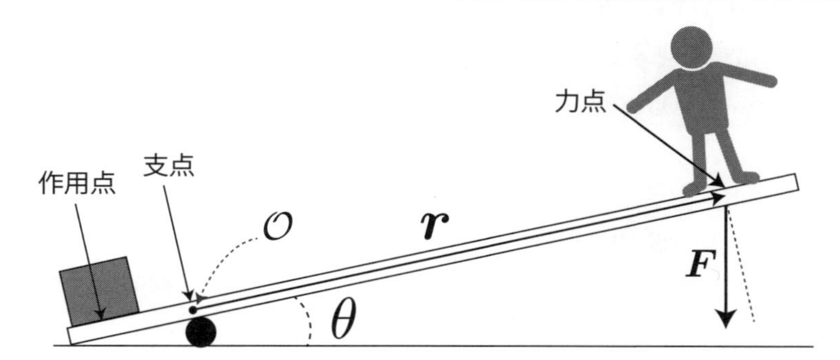

1
2
3
4
5
6
7
8
9

4.4 各種座標系におけるニュートンの運動方程式

ポイント

- ニュートンの運動方程式は座標系に依らず成り立つが、運動の対称性を考慮した座標系を導入して単位ベクトル方向成分ごとに分解することで、取り扱いが容易な微分方程式が示される

4.4.1 直交座標系におけるニュートンの運動方程式

直交座標系におけるニュートンの運動方程式は、式（4.1）の加速度ベクトルと力ベクトルをそれぞれ直交座標系の単位ベクトルの和

$$\boldsymbol{F} = F_x\,\hat{\boldsymbol{e}}_x + F_y\,\hat{\boldsymbol{e}}_y + F_z\,\hat{\boldsymbol{e}}_z \tag{4.21}$$

$$\boldsymbol{a} = a_x\,\hat{\boldsymbol{e}}_x + a_y\,\hat{\boldsymbol{e}}_y + a_z\,\hat{\boldsymbol{e}}_z \tag{4.22}$$

と表現し、それぞれの単位ベクトルの係数を比較することで得られます。具体的には次のとおりです。

物理方程式　直交座標系におけるニュートンの運動方程式

$$a_x = \frac{F_x}{m}, \quad a_y = \frac{F_y}{m}, \quad a_z = \frac{F_z}{m} \tag{4.23}$$

4.4.2 2次元極座標系および円筒座標系におけるニュートンの運動方程式

2次元極座標系と円筒座標系の加速度ベクトルは、式（2.23）と式（2.26）で示したとおりです。力ベクトルを円筒座標系の単位ベクトルの和

$$\boldsymbol{F} = F_r\,\hat{\boldsymbol{e}}_r + F_\theta\,\hat{\boldsymbol{e}}_\theta + F_z\,\hat{\boldsymbol{e}}_z \tag{4.24}$$

と表した場合、それぞれの単位ベクトルの係数を比較することで円筒座標系におけるニュートンの運動方程式が得られます。なお、2次元極座標系のニュートンの運動方程式は円筒座標系のz方向を考えない場合に相当します。

物理方程式　円筒座標系におけるニュートン運動方程式

$$(r\text{方向})\cdots\cdots\frac{d^2r}{dt^2} - r\left(\frac{d\theta}{dt}\right)^2 = \frac{F_r}{m} \tag{4.25}$$

$$(\theta\text{方向})\cdots\cdots r\frac{d^2\theta}{dt^2} + 2\frac{dr}{dt}\frac{d\theta}{dt} = \frac{F_\theta}{m} \tag{4.26}$$

$$(z\text{方向})\cdots\cdots a_z = \frac{F_z}{m} \tag{4.27}$$

4.4.3 3次元極座標系におけるニュートンの運動方程式

3次元極座標系の加速度ベクトルは式（2.40）で示したとおりです。力ベクトルを3次元極座標系の単位ベクトルの和

$$\boldsymbol{F} = F_r\,\hat{\boldsymbol{e}}_r + F_\theta\,\hat{\boldsymbol{e}}_\theta + F_\phi\,\hat{\boldsymbol{e}}_\phi \tag{4.28}$$

と表した場合、それぞれの単位ベクトルの係数を比較することで3次元極座標系におけるニュートンの運動方程式が得られます。

物理方程式　3次元極座標系におけるニュートン運動方程式

$$(r\text{方向})\cdots\cdots\frac{d^2r}{dt^2} - r\left(\frac{d\theta}{dt}\right)^2 - r\sin^2\theta\left(\frac{d\phi}{dt}\right)^2 = \frac{F_r}{m} \tag{4.29}$$

$$(\theta\text{方向})\cdots\cdots 2\frac{dr}{dt}\frac{d\theta}{dt} + r\frac{d^2\theta}{dt^2} - r\left(\frac{d\phi}{dt}\right)^2\sin\theta\cos\theta = \frac{F_\theta}{m} \tag{4.30}$$

（ϕ 方向）……$2\frac{dr}{dt}\frac{d\phi}{dt}\sin\theta + 2r\cos\theta\frac{d\theta}{dt}\frac{d\phi}{dt} + r\sin\theta\frac{d^2\phi}{dt^2} = \frac{F_\phi}{m}$ （4.31）

なお、上式にて $\phi = 0$ とすることで、式（4.25）、（4.26）で示した2次元極座標系式の運動方程式に一致することも確認できます。

1 2 3 4 5 6 7 8 9

4.5 ニュートンの運動方程式と計算アルゴリズム

ポイント

- 拘束条件が無い場合ニュートンの運動方程式は単独で解くことができる
- 拘束条件が存在する場合はニュートンの運動方程式は拘束条件を表す方程式と連立方程式を解く必要がある
- 各物理系における $\boldsymbol{a}(t)$ を与える表式を「計算アルゴリズム」と呼ぶ
- 拘束条件が無い場合は「ニュートンの運動方程式」=「計算アルゴリズム」となる

4.5.1 ニュートンの運動方程式の形式解と加速度

式（4.1）で示したニュートンの運動方程式は、物体に加わる力ベクトルが与えられると、加速度ベクトルが得られるという関係を表しています。つまり、加速度ベクトルを時間で積分することで、速度ベクトルと位置ベクトルも得られます。具体的な表式は以下のとおりです。

数学公式　速度ベクトルと位置ベクトルの形式解

$$\boldsymbol{v}(t) = \int_{t_0}^{t} \boldsymbol{a}(t)\,dt \tag{4.32}$$

$$\boldsymbol{r}(t) = \int_{t_0}^{t} \boldsymbol{v}(t)\,dt \tag{4.33}$$

この表式から解析解が得られるかは別として、少なくとも数値解を得ることができそうに思えます。しかしながら、この形式解だけから解析解あるいは数値解が得られるには前提となる条件があります。それは、$\boldsymbol{r}(t)$、$\boldsymbol{v}(t)$、$\boldsymbol{a}(t)$ に**拘束条件**が無いという条件です。つまり、拘束条件が存在する場合には、ニュートンの運動方程式に加え、拘束条件を表す方程式を加味して、連立方程式を解く必要があります。

本書で解説する物理系のうち拘束条件が無いのは、第 5 章「重力と空気抵抗力による運動」、第 6 章「弾性力による振動運動」、第 8 章「万有引力による軌道運動」。これに対して拘束条件が存在するのは、第 7 章「張力による振り子運動」、第 9 章「経路に拘束された運動」です。

このような違いが生じる原因は、何らかの理由によって運動に制限が加えられるためです。このような拘束条件が存在する場合の一般的な処方箋は、ニュートンの運動方程式と拘束条件から変数 $\boldsymbol{r}(t)$、$\boldsymbol{v}(t)$、$\boldsymbol{a}(t)$ に関する連立方程式を立て、$\boldsymbol{a}(t)$ について解くことです。これで得られた $\boldsymbol{a}(t)$ を用いて、式（4.32）と式（4.33）から $\boldsymbol{v}(t)$ と $\boldsymbol{r}(t)$ を計算します。なお、この手法は剛体同士の衝突などのある条件で生じる瞬間的な力（撃力）でも成り立ちます。

計算アルゴリズムについて

ニュートンの運動方程式に加え、拘束条件までを加味した加速度ベクトル $\boldsymbol{a}(t)$ が一度得られれば、解析的に解けるかは無関係に数値解を得られることから、本書ではこの $\boldsymbol{a}(t)$ を**計算アルゴリズム**と呼び、各運動に対する具体的な表式を示していきます。ただし、拘束条件が存在しない場合は、「ニュートンの運動方程式」=「計算アルゴリズム」となります。

数値計算法について

式（4.32）と式（4.33）を数値的に解く最も基本的な数値計算法は、次項以降で導出するオイラー法と呼ばれる計算アルゴリズムです。オイラー法は計算精度が悪いため実用的ではありませんが、数値計算の概念を理解するのに非常に適しています。次項以降で、オイラー法を用いた等速直線運動、等加速度直線運動の計算アルゴリズムの導出を行います。

なお、本書で作成した物理シミュレータは、オイラー法に比べて計算精度が高い**ルンゲ・クッタ法**という、常微分方程式を解くための汎用的な数値計算法を用いています。ルンゲ・クッタ法は 4.6 節で解説します。

4.5.2 等速直線運動の計算アルゴリズム

等速直線運動の解析解は式（3.7）で示したとおりです。解析解は任意の時刻の位置を得ることができる一方、数値解は各時刻ごとの位置を数値で表します。そのため、数値解を得るにはまず時刻の時間間隔を定めて、そして連続する 2 つの時刻における位置の関係を考えることで、数値計算に必要な計算アルゴリズムを導出することができます。

図 4.10 ●等速直線運動の計算アルゴリズムの模式図

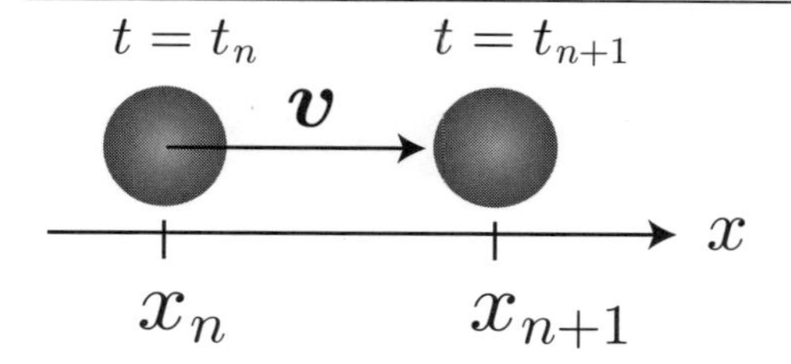

図 4.10 は、等速直線運動する物体の連続する 2 つの時刻における位置の関係を模式的に表した図です。時刻 $t = t_n$ の位置を x_n、時刻 $t = t_{n+1}$ の位置を x_{n+1} と表した場合、速度 v は**はじきの公式（速さ = 移動距離/時間）**から次のとおり与えられます。

数学公式　**はじきの公式**

$$v = \frac{x_{n+1} - x_n}{t_{n+1} - t_n} = \frac{x_{n+1} - x_n}{\Delta t} \tag{4.34}$$

Δt が、連続する 2 つの時刻の時間間隔です。この式を x_{n+1} について解くと次の漸化式が得られます。

アルゴリズム　**等速運動の位置計算アルゴリズム**

$$x_{n+1} = x_n + v\Delta t \tag{4.35}$$

この関係式は、位置 x_n と速度 v が与えられると次の時刻の位置 x_{n+1} が得られることを意味します。一度 $t = 0$ の初期位置 x_0 が与えられれば、式（4.35）に基づいて任意の時刻の位置を計算することができます。つまり、数値計算とは、式（4.35）のような漸化式を計算することを意味します[†3]。

4.5.3　等加速度直線運動の計算アルゴリズム

続いて等加速度直線運動の計算アルゴリズムを示します。図 4.11 のとおり、時刻 $t = t_n$ の位置を x_n、速度を v_n、時刻 $t = t_{n+1}$ の位置を x_{n+1}、速度を v_{n+1} と表した場合、前項で解説したはじきの公式（4.34）の位置と速度の関係との対応から加速度 a は次のとおり与えられます。

† 3　計算したい物理量にはいろいろな種類が存在し、全てが時間に関する漸化式を解くわけではありません。

図 4.11 ●等加速度直線運動の計算アルゴリズムの模式図

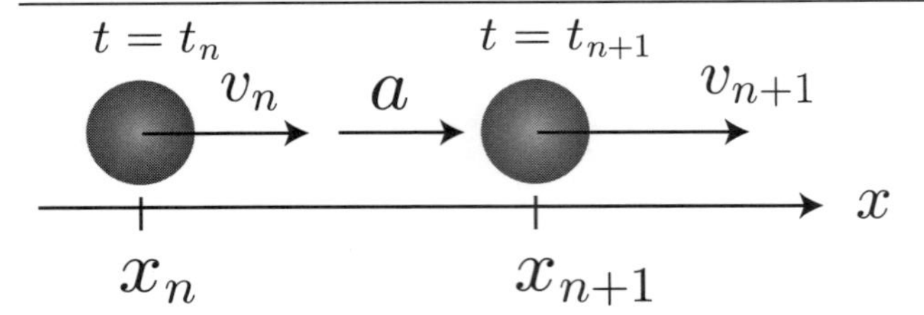

数学公式 **速度と加速度の関係**

$$a = \frac{v_{n+1} - v_n}{t_{n+1} - t_n} = \frac{v_{n+1} - v_n}{\Delta t} \tag{4.36}$$

この式を v_{n+1} について解くと、次の漸化式が得られます。

アルゴリズム **等加速度運動の速度計算アルゴリズム**

$$v_{n+1} = v_n + a\Delta t \tag{4.37}$$

この関係式は、速度 v_n と加速度 a が与えられると、次の時刻の速度 v_{n+1} が得られることを意味します。一度 $t = 0$ の初速度 v_0 が与えられれば、式（4.37）に基づいて任意の時刻の速度を計算することができます。さらに、式（4.35）の速度を定数 v から v_n に置き換えることで、位置を計算することができます。

アルゴリズム **等加速度運動の位置計算アルゴリズム**

$$x_{n+1} = x_n + v_n\Delta t \tag{4.38}$$

以上をまとめると、式（4.37）で速度を計算し、その速度を用いて式（4.38）で位置を計算するという流れとなります。

4.5.4 1次精度の数値計算アルゴリズム「オイラー法」

さらに a も時刻によって変化することを想定して、式（4.37）の a を a_n に置き換えたのが**オイラー法**と呼ばれる計算アルゴリズムです。式（4.32）と（4.33）の形式解に対する時刻 $t = t_n$ と t_{n+1} の位置と速度の漸化式を次の関係式で計算します。

アルゴリズム　**オイラー法**

$$x_{n+1} = x_n + v_n \Delta t \tag{4.39}$$

$$v_{n+1} = v_n + a_n \Delta t \tag{4.40}$$

図 4.12 は、オイラー法によって x_n から x_{n+1} を計算する際の概念図です。ある運動の解析解を実線とし、時刻 $t = t_{n+1}$ における解析解と数値解の差を表しています。x_{n+1} を時刻 $t = t_n$ の速度 v_n（接線に対応）を用いているため、運動の変化が大きいほど解析解との差が大きくなると想定されます。

図 4.12 ●オイラー法の概念図

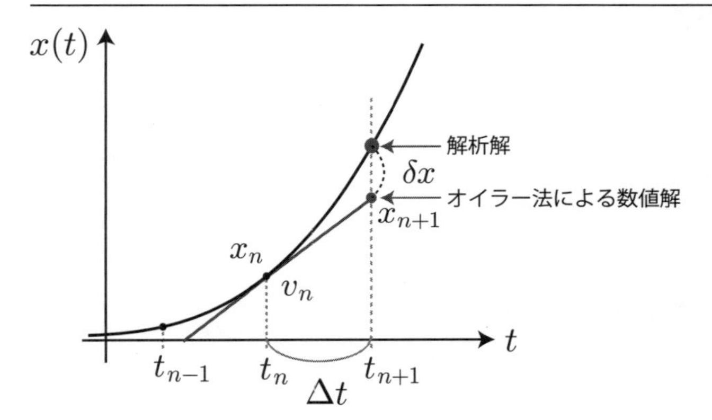

計算誤差の評価

解析解と数値解の差は**計算誤差**と呼ばれ、時刻 $t = t_n$ の解析解と数値解をそれぞれ $x(t_n)$、x_n として、次の評価式で数値的に確かめることができます。

数学定義　**計算誤差の評価式**

$$\delta x_n \equiv x_n - x(t_n) \tag{4.41}$$

一般的に時間間隔 Δt が小さいほど計算誤差は少なくなります。オイラー法の場合、1 計算ステップあたりの計算誤差（**局所計算誤差**）は Δt の 2 乗に比例することが知られています。

$$|\delta x_1| \propto (\Delta t)^2 \tag{4.42}$$

つまり、Δt が 1 / 10 になれば、誤差は 1 / 100 になることを意味します。一方、Δt が小さくなるほど計算回数は反比例して増大します。Δt が 1/10 になれば、10 倍の計算回数が必要となります。そのため、1 回あたりの計算誤差が 1/100 となっても 10 倍の回数計算することで、その分だけ誤差が大きくなります。つまり、ある時間区間を計算する際のオイラー法による計算誤差は

$$|\delta x_N| \propto \Delta t \tag{4.43}$$

と表され、誤差は Δt の 1 乗に比例することになります。ある時間区間の計算誤差は大局計算誤差と呼ばれます。本項の項目にある「1 次の計算精度」とは、この大局計算誤差が Δt の何乗に比例するかを表しています。

4.5.5 オイラー法を用いた数値計算の例

オイラー法を用いた数値計算の例として、3.3 節で解説した等速円運動のシミュレーションを行います。半径 $R = 1$、角速度 $\omega = 2\pi/10$（10 秒で 1 周）で運動することを想定して、式（4.40）の a_n に式（3.23）の向心加速度を与えます。初期条件として位置ベクトルと速度ベクトルを $\boldsymbol{r}_0 = (R, 0, 0)$、$\boldsymbol{r}_0 = (0, R*\omega, 0)$ とします。Δt として 1、0.5、0.1 の 3 種類を与えて、計算結果の違いを調べます。

プログラムソース 4.1 ●オイラー法による等速円運動のシミュレーション（Euler_UniformCircularMotion.html）

```
////////////////// 物理パラメータ /////////////////////////
// 時刻の範囲
var t_min = 0;
var t_max = 10;
// 角速度
var omega = 2.0 * Math.PI /10;
// 半径
var R = 1;
// 初速度
var v0 = R * omega;  <------------------------------------------------ 式（3.20）
// Δt（配列）
var DeltaTs = [1.0, 0.5, 0.1];  <------------------------------------- （※1）
////////////// 加速度ベクトル ////////////////
function A( t, r, v ){
  var output = r.clone().multiplyScalar( - omega * omega );  <------- 式（4.40）（※2-1）
  return output;
}
////////////// オイラー法による計算 ////////////////
for( var m = 0; m < DeltaTs.length ; m++ ){
  var dt = DeltaTs[m];
  // 初期値
```

```
var r = new Vector3( R, 0, 0 );  <------------------------------------ (※2-2)
var v = new Vector3( 0, v0, 0 );  <----------------------------------- (※2-3)
var data1 = []; // 計算データ格納用配列
// 初期値データ
data1.push([ 0, r.x ]);
// 計算回数
var N = t_max/dt;  <-------------------------------------------------- (※3)
for( var i=1; i<=N; i++ ){
  var t = dt * i;
  r.x = r.x + v.x * dt;  <------------------------------------------ 式 (4.39)
  r.y = r.y + v.y * dt;  <------------------------------------------ 式 (4.39)
  r.z = r.z + v.z * dt;  <------------------------------------------ 式 (4.39)
  var a = A( t, r, v );
  v.x = v.x + a.x * dt;  <------------------------------------------ 式 (4.40)
  v.y = v.y + a.y * dt;  <------------------------------------------ 式 (4.40)
  v.z = v.z + a.z * dt;  <------------------------------------------ 式 (4.40)
  data1.push([ t, r.x ]);  <---------------------------------------- (※4)
}
plot2D.pushData( data1 );  <------------------------------------------ (※5)
```

（※ 1）　Δt に与える値を配列で用意します。

（※ 2）　位置ベクトル、速度ベクトル、加速度ベクトルは 1.3.4 項で定義した Vector3 クラスを用いて表現します。関数 A の（※ 2-1）では、3 次元ベクトルオブジェクトに引数で与えたスカラーを積算するメソッド multiplyScalar を用いて式（4.40）を計算します。

（※ 2）　Δt の大きさによって計算回数が異なるため、Δt ごとに計算回数を取得します。

（※ 3）　今回は計算結果の位置ベクトルの x 成分のみを格納します。

（※ 4）　グラフ描画用の plot2D オブジェクトに計算データ（配列）を与えます。

数値計算結果の検証

式（3.15）に式（3.21）を代入した等速円運動の解析解と比較することで、オイラー法による計算結果を検証します。図 4.13 は、解析解の上に各 Δt に対するオイラー法による計算結果を上乗せしています。Δt が小さいほど解析解に近づいている様子がわかります。$\Delta t = 0.1$ では概ね解析解と一致していますが、若干のズレが確認できます。Δt の大きさによる誤差の検証は次項で詳しく示します。

図 4.13 ●【解析解 & 数値解グラフ】オイラー法による等速直線運動の x 座標の時間依存性

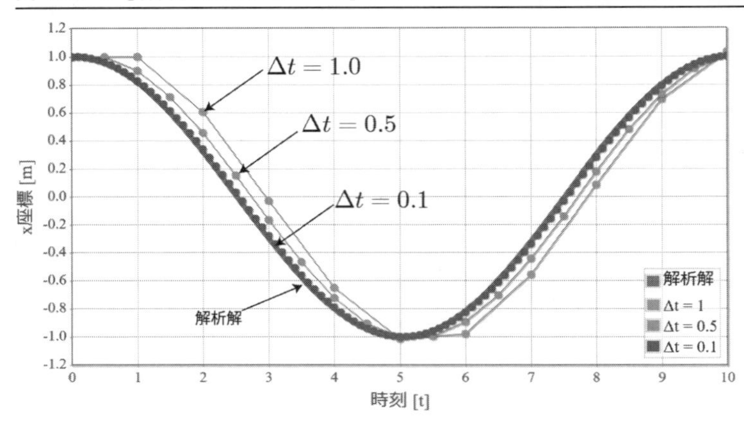

☞ Chapter4/Euler_UniformCircularMotion.html（HTML）、Euler_UniformCircularMotion.cpp（C++、数値データのみ／依存ファイル：Vector3.o）

4.6 4 次精度の数値計算アルゴリズム「ルンゲ・クッタ法」

4.6.1 ルンゲ・クッタ法の漸化式

1 次精度のオイラー法に対して、4 次精度の計算アルゴリズムとして知られるのが**ルンゲ・クッタ法**です。式（4.32）と（4.33）の形式解に対する時刻 $t = t_n$ と t_{n+1} の位置と速度の漸化式を次の関係式で計算します。

アルゴリズム ルンゲ・クッタ法

$$x_{n+1} = x_n + \frac{\Delta t}{6}\left(v^{(1)} + 2v^{(2)} + 2v^{(3)} + v^{(4)}\right) \tag{4.44}$$

$$v_{n+1} = v_n + \frac{\Delta t}{6}\left(a^{(1)} + 2a^{(2)} + 2a^{(3)} + a^{(4)}\right) \tag{4.45}$$

オイラー法では x_{n+1} と v_{n+1} を時刻 $t = t_n$ の速度 v_n と加速度 a_n のみを用いて計算するのに対して、ルンゲ・クッタ法では 3 つの時刻 $t = t_n$、$t_{n+1/2}$、t_{n+1} で 4 つの速度と加速度を推定した後に、これらを重み付けした平均で x_{n+1} と v_{n+1} を計算するという手順をとります。これら 4 つの速度の推定方法が時刻と位置と速度を引数とする速度と加速度を与える関数を、$V(t, x, v)$ と $A(t, x, v)$ として次のとおり与えられます。

$$v^{(1)} = V(t_n, x_n, v_n) \tag{4.46}$$

$$a^{(1)} = A(t_n, x_n, v_n) \tag{4.47}$$

$$v^{(2)} = V(t_n + \frac{\Delta t}{2}, x_n + v^{(1)}\frac{\Delta t}{2}, v_n + a^{(1)}\frac{\Delta t}{2}) \tag{4.48}$$

$$a^{(2)} = A(t_n + \frac{\Delta t}{2}, x_n + v^{(1)}\frac{\Delta t}{2}, v_n + a^{(1)}\frac{\Delta t}{2}) \tag{4.49}$$

$$v^{(3)} = V(t_n + \frac{\Delta t}{2}, x_n + v^{(2)}\frac{\Delta t}{2}, v_n + a^{(2)}\frac{\Delta t}{2}) \tag{4.50}$$

$$a^{(3)} = A(t_n + \frac{\Delta t}{2}, x_n + v^{(2)}\frac{\Delta t}{2}, v_n + a^{(2)}\frac{\Delta t}{2}) \tag{4.51}$$

$$v^{(4)} = V(t_n, x_n + v^{(3)}\Delta t, v_n + a^{(3)}\Delta t) \tag{4.52}$$

$$a^{(4)} = A(t_n, x_n + v^{(3)}\Delta t, v_n + a^{(3)}\Delta t) \tag{4.53}$$

速度を返す関数 V は定義に即して、加速度を返す関数 A はニュートンの運動方程式からそれぞれ次のとおりに与えます。

$$V(t, x, v) = v \tag{4.54}$$

$$A(t, x, v) = \frac{F(t, x, v)}{m} \tag{4.55}$$

図 4.14 ●ルンゲ・クッタ法の速度を計算するためのグラフ

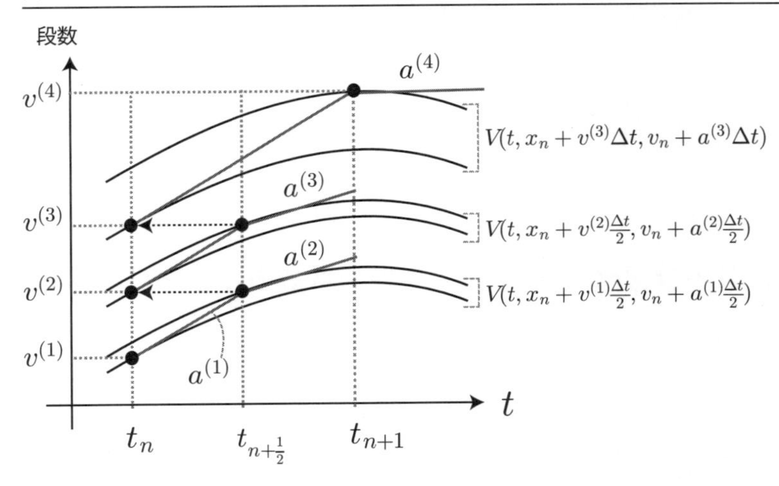

図 4.14 はルンゲ・クッタ法の速度を計算するためのグラフです。上記アルゴリズムの概要をこのグラフを用いて解説します。グラフの横軸は時刻 t、縦軸はルンゲ・クッタ法による 1 ステップ計算するために必要な計算回数を表す段数です[†4]。

1 段目

まず、$t = t_n$ の速度 $v^{(1)}$ と加速度 $a^{(1)}$ を取得します。それぞれ式（4.46）と（4.47）の関数 V と A で取得します。

2 段目

次に、この $v^{(1)}$ と $a^{(1)}$ から x_n と v_n を基準としてオイラー法で推定した $t = t_{n+1/2}$ の速度と加速度を用いて、それぞれ式（4.48）と（4.49）の関数 V と A から $v^{(2)}$ と $a^{(2)}$ を取得します。

3 段目

今度も同様に、$v^{(2)}$ と $a^{(2)}$ から x_n と v_n を基準としてオイラー法で推定した $t = t_{n+1/2}$ の速度と加速度を用いて、それぞれ式（4.52）と（4.53）の関数 V と A から $v^{(3)}$ と $a^{(3)}$ を取得します。

4 段目

さらに、この $v^{(3)}$ と $a^{(3)}$ から x_n と v_n を基準としてオイラー法で推定した $t = t_{n+1}$ の速度と加速度を用いて、それぞれ式（4.54）と（4.55）の関数 V と A から $v^{(4)}$ と $a^{(4)}$ を取得します。

仕上げ

最後に、式（4.44）と式（4.45）から x_{n+1} と v_{n+1} を算出します。

なお、ルンゲ・クッタ法には様々な種類があります。本書で紹介したのはその中で最も有名な計算アルゴリズムで、単に「ルンゲ・クッタ法」と言えばこれを指します。正式には、1 時間ステップを計算するのに 4 段の計算が必要かつ精度が 4 次なので、「4 段 4 次のルンゲ・クッタ法」とも呼ばれます。

4.6.2 【JavaScript】ルンゲ・クッタ法による数値計算ライブラリ「RK4」

本書では、各物理系の物理シミュレーションをルンゲ・クッタ法を用いて計算します。そのため、前項の数値計算アルゴリズムをライブラリ（ファイル名：RK4.js）として用意します。今後、

†4 図 4.14 の曲線は 3 種類の関数 V を表しています。図では簡略化のため同じ曲線を用いていますが、関数 V は第 2 引数と第 3 引数の値が異なると曲線は若干異なります。また、図では $a^{(1)}$、$a^{(2)}$、$a^{(3)}$、$a^{(4)}$ を関数 V の傾きとして表していますが、実際は該当地点のパラメータを与えた関数 A で取得されます。

ルンゲ・クッタ法による数値計算を行う場合に本ライブラリを読み込んで利用します。なお、加速度と速度を与える関数は各 x、y、z 成分ごと定義し、引数として時刻 t、位置ベクトル r、速度ベクトル v を与えます。ベクトルは 1.3.4 項で定義した Vector3 クラスか、各 x、y、z プロパティをもつオブジェクトです。

1
2
3
4
5
6
7
8
9

プログラムソース 4.2 ●ルンゲ・クッタ法（RK4.js）

```
//////////////////////////////////////////////////////////////////////
// ルンゲクッタ法
//////////////////////////////////////////////////////////////////////
// ルンゲクッタ法による次ステップの計算
function RK4 ( dt, t, r, v ){  <------------------------------------ (※1-1)
  // 1段目
  var v1 = RK4.V( t, r, v );
  var a1 = RK4.A( t, r, v );
  // 2段目
  var _v1 = new Vector3( r.x + v1.x*dt/2, r.y + v1.y*dt/2, r.z + v1.z*dt/2 );
  <----------------------------------------------式（4.48）と式（4.49）の引数v
  var _a1 = new Vector3( v.x + a1.x*dt/2, v.y + a1.y*dt/2, v.z + a1.z*dt/2 );
  <----------------------------------------------式（4.48）と式（4.49）の引数a
  var v2 = RK4.V( t + dt/2, _v1, _a1 );
  var a2 = RK4.A( t + dt/2, _v1, _a1 );
  // 3段目
  var _v2 = new Vector3( r.x + v2.x*dt/2, r.y + v2.y*dt/2, r.z + v2.z*dt/2 );
  <----------------------------------------------式（4.50）と式（4.51）の引数v
  var _a2 = new Vector3( v.x + a2.x*dt/2, v.y + a2.y*dt/2, v.z + a2.z*dt/2 );
  <----------------------------------------------式（4.50）と式（4.51）の引数a
  var v3 = RK4.V( t + dt/2, _v2, _a2 );
  var a3 = RK4.A( t + dt/2, _v2, _a2 );
  // 4段目
  var _v3 = new Vector3( r.x + v3.x*dt, r.y + v3.y*dt, r.z + v3.z*dt );
  <----------------------------------------------式（4.52）と式（4.53）の引数v
  var _a3 = new Vector3( v.x + a3.x*dt, v.y + a3.y*dt, v.z + a3.z*dt );
  <----------------------------------------------式（4.52）と式（4.53）の引数a
  var v4 = RK4.V( t + dt, _v3, _a3 );
  var a4 = RK4.A( t + dt, _v3, _a3 );
  // 戻り値用ベクトルの準備
  var output_r = new Vector3();
  var output_v = new Vector3();
  // 仕上げ
  output_r.x = dt / 6 *( v1.x + 2*v2.x + 2*v3.x + v4.x );
  output_r.y = dt / 6 *( v1.y + 2*v2.y + 2*v3.y + v4.y );
  output_r.z = dt / 6 *( v1.z + 2*v2.z + 2*v3.z + v4.z );
  output_v.x = dt / 6 *( a1.x + 2*a2.x + 2*a3.x + a4.x );
  output_v.y = dt / 6 *( a1.y + 2*a2.y + 2*a3.y + a4.y );
```

```
  output_v.z = dt / 6 *( a1.z + 2*a2.z + 2*a3.z + a4.z );
  return { r : output_r, v : output_v }; <---------------------- (※1-2)
}
// 加速度ベクトル
RK4.A = function( t, r, v ){ <---------------------------------- (※2)
  return new Vector3();
}
// 速度ベクトル
RK4.V = function( t, r, v ){{
  return v.clone(); <------------------------------------------ 式 (4.54)
}
```

(※ 1)　RK4 関数を 1 度実行することで、式（4.44）と式（4.45）の第 2 項を計算します。

(※ 2)　式（4.55）で示したとおり、加速度を指定する関数 A は計算対象の物理系によって異なります。本ライブラリを読み込んだ後に同名の関数を上書き指定することで任意の加速度を指定します。

4.6.3 ルンゲ・クッタ法を用いた数値計算の例

4.5.5 項のオイラー法を用いた数値計算の例との比較を兼ねて、3.3 節で解説した等速円運動のシミュレーションを同一条件で行います。

プログラムソース 4.3 ●オイラー法による等速円運動のシミュレーション（Euler_UniformCircularMotion.html）

```
////////////////// 物理パラメータ //////////////////////////
（省略：時刻の範囲、角速度、半径、初速度、Δt（配列）） <------------------4.5.5項参照
/////////////// 加速度ベクトル/////////////////////////
（省略：A関数の定義） <----------------------------------------------------4.5.5項参照
/////////////// ルンゲ・クッタ法による計算 /////////////////
for( var m = 0; m < DeltaTs.length ; m++ ){
  var dt = DeltaTs[m];
  // 初期値
  var r = new Vector3( R, 0, 0 );
  var v = new Vector3( 0, v0, 0 );
  var data1 = []; // 計算データ格納用配列
  // 初期値データ
  data1.push([ 0, r.x ]);
  // 計算回数
  var N = t_max/dt;
  for( var i=1; i<=N; i++ ){
    var t = dt * i;
    var result = RK4 ( dt, t, r, v ); <-----------------------------4.6.2項
    r.add( result.r ); // x_{n} → x_{n+1}に更新 <--------------------- 式 (4.44)
```

```
      v.add( result.v ); // v_{n} → v_{n+1}に更新  <------------------------------------------ 式 (4.45)
      data1.push([ t, r.x ]);
    }
    plot2D.pushData( data1 );
  }
```

1 2 3 4 5 6 7 8 9

数値計算結果の検証

図4.15は、ルンゲ・クッタ法による等速円運動のx座標の時間依存性です。$\Delta t = 1$、0.5、0.1による結果ですが、$\Delta t = 1$ですらほぼ解析解の上にあり、4.5.5項のオイラー法の場合と比較して歴然の差があることがわかります。

図4.15 ●【解析解 & 数値解グラフ】ルンゲ・クッタ法による等速円運動のx座標の時間依存性

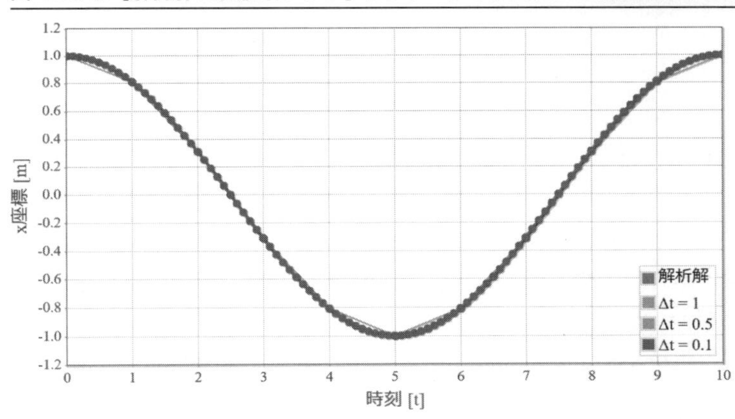

☞ Chapter4/RK_UniformCircularMotion.html（HTML）、RK_UniformCircularMotion.cpp（C++、数値データのみ／依存オブジェクト：Vector3.o, RK4.o）

4.6.4　計算誤差のΔt依存性

オイラー法とルンゲ・クッタ法の計算誤差のΔt依存性を示すために、同一条件で計算した等速円運動で比較します。Δtを1から0.00001（10^{-5}）まで変化させて、それに対する評価式（4.41）で計算した大局計算誤差を調べます。図4.16は、横軸にΔt、縦軸に誤差$|\delta x|$を与えて、オイラー法とルンゲ・クッタ法の計算誤差のΔt依存性を示したグラフです。両軸とも常用対数（底10）とし、横軸はΔtを小さくするほど右側にもってきたかったため、マイナス符号をつけています。

図 4.16 ● 【数値解グラフ】オイラー法とルンゲ・クッタ法による数値計算誤差（大局誤差）の Δt 依存性

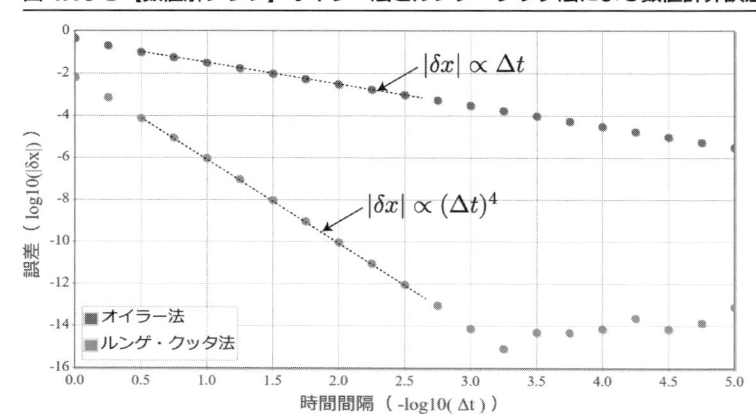

☞ Chapter4/UniformCircularMotion_error.html（HTML）、UniformCircularMotion_error.cpp（C++、数値データのみ／依存オブジェクト：Vector3.o）

上のデータがオイラー法、下のデータがルンゲ・クッタ法です。両者とも Δt を小さくするほど計算誤差は縮小しますが、その縮小の仕方が大きく異なります。オイラー法では Δt を $1/10$ 倍にした際に δx は $1/10 = 10^{-1}$ にしかなりませんが、ルンゲ・クッタ法では δx は $1/10000 = 10^{-4}$ になっています[†5]。計算誤差は小さいに越したことはありませんが、限界があります。それはコンピュータの浮動小数点数（倍精度 32 ビット）の有効桁数は 16 桁なので、原理的にそれよりも小さな小数を扱うことができないためです。上記グラフでも $\Delta t = 10^{-3.5}$ 以降は誤差が小さくならないばかりか、計算回数の増加に伴って誤差が大きくなってしまっています。本書では $\Delta t = 10^{-2.0} = 0.01$ でルンゲ・クッタ法の計算を行います。

4.6.5 【C++】RK4 クラスの実装内容

JavaScript ではルンゲ・クッタ法による時間発展の計算を全て関数だけで定義しましたが、C++ではクラスとして定義します。次のプログラムソースは、実装内容を把握することのできるヘッダーファイル「RK4.h」の内容です。具体的な実装は RK4.cpp に記述しています。

プログラムソース 4.4 ●ヘッダーファイル「RK4.h」の内容

```
class RK4 {
private:
public:
  // プロパティ
  double dt = 0.01; // 時間間隔
```

† 5　グラフの横軸の値を 1 増やしたら、縦軸の値は 4 減ることに対応します。

```
    Vector3 r;   // 位置ベクトル
    Vector3 v;   // 速度ベクトル
    Vector3 dr;  // 位置ベクトルの変化分
    Vector3 dv;  // 速度ベクトルの変化分
    // コンストラクタ
    RK4() {}
    RK4(double _dt) {
      dt = _dt;
    }
    RK4(double _dt, Vector3& _r, Vector3& _v) {
      dt = _dt;
      r.copy(_r);
      v.copy(_v);
    }
    // ディストラクタ
    ~RK4(){}
    // 加速度ベクトルを与えるメソッド
    Vector3 A(double, Vector3&, Vector3&);
    // 速度ベクトルを与えるメソッド
    Vector3 V(double, Vector3&, Vector3&);
    // 時間発展を計算するメソッド
    void timeEvolution(double t);
  };
```

RK4 クラスを利用するには Vector3 クラスと同様、ヘッダーファイル RK4.h の読み込みと次のとおりにコンパイルした RK4.cpp で得られるオブジェクト「RK4.o」のリンクが必要となります。

```
g++ -c RK4.cpp -std=c++14
```

具体的な RK4 クラスを利用方法は次項で解説します。

4.6.6 【C++】RK4 クラスの利用方法

図 4.15 を計算する「RK_UniformCircularMotion.cpp」を例として、RK4 クラスの利用方法を解説します。コンパイル手前までに必要なステップは 4 つです。

ステップ 1：ヘッダーファイルを読み込む

RK4 クラスを利用するには 2 つのヘッダーファイル Vector3.h と RK4.h を冒頭に読み込みます。

```
#include "Vector3.h"
#include "RK4.h"
```

ステップ 2：加速度を指定するメソッドを定義

物体は加わった力に比例した加速度が生じます。計算対象とする物理系に応じた加速度を与えるメソッドを定義します。

```
// 加速度ベクトル（必須）
Vector3 RK4::A(double t, Vector3& r, Vector3& v) {
  return r.clone() * (-omega * omega);
};
```

なお、速度ベクトルを与える V メソッドはニュートンの運動方程式から物理系に依らず一定であるため、KR4.cpp 内で定義しています。

ステップ 3：RK4 クラスのオブジェクトの生成

初期の位置ベクトルと速度ベクトルを表す Vector3 クラスのオブジェクトを生成後、これらを引数としたルンゲクッタオブジェクトを生成します。このルンゲクッタオブジェクトの r プロパティと v プロパティが、運動する物体の今後の位置ベクトルと速度ベクトルを表します。

```
// 位置ベクトルと速度ベクトル（初期値）
Vector3 r(x0, y0, z0), v( vx0, vy0, vz0);
// ルンゲクッタオブジェクトの生成
RK4 rk4(dt, r, v);
```

ステップ 4：時間発展用メソッドの実行と値の更新

RK4 クラスの timeEvolution メソッドを 1 回実行すると、dt 時間後の位置ベクトルと速度ベクトルの変化分が dr プロパティと dv プロパティにそれぞれ格納されます。この値を用いて r プロパティと v プロパティの更新します。

```
// ルンゲ・クッタ法による時間発展
rk4.timeEvolution( t );
// 位置ベクトルの更新
rk4.r = rk4.r + rk4.dr;
// 速度ベクトルの更新
rk4.v = rk4.v + rk4.dv;
```

「RK_UniformCircularMotion.cpp」のコンパイル方法（gcc）

RK_UniformCircularMotion.cpp では RK4 クラスと Vector3 クラスを利用しているので、RK4.o と Vector3.o をリンクした実行ファイルを作成する必要があります。はじめに、元のとなるソースファイルのコンパイルを行ってオブジェクトファイルを生成させます。

```
g++ -c RK_UniformCircularMotion.cpp -std=c++14
```

コンパイルオプション「-c」を忘れないで下さい。忘れると実行ファイルを作成しようとしますが、リンクが足りないのでコンパイルエラーが発生します。次に、生成されたオブジェクトファイル RK_UniformCircularMotion.o と RK4.o、Vector3.o をリンクした実行ファイルを作成します。

```
g++ RK_UniformCircularMotion.o RK4.o Vector3.o
```

以上で、実行ファイル a.exe が生成されます。

1 2 3 4 5 6 7 8 9

4.6.7 【JavaScript】多体系用数値計算ライブラリ「RK4_Nbody」

複数の物体が力を及ぼし合いながら運動する物理系は**多体系**と呼ばれます。例えば、N 個の粒子が相互作用する N 粒子系を考えた場合、i 番目の粒子の運動方程式は次のような形で表されます。

運動方程式　N 粒子系における i 番目の粒子に対するニュートンの運動方程式

$$m_i \frac{d^2\boldsymbol{r}_i}{dt^2} = \boldsymbol{F}_i(\boldsymbol{r}_1, \cdots, \boldsymbol{r}_N; \boldsymbol{v}_1, \cdots, \boldsymbol{v}_N; t) \tag{4.56}$$

i 番目の粒子の加速度はその他の粒子の位置や速度に依存するため、4.6.2 項で解説したルンゲ・クッタ法の計算アルゴリズムでは計算することができませんが、多体系用に拡張することで対応することができます。具体的には、式（4.44）と式（4.45）の $v^{(m)}$ と $a^{(m)}$（m = 1、2、3、4）が自身の速度と加速度だけでなく、全粒子の速度と加速度に依存する形に拡張します。そのため、$v^{(m)}$ と $a^{(m)}$ を与える式（4.54）と（4.55）の関数 V と A の引数に全粒子の速度と加速度を与える形に拡張する必要があります。つまり、全粒子の位置と速度を配列として準備しておいて関数に与えて、関数から計算後の全粒子の位置と速度を配列で受け取るという形で計算を進めていくことになります。数値計算ライブラリ「RK4」の位置と速度に関する変数を全て配列に変換します。

プログラムソース 4.5 ●多体系用ルンゲ・クッタ法（RK4_Nbody.js）

```
//////////////////////////////////////////////////////////////////////
// ルンゲクッタ法（多体系）
//////////////////////////////////////////////////////////////////////
// ルンゲクッタ法による次ステップの計算
function RK4_Nbody ( dt, t, rs, vs ){  <------------------------------ (※1)
  var N = rs.length;  <----------------------------------------------- (※2)
  // 1段目
  var v1s = RK4_Nbody.V( t, rs, vs );
```

```
    var a1s = RK4_Nbody.A( t, rs, vs );
    // 2段目
    var _v1s = [];  <---------------------------------------------------------- (※3-1)
    var _a1s = [];  <---------------------------------------------------------- (※3-2)
    for( var i = 0; i < N; i++ ){
      _v1s[i] = new Vector3( rs[i].x + v1s[i].x*dt/2, rs[i].y + v1s[i].y*dt/2,
                                                      rs[i].z + v1s[i].z*dt/2 );
      _a1s[i] = new Vector3( vs[i].x + a1s[i].x*dt/2, vs[i].y + a1s[i].y*dt/2,
                                                      vs[i].z + a1s[i].z*dt/2 );
    }
    var v2s = RK4_Nbody.V( t + dt/2, _v1s, _a1s );
    var a2s = RK4_Nbody.A( t + dt/2, _v1s, _a1s );
    // 3段目
    var _v2s = [];
    var _a2s = [];
    for( vari= 0; i < N; i++ ){
      _v2s[i] = new Vector3( rs[i].x + v2s[i].x*dt/2, rs[i].y + v2s[i].y*dt/2,
                                                      rs[i].z + v2s[i].z*dt/2 );
      _a2s[i] = new Vector3( vs[i].x + a2s[i].x*dt/2, vs[i].y + a2s[i].y*dt/2,
                                                      vs[i].z + a2s[i].z*dt/2 );
    }
    var v3s = RK4_Nbody.V( t + dt/2, _v2s, _a2s );
    var a3s = RK4_Nbody.A( t + dt/2, _v2s, _a2s );
    // 4段目
    var _v3s = [];
    var _a3s = [];
    for( var i= 0; i < N; i++ ){
      _v3s[i] = new Vector3( rs[i].x + v3s[i].x*dt, rs[i].y + v3s[i].y*dt,
                                                    rs[i].z + v3s[i].z*dt );
      _a3s[i] = new Vector3( vs[i].x + a3s[i].x*dt, vs[i].y + a3s[i].y*dt,
                                                    vs[i].z + a3s[i].z*dt );
    }
    var v4s = RK4_Nbody.V( t + dt, _v3s, _a3s );
    var a4s = RK4_Nbody.A( t + dt, _v3s, _a3s );
    // 仕上げ
    var output_rs = [];  <----------------------------------------------------- (※4-1)
    var output_vs = [];  <----------------------------------------------------- (※4-2)
    for( var i = 0; i < N; i++ ){
      output_rs[i] = new Vector3();
      output_vs[i] = new Vector3();
      output_rs[i].x = dt / 6 * ( v1s[i].x + 2*v2s[i].x + 2*v3s[i].x + v4s[i].x );
      output_rs[i].y = dt / 6 * ( v1s[i].y + 2*v2s[i].y + 2*v3s[i].y + v4s[i].y );
      output_rs[i].z = dt / 6 * ( v1s[i].z + 2*v2s[i].z + 2*v3s[i].z + v4s[i].z );
      output_vs[i].x = dt / 6 * ( a1s[i].x + 2*a2s[i].x + 2*a3s[i].x + a4s[i].x );
      output_vs[i].y = dt / 6 * ( a1s[i].y + 2*a2s[i].y + 2*a3s[i].y + a4s[i].y );
      output_vs[i].z = dt / 6 * ( a1s[i].z + 2*a2s[i].z + 2*a3s[i].z + a4s[i].z );
```

```
  }
  return { rs : output_rs, vs : output_vs };  <------------------------------------------------ (※4-3)
}
// 加速度ベクトル
RK4_Nbody.A = function( t, rs, vs ){
  var N = rs.length;
  var outputs = [];
  for( var i = 0; i < N; i++ ){
    outputs[i] = new Vector3();  <-------------------------------------------------------式 (4.56) (※5)
  }
  return outputs;
}
// 速度ベクトル
RK4_Nbody.V = function( t, rs, vs ){
  var N = vs.length;
  var output_vs = [];
  for( var i = 0; i < N; i++ ){
    output_vs[i] = vs[i].clone();  <----------------------------------------------------------- (※6)
  }
  return output_vs;
}
```

（※ 1）　rs と vs は全粒子の位置ベクトルと速度ベクトルが格納された配列です。
（※ 2）　今後の計算で必要な粒子数 N を引数で与えられた rs 配列の要素数として取得します。
（※ 3）　2 段目の計算で関数 V と A に与える配列を準備します。2 段目以降も同様です。
（※ 4）　RK4_Nbody の戻り値も全粒子の位置ベクトルと速度ベクトルの配列とします。
（※ 5）　i 番目の粒子の加速度をニュートンの運動方程式に合わせて与えます。
（※ 6）　関数 V は式（4.54）と同様に引数で与えられた速度ベクトルをそのまま返します。

4.6.8　【C++】RK4_Nbody クラスの実装内容

RK4_Nbody クラスも RK4 クラスと同様に C++ のクラスとして定義します。次のプログラムソースは実装内容を把握することのできるヘッダーファイル「RK4_Nbody.h」の内容です。N 個の物体の位置ベクトルと速度ベクトルを保持する必要があるため、全て動的に生成した配列で保持します。RK4 クラスと異なるのは V メソッドと A メソッドの実行結果の受け取り方が、戻り値ではなくポインタ渡しになっている点です。

プログラムソース 4.6 ●ヘッダーファイル「RK4_Nbody.h」の内容

```
class RK4_Nbody {
private:
public:
```

```
    // プロパティ
    int N;                                    // 物体数
    double dt;                                // 時間刻み幅
    Vector3 *rs, *vs;                         // 位置ベクトルと速度ベクトル
    Vector3 *drs, *dvs;                       // 位置ベクトルと速度ベクトルの変化分
    // 以下、ルンゲ・クッタ法で利用する配列
    Vector3 *v1s, *a1s, *_v1s, *_a1s;   // 1段目用
    Vector3 *v2s, *a2s, *_v2s, *_a2s;   // 2段目用
    Vector3 *v3s, *a3s, *_v3s, *_a3s;   // 3段目用
    Vector3 *v4s, *a4s;                       // 4段目用
    // コンストラクタ
    RK4_Nbody(int _N, double _dt) { // 両引数とも必須
      N    = _N;
      dt   = _dt;
      rs   = new Vector3[N];  vs   = new Vector3[N];
      drs  = new Vector3[N];  dvs  = new Vector3[N];
      v1s  = new Vector3[N];  a1s  = new Vector3[N];
      _v1s = new Vector3[N];  _a1s = new Vector3[N];
      v2s  = new Vector3[N];  a2s  = new Vector3[N];
      _v2s = new Vector3[N];  _a2s = new Vector3[N];
      v3s  = new Vector3[N];  a3s  = new Vector3[N];
      _v3s = new Vector3[N];  _a3s = new Vector3[N];
      v4s  = new Vector3[N];
      a4s  = new Vector3[N];
    }
    // ディストラクタ
    ~RK4_Nbody() {
      // 動的確保したメモリの開放
      delete[] rs;  delete[] vs;  delete[] drs;  delete[] dvs;
      delete[] v1s; delete[] a1s; delete[] _v1s; delete[] _a1s;
      delete[] v2s; delete[] a2s; delete[] _v2s; delete[] _a2s;
      delete[] v3s; delete[] a3s; delete[] _v3s; delete[] _a3s;
      delete[] v4s; delete[] a4s;
    }
    // 加速度ベクトルを与えるメソッド
    void A(double t, Vector3 *rs, Vector3 *vs, Vector3 *out_as);
    // 速度ベクトルを与えるメソッド
    void V(double t, Vector3 *rs, Vector3 *vs, Vector3 *out_vs);
    // 時間発展を計算するメソッド
    void timeEvolution(double t);
  };
```

5 重力と空気抵抗力による運動

ポイント

- 重力による物体の運動は**等加速度運動**
- 初速度に与え方によって運動の様子が変わり、**自由落下運動**、**水平投射運動**、**斜方投射運動（放物運動）**、**鉛直投げ上げ運動**と呼ばれる
- 重力による運動は力学的エネルギー保存則を満たす
- 空気抵抗力が加わると力学的エネルギーは保存しない
- 拘束力は存在しないので「ニュートンの運動方程式」=「計算アルゴリズム」→ 4.5 節

5.1 重力による運動

5.1.1 重力による運動の数理モデル

地球上の物体は第 8 章で解説する**万有引力**によって互いに引き合っています。そのため、地球上の物体の運動は万有引力による運動方程式を解くことで理解することができますが、地球のように大きな質量の物体と地上の物体のように地上の物体の運動に対して地球の半径が大きい場合、かつ質量比が大きい場合、次のとおり近似することができます。

（1）地球の表面を球面ではなく 2 次元平面と近似
（2）地球の運動を無視することで物体には絶えず位置と時間に依存しない重力が加わると近似

このように、注目したい物理現象に着目するために適切に近似を行って運動方程式を立てることは、「数理モデルを構築する」と表現されます。図 5.1 は重力による運動の数理モデルの概念図です。時刻 t の球体の位置ベクトルと速度ベクトルを $\boldsymbol{r}(t)$ と $\boldsymbol{v}(t)$ とし、$t = 0$ の位置ベクトルと速度ベクトルを $\boldsymbol{r}_0$ と $\boldsymbol{v}_0$ と表します。この球体に下向きの重力 $\boldsymbol{F}_G$ が加わります。

図 5.1 ●重力による運動の数理モデルの概念図

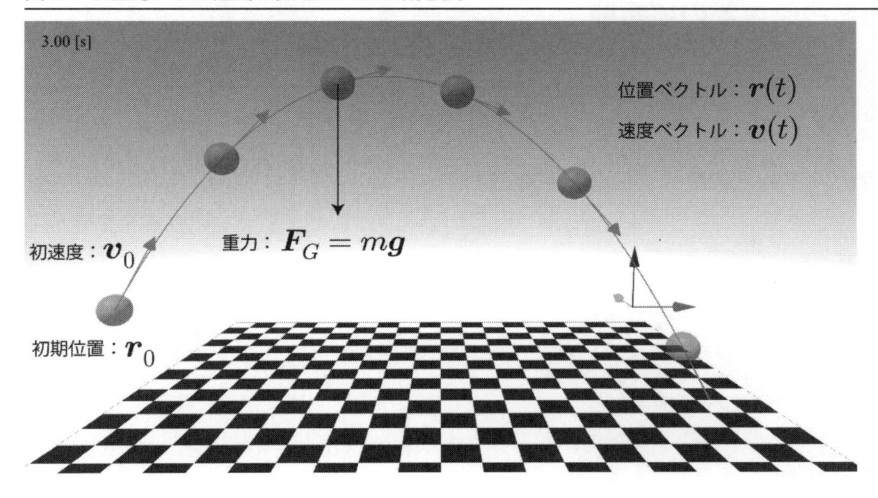

1
2
3
4
5
6
7
8
9

数理モデル・物理量　**重力ベクトル（単位：kg m/s² = N）**

$$\boldsymbol{F}_G = m\boldsymbol{g} \tag{5.1}$$

物理量　**重力加速度ベクトル（単位：m/s²）**

$$\boldsymbol{g} = (0, 0, -g) = -g\hat{\boldsymbol{e}}_z, \quad g = 9.80665\,[\mathrm{m/s^2}] \tag{5.2}$$

地表を xy 平面、空方向を z 軸方向とした場合、重力加速度ベクトルは −z 軸方向となります。重力に対するニュートンの運動方程式から得られる加速度ベクトルは次のとおりです。

計算アルゴリズム　**重力が働く物体の加速度ベクトル**

$$\boldsymbol{a}(t) = \boldsymbol{g} \tag{5.3}$$

式（5.3）は、重力による運動は、加速度ベクトルが重力加速度ベクトルそのものである等加速度運動であることを意味します。

5.1.2 重力による運動の解析解

重力加速度ベクトルは時間に対して一定であるため、両辺を時間で積分することで速度ベクトルと位置ベクトルを計算することができます（3.2.2 項を参照）。

解析解　位置ベクトルと速度ベクトルの時間依存性

$$\boldsymbol{v}(t) = \int_0^t \boldsymbol{a}\,dt = \boldsymbol{v}_0 + \boldsymbol{g}\,t \tag{5.4}$$

$$\boldsymbol{r}(t) = \int_0^t \boldsymbol{v}(t)dt = \boldsymbol{r}_0 + \boldsymbol{v}_0 t + \frac{1}{2}\boldsymbol{g}\,t^2 \tag{5.5}$$

直交座標における解析解

式（5.4）と式（5.5）は座標系に依存しません。運動の様子を詳しく示すために直交座標系を採用した場合の解析解を示します。x 軸方向と y 軸方向は等速運動、z 軸方向は等加速度運動となります。この運動は**放物運動**と呼ばれます。

解析解　位置と速度の時間依存性

$$v_x(t) = v_{x0} \tag{5.6}$$

$$v_y(t) = v_{y0} \tag{5.7}$$

$$v_z(t) = v_{z0} + gt \tag{5.8}$$

$$x(t) = x_0 + v_{x0}t \tag{5.9}$$

$$y(t) = y_0 + v_{y0}t \tag{5.10}$$

$$z(t) = z_0 + v_{z0}\,t - \frac{1}{2}g\,t^2 = -\frac{1}{2}g\left(t - \frac{v_{z0}}{g}\right)^2 + z_0 + \frac{1}{2}\frac{v_{z0}^2}{g} \tag{5.11}$$

上記解析解の変数の意味は以下のとおりです。

$$\boldsymbol{r}(t) = (x(t), y(t), z(t)), \quad \boldsymbol{r}_0 = (x_0, y_0, z_0) \tag{5.12}$$

$$\boldsymbol{v}(t) = (v_x(t), v_y(t), v_z(t)), \quad \boldsymbol{v}_0 = (v_{x0}, v_{y0}, v_{z0}) \tag{5.13}$$

5.1.3 重力による放物運動の各種解析解

図 5.2 ●放物運動に関係するパラメータ

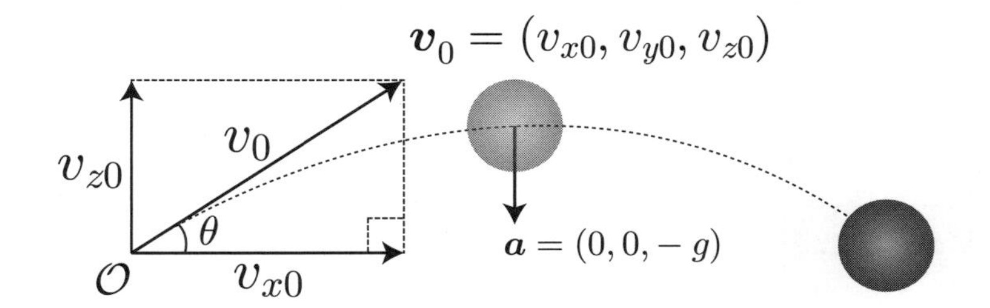

時刻 $t = 0$ で原点 $(x, y, z) = (0, 0, 0)$ から仰角 θ で斜方投射したときの運動は、**斜方投射運動**、あるいは**放物運動**と呼ばれます。初速度を三角比を用いて $v_{x0} = v_0 \cos\theta$、$v_{z0} = v_0 \sin\theta$ と表し、放物運動に関する各種解析解を示します。この場合の放物運動の軌跡（軌道）は、式（5.9）と式（5.11）から時刻 t を消去することで得られます。

解析解 **放物運動の軌跡**

$$z = -\frac{1}{2}\frac{g}{v_0^2\cos^2\theta}\left(x - \frac{v_0^2\sin\theta\cos\theta}{g}\right)^2 + \frac{1}{2}\frac{v_0^2\sin^2\theta}{g} \tag{5.14}$$

また、上に凸の 2 次関数である放物運動の軌跡（$z = f(x)$）から、軌道の最高点と飛距離を直ちに得られます。

解析解 **放物運動の最高点（2 次関数の頂点の z 値）**

$$z = \frac{1}{2}\frac{v_0^2\sin\theta}{g} \tag{5.15}$$

解析解 **放物運動の飛距離（z = 0 となる x 値）**

$$L = \frac{2v_0^2\sin\theta\cos\theta}{g} \tag{5.16}$$

自由落下運動、水平投射運動、斜方投射運動（放物運動）、鉛直投げ上げ運動の違い

重力中の物体の運動は、初速度の与え方の違いで異なる名称が与えられています。具体的には仰角 θ の大きさによって以下のとおり分類されます。

運動の種類	値
自由落下運動	$v_0 = 0$
水平投射	$\theta = 0$
斜方投射運動（放物運動）	$0 < \theta < 90°$
鉛直投げ上げ運動	$\theta = 90°$

5.1.4 ルンゲ・クッタで放物運動シミュレーション

図 5.3 は、式（5.14）で示した放物運動の軌跡の解析解と数値解による xz 平面グラフです。初速度 v_0 = 10 [m]、重力加速度 g = 10 [m／s^2]、投射角度として θ = 15°、30°、45°、60°、75°、90° を与えた場合の結果です。飛距離は投射角度 $\theta = 45°$のときに最大値をとります。これは式 (5.16) の $dx/d\theta = 0$ を満たす θ として導くこともできます。

図 5.3 ●【解析解＆数値解グラフ】放物運動の軌跡の角度依存性

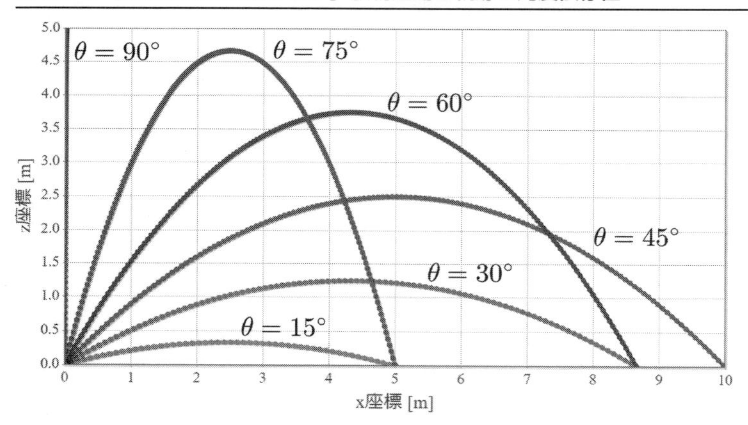

☞ Chapter5/ProjectileMotion_RK.html（HTML）、ProjectileMotion_RK.cpp（C++、数値データのみ／依存オブジェクト：Vector3.o, RK4.o）

上記グラフを描画するプログラムソースは次のとおりです。式（5.14）の解析解に加え、式（5.3）の加速度を与えてルンゲ・クッタ法を用いた数値解をプロットしています。グラフでは、線でプロットした解析解の上に数値解を点でプロットしていますが、数値解がほぼ解析解の真上に乗っているため、線が見えていません。

プログラムソース 5.1 ●重力による放物運動の解析解と数値解のプロット

```
////////////////////////// 物理パラメータ //////////////////////////////////
// 初速度
var v0 = 10;
// 投射角度（配列）
var thetas = [ 15, 30, 45, 60, 75 ]; // 単位：度数
// 重力加速度
var g = 10;
////////////////////////// 解析解 //////////////////////////////////////////
// 位置を時刻依存性
function X( t ){
  var vx0 = v0 * Math.cos( theta );
  return vx0 * t;  <------------------------------------------------------ (5.9)
}
function Z( t ){
  var vz0 = v0 * Math.sin( theta );
  return 1.0 / ( 2.0 * g ) * vz0 * vz0 - g / 2.0 * pow( t - 1.0 / g * vz0, 2 );
  <----------------------------------------------------------------------- (5.11)
}
////////////////////////// ルンゲ・クッタ法で用いる加速度ベクトル /////////
RK4.A = function( t, r, v ){
  return new Vector3( 0, 0, -g);
}
（以下省略）
```

試してみよう！

- 重力加速度の大きさを変更して、運動の変化を確かめよう！
- 初速度の大きさを変更して、運動の変化を確かめよう！

5.2 重力による運動における力学的エネルギー保存則

5.2.1 重力のポテンシャルエネルギー

重力のポテンシャルエネルギーを定義式（4.7）に従って計算します。重力ベクトルは z 成分しか持たないため、積分経路を z 軸方向にとります。

解析解 **重力のポテンシャルエネルギー**

$$U_G = -m \int \boldsymbol{g} \cdot d\boldsymbol{r} = mg \int dz = mgz + U_0 \tag{5.17}$$

U_0 は積分定数です。ポテンシャルエネルギーの基準を与える定数なので、$U(z = 0) = 0$ として $U_0 = 0$ とします。重力のポテンシャルエネルギーは、比例定数は mg で重力の反対向き（この場合は z 軸方向）の距離に正比例します。反対にポテンシャルエネルギー式（5.17）から力ベクトル式（5.1）が導かれることも確認できます。

$$\boldsymbol{F}_G = -\frac{dU_K}{d\boldsymbol{r}} = -\left(\frac{\partial U_K}{\partial x}, \frac{\partial U_K}{\partial y}, \frac{\partial U_K}{\partial z}\right) = (0, 0, -mg) = m\boldsymbol{g} \tag{5.18}$$

重力中を運動する物体の力学的エネルギーが保存する（時間に依存しない）ことは、5.1.2 項の解析解を代入することで直接確認することもできます。具体的には、初期状態の力学的エネルギーから変化しないことが示されます。

$$E = T + U = \frac{1}{2} m|\boldsymbol{v}_0|^2 + mgz_0 \tag{5.19}$$

5.2.2 重力による運動の力学的エネルギーの数値計算方法

ルンゲ・クッタ法で計算した位置ベクトル r と速度ベクトル v の数値解からも力学的エネルギーを計算することができます。r と v を Vector3 クラスの 3 次元ベクトルオブジェクトとして、次の関数で計算することができます。

```
// ポテンシャルエネルギー
function U( r ){
  return m * g * r.z;  <---------------------------------式（5.17）
}
// 運動エネルギー
function T( v ){
  return 1.0/2.0 * m * v.lengthSq();  <-----------------式（4.5）（※）
}
```

（※） lengthSq メソッドは 3 次元ベクトルの長さの 2 乗を計算する Vector3 クラスのメソッドです。

なお、力学的エネルギーは上記関数で計算したポテンシャルエネルギーと運動エネルギーの和で計算することができます。

1
2
3
4
5
6
7
8
9

5.2.3 力学的エネルギー保存則の確認

図 5.4 は、重力加速度 $g = 10$、初速度 $v_0 = 10$ の鉛直投げ上げ運動における運動のポテンシャルエネルギー（式（5.17））、運動エネルギー（式（5.5））、力学的エネルギー（$E = T + U$）の時間依存性です。5.2.1 項で示した解析解とルンゲ・クッタ法による数値解をプロットしています。式（4.9）で示したとおり、力学的エネルギーは保存則を満たしていることが確認できます。

図 5.4 ● 【解析解＆数値解グラフ】重力による運動における力学的エネルギーの時間依存性グラフ

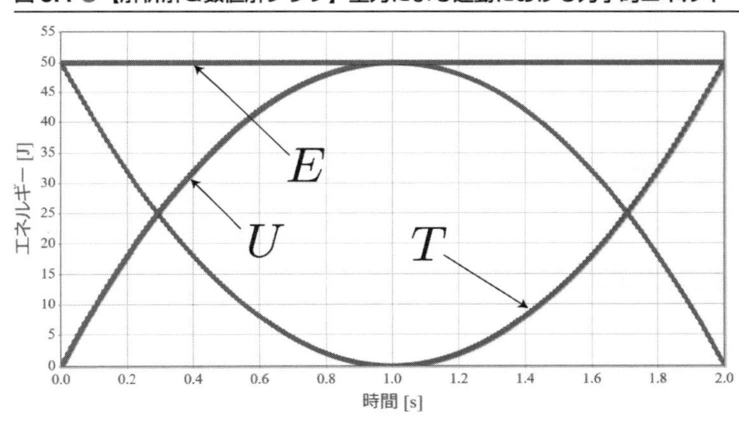

☞ Chapter5/ProjectileMotion_Energy_RK.html（HTML）、ProjectileMotion_Energy_RK.cpp（C++、数値データのみ／依存オブジェクト：Vector3.o, RK4.o）

プログラムソース 5.2 ●重力による放物運動の力学的エネルギーの解析解と数値解のプロット

```
/////////////////////////// 物理パラメータ //////////////////////////////////
（省略：初速度、重力加速度）  <--------------------------------------------5.1.4項参照
// 投射角度
var theta = Math.PI/2; // 単位：[rad]
// 質量
var m = 1;
/////////////////////////// 解析解 //////////////////////////////////
（省略：位置を時刻依存性）  <--------------------------------------------5.1.4項参照
// 速度の時間依存性
function Vx( t ){
  var vx0 = v0 * Math.cos( theta );
  return vx0;  <--------------------------------------------式（5.6）
}
```

```
function Vz( t ){
  var vz0 = v0 * Math.sin( theta );
  return vz0 - g * t;  <------------------------------------ 式（5.8）
}
（省略：ポテンシャルエネルギーUと運動エネルギーエネルギーT）  <------------------ 5.2.2項参照
```

試してみよう！

- **初速度 v0、重力加速度 g に加え、投射角度 theta と質量 m の値を変更することでエネルギーの時間依存性の変化を確かめよう！**
- **重力加速度を 0 とした場合、エネルギーはどのような時間変化をするか考えてみよう！**

5.3 空気抵抗力による運動

5.3.1 空気抵抗力の数理モデル

空気抵抗力は、空気分子との衝突によって物体の運動が妨げられる方向に働く力で、日常生活でもよく実感する力だと思います。空気抵抗力の起源は空気分子の衝突ですが、物理学ではどのように定義されるでしょうか。空気抵抗力には次に挙げる特徴があります。自転車に乗って坂道を下っていることなどを想像しながら考えて見てください。

（1）止まっているときは空気抵抗力は生じない
（2）空気抵抗力は進行方向とは反対向きに生じる
（3）物体の速度が大きくなるほど空気抵抗力は大きくなる
（4）物体の断面積が大きいほど空気抵抗力は大きくなる
（5）物体の断面積が同じでも流線型のような形の方が空気抵抗力は小さくなる
（6）物体の断面積が同じでもパラシュートのような形の方が空気抵抗力は大きくなる

また、空気そのものの性質による抵抗力の違いも考えられます。

（7）空気の密度が高いほど、空気分子の質量が大きいほど空気抵抗力は大きくなる
（8）空気の粘性（空気分子同士の相互作用の大きさ）が大きいほど空気抵抗力は大きくなる

どれも直感的に理解できると思いますが、これらの性質を踏まえて空気抵抗力を適切に定義することは至難です。そこで、空気分子の相互作用、密度や質量、物体の形状などの詳細に立ち入らずに、正の方向の速度に対する空気抵抗力（負の方向）を速度 v のべきで展開（v の n 乗の和）できると仮定します。

$$F_r = -c_1 v - c_2 v^2 - c_3 v^3 - \cdots \tag{5.20}$$

この仮定は v が小さいほど成り立ちます。この展開係数 c_1、c_2、c_3、……は、実験（速度に対する抵抗力を実測すること）で見積もることができます。空気抵抗力の速度のべき展開のうち、第 1 項目（v に比例）は**粘性抵抗力**、第 2 項目（v の 2 乗に比例）は**慣性抵抗力**と呼ばれます。なお、この空気抵抗力の表式は液体中を運動する物体に対しても同様に成り立つと考えられます。

図 5.5 ●空気抵抗力の数理モデル

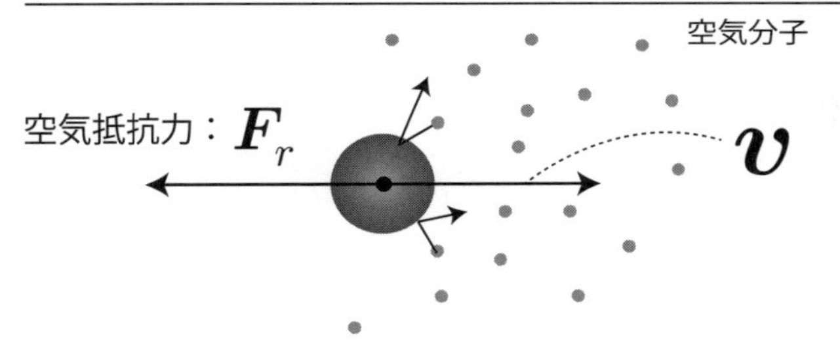

粘性抵抗力の定義

粘性抵抗力は名前からもわかるとおり、空気分子同士の相互作用で生まれる**粘性**によって運動を阻害する方向へ生じる力です。粘性抵抗力の大きさは**粘性抵抗係数（γ）**と呼ばれるパラメータで定義される物理量で、実験にて決定されます。なお、粘性抵抗力は空気分子間の相互作用がなければ生じません。

数理モデル・物理量　粘性抵抗力（単位：kg m/s² = N）と粘性抵抗係数（単位：N/v = kg/s）

$$F_\gamma \equiv -\gamma v \tag{5.21}$$

慣性抵抗力の定義

慣性抵抗力は、空気分子との**衝突**によって運動を阻害する方向へ生じる力です。慣性抵抗力の大きさは**慣性抵抗係数（β）**と呼ばれるパラメータで定義される物理量で、実験にて決定されます。速度の 2 乗に比例する要因は以下のとおりです。なお、慣性抵抗力は速度が小さいほど粘性抵抗力に対して小さくなり、無視することができます。

（1）衝突する空気分子数が速度の大きさに比例
（2）衝突に伴う運動量の変化が速度の大きさに比例

数理モデル・物理量　慣性抵抗力（単位：kg m/s² = N）と慣性抵抗係数（単位：N/v² = kg/m）

$$F_\beta \equiv -\beta v^2 \tag{5.22}$$

5.3.2 粘性抵抗力による運動

速度 $\boldsymbol{v}$ で運動する物体に粘性抵抗力のみが働く場合の加速度ベクトルは、ニュートンの運動方程式から次のとおりになります。

計算アルゴリズム　粘性抵抗力による物体の加速度ベクトル

$$\boldsymbol{a}(t) = -\frac{\gamma}{m}\boldsymbol{v}(t) \tag{5.23}$$

加速度は必ず速度を減ずる方向となるため、速度は単調減少となります。また、加速度と速度は同じ 1 軸上となるため、実質的には 1 次元の問題となります。$a = dv/dt$ を考慮すると、運動方程式は次のようになります。

運動方程式　粘性抵抗力による運動の運動方程式

$$\frac{dv}{dt} = -\frac{\gamma}{m}v \tag{5.24}$$

変数分離形常微分方程式の解法

式（5.24）の速度 v に関する 1 階の常微分方程式は、両辺に dt/v を掛け算することで、v と t を左右両辺に分けることができます。

$$\frac{1}{v}\,dv = -\frac{\gamma}{m}\,dt \tag{5.25}$$

このように、変数を両辺に完全に分けることのできる常微分方程式は**変数分離形**と呼ばれます。両辺それぞれに対して不定積分を行った後に v について解き、初期条件 $v(0) = v_0$ を課すと速度の時間依存性の解析解が得られます。

解析解　**粘性抵抗力による速度の時間依存性**

$$v(t) = v_0\,e^{-(\gamma/m)\,t} \tag{5.26}$$

ただし、初速度の向きを速度の正としています[†1]。速度の大きさは時間とともに指数関数的に減衰することがわかります。

1
2
3
4
5
6
7
8
9

5.3.3 粘性抵抗力による運動における速度の時間依存性

図 5.6 は、初速度 v_0 の物体が粘性抵抗力によって減速する様子を表しています。式（5.26）で示した速度の時間依存性の解析解を用いて、初速度 $v_0 = 10$ として、$\gamma = 1$、1.5、2、2.5、3 の場合を示しています。γ が大きいほど減速が早くなっていることがわかります。この減速の速さは式（5.26）の指数部で決まるわけですが、

$$\frac{v(\tau)}{v_0} = e^{-1} \tag{5.27}$$

を満たす時刻 τ は**時定数**と呼ばれます。粘性抵抗力における時定数は次のとおりです。

解析解　**粘性抵抗力の時定数**

$$\tau = \gamma m \tag{5.28}$$

†1　このように定義することで、右辺の積分時に生じる対数の絶対値を考慮する必要がなくなります。

図 5.6 ●【解析解グラフ】粘性抵抗力による運動における速度の時間依存性

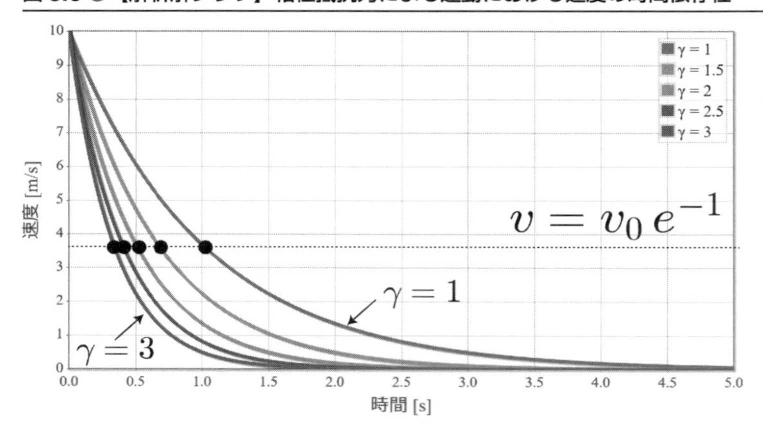

☞ Chapter5/AirResistance_gamma_graph.html（HTML）

プログラムソース 5.3 ●速度の時間依存性を描画するプログラム（AirResistance_gamma_graph.html）

```
///////////////////////////// 物理パラメータ ////////////////////////////////////
（省略：初速度、質量）  <-------------------------------------------5.2.2項参照
// 粘性抵抗係数（配列）
var gammas = [1, 1.5, 2, 2.5 ,3];
///////////////////////////// 解析解 ////////////////////////////////////
// 速度を時刻依存性
function V( gamma, t ){
  return v0 * Math.exp( - gamma / m * t );  <--------------------- 式（5.26）
}
```

試してみよう！

● 質量 m を変更することで速度の時間依存性がどのように変化するか考えて、確かめてよう！

5.3.4 慣性抵抗力による運動

速度 $\boldsymbol{v}$ で運動する物体に慣性抵抗力のみが働くときの運動方程式から得られる加速度ベクトルは次のとおりです。速度ベクトルひとつに絶対値がついているのには理由があります。慣性抵抗力は速度の 2 乗に比例するわけですが、絶対値がない場合、速度ベクトルの方向が反転しても 2 乗のせいで加速度の符号が変化しなくなってしまうためです。速度ベクトルの方向が反転したときに加速度も反転させるためには、速度ベクトルを 1 次で残しておく必要があります。

計算アルゴリズム **慣性抵抗力による物体の加速度ベクトル**

$$\boldsymbol{a}(t) = -\frac{\beta}{m}|\boldsymbol{v}(t)|\boldsymbol{v}(t) \tag{5.29}$$

慣性抵抗力の場合の加速度も必ず速度を減ずる方向となり、速度は単調減少します。また、加速度と速度は同じ 1 軸上となるため、実質的には 1 次元の問題となります。$a = dv/dt$ を考慮すると運動方程式は次のとおりになります。

運動方程式 **慣性抵抗力による運動の運動方程式**

$$\frac{dv}{dt} = -\frac{\beta}{m}v^2 \tag{5.30}$$

式（5.30）も、5.2.2 項で解説したとおり変数分離形の常微分方程式です。両辺に dt/v^2 を積算後、両辺それぞれに対して不定積分を行った後に v について解き、初期条件 $v(0) = v_0$ を課すと速度の時間依存性の解析解が得られます。

解析解 **慣性抵抗力による速度の時間依存性**

$$v(t) = \frac{v_0}{1 + (\beta v_0/m)\,t} \tag{5.31}$$

5.3.5 慣性抵抗力による運動における速度の時間依存性

図 5.7 は、初速度 v_0 の物体が慣性抵抗力によって減速する様子を表しています。式（5.31）で示した速度の時間依存性の解析解を用いて、初速度 $v_0 = 10$ として、$\gamma = 0.2$、0.4、0.6、0.8、1.0 の場合を示しています。γ が大きいほど減速が早いですが、粘性抵抗力による減速は指数関数的減衰であるのに対して、慣性抵抗力の場合はべき（反比例）的減衰であるため、0 近傍にまでの減衰には時間がかかります。

図 5.7 ●【解析解グラフ】慣性抵抗力による運動における速度の時間依存性

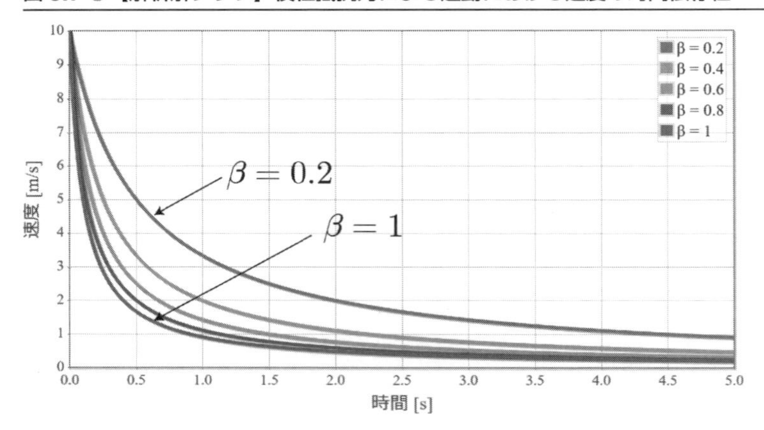

☞ Chapter5/AirResistance_beta_graph.html（HTML）

プログラムソース 5.4 ●速度の時間依存性を描画するプログラム（AirResistance_gamma_graph.html）

```
/////////////////////////// 物理パラメータ //////////////////////////////////
（省略：初速度、質量）  <---------------------------------------------5.3.3項参照
// 慣性抵抗係数（配列）
var betas = [0.2, 0.4, 0.6, 0.8, 1.0];
////////////////////////// 解析解 ////////////////////////////////
// 速度を時刻依存性
function V( beta, t ){
  return v0 / ( 1 + beta * v0 / m * t );  <--------------------------- 式（5.31）
}
```

試してみよう！

● 質量 m を変更することで速度の時間依存性がどのように変化するか考えて、確かめてよう！

5.4 重力と空気抵抗力による運動

5.4.1 重力と粘性抵抗力による運動

液体中をゆっくり落下していく物体の運動は、重力に粘性抵抗力が加えられた運動方程式を満たします。対応するニュートンの運動方程式から得られる加速度ベクトルは次のとおりです。

計算アルゴリズム　重力と粘性抵抗力による物体の加速度ベクトル

$$\boldsymbol{a}(t) = -\frac{\gamma}{m}\boldsymbol{v}(t) + \boldsymbol{g} \tag{5.32}$$

この運動方程式を解くために、重力の方向を z 軸の負の方向、速度の水平方向を x 軸方向とした 2 次元直交座標系を考えます。速度に関する 1 階の微分方程式となり直ちに解くことができます[†2]。

運動方程式　重力と粘性抵抗力による運動の運動方程式（直交座標系）

$$\frac{dv_x}{dt} = -\frac{\gamma}{m}v_x \tag{5.33}$$

$$\frac{dv_z}{dt} = -\frac{\gamma}{m}v_z - g \tag{5.34}$$

解析解　重力と粘性抵抗力における速度の時間依存性

$$v_x(t) = v_{x0}\,e^{-(\gamma/m)\,t} \tag{5.35}$$

$$v_z(t) = v_{z0}\,e^{-(\gamma/m)\,t} - \frac{mg}{\gamma}\left(1 - e^{-(\gamma/m)\,t}\right) \tag{5.36}$$

速度の x 軸方向は、粘性抵抗力しか加わらないため 5.3.2 項と同じになります。一方、z 軸方向は初速度が 0 であっても重力によって負の方向に加速されます。粘性抵抗力と重力が拮抗する速度まで加速された後は、一定の速度（**終端速度**）となります。

†2　式（5.34）は、両辺に $dt/(v_z - mg/\gamma)$ を積算することで変数分離形に変形することができます。

解析解 **終端速度**

$$v_z(\infty) = -\frac{mg}{\gamma} \tag{5.37}$$

5.4.2 重力と粘性抵抗力による自由落下運動における速度の時間依存性

図 5.8 は、重力と粘性抵抗力による自由落下運動における速度の時間依存性を、式（5.36）で示した解析解に基づいて描画した結果です。重力加速度 $g = 10$、初速度 $v_0 = 0$ として、$\gamma = 1$、1.5、2、2.5、3 の場合を計算しています。式（5.37）で示したとおり、γが大きいほど終端速度は小さくなると同時に、終端速度に到達するまでの時間も短くなっていることがわかります。

図 5.8 ●【解析解グラフ】重力と粘性抵抗力による運動における速度の時間依存性

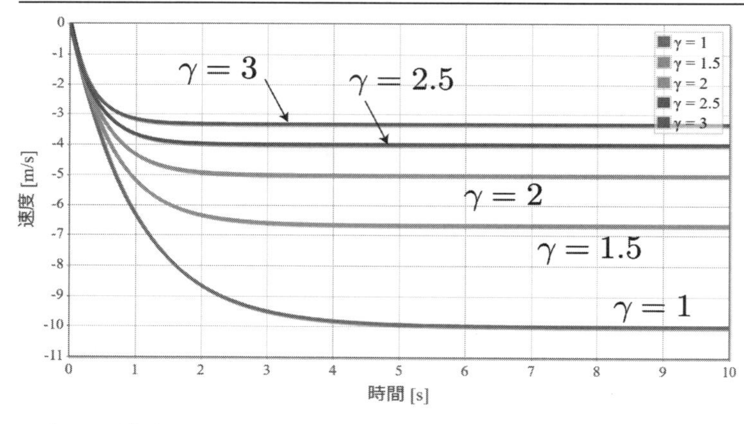

☞ Chapter5/AirResistance_g_gamma_graph.html（HTML）

プログラムソース 5.5 ●速度の時間依存性を描画するプログラム（AirResistance_g_gamma_graph.html）

```
////////////////////////// 物理パラメータ ////////////////////////////////
（省略：初速度、質量、重力加速度、粘性抵抗係数）  <------------------5.3.3項参照
////////////////////////// 解析解 ////////////////////////////////
// 速度を時刻依存性
function V( gamma, t ){
  return ( v0 + m * g / gamma ) * Math.exp( - gamma / m * t ) - m * g / gamma;
  <-------------------------------------------------- 式（5.36）
}
```

試してみよう！

- 質量 m と重力加速度 g を変更することで終端速度がどのようになるか考えて、確かめてよう！

5.4.3 重力と慣性抵抗力による運動

パラシュートのような、空気を広く受けて落下していく物体の運動は、重力に慣性抵抗力を加えた運動方程式を満たします。対応するニュートンの運動方程式から得られる加速度ベクトルは次のとおりです。

計算アルゴリズム　重力と慣性抵抗力による物体の加速度ベクトル

$$\boldsymbol{a}(t) = -\frac{\beta}{m}\,|\boldsymbol{v}(t)|\boldsymbol{v}(t) + \boldsymbol{g} \tag{5.38}$$

この運動方程式を解くために、粘性抵抗力の場合と同様、重力の方向を z 軸の負の方向、速度の水平方向を x 軸方向とした直交座標系を考えます。

運動方程式　重力と慣性抵抗力による運動の運動方程式（直交座標系）

$$\frac{dv_x}{dt} = -\frac{\beta}{m}|\boldsymbol{v}|\,v_x \tag{5.39}$$

$$\frac{dv_y}{dt} = -\frac{\beta}{m}|\boldsymbol{v}|v_y \tag{5.40}$$

$$\frac{dv_z}{dt} = -\frac{\beta}{m}|\boldsymbol{v}|v_z - g$$

$|\boldsymbol{v}| = \sqrt{v_x^2 + v_y^2 + v_z^2}$ のため、粘性抵抗力のときと同じように各成分を独立に考えることができず、解析的に解くことができません。そのため、重力が加わる方向（z 軸方向）にのみに運動する場合（$|\boldsymbol{v}| = |v_z|$）に絞って速度の時間依存性の解析解を示します。なお、運動方程式は v_z の正負によって慣性抵抗係数の項の符号が反転する点に注意が必要です。

運動方程式　重力と慣性抵抗力による運動の運動方程式（z 軸方向のみの運動）

$$v_z > 0 \cdots\cdots \frac{dv_z}{dt} = -\frac{\beta}{m}v_z^2 - g \tag{5.41}$$

$$v_z < 0 \cdots\cdots \frac{dv_z}{dt} = +\frac{\beta}{m} v_z^2 - g \tag{5.42}$$

終端速度は式（5.42）の右辺が 0 となる条件から直ちに得られます。

解析解　終端速度

$$v_z(\infty) = -\sqrt{\frac{mg}{\beta}} \tag{5.43}$$

また、上記の運動方程式は $v_z > 0$ と $v_z < 0$ ともに変数分離形の常微分方程式で、少し複雑な計算で解くことができます。

解析解　速度の時間依存性

$$v_z > 0 \cdots\cdots v_z(t) = \sqrt{\frac{mg}{\beta}} \tan\left[-\frac{\beta}{m}\sqrt{\frac{mg}{\beta}}\, t + \phi_0\right] \tag{5.44}$$

$$v_z < 0 \cdots\cdots v_z(t) = v_z(\infty)\frac{v_z(\infty) + v_z(0) - [v_z(\infty) - v_z(0)]\exp\left[-2\sqrt{\beta g/m}\, t\right]}{v_z(\infty) + v_z(0) + [v_z(\infty) - v_z(0)]\exp\left[-2\sqrt{\beta g/m}\, t\right]} \tag{5.45}$$

式（5.44）の ϕ_0 は初期条件で決定することのできる積分定数で、次の式で得られます。

$$\tan\phi_0 = \sqrt{\frac{\beta}{mg}}\, v_z(0) \tag{5.46}$$

5.4.4 重力と慣性抵抗力による自由落下運動における速度の時間依存性

図 5.9 は、重力と慣性抵抗力による自由落下運動における速度の時間依存性を、式（5.45）で示した解析解に基づいて描画した結果です。重力加速度 $g = 10$、初速度 $v_0 = 0$ として、$\beta = 1$、2、4、8 の場合を計算しています。式（5.43）で示したとおり、β が大きいほど終端速度の大きさは小さくなると同時に、終端速度に到達するまでの時間も短くなっていることがわかります。

図 5.9 ●【解析解グラフ】重力と慣性抵抗力による自由落下運動における速度の時間依存性

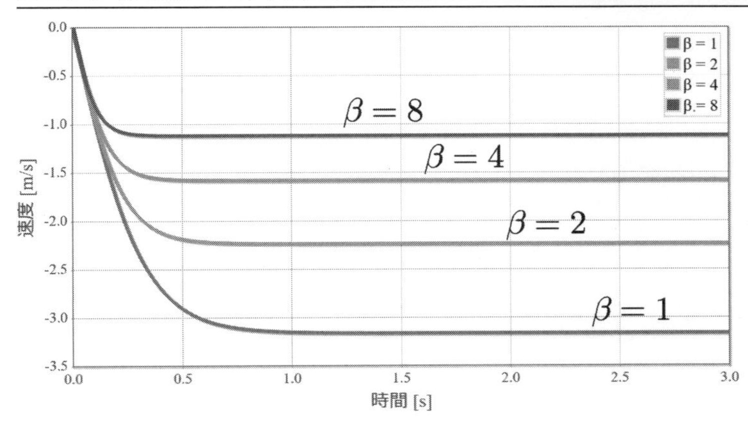

☞ Chapter5/AirResistance_g_beta_graph.html（HTML）

上記グラフは、重力と慣性抵抗力による速度の時間依存性の解析解（式（5.45））を用いて描画しています。初速度 v_0、質量 m、重力加速度 g、慣性抵抗係数の値を変更することで、速度の時間依存性が変化します。

プログラムソース 5.6 ●速度の時間依存性を描画するプログラム（AirResistance_beta_graph.html）

```
////////////////////////// 物理パラメータ //////////////////////////////////
（省略：初速度、質量、重力加速度、慣性抵抗係数）  <------------------------5.3.5項参照
////////////////////////// 解析解 //////////////////////////////////
// 速度を時刻依存性
function Vz( beta, t ){
  var vz_max = -Math.sqrt( m * g / beta);
  return vz_max * (vz_max + v0 - (vz_max - v0)
                          * Math.exp( -2 * Math.sqrt( beta * g / m ) * t ) ) /
                 (vz_max + v0 + (vz_max - v0)
                          * Math.exp( -2 * Math.sqrt( beta * g / m ) * t ) );
  <------------------------------------------------------------ 式（5.45）
}
```

$v_z = 0$ における解析解の接続確認

式（5.44）と（5.45）で示したとおり、$v_z = 0$ を境界として解析解の関数形が異なります。解析解の接続を確かめるために、鉛直投げ上げ運動（$v_z(0) > 0$）を考えます。2 つの解析解を $v_z(0) = 0$ で接続するには、式（5.44）にて $v_z(t) = 0$ を満たす時刻 t_0 を計算しておき、式（5.45）にて $v_z(0) = 0$ を与え、右辺の時間依存性を $t \to t - t_0$ と変更する必要があります。

解析解 **$v_z(t) = 0$ となる時刻**

$$t_0 = \phi_0 \sqrt{\frac{m}{\beta g}} \tag{5.47}$$

図 5.10 のグラフは $v_z(0) = 5$ を与えた結果です。各 β（= 1、2、4、8）の場合に対して $v_z = 0$ で接続されていることが確認できます。なお、$v_z = 0$ 近傍の加速度は重力による加速度 $-g$ となるため、グラフでは直線的になります。

図 5.10 ●【解析解グラフ】重力と慣性抵抗力による鉛直投げ上げ運動における速度の時間依存性

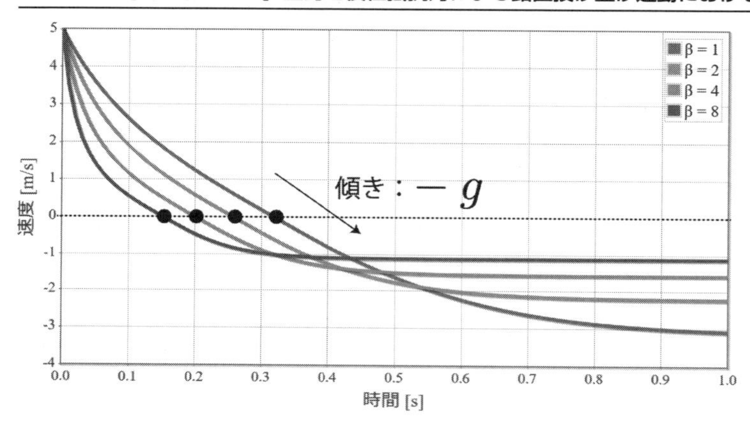

☞ Chapter5/AirResistance_g_beta_v0_graph.html

プログラムソース 5.7 ●速度の時間依存性を描画するプログラム（AirResistance_beta_graph.html）

```
////////////////////////// 物理パラメータ //////////////////////////////////
（省略：初速度、質量、重力加速度、慣性抵抗係数）
////////////////////////// 解析解 //////////////////////////////////
// 速度を時刻依存性
// 速度を時刻依存性（vz>0）
function Vz_p( beta, t ){
  var phi_0 = Phi_0( beta );
  return Math.sqrt(m * g / beta)
         * Math.tan( - beta/m * Math.sqrt(m * g / beta) * t + phi_0 );  <------- 式（5.44）
}
// 速度を時刻依存性（vz<0）
function Vz_m( v0, beta, t ){
  （省略）  <------------------------------------------------------- 式（5.45）
}
// 初速度に対応する位相
function Phi_0( beta ){
```

```
  return Math.atan( Math.sqrt( beta / (m * g) ) * v0 );  <---------------------------- 式 (5.46)
}
// 速度が0になる時刻
function getVeq0( beta ){
  var phi_0 = Phi_0( beta );
  return phi_0 * m/beta * Math.sqrt( beta / (m * g) );  <---------------------------- 式 (5.47)
}
```


5.4.5 ルンゲ・クッタで空気抵抗力を加えた放物運動シミュレーション

空気抵抗力（粘性抵抗力、慣性抵抗力）が存在する場合の放物運動における位置の時間依存性の解析解は、速度を時間で積分することで得られます。しかしながら、運動の軌跡の解析解は得ることができません。本項では、図 5.15 と同じルンゲ・クッタ法で計算した数値解のグラフを示します。

図 5.11 は、重力（$g = 10$）と粘性抵抗力（$\gamma = 1$）を与えて、初速度 20 [m／s] で投射角度 $\theta = 15$°、30°、45°、60°、75°、90°を与えた場合の放物運動の結果です。空気抵抗力が存在しない場合、飛距離は 5.1.4 項で示したとおり投射角度が 45°のときに最大となるわけですが、空気抵抗力が存在する場合は、飛距離が最大となる投射角度は 45°よりも小さくなります。これは式（5.35）で示したとおり、空気抵抗力が x 軸方向の速度を減衰させるためです。

図 5.11 ●【数値解グラフ】空気抵抗力を加えた放物運動の軌跡

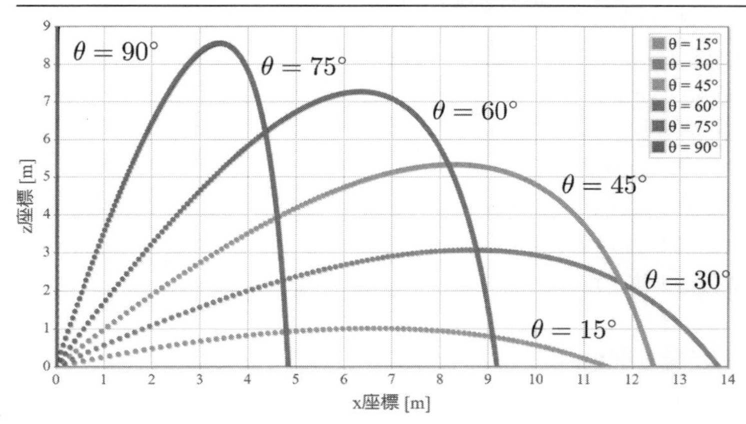

☞ Chapter5/ProjectileMotion_AirResistance_RK.html（HTML）、ProjectileMotion_AirResistance_RK.cpp（C++、数値データのみ／依存オブジェクト：Vector3.o, RK4.o）

次のプログラムソースは、ルンゲ・クッタ法で用いる重力に粘性抵抗力と慣性抵抗力を加えた運動の加速度ベクトルです。式（5.32）と式（5.38）を合わせて定義します。

プログラムソース 5.8 ●重力と空気抵抗力による運動の数値解のプロット

```
////////////////// 加速度ベクトル //////////////////////
（グローバル変数：m, g, gamma, beta）
RK4.A = function( t, r, v ){
  var output = new Vector3();
  output.x = - beta / m * v.length() * v.x - gamma / m * v.x;
  output.y = - beta / m * v.length() * v.y - gamma / m * v.y;
  output.z = - beta / m * v.length() * v.z - gamma / m * v.z - g ;
  return output;
}
```

試してみよう！

- 質量 m を変更することで放物運動の軌跡がどのように変化するか予測して、確かめてよう！
- 粘性抵抗係数 γ を変更することで放物運動の軌跡がどのように変化するか予測して、確かめてよう！

5.4.6 【数値実験】最大飛距離を出す投射角度は？

前項の結果、粘性抵抗係数 $\gamma = 1$ の場合の最大飛距離は、投射角度が $\theta = 30°$ 近傍で 14 [m] 弱ということがわかりました。前項のシミュレーションでは指定した投射角度による軌跡は計算できますが、最大飛距離となる投射角度を調べるには、投射角度を手動で指定して結果を目視する必要があります。そこでプログラムを改良して、与えられた粘性抵抗力と慣性抵抗力に対する最大飛距離とその時の投射角度を数値計算してみます。具体的な計算手順は次のとおりです。

（1）投射角度に対する軌跡を計算
（2）$z < 0$ となった時の x の値（飛距離）を取得
（3）投射角度に対する飛距離の最大値を探索

空気抵抗力として粘性抵抗力が働く場合

図 5.12 は、粘性抵抗率 $\gamma = 0.5$、1.0、1.5、2.0、2.5、3.0、4.0、5.0、10、20、100 の場合の投射角度（横軸）に対する飛距離（縦軸）のグラフです。各粘性抵抗係数に対する最大飛距離を結んだ線を描画しています。γ が大きいほど、最大飛距離は短く、対応する投射角度は小さくなっていることがわかります。図 5.11 と対応する $\gamma = 1$ のグラフを見ると、投射角度 30° で最大飛距離 13.80 [m] となることがわかりました。ただし、投射角度の刻み幅は 0.5° です。

図 5.12 ●【数値解グラフ】粘性抵抗における投射角度に対する飛距離のグラフ

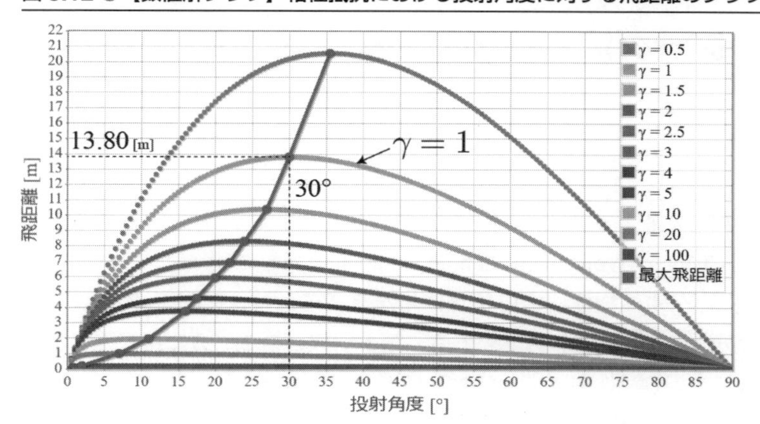

☞ Chapter5/ProjectileMotion_AirResistance_gamma_RK.html（HTML）、ProjectileMotion_AirResistance_gamma_RK.cpp（C++、数値データのみ／依存オブジェクト：Vector3.o, RK4.o）

空気抵抗力として慣性抵抗力が働く場合

比較のために、空気抵抗力として慣性抵抗力が加わる場合もシミュレーションしてみましょう。図 5.13 は、慣性抵抗率 $\beta = 0.1$、0.2、0.3、0.4、0.5、1.0、2.0、10 の場合の投射角度（横軸）に対する飛距離（縦軸）のグラフです。各慣性抵抗率に対する最大飛距離を結んだ線を描画しています。粘性抵抗の場合と比較して傾向は似ていますが、最大飛距離となる投射角度は慣性抵抗率の大きさにあまり依存しないことが確認できます。

図 5.13 ●【数値解グラフ】慣性抵抗における投射角度に対する飛距離のグラフ

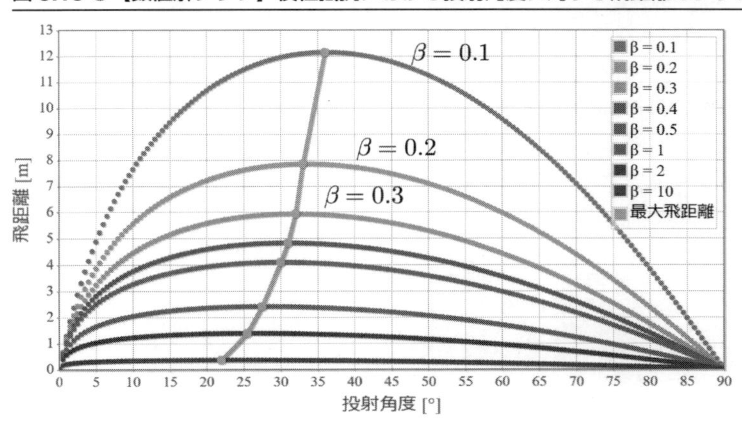

☞ Chapter5/ProjectileMotion_AirResistance_beta_RK.html（HTML）、ProjectileMotion_AirResistance_beta_RK.cpp（C++、数値データのみ／依存オブジェクト：Vector3.o, RK4.o）

5.5 物理シミュレータによる重力運動シミュレーション

5.5.1 重力の与え方

本項では、5.1.4 項に対応したシミュレーションを 3.6 節で解説した物理シミュレータで実現します。プログラムソース「Chapter5/ProjectileMotion_PhysLab.html」をご覧ください。仮想物理実験室では、仮想空間内に存在する物体同士に相互作用を与えるには、PhysLab クラスの setInteraction メソッドを実行します。このメソッドは、第 1 引数と第 2 引数に相互作用する 2 つのオブジェクト、第 3 引数に力の種類、第 4 引数に相互作用のパラメータを与えます。重力のように物体間の相互作用では無い場合、相互作用の相手を実験室と相互作用していると考えます。

プログラムソース 5.9 ●重力の与え方

```
// 重力の設定
PHYSICS.physLab.setInteraction(
  PHYSICS.physLab,           // 実験室オブジェクト
  PHYSICS.physLab.balls[ i ],  // 球オブジェクト
  PHYSICS.ConstantForce,     // 一定力  <------------------------------ (※1)
  {
    force : new THREE.Vector3(0, 0, -g).multiplyScalar(PHYSICS.physLab.balls[i].mass)
<------------------------------------------------------------------------ (※2)
  }
);
```

(※ 1)　重力は時間にも位置にも依存しない力のため、力の種類として一定値を与えるためのステート定数「PHYSICS.ConstantForce」を与えます。

(※ 2)　相互作用のパラメータとして球体に加わる力（mg）を表す force プロパティを与えます。「multiplyScalar」は 3 次元ベクトル（Vector3 クラス）にスカラー値を掛け算するための Vector3 クラスのメソッドです（1.3.4 項参照）。また、「mass」は質量を表す球オブジェクトのプロパティです。

図 5.14 ●【シミュレータ】重力による放物運動シミュレーション

☞ Chapter5/ProjectileMotion_PhysLab.html（HTML）

5.5.2 空気抵抗力の与え方

本項では、5.4.5 項に対応したシミュレーションを物理シミュレータで実現します。図 5.15 は、重力（$g = 10$）と粘性抵抗力（$\gamma = 1$）を与えて、投射角度 $\theta = 15^\circ$、30°、45°、60°、75°、90° を与えた場合の放物運動シミュレーションの結果です。物体に加わる空気抵抗力も重力と同様に setInteraction メソッドを用いて設定することができます。

図 5.15 ●【シミュレータ】空気抵抗力が存在する場合の放物運動シミュレーション

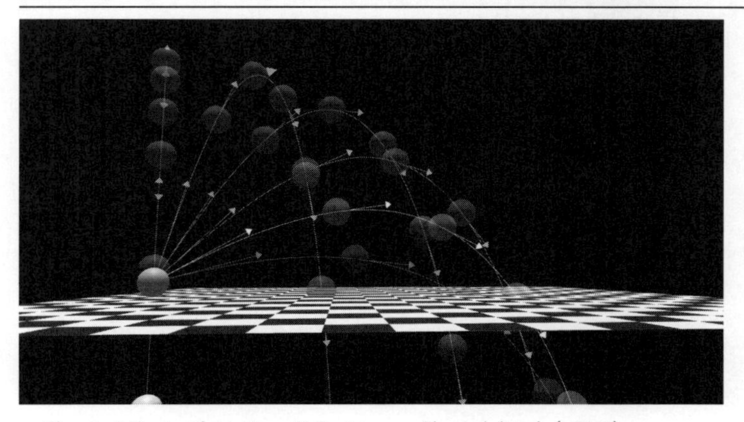

☞ Chapter5/ProjectileMotion_AirResistance_PhysLab.html（HTML）

プログラムソース 5.10 ●空気抵抗力の与え方

```
// 空気抵抗力の設定
PHYSICS.physLab.setInteraction(
  PHYSICS.physLab,
  PHYSICS.physLab.balls[ i ],
  PHYSICS.AirResistanceForce, // 空気抵抗力  <---------------- (※1)
  {
    gamma :1, // 粘性抵抗係数  <---------------- (※2-1)
    beta : 0 // 慣性抵抗係数  <---------------- (※2-2)
  }
);
```

（※ 1） 相互作用の種類として空気抵抗力を表すステート定数「PHYSICS.AirResistanceForce」を与えます。

（※ 2） 相互作用のパラメータとして、粘性抵抗係数を表す gamma プロパティ、慣性抵抗係数を表す beta プロパティを与えます。

5.5.3 床面との衝突

これまでの物理シミュレータでは、床面は表示されてはいましたが球体はすり抜けてしまいました。本項では床面との衝突を追加します。重力や空気抵抗力と同様、setInteraction メソッドを用いて設定することができます。図 5.16 は、床面との衝突を考慮した重力による運動のシミュレーション結果です。床面との衝突後も最高点の高さに変化はありません。これは衝突に伴うエネルギーの散逸が無いことを意味し、**弾性衝突**と呼ばれます。

1
2
3
4
5
6
7
8
9

図 5.16 ●床面との衝突を考慮した重力による運動（弾性衝突）

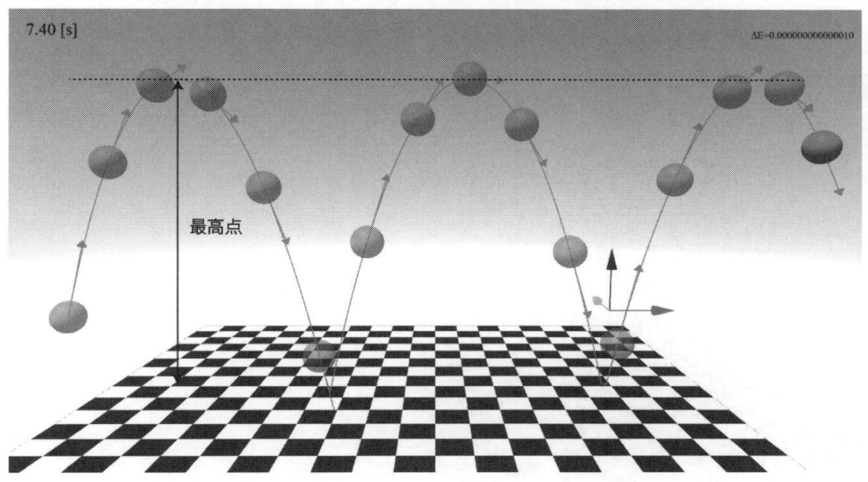

☞ Chapter5/ball_gravity_floor.html（HTML）

プログラムソース 5.11 ●床面と球体との衝突相互作用

```
// 球体と床面との衝突の設定
PHYSICS.physLab.setInteraction(
  PHYSICS.physLab.floor,  // 床面オブジェクト
  PHYSICS.physLab.ball,   // 球オブジェクト
  PHYSICS.SolidCollision, // 衝突力の定義
  {
    Er : 1.0, // 反発係数  <---------------------------------------- (※)
  }
);
```

反発係数は、衝突前後の速度の大きさの比を表すパラメータです。$e_r = 1$ で弾性衝突、$e_r \neq 1$ で力学的エネルギーが保存されない非弾性衝突を表します。衝突前と衝突後の速度ベクトルをそれぞれ $\boldsymbol{v}$、$\boldsymbol{v}'$ とした場合、反発係数の定義は次のとおりです。

物理量　**反発係数（単位：無次元）**

$$e_r \equiv \frac{|\boldsymbol{v}'|}{|\boldsymbol{v}|} \tag{5.48}$$

反発係数 $e_r \neq 1$（非弾性衝突）の場合、速度の大きさは e_r 倍となるため、衝突前後で運動エネルギーは式（4.5）から e_r^2 倍となります。そのため、衝突前後の最高点も e_r^2 倍となります。図

5.17 は反発係数 $e_r = 0.6$ の場合の球体の運動です。衝突のたびに最高点が下がる様子がわかります。

図 5.17 ●反発係数 $e_r < 1$（非弾性衝突）の場合の床面との衝突

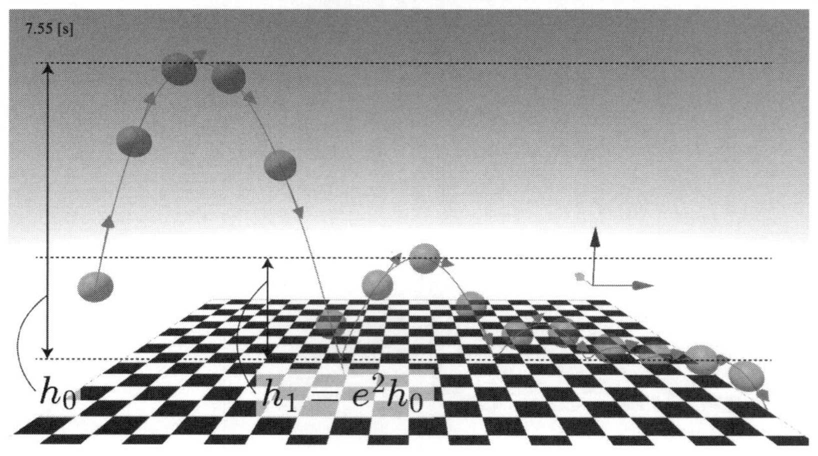

☞ Chapter5/ball_gravity_floor.html（HTML）

5.5.4 力学的エネルギーを用いた計算誤差表示方法

物理シミュレーションを行った場合に気になるのは、数値計算に伴って必ず生じてしまう計算誤差です。計算誤差を確かめる基本的な方法は、本来保存すべき保存量がどの程度保存しているかを調べることです。本項では保存すべき力学的エネルギーに着目し、初期値からのズレを計算してシミュレータに表示させます。図 5.16 の右上の数値がそれです。本シミュレータでは、テキストボードと呼ぶ実験室内に配置するオブジェクトに、任意の色、大きさで任意の文字列を表示することができます。

図 5.18 ●力学的エネルギーの初期値からのズレを表示したテキストボード

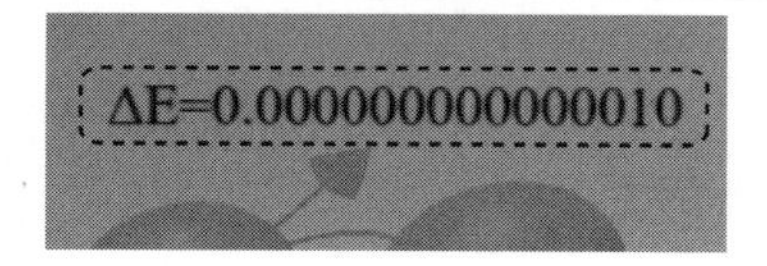

テキストボードを配置するには、仮想物理実験室オブジェクト生成時に `textDisplay` プロパティを指定することで利用可能となります。各プロパティの意味はプログラムソース内に記載しています。技術的には HTML5 の canvas 要素を用いて生成した文字列の画像を平面オブジェクトへテクスチャマッピングしているため、文字列の装飾などは CSS で利用可能な値で指定することが

できます。

1 2 3 4 5 6 7 8 9

プログラムソース 5.12 ●仮想物理実験室オブジェクト生成時の textDisplay プロパティの設定

```
PHYSICS.physLab = new PHYSICS.PhysLab({
  （省略）
  // テキスト表示ボード
  textDisplay : {
    enabled : true,  // テキストボード表示の有無
    size : 20,       // テキストボードの大きさ（単位はステージに対する[%]）
    top  : 4,        // 上端からの位置（単位はステージに対する[%]）
    left : 87,       // 左端からの位置（単位はステージに対する[%]）
    rotation : 0,    // ボードの回転角度
    fontSize : 6,    // フォントサイズ（単位はボードに対する[%]）
    fontName : "Times New Roman", // フォント名（CSSで指定可能な文字列）
    textAlign : "left",           // 行揃え（CSSで指定可能な文字列）
    textColor : {r: 0, g:0, b:0, a: 1 },       // 文字色
    backgroundColor : { r:1, g:1, b:1, a:0 }, // 背景色（RGBA値を0から1で指定）
    resolution : 9,  // テクスチャサイズ（2の乗数）  <-------------------- (※)
  }
});
```

（※）　テキストボード生成用の canvas 要素のサイズ（横幅と縦幅）です。9 と指定した場合、canvas 要素のサイズは 512px となります。大きいほど文字列の解像度が増しますが、その分だけマシンリソースを消費します。

続いて、テキストボードの文字列を指定する方法を解説します。プログラムソース内の下記の記述を探してください。実験室オブジェクトの breforeTimeEvolutionFunctions プロパティ（配列）に関数を追加しています。実験室内の時間発展を計算する直前にこのプロパティに追加された関数が実行されます。

プログラムソース 5.13 ●力学的エネルギーの計算と表示ボードの更新

```
////////////////////////////////////////////////////////////////////// /
// テキストボードの更新
////////////////////////////////////////////////////////////////////// /
PHYSICS.physLab.breforeTimeEvolutionFunctions.push(
  function(){
    // 計算誤差表示ボードの更新
    if( PHYSICS.physLab.textDisplay.enabled ){
      // エネルギーの計算
      var E = PHYSICS.physLab.calculateEnergy();  <-------------------- (※1)
      var total = E.kinetic + E.potential + E.rotation;  <------------- (※2)
      if ( PHYSICS.physLab.step === 0 )
```

```
        PHYSICS.physLab.textDisplay.initTotalEnergy = total;  <------------------------ (※3)
      var deltaE = Math.abs( (total - PHYSICS.physLab.textDisplay.initTotalEnergy)
                             / PHYSICS.physLab.textDisplay.initTotalEnergy );
<------------------------------------------------------------------------------------ (※4)
      PHYSICS.physLab.textDisplay.texts[ 0 ] = "ΔE=" + deltaE.toFixed(15);  <-- (※5)
    }
  }
)
```

（※ 1）　calculateEnergy メソッドは実験室内の物体の力学的エネルギーの総和を計算します。

（※ 2）　（※ 1）の戻り値は kinetic プロパティ、potential プロパティ、rotation プロパティを保持するオブジェクトです。各プロパティには運動エネルギー、ポテンシャルエネルギー、回転エネルギーの総和がそれぞれ格納されます。

（※ 3）　初期状態の力学的エネルギーの総和を保持しておきます。なお、step は計算回数を表すプロパティです。

（※ 4）　力学的エネルギーの初期値からのズレを計算後、初期値で割り算しています。これによりズレを相対的な量である誤差の割合となります。図 5.18 の場合、誤差の割合は $\Delta t = 10^{-14}$ で、この値を 100 倍した 10^{-12} が % です。

（※ 5）　テキストボードの文字列を指定します。texts プロパティ（配列）に格納した文字列が表示されます。

なお、非弾性衝突など力学的エネルギーが散逸する過程が存在する場合には、力学的エネルギーは保存しないため、この方法による計算精度の見積もりは適当ではありません。

ばね弾性力による振動運動

ポイント

- 線形ばねとは、自然長からの伸びに比例した復元しようとする力（＝**弾性力**）が生じるばね
- 弾性力以外に加わる力の存在によって**単振動運動**、**減衰振動運動**、**強制振動運動**と呼ばれる
- 単振動運動は振幅が一定の振動（エネルギーは保存）
- 減衰振動運動は、粘性抵抗力による振幅の減衰を伴う運動（エネルギーは非保存）
- 強制振動運動は、ばねの方端を強制的に振動させることで生じる運動（エネルギーは非保存）
- 拘束力は存在しないので「ニュートンの運動方程式」=「計算アルゴリズム」→ 4.6 節

6.1 単振動運動

6.1.1 線形ばねによる弾性力の数理モデル

線形ばねとは、ばねの自然長を基準として伸び（**長さの変位**）に比例した復元力が働くばねのことです。この長さの変位に比例する復元力の比例定数は**ばね定数**（単位 [N/m]）と呼ばれ、k と表されます。時刻ともに変化する**ばねの変位ベクトル**を $\Delta\boldsymbol{L}(t)$ と表した場合、ばね弾性力は次のとおり定義されます。

数理モデル・物理量 **ばね弾性力（単位：kg m/s² = N）**

$$\boldsymbol{F}_k = -k\Delta\boldsymbol{L}(t) \tag{6.1}$$

なお、現実のばねの場合、ばねの伸びが小さい領域では伸びは加えた力に比例するので、その領域では線形ばねとみなして問題ありません（**フックの法則**）。

図 6.1 ●ばね弾性力によって運動する振動子の数理モデル

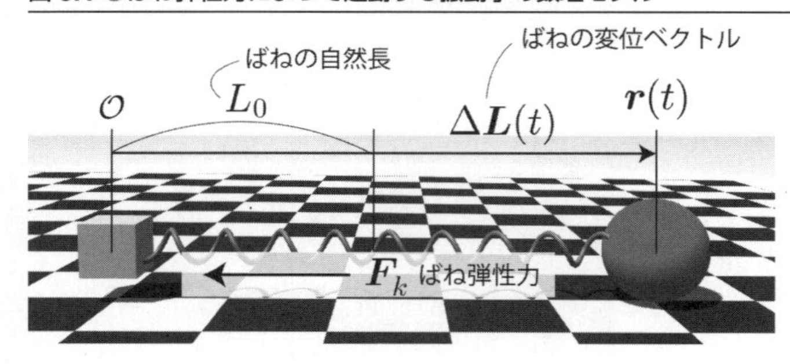

この、ばね弾性力によって運動する「ばね振動子」の数理モデルは、図 6.1 のとおりです。片側が空間の原点に固定されたばねに接続された振動子を考えます。振動子の位置を $\boldsymbol{r}(t)$、ばねの支点から終点をばねの自然長を L_0 とした場合、ばねの変位ベクトルは

$$\Delta \boldsymbol{L}(t) = \boldsymbol{r}(t) - \boldsymbol{L}_0, \quad \boldsymbol{L}_0 \equiv L_0\, \hat{\boldsymbol{r}}(t) \tag{6.2}$$

となります。$\hat{\boldsymbol{r}}$（$\equiv \boldsymbol{r}(t)/|\boldsymbol{r}(t)|$）は方向を表す単位ベクトルで、$\boldsymbol{L}_0$ はばねの自然長ベクトルと呼ぶことにします。このばねの変位ベクトルを用いた運動方程式から導かれる加速度ベクトルは次のとおりです。

計算アルゴリズム　ばね弾性力が働く振動子の加速度ベクトル

$$\boldsymbol{a}(t) = -\frac{k}{m}\left[\boldsymbol{r}(t) - \boldsymbol{L}_0\right] \tag{6.3}$$

初速度の向きが変位ベクトルの方向を向いている場合に限り、運動方程式から位置の時間依存性の解析解を導くことができます。この場合、振動子の運動は直線的となり、実質的には 1 次元の運動となります。変位ベクトルの向きを x 軸にとり、振動子の位置の原点をばねの自然長の位置に変更した場合（変数変換：$x(t) - L_0 \to x(t)$）の運動方程式は次のとおりです。

運動方程式　ばね弾性力が働く振動子の変位に対する運動方程式（1 次元）

$$\frac{d^2 x(t)}{dt^2} = -\frac{k}{m}\, x(t) \tag{6.4}$$

なお、線形ばねによる弾性力が働く振動子が 1 次元上を振動する運動は**単振動運動**と呼ばれます。

6.1.2 単振動運動の解析解

単振動運動の運動方程式（6.4）は 2 階線形微分方程式なので、一般解は 2 つの特解の線形結合で表すことができます。2 つの積分定数を C_1 と C_2 と表すと一般解は次のとおりです。

一般解　単振動運動の一般解

$$x(t) = C_1 \cos \omega t + C_2 \sin \omega t \tag{6.5}$$

ω は**角振動数**（単位 [rad/s]）と呼ばれる量で、実質的には 3.3.2 項で解説した角速度と同じ意味を持ちます。単振動運動の角振動数は式（6.9）を式（6.4）に代入することで得られます。

解析解　**単振動運動の角振動数**

$$\omega = \sqrt{\frac{k}{m}} \tag{6.6}$$

なお、角振動数は、振動現象でよく用いられる単位時間あたりの振動回数を表す**振動数** f（単位 [Hz]）と、振動 1 回の時間間隔を表す**周期** T（単位 [s]）と関係があります。

物理量　**角振動数（単位：rad/s）と振動数（単位：Hz = 1/s）**

$$\omega = 2\pi f \tag{6.7}$$

物理量　**周期（単位：s）**

$$T = \frac{2\pi}{\omega} = \frac{1}{f} \tag{6.8}$$

最後に、初期条件 $x_0 = x(0)$、$v_0 = v(0)$ として、任意の時刻 t の位置 $x(t)$ と速度 $v(t)$ の解析解は次のとおりです。

解析解　**単振動運動の解析解**

$$x(t) = x_0 \cos \omega t + \frac{v_0}{\omega} \sin \omega t \tag{6.9}$$

$$v(t) = v_0 \cos \omega t - x_0 \omega \sin \omega t \tag{6.10}$$

6.1.3 ルンゲ・クッタで単振動運動シミュレーション

図 6.2 は、式（6.9）で示した単振動運動の軌跡の解析解と数値解による t-x グラフです。初期条件 $x_0 = 1$ [m]、$v_0 = 0$ [m/s]、ばね定数 $k = 1$、2、3、4 [N/m] に対する結果を示しています。ばね定数が大きいほど振動が早く、周期が短くなります。周期 T は式（6.8）と（6.6）から、ばね定数が 4 倍になると周期が 1/2 となります。

図 6.2 ●【解析解＆数値解グラフ】単振動運動の変位の時間依存性

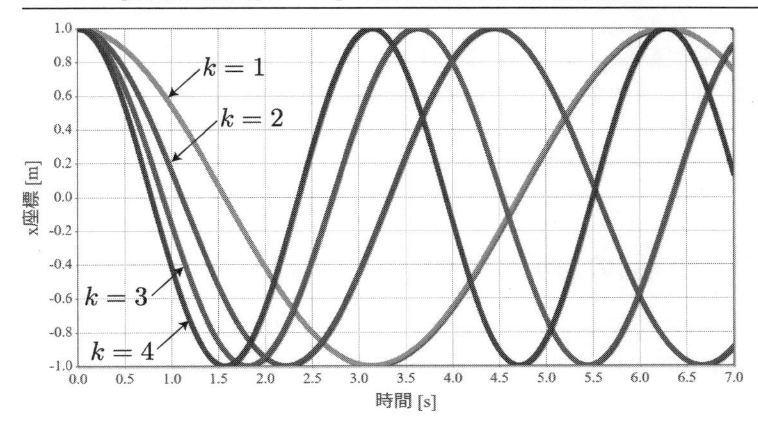

☞ Chapter6/SimpleHarmonicMotion_RK.html（HTML）、SimpleHarmonicMotion_RK.cpp（C++、数値データのみ／依存オブジェクト：Vector3.o, RK4.o）

上記グラフを描画するプログラムソースは次のとおりです。式（6.9）の解析解に加え、ばねの自然長ベクトルを 0 とした式（6.3）の加速度を与えて、ルンゲ・クッタ法を用いた数値解をプロットしています。グラフでは、線でプロットした解析解の上に数値解を点でプロットしていますが、数値解がほぼ解析解の真上に乗っているため、線が見えていません。

プログラムソース 6.1 ●単振動運動の解析解と数値解のプロット

```
////////////////////////// 物理パラメータ ////////////////////////////////////
（省略：時刻の範囲、質量）
var ks = [ 1, 2, 3, 4 ]; // ばね定数
var x0 = 1; // 初期変位
var v0 = 0; // 初期速度
////////////////////////// 解析解 ////////////////////////////////////
var omega = null;  <-------------------------------------------------- 式（6.6）
// 変位を時刻依存性
function X( t ){
  return x0 * Math.cos( omega * t ) + v0/omega * Math.sin( omega * t );  <------- 式（6.9）
}
////////////////// ルンゲ・クッタ法による数値計算用//////////////////////
（グローバル変数：m, k）
// 加速度ベクトル
RK4.A = function( t, r, v ){
  return r.clone().multiplyScalar( -k/m );  <---------------------------- 式（6.3）
}
```

試してみよう！

- 質量 `m` を変更することで単振動運動がどのように変化するか予測して、確かめてよう！
- 初期変位 `x0 = 0`、初速度 `v0 = 1` を変更すると単振動運動がどのように変化するか予測して、確かめてよう！

6.1.4 ばね弾性力による運動の力学的エネルギー保存則

式（6.1）で示したばね弾性力に対応したポテンシャルエネルギーも、式（4.7）に従って計算することができます。式（4.7）の積分経路を自然長からばねの変位の位置まで直線的に取ることで積分することができます[†1]。

解析解　ばね弾性力のポテンシャルエネルギー

$$U = -\int \boldsymbol{F}_k \cdot d\boldsymbol{r} = \frac{1}{2}k\,|\boldsymbol{r}(t) - \boldsymbol{L}_0|^2 + U_0 \tag{6.11}$$

U_0 は積分定数です。ばねが自然長（$\boldsymbol{r}(t) = \boldsymbol{L}_0$）のときにポテンシャルエネルギーが U_0 と与えています。U_0 は通常 0 で問題ありません。なお、式（6.11）から式（4.1）も導かれます。

解析解　ばね弾性力による運動の力学的エネルギー

$$E = T + U = \frac{1}{2}m|\boldsymbol{v}(t)|^2 + \frac{1}{2}k\,|\boldsymbol{r}(t) - \boldsymbol{L}_0|^2 \tag{6.12}$$

さらに、単振動運動の解析解から力学的エネルギーが時間に依存しないことを直接確かめることができます。自然長からの変位 $x(t)$ で表した力学的エネルギーは次のとおりです。

解析解　ばね弾性力による運動の力学的エネルギー（1 次元）

$$E = T + U = \frac{1}{2}mv(t)^2 + \frac{1}{2}kx(t)^2 = \frac{1}{2}mv_0^2 + \frac{1}{2}kx_0^2 \tag{6.13}$$

†1　積分を実行する際に $\boldsymbol{r}' \equiv \boldsymbol{r}(t) - \boldsymbol{L}_0$ と変数変換すると $d\boldsymbol{r} = d\boldsymbol{r}'$ となり、不定積分を実行することができます。

6.1.5 単振動運動の各エネルギーの時間依存性

図 6.3 は、単振動運動の解析解を元に力学的エネルギーの時間依存性のグラフです。運動エネルギーとポテンシャルエネルギーの和である力学的エネルギーは、時間に依存しないことがわかります。今回は初速度 0 で計算していますが、任意の初期条件に対して力学的エネルギーは保存します。

図 6.3 ●【解析解＆数値解グラフ】単振動運動の各エネルギーの時間依存性

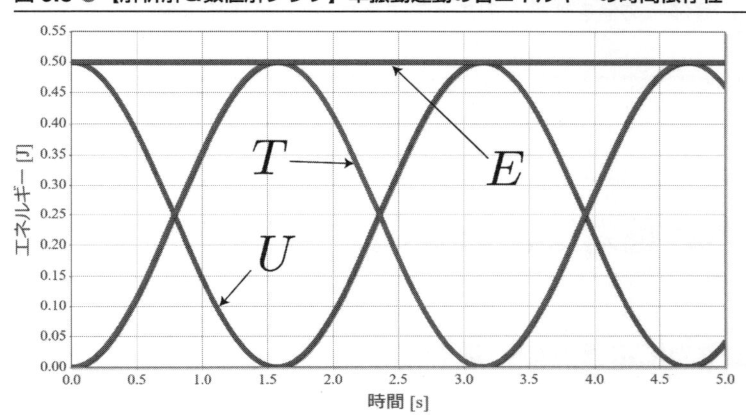

☞ Chapter6/SimpleHarmonicMotion_energy_RK.html（HTML）、SimpleHarmonicMotion_energy_RK.cpp（C++、数値データのみ／依存オブジェクト：Vector3.o, RK4.o）

プログラムソース 6.2 ●単振動運動の各エネルギーの解析解と数値解のプロット

```
////////////////////////// 物理パラメータ ////////////////////////////////
(省略：ばね定数、質量、初期位置、初期速度)
///////////////////////// 解析解 //////////////////////////////////
（省略：変位と速度の時間依存性）
// 速度の時刻依存性
function V( t ){
  return v0 * Math.cos( omega * t ) - x0 * omega * Math.sin( omega * t );  <-- 式 (6.10)
}
// 運動エネルギー
function T( v ){
  return 1.0 / 2.0 * m * v.lengthSq();  <------------------------------------------ 式 (6.13)
}
// ポテンシャルエネルギー
function U( r ){
  return 1.0 / 2.0 * k * r.lengthSq();  <------------------------------------------ 式 (6.13)
}
///////////////// ルンゲ・クッタ法による数値計算用/////////////////////
```

```
（グローバル変数：m, k）
// 加速度ベクトル
RK4.A = function( t, r, v ){
  return r.clone().multiplyScalar( -k/m );
}
```

試してみよう！

- **初期変位 x0、初速度 v0、質量 m の値を変更することでエネルギーの時間依存性の変化を確かめよう！**

6.2 ばね弾性力と重力による運動

6.2.1 ばね弾性力と重力による運動の数理モデル

本節では、ばね弾性力に重力が加わる運動を解説します。図 6.4 は、片端が空中に固定された支点に線形ばねで接続された振動子の模式図です。支点の位置ベクトルを $\boldsymbol{r}_{\rm box}$ と表した場合、支点から振動子へ向うベクトル $\boldsymbol{L}(t)$ は

$$\boldsymbol{L}(t) = \boldsymbol{r}(t) - \boldsymbol{r}_{\rm box} \tag{6.14}$$

となり、ばねの変位ベクトルは

$$\Delta\boldsymbol{L}(t) = \boldsymbol{L}(t) - \boldsymbol{L}_0(t) \tag{6.15}$$

となります。ただし、$\boldsymbol{L}_0(t)$ は式（6.2）で定義したばねの自然長ベクトルです。この振動子に加わる力は、ばね弾性力と重力の合力で次のとおりになります。

数理モデル　重力中のばね振動子に加わる力（ばね弾性力と重力）

$$\boldsymbol{F} = \boldsymbol{F}_k + \boldsymbol{F}_G = -{\rm k}\Delta\boldsymbol{L}(t) + m\boldsymbol{g} \tag{6.16}$$

図 6.4 ●ばね弾性力と重力による運動の数理モデル

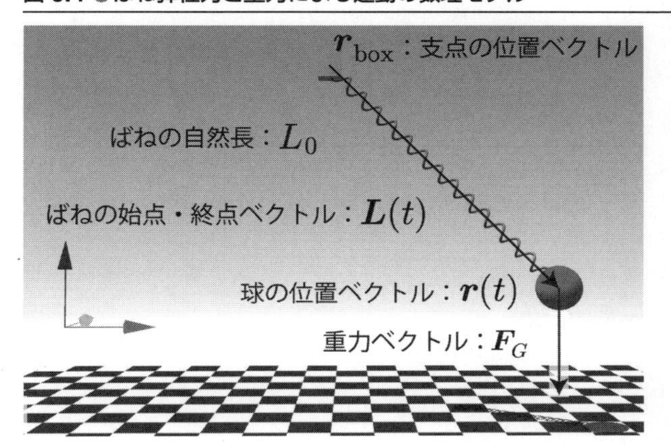

式（6.16）とニュートンの運動方程式を組み合わせて振動子の加速度は次のとおりです。

計算アルゴリズム　ばね弾性力と重力が働く物体の加速度ベクトル

$$\boldsymbol{a}(t) = -\frac{k}{m}\left[\boldsymbol{L}(t) - \boldsymbol{L}_0(t)\right] + \boldsymbol{g} \tag{6.17}$$

ばね弾性力に加えて重力が存在する場合、運動の方向が重力の方向と一致する場合に限り、位置の時間依存性の解析解を導くことができます。この場合、振動子の運動は直線的となり、実質的には 1 次元の運動となります。変位ベクトルの向きを重力と合わせて z 軸にとった場合の運動方程式は次のとおりです。

運動方程式　ばね弾性力と重力が働く振動子の変位に対する運動方程式（1 次元）

$$\frac{d^2z(t)}{dt^2} = -\frac{k}{m}\left[z(t) - z_{\rm box} + L_0\right] - g \tag{6.18}$$

6.2.2　ばね弾性力と重力による単振動運動の解析解

式（6.18）で示した運動の方向と重力の方向が一致する場合の運動方程式にて、$z(t)$ を

$$\bar{z}(t) = z(t) - z_{\rm box} + L_0 + \frac{mg}{k} \tag{6.19}$$

と変形すると、式（6.4）と同形の方程式

$$\frac{d^2\bar{z}(t)}{dt^2} = -\frac{k}{m}\bar{z}(t) \tag{6.20}$$

を導くことができます。これは、線形ばねにつながれた振動子は、重力の有無に関わらず同一の角振動数の単振動運動を行うことを意味します。振動運動の中心座標は$\bar{z} = 0$から次のとおりになります。

解析解　振動の中心座標（釣り合いの位置座標）

$$z_{\mathrm{center}} = z_{\mathrm{box}} - L_0 - \frac{mg}{k} \tag{6.21}$$

この振動の中心座標は、ばね弾性力と重力が釣り合う位置座標と一致し、「式（6.18）の右辺 = 0」から直接導くこともできます。最後に、ばね弾性力と重力の単振動運動における変位の時間依存性を示します。

解析解　ばね弾性力と重力の単振動運動の解析解

$$z(t) = (z_0 - z_{\mathrm{center}})\cos\omega t + \frac{v_0}{\omega}\sin\omega t + z_{\mathrm{center}} \tag{6.22}$$

$$v(t) = v_0\cos\omega t - (z_0 - z_{\mathrm{center}})\omega\sin\omega t \tag{6.23}$$

6.2.3 ルンゲ・クッタでばね弾性力と重力による単振動運動シミュレーション

図 6.5 は、式（6.22）に基づいて、ばねの長さが自然長の位置からそっと手を離した際に生じる単振動運動を計算した結果です。具体的なパラメータは、$z_{\mathrm{box}} = L_0$（ばねが自然長の時の振動子の位置が 0 となる位置に支点を配置）、初期条件 $x_0 = 0$ [m]、$v_0 = 0$ [m/s]、ばね定数 $k = 2 \sim 8$ [N/m] としています。はじめ初速度は 0 から重力で加速しますが、変位が大きくなるにつれ比例して大きくなるばね弾性力が生じて引き戻され、最終的には元の位置に戻ります。振動の角振動数は式（6.6）、振動の中心は式（6.21）、振幅は式（6.22）の第 1 項の係数となります。

図 6.5 ●【解析解＆数値解グラフ】ばね弾性力と重力による単振動運動の変位の時間依存性

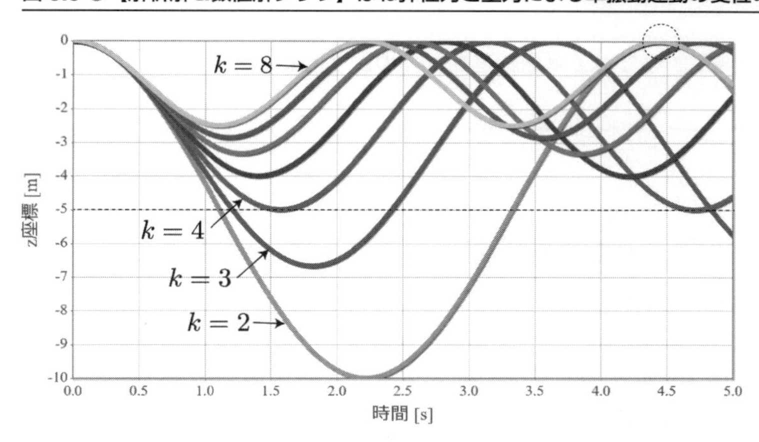

☞ Chapter6/SimpleHarmonicMotionInGravity_RK.html（HTML）、SimpleHarmonicMotionInGravity_RK.cpp（C++、数値データのみ／依存オブジェクト：Vector3.o, RK4.o）

プログラムソース 6.3 ●ばね弾性力と重力による単振動運動の解析解と数値解

```
/////////////////////////// 物理パラメータ ///////////////////////////////////
（省略：ばね定数、質量、初期位置、初期速度） <-------------------------------6.1.3項
// 重力加速度
var g = 10;
/////////////////////////// 解析解 ///////////////////////////////////
// 位置の時刻依存性
function Z( t ){
  var omega = Math.sqrt( k / m );  <------------------------------- 式（6.6）
  var bar_z0 = z0 + m * g / k;
  return bar_z0 * Math.cos(omega * t) + v0/omega * Math.sin(omega * t) - m * g / k;
  <------------------------------------------------------------- 式（6.22）
}
// 速度の時刻依存性
function V(t ){
  var omega = Math.sqrt( k / m );  <------------------------------- 式（6.6）
  var bar_z0 = z0 + m * g / k;
  return v0 * Math.cos(omega * t) - bar_z0 * omega * Math.sin(omega * t);  <-- 式（6.23）
}
////////////////// ルンゲ・クッタ法による数値計算用//////////////////////
// 加速度ベクトル
RK4.A = function( t, r, v ){  <---------------------------------- 式（6.17）
  var output = r.clone().multiplyScalar( -k/m );
  output.z += - g;
  return output;
}
```

試してみよう！

- 質量 m と重力加速度 g を変更することで単振動運動がどのように変化するか予測して、確かめてよう！

6.2.4 ばね弾性力と重力による運動の力学的エネルギー保存則

重力とばね弾性力による単振動運動の力学的エネルギーは次のとおりです。ポテンシャルエネルギーを重力とばね弾性力に分けています。

解析解 **ばね弾性力と重力による運動の力学的エネルギー**

$$E = T + U_G + U_k = \frac{1}{2} m|\boldsymbol{v}(t)|^2 + mgz(t) + \frac{1}{2} k\,|\boldsymbol{r}(t) - \boldsymbol{L}_0|^2 \tag{6.24}$$

さらに、単振動運動の解析解から力学的エネルギーが時間に依存しないことを直接確かめることができます。自然長からの変位 $z(t)$ で表した力学的エネルギーは次のとおりです。

解析解 **ばね弾性力と重力による運動の力学的エネルギー（1 次元）**

$$E = \frac{1}{2} mv(t)^2 + mgz(t) + \frac{1}{2} kz(t)^2 = \frac{1}{2} mv_0^2 + mgz_0 + \frac{1}{2} kz_0^2 \tag{6.25}$$

図 6.6 は、前項と同じ初期条件に対して、式（6.25）の第 2 式に解析解（式（6.22）と（6.23））を与えて計算した力学的エネルギーの時間依存性のグラフです。すべての和である力学的エネルギーは時間に依存しないことがわかります。今回は初期変位 0、初速度 0 で計算していますが、任意の初期条件に対して力学的エネルギーは保存します。なお、運動エネルギーと 2 つのポテンシャルエネルギーの和である力学的エネルギーが 0 である理由は、初期状態としてばねの伸びが自然長の状態でかつ初速度 0 を与えているためです。つまり、式（6.25）の第 3 式の全項が 0 となっています。

図 6.6 ●【解析解＆数値解グラフ】ばね弾性力と重力による単振動運動の各エネルギーの時間依存性

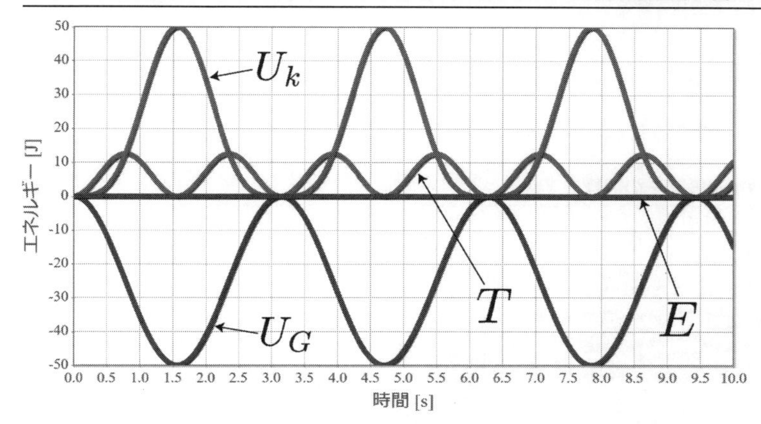

☞ Chapter6/SimpleHarmonicMotionInGravity_energy_RK.html（HTML）、SimpleHarmonicMotionInGravity_energy_RK.cpp（C++、数値データのみ／依存オブジェクト：Vector3.o, RK4.o）

プログラムソース 6.4 ●ばね弾性力と重力による単振動運動の解析解と数値解のプロット

```
/////////////////////////// 物理パラメータ //////////////////////////////////
（省略：ばね定数、質量、初期位置、初期速度、重力加速度） <--------------------6.2.3項
/////////////////////////// 解析解 //////////////////////////////////
（省略：変位と速度の時間依存性） <--------------------6.2.3項
（省略：運動エネルギー関数T、ばね弾性力に対応するポテンシャルエネルギー関数Uk） <--------------------6.1.5項
（省略：重力に対応するポテンシャルエネルギー関数Ug） <--------------------5.2.2項
////////////////// ルンゲ・クッタ法による数値計算用/////////////////////
（省略：加速度ベクトル関数RK4.A） <--------------------6.2.3項
```

6.3 減衰振動運動

6.3.1 ばね弾性力と抵抗力による運動の数理モデル

ばね弾性力に加えて、5.3 節で解説した空気抵抗力のような速度の反対方向の抵抗力が生じる場合、振動子の振動運動は振幅が時間とともに減衰します。これは**減衰振動運動**と呼ばれ、液体中や空気中などの流体中における振動運動を表します。振動子に加わる力は単純に「ばね弾性力 + 抵抗力」で表現されます。本項では、抵抗力として速度の大きさに比例する粘性抵抗力を採用します。

数理モデル **減衰振動する振動子に加わる力（ばね弾性力と粘性抵抗力）**

$$\boldsymbol{F} = \boldsymbol{F}_k + \boldsymbol{F}_\gamma = -k\Delta\boldsymbol{L}(t) - \gamma\boldsymbol{v}(t) \tag{6.26}$$

$\Delta\boldsymbol{L}(t)$ は、式（6.2）で定義した振動子の変位ベクトルです。

図 6.7 ●ばね弾性力によって運動する振動子の数理モデル

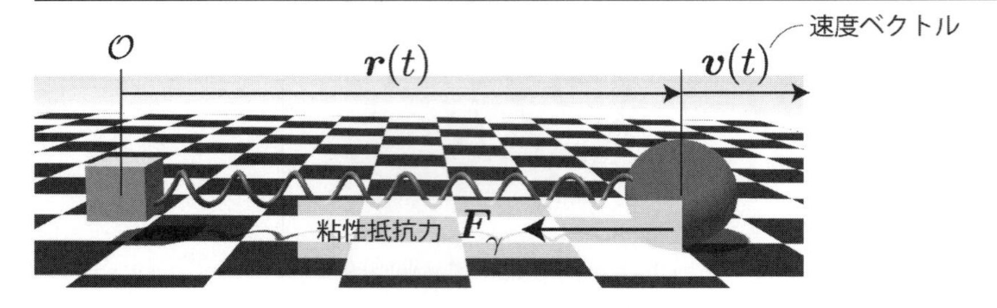

式（6.26）とニュートンの運動方程式を組み合わせて振動子の加速度は次のとおりです。

計算アルゴリズム **ばね弾性力と粘性抵抗力が働く振動子の加速度ベクトル**

$$\boldsymbol{a}(t) = -\frac{k}{m}[\boldsymbol{r}(t) - \boldsymbol{L}_0] - \frac{\gamma}{m}\boldsymbol{v}(t) \tag{6.27}$$

初速度の向きが変位ベクトルの方向を向いている場合に限り、単振動運動の場合と同様、振動子の運動は直線的となり、運動方程式から位置の時間依存性の解析解を導くことができます。変位ベクトルの向きを x 軸にとり、振動子の位置の原点をばねの自然長の位置に変更した場合（変数変換：$x(t) - L_0 \to x(t)$）の運動方程式は次のとおりです。

運動方程式 **ばね弾性力と粘性抵抗力が働く振動子の変位に対する運動方程式（1 次元）**

$$\frac{d^2x(t)}{dt^2} + \frac{\gamma}{m}\frac{dx(t)}{dt} + \frac{k}{m}x(t) = 0 \tag{6.28}$$

この運動方程式は係数が全て定数で、$x(t)$ の 2 階微分、1 階微分、0 階微分の和で表されている定数係数線形型 2 階の常微分方程式と呼ばれます、γ、m、k の大小関係によって解の振る舞いが異なります。

6.3.2 定数係数線形型 2 階の常微分方程式の一般解

本項では、式（6.28）のような定数係数線形型 2 階常微分方程式の一般解導出方法を解説します。2 階の微分方程式なので 2 つの特解の線形結合で表されるので、特解の 1 つとして

$$x(t) = Ce^{\lambda t} \tag{6.29}$$

を考えます。C と λ に関する条件を導くために、式（6.29）を式（6.28）に代入して共通因子をくくりだすと

$$Ce^{\lambda t}\left[\lambda^2 + \frac{\gamma}{m}\lambda + \frac{k}{m}\right] = 0 \tag{6.30}$$

となり、λ が満たすべき方程式

$$\lambda^2 + \frac{\gamma}{m}\lambda + \frac{k}{m} = 0 \tag{6.31}$$

が得られます。この 2 次方程式は解の公式で直ちに解くことができ、λ は次のとおりになります。

$$\lambda_{\pm} = \frac{-\frac{\gamma}{m} \pm \sqrt{\left(\frac{\gamma}{m}\right)^2 - 4\left(\frac{k}{m}\right)}}{2} \tag{6.32}$$

$\lambda_{\pm}$は、平方根の中身の正負によって虚数にもなります。λ が式（6.32）となる場合に式（6.29）は元の微分方程式の解になり、この 2 つの解に対応する式（6.29）が 2 つの特解となります。つまり、式（6.28）の一般解はこの 2 つの特解の線形結合で次のとおり求まります。

数学公式　定数係数線形型 2 階の常微分方程式の一般解

$$x(t) = C_+e^{\lambda_+ t} + C_-e^{\lambda_- t} \tag{6.33}$$

C_+ と C_-は、実数でも虚数でも任意の値をとることができます。数学的には以上ですが、先の $\lambda_{\pm}$が実数であるか虚数であるかによって解の振る舞いが異なり、減衰振動運動を調べるという観点では分類分けして議論を進める必要があります。

$\lambda_{\pm}$の実数、虚数を分けるのは 2 次方程式（6.31）の判別式です。式（6.31）の第 1 項（λ^2 の項）、第 2 項（λ の項）、第 3 項（定数項）の係数をそれぞれ a、b、c と表した場合、判別式 D は次のとおりです。

数学公式 **2 次方程式の判別式 D**

$$D \equiv b^2 - 4ac \tag{6.34}$$

$D > 0$ の場合には、式（6.32）の平方根の中身が正なので $\lambda_\pm$ は実数、反対に $D < 0$ の場合には、平方根の中身が負なので $\lambda_\pm$ は虚数になります。$D = 0$ の場合は、平方根の中身が 0 となるため $\lambda_\pm$ は同じ値の実数となります。式（6.31）に対応した判別式は次のとおりです。

解析解 **減衰振動運動に対する判別式 D**

$$D = \left(\frac{\gamma}{m}\right)^2 - 4\left(\frac{k}{m}\right) = 4\omega^2\left(\frac{\gamma^2}{4mk} - 1\right) \tag{6.35}$$

ω は式（6.6）で定義した単振動運動の角振動数です。

6.3.3 減衰振動運動の一般解

先述のとおり、$D > 0$、$D < 0$、$D = 0$ によって解の振る舞いが異なります。減衰振動運動の解析解を導出する前段階として、積分定数をそのまま残した一般解を示します。

過減衰（D > 0）の一般解

$D > 0$ の一般解は、異なる時定数の指数関数的減衰を表す 2 つの項の和となります。

一般解 **過減衰振動運動の変位の時間依存性**

$$x(t) = C_1 e^{\lambda_1 t} + C_2 e^{\lambda_2 t} \tag{6.36}$$

C_1 と C_2 は積分定数、λ_1 と λ_2 は式（6.32）に対応します。

$$\lambda_1 = \frac{-\frac{\gamma}{m} + \sqrt{D}}{2},\ \lambda_2 = \frac{-\frac{\gamma}{m} - \sqrt{D}}{2} \tag{6.37}$$

λ_1 と λ_2 は共に実数で負となり、λ_1 と λ_2 の逆数が時定数となります。

減衰振動（D < 0）の一般解

$D < 0$ の一般解は、振動を表す因子と指数関数的減衰を表す因子の積で表されます。

一般解 **減衰振動運動の変位の時間依存性**

$$x(t) = [C_1 \cos \bar{\omega} t + C_2 \sin \bar{\omega} t]\, e^{-(\beta/2m)\,t} \tag{6.38}$$

ただし、$\bar{\omega}$は減衰振動における角振動数です。

解析解 **減衰振動時の角振動数**

$$\bar{\omega} = \frac{1}{2}\sqrt{4\omega^2 - \left(\frac{\gamma}{m}\right)^2} = \omega\sqrt{1 - \frac{\gamma^2}{4mk}} \tag{6.39}$$

臨界減衰（D = 0）の一般解

$D = 0$ の一般解は、時刻の多項式と指数関数的減衰を表す因子の積で表されます。

一般解 **減衰振動運動の変位の時間依存性**

$$x(t) = [C_1 + C_2 t]\, e^{-(\beta/2m)\,t} \tag{6.40}$$

と表されます。

次項では、判別式 D の正負に対応した一般解の表式に対して、$x(0) = x_0$、$v(0) = v_0$ の初期条件を課した減衰振動運動の解析解を示します。

判別式 D の値	名称	解の性質	
$D > 0$	過減衰	振動せずに減衰	6.3.4 項
$D < 0$	減衰振動	振動の振幅が指数関数的に減衰しながら振動	6.3.6 項
$D = 0$	臨界減衰	上記の 2 つの中間的性質	6.3.8 項

6.3.4 解析解 (I)：過減衰（D > 0）

過減衰（$D > 0$）は、ばね弾性力による振動運動よりも粘性抵抗力による減衰運動が大きな状況を表します。そのため、振動子の位置と速度は指数関数的に 0 へ収束します。解析解は次のとおりです。

解析解　過減衰振動運動の変位と速度の時間依存性（D > 0）

$$x(t) = \frac{v_0 - \lambda_2 x_0}{\lambda_1 - \lambda_2} e^{\lambda_1 t} + \frac{\lambda_1 x_0 - v_0}{\lambda_1 - \lambda_2} e^{\lambda_2 t} \tag{6.41}$$

$$v(t) = \frac{v_0 - \lambda_2 x_0}{\lambda_1 - \lambda_2} \lambda_1 e^{\lambda_1 t} + \frac{\lambda_1 x_0 - v_0}{\lambda_1 - \lambda_2} \lambda_2 e^{\lambda_2 t} \tag{6.42}$$

過減衰の解析解は、上記の通り異なる時定数の 2 つの減衰項の和で表されます。どんな初期条件に対しても収束の遅い第 1 項のみが残り、収束の時間依存性は

$$x(t) \propto e^{-t/T}, \quad T = -\frac{1}{\lambda_1} \simeq \frac{m\beta}{k^2} \tag{6.43}$$

となります。

過減衰運動における最も急速な減衰条件

時定数の大きな第 1 項の係数が 0 となる場合、時定数の小さな第 2 項のみが残り、最も急速な過減衰が実現されます。その初期条件は次のとおりです。

$$v_0 = \lambda_2 x_0 \tag{6.44}$$

6.3.5 過減衰運動の変位の時間依存性

過減衰運動の変位の時間依存性を調べるために、2 つの初期条件「$x_0 = 3$、$v_0 = 0$」と「$x_0 = 0$、$v_0 = 3$」の t-x グラフを示します。両者とも共通なのは、ある程度の時刻以降、振幅は式（6.43）で示した時定数による指数関数的な減衰を示します。異なるのは、初期条件によって式（6.41）の寄与する項が異なる点です。具体的には、$x_0 \neq 0$ は解析解の第 1 項目が、$v_0 \neq 0$ は第 2 項が大きな寄与をします。

図 6.8 ●【解析解グラフ】過減衰振動運動の変位の時間依存性（初期条件：$x_0 = 3$、$v_0 = 0$）

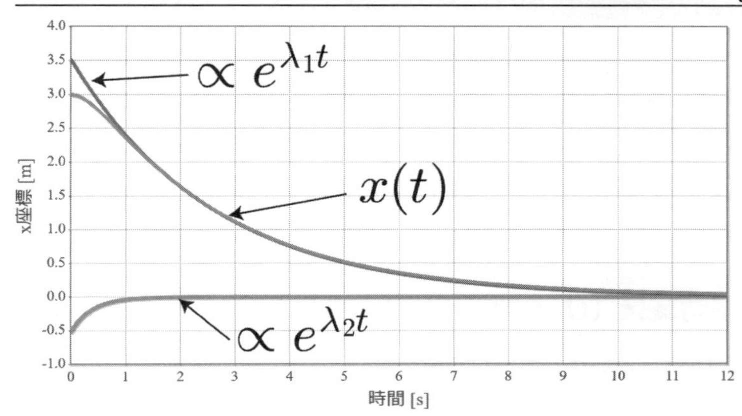

図 6.9 ●【解析解グラフ】過減衰運動の変位の時間依存性（初期条件：$x_0 = 0$、$v_0 = 3$）

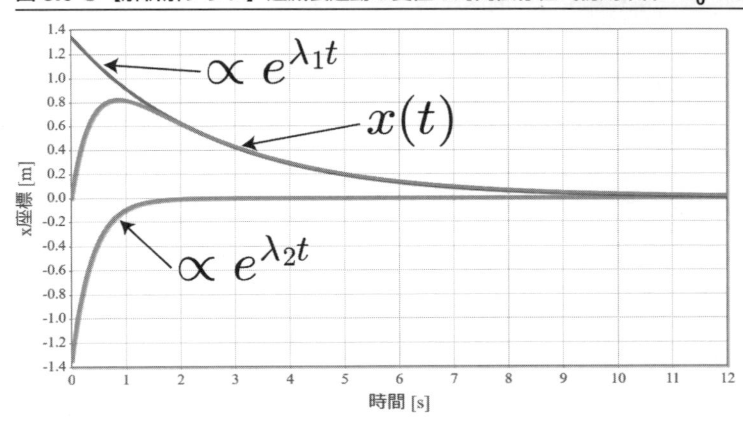

☞ Chapter6/DampedHarmonicMotion_graph1.html（HTML）

プログラムソース 6.5 ●過減衰運動の変位の時間依存性

```
////////////////////////////// 物理パラメータ //////////////////////////////////
（省略：ばね定数、質量、粘性抵抗係数、初期位置、初期速度）
////////////////////////////// 解析解 //////////////////////////////////
// 判別式D
var D = (gamma/m)*(gamma/m) - 4 * ( k / m );  <----------------------- 式（6.35）
// 2つの時定数
var lambda1 = ( -gamma/m + Math.sqrt( D ) ) / 2;  <------------------- 式（6.37）
var lambda2 = ( -gamma/m - Math.sqrt( D ) ) / 2;  <------------------- 式（6.37）
// 変位の時間依存性
function X1( t ){
```

```
  var C1 = ( v0 - lambda2*x0 ) / ( lambda1 - lambda2 );
  return C1 * exp( lambda1 * t);  <------------------------------------ 式 (6.41)
}
function X2( t ){
  var C2 = ( lambda1*x0 - v0 ) / ( lambda1 - lambda2 );
  return C2 * exp( lambda2 * t);  <------------------------------------ 式 (6.41)
}
```

6.3.6 解析解 (II)：振動減衰（D < 0）

振動減衰（$D < 0$）は、振幅が粘性抵抗力により指数関数的に減衰しながら振動する状況を表します。解析解は次のとおりです。

解析解　振動減衰振動運動の変位と速度の時間依存性（D < 0）

$$x(t) = \left[x_0 \cos(\bar{\omega} t) + \left(\frac{v_0}{\bar{\omega}} + \frac{\beta}{2m\bar{\omega}} x_0 \right) \sin(\bar{\omega} t) \right] e^{-(\beta/2m)t} \tag{6.45}$$

$$v(t) = \left[v_0 \cos(\bar{\omega} t) - \left(\frac{\omega^2}{\bar{\omega}} x_0 + \frac{\beta}{2m\bar{\omega}} v_0 \right) \sin(\bar{\omega} t) \right] e^{-(\beta/2m)t} \tag{6.46}$$

三角関数の合成を用いて式（6.45）を変形することで減衰振動運動の本質がわかりやすくなります。

$$x(t) = \sqrt{x_0^2 + \left(\frac{v_0}{\bar{\omega}} + \frac{\beta}{2m\bar{\omega}} x_0 \right)^2} \cos(\bar{\omega} t + \phi) e^{-(\beta/2m)t} \tag{6.47}$$

ただし、ϕ は次の関係式を満たす位相です。

$$\cos\phi = \frac{x_0}{\sqrt{x_0^2 + \left(\frac{v_0}{\bar{\omega}} + \frac{\beta}{2m\bar{\omega}} x_0 \right)^2}}, \quad \sin\phi = -\frac{\frac{v_0}{\bar{\omega}} + \frac{\beta}{2m\bar{\omega}} x_0}{\sqrt{x_0^2 + \left(\frac{v_0}{\bar{\omega}} + \frac{\beta}{2m\bar{\omega}} x_0 \right)^2}} \tag{6.48}$$

6.3.7 減衰振動運動の変位の時間依存性

図 6.10 は、減衰振動運動の変位の時間依存性のグラフです。式（6.47）は、振動を表す因子と

指数関数的減衰を表す因子の積で表されています。振幅が減衰しながら角振動数$\bar{\omega}$（式（6.37））で振動している様子がわかります。時定数は次のとおりです。

解析解　減衰振動運動の時定数

$$T = \frac{2m}{\gamma} \tag{6.49}$$

図 6.10 ●【解析解グラフ】減衰振動運動の変位の時間依存性（初期条件：$x_0 = 3,\ v_0 = 0$）

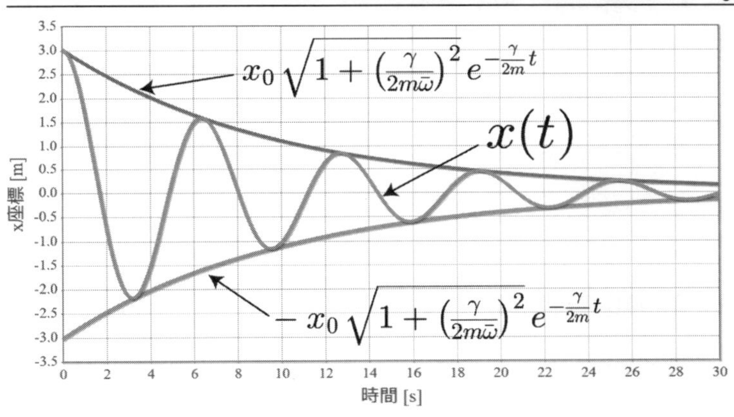

☞ Chapter6/DampedHarmonicMotion_graph2.html（HTML）

プログラムソース 6.6 ●減衰振動運動の変位の時間依存性

```
////////////////////////// 物理パラメータ //////////////////////////////////
(省略：ばね定数、質量、初期位置、初期速度)
////////////////////////// 解析解 //////////////////////////////////
// 角振動数
var omega = Math.sqrt( k / m );  <------------------------------式（6.6）
// 減衰振動に対する角振動数
var bar_omega = omega * Math.sqrt( 1 - gamma * gamma / ( 2 * m * k ) );  <----- 式（6.39）
// 解析解の係数
var C1 = x0 ;  <------------------------------式（6.45）第1項の係数
var C2 = ( v0 / bar_omega + gamma/ ( 2 * m * bar_omega)  * x0  );  <-式（6.45）第2項の係数
var X0 = x0 * Math.sqrt( 1 + Math.pow(  gamma/ ( 2 * m * bar_omega) ,2) );
  <------------------------------式（6.47）の係数
// 包絡関数
function Envelope( t ){
  return X0 * exp( - gamma / ( 2 * m ) * t);  <----------式（6.47）の振動因子を除いた因子
}
```

```
// 変位の時間依存性
function X( t ){
  return C1 * Math.cos( bar_omega * t ) * exp( - gamma / ( 2 * m ) * t)
      + C2 * Math.sin( bar_omega * t ) * exp( - gamma / ( 2 * m ) * t);  <---- 式 (6.45)
}
```

6.3.8 解析解 (III)：臨界減衰（D = 0）

臨界減衰とは、過減衰と減衰振動の境界の減衰です。物理学では、この条件のように 2 つの状態のちょうど境界の状態を**臨界状態**と呼びます。解析解は次のとおりです。臨界減衰となる条件は、式（6.35）の判別式 $D = 0$ から次のとおりです。

解析解　臨界減衰となる条件

$$\gamma = \sqrt{4mk} \tag{6.50}$$

解析解　臨界減衰運動の変位と速度の時間依存性（D = 0）

$$x(t) = \left[x_0 + (v_0 + \frac{\beta}{2m}\, x_0)\, t \right] e^{-(\beta/2m)\, t} \tag{6.51}$$

$$v(t) = \left[v_0 - \frac{\beta}{2m}(v_0 + \frac{\beta}{2m}\, x_0)\, t \right] e^{-(\beta/2m)\, t} \tag{6.52}$$

臨界減衰運動における最も急速な減衰条件

時刻の 1 次関数で表せる解析解の第 1 因子の中で、t に比例する項が 0 となる場合、最も急速な臨界減衰が実現されます。その初期条件は次のとおりです。

$$v_0 = -\frac{\beta}{2m}\, x_0 \tag{6.53}$$

6.3.9 臨界減衰運動の変位の時間依存性

臨界減衰運動の変位の時間依存性を調べるために、2 つの初期条件「$x_0 = 3$、$v_0 = 0$」と「$x_0 = 0$、$v_0 = 3$」の t-x グラフを示します。両者とも解析解は時刻の 1 次関数の因子と指数関数的減衰を表す因子の積となるため、基本的な振る舞いは変わりません。ただし、式（6.53）の最速減衰条件を満たす場合、時刻の 1 次関数因子は無くなります。

図 6.11 ●【解析解グラフ】臨界減衰運動の変位の時間依存性

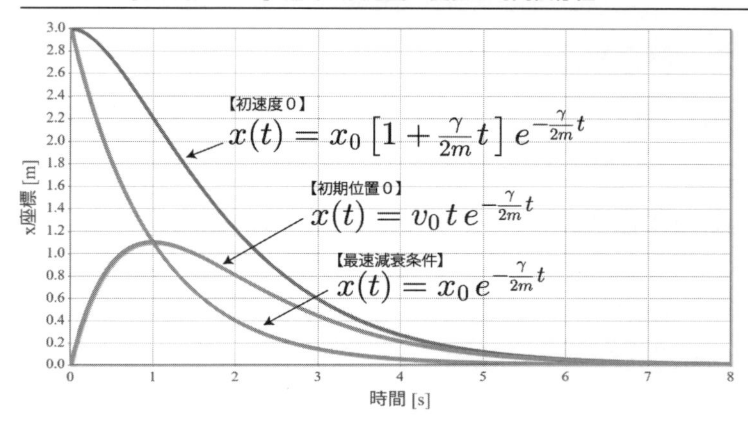

☞ Chapter6/DampedHarmonicMotion_graph3.html（HTML）

プログラムソース 6.7 ●臨界減衰運動の変位の時間依存性

```
/////////////////////////// 物理パラメータ //////////////////////////////////
（省略：ばね定数、質量、初期位置、初期速度）
/////////////////////////// 解析解 //////////////////////////////////
（省略：角振動数、減衰振動に対する角振動数） <------------------------------6.3.6項
// 臨界状態となる粘性抵抗係数
var gamma = Math.sqrt( 4 * m * k ); <-------------------------------- 式（6.50）
// 変位の時間依存性
function X( x0, v0, t ) {
  return (x0 + (v0 + gamma / (2 * m) * x0) * t) * Math.exp(- gamma / (2 * m) * t);
  <------------------------------------------------------------------ 式（6.51）
}
// 最速減衰条件
var v1 = - gamma / ( 2 * m ) * x0; <--------------------------------- 式（6.53）
```

6.4 重力が加わった減衰振動運動

6.4.1 重力が加わった減衰振動運動の数理モデル

重力中で減衰振動運動する振動子に加わる力は、6.2 節で解説した重力中のばね振動子に加わる力（式（6.16））に粘性抵抗力を加えるだけです。

数理モデル　重力中で減衰振動運動する振動子に加わる力（ばね弾性力と粘性抵抗力と重力）

$$\boldsymbol{F} = \boldsymbol{F}_k + \boldsymbol{F}_\gamma + \boldsymbol{F}_G = -k\Delta\boldsymbol{L}(t) - \gamma\boldsymbol{v}(t) + m\boldsymbol{g} \tag{6.54}$$

$\Delta\boldsymbol{L}(t)$ は式（6.2）で定義した振動子の変位ベクトルです。式（6.54）とニュートンの運動方程式を組み合わせて、振動子の加速度は次のとおりです。

計算アルゴリズム　ばね弾性力と重力が働く物体の加速度ベクトル

$$\boldsymbol{a}(t) = -\frac{k}{m}\left[\boldsymbol{L}(t) - \boldsymbol{L}_0(t)\right] + -\frac{\gamma}{m}\boldsymbol{v}(t)\boldsymbol{g} \tag{6.55}$$

これまでと同様、ばね弾性力に加えて重力が存在する場合、運動の方向が重力の方向と一致する場合に限り、位置の時間依存性の解析解を導くことができます。変位ベクトルの向きを重力と合わせて z 軸にとった場合の運動方程式は次のとおりです。

運動方程式　ばね弾性力と粘性抵抗力と重力が働く振動子の運動方程式（1 次元）

$$\frac{d^2z(t)}{dt^2} + \frac{\gamma}{m}\frac{dz(t)}{dt} + \frac{k}{m}\left[z(t) - z_{\rm box} + L_0 + \frac{mg}{k}\right] = 0 \tag{6.56}$$

この表式は式（6.28）よりも複雑に見えますが、$z(t)$ を

$$\bar{z}(t) \equiv z(t) - z_{\rm box} + L_0 + \frac{mg}{k} \tag{6.57}$$

と変換することで、式（6.28）と全く同じ定数係数線形型 2 階の常微分方程式が得られます。

運動方程式 **減衰振動運動を表す微分方程式（1 次元）**

$$\frac{d^2\bar{z}(t)}{dt^2}+\frac{\gamma}{m}\frac{d\bar{z}(t)}{dt}+\frac{k}{m}\bar{z}(t)=0 \tag{6.58}$$

つまり、解析解は重力の有無に関わらず 6.3 節と同じとなるため、実質的には振動の中心位置が式（6.57）で変換しただけ下にずれることになります。

6.4.2 ルンゲ・クッタで減衰振動運動シミュレーション

図 6.5 は、加速度ベクトルとして式（6.55）を与えて、ばねの長さが自然長の位置からそっと手を離した際に生じる減衰振動運動を計算した結果です。具体的なパラメータは、$z_{\rm box}=L_0$（ばねが自然長の時の振動子の位置が 0 となる位置に支点を配置）して、初期条件 $z_0=0$ [m]、$v_0=0$ [m/s]、質量 $m=1$、ばね定数 $k=1$、粘性抵抗係数 $\gamma=0.2$ としています。はじめ初速度は 0 から重力で加速し、変位が大きくなるにつれ比例して大きくなるばね弾性力が生じて引き戻され、減衰しながら振動します。なお、重力の存在で振動の中心は変化しますが解析解は 6.3.6 項と一致します。振動の角振動数は式（6.24）、振動の中心は式（6.21）、振幅は式（6.47）の第 1 項の係数となります。

図 6.12 ●【解析解＆数値解グラフ】重力が加わった減衰振動運動シミュレーション

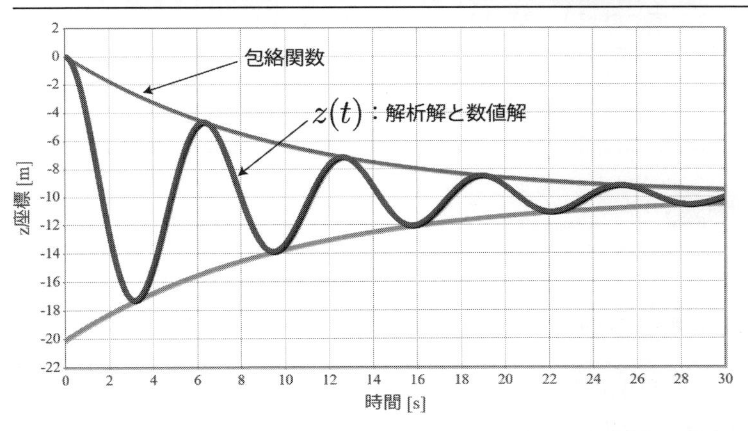

☞ Chapter6/DampedHarmonicMotionInGravity_RK.html（HTML）、DampedHarmonicMotionInGravity_RK.cpp（C++、数値データのみ／依存オブジェクト：Vector3.o, RK4.o）

上記の減衰振動運動シミュレーション「SimpleHarmonicMotionInGravity_RK.html」は、質量 m、ばね定数 k、粘性抵抗係数 γ が減衰振動を行う条件（$D<0$）を満たす場合のみ解析解を表示

し、それ以外の場合は数値解のみを表示します。

プログラムソース 6.8 ●ばね弾性力と重力による単振動運動の解析解と数値解

```
////////////////////////// 物理パラメータ /////////////////////////////////
(省略：ばね定数、質量、初期位置、初期速度) <-------------------------------------6.1.3項
// 重力加速度
var g = 10;
////////////////////////// 解析解 //////////////////////////////////
// 振動子の座標変換
var bar_z0 = ( z0 + m*g/k ); <------------------------------------- 式(6.57)
(省略：包絡関数、変位の時間依存性) <-------------------------------------6.3.7項
////////////////// ルンゲ・クッタ法による数値計算用/////////////////////
// 加速度ベクトル
RK4.A = function( t, r, v ){ <------------------------------------- 式(6.55)
  var a_k = r.clone().multiplyScalar( -k/m );
  var a_gamma = v.clone().multiplyScalar( -gamma/m );
  var output = new Vector3().addVectors( a_k, a_gamma );
  output.z += - g;
  return output;
}
```

試してみよう！

- 重力加速度 g を 0 にして 6.3.7 項の結果と一致することを確かめよう！

6.5 強制振動運動

6.5.1 強制振動運動の数理モデル

ばねの片側が接続された支点を強制的に振動させることで生じさせる運動は、強制振動運動と呼ばれます。図 6.13 のとおり、時刻 t の支点の位置ベクトルを $\boldsymbol{r}_{\rm box}(t)$ と表した場合、ばねの変位ベクトルは

$$\varDelta \boldsymbol{L}(t) = \boldsymbol{L}(t) - \boldsymbol{L}_0(t) = \boldsymbol{r}(t) - \boldsymbol{r}_{\rm box}(t) - \boldsymbol{L}_0(t) \tag{6.59}$$

となります。ただし、$\boldsymbol{L}_0(t)$ は式（6.2）で定義したばねの自然長を表すベクトルです。この数理モデルでは、振動子にはばね弾性力のみが加わるため式（6.1）と同一です。式（6.16）とニュートンの運動方程式を組み合わせて、振動子の加速度は次のとおりです。

計算アルゴリズム　**強制振動運動する振動子の加速度ベクトル**

$$\boldsymbol{a}(t) = -\frac{k}{m}\left[\boldsymbol{r}(t) - \boldsymbol{r}_{\text{box}}(t) - \boldsymbol{L}_0(t)\right] \tag{6.60}$$

図 6.13 ●強制振動運動する振動子の数理モデル

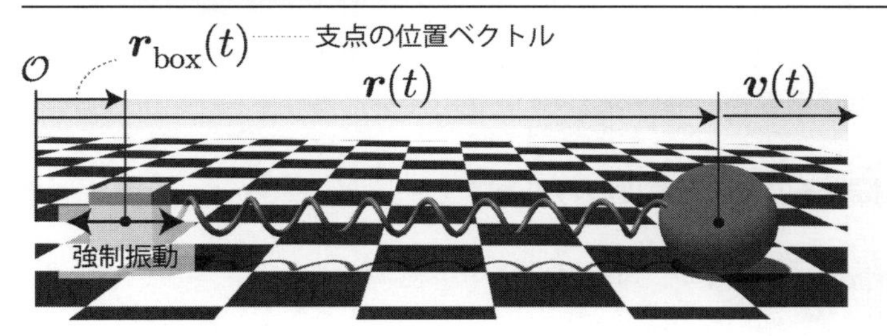

強制振動運動する振動子の解析解は、運動の方向が強制振動の方向と一致する場合に限り、位置の時間依存性の解析解を導くことができます。この場合、振動子の運動は直線的となり、実質的には 1 次元の運動となります。変位ベクトルの向きを x 軸にとって、振動子の位置の原点をばねの自然長の位置に変更した場合（変数変換：$x(t) - L_0 \to x(t)$）の運動方程式は次のとおりです。

運動方程式　**強制振動運動する振動子の変位に対する運動方程式（1 次元）**

$$\frac{d^2x(t)}{dt^2} + \frac{k}{m}x(t) = \frac{k}{m}x_{\text{box}}(t) \tag{6.61}$$

運動方程式は定数係数線形型 2 階の常微分方程式ですが、右辺に**非同次項**と呼ばれる t に依存する項が存在し、**非同次方程式**と呼ばれます。

6.5.2　強制振動運動の解析解

$x_{\text{box}}(t)$ の時間依存性は任意ですが、解析的に解くことができる代表的な例として、支点の振動が三角関数で表される場合を採用します。

$$x_{\rm box}(t) = l \sin \omega_{\rm box} t \tag{6.62}$$

l と $\omega_{\rm box}$ は強制振動の振幅と角振動数です。式（6.61）の一般解は、右辺 = 0 の場合の一般解（式（6.5））の積分定数 C_1 と C_2 が時間依存する形で表すことができます。一般解は次のとおりです[†2]。

一般解　強制振動運動する振動子の変位の時間依存性

$$x(t) = C_1 \cos \omega t + C_2 \sin \omega t + \frac{\omega^2}{\omega^2 - \omega_{\rm box}^2} l \sin \omega_{\rm box} t \tag{6.63}$$

ω は式（6.6）で定義した角振動数、C_1 と C_2 は積分定数です。この表式に初期条件（$x(0) = x_0$、$v(t) = v_0$）を課した、変位と速度の時間依存性の解析解は次のとおりです。

解析解　強制振動運動する振動子の変位と速度の時間依存性

$$x(t) = x_0 \cos \omega t + \frac{v_0}{\omega} \sin \omega t + \frac{\omega l}{\omega_{\rm box}^2 - \omega^2} [\omega_{\rm box} \sin \omega t - \omega \sin \omega_{\rm box} t] \tag{6.64}$$

$$v(t) = v_0 \cos \omega t - x_0 \omega \sin \omega t + \frac{\omega^2 \omega_{\rm box} l}{\omega_{\rm box}^2 - \omega^2} [\cos \omega t - \cos \omega_{\rm box} t] \tag{6.65}$$

変位と速度の第 1 項と第 2 項はそれぞれ単振動運動の解析解と一致し、第 3 項が支点の振動により生じる変調を表す項となります。初期条件として $z_0 = 0$、$v_0 = 0$ を与えた場合、第 1 項と第 2 項は消えるので、支柱の振動から生じる変調のみを調べることができます。強制角振動数（$\omega_{\rm box}$）とばね振動子の固有角振動数（ω）の関係によって振る舞いが大きく異なるため、以下の 3 つのケースに分けて振る舞いを示します。

（1）強制角振動数と固有角振動数が異なる場合（$\omega_{\rm box} \neq \omega$）
（2）強制角振動数が固有角振動数の近傍の場合（$\omega_{\rm box} \simeq \omega$）
（3）強制角振動数が固有角振動数の一致する場合（$\omega_{\rm box} = \omega$）

6.5.3 (1) 強制角振動数と固有角振動数が異なる場合

強制角振動数と固有角振動数が異なる例として、強制角振動数を固有角振動数の 1 / 10 倍と 2 倍の場合のグラフを示します。ただし、計算パラメータとして、$k = 1$、$m = 1$（$\rightarrow \omega = 1$）、初期条件

†2　非同次方程式の一般解の導出は本書の範囲を超えるため割愛します。

として $z_0 = 0$、$v = 0$ としています。

図 6.14 ●【解析解グラフ】強制角振動数と固有角振動数が異なる場合の変位の時間依存性

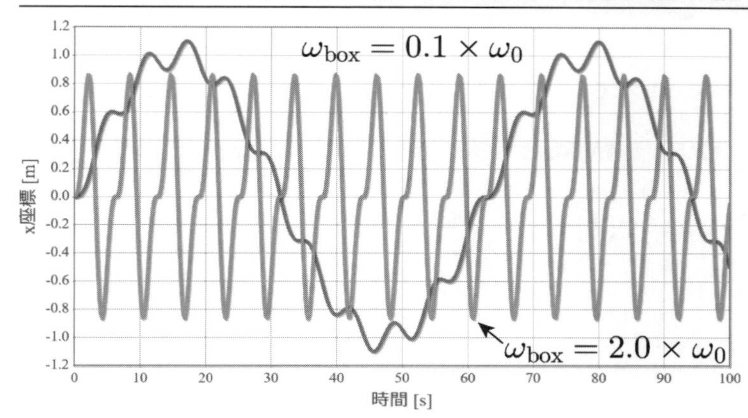

☞ Chapter6/ForcedOscillationMotion_graph1.html（HTML）

周期的な運動を行っていることが確認できます。式（6.64）の第 3 項から、振動は ω_{box} と ω の大きいほうの項が寄与するため、$\omega_{\mathrm{box}} > \omega$ の場合には $\sin \omega t$、$\omega_{\mathrm{box}} < \omega$ の場合には $\sin \omega_{\mathrm{box}} t$ の寄与が大きくなります。そのため、振動のおおまかな周期は、$\omega_{\mathrm{box}} > \omega$ の場合には $T = 2\pi / \omega$、$\omega_{\mathrm{box}} < \omega$ の場合には $T = 2\pi / \omega_{\mathrm{box}}$ となります。なお、正確な周期は $\sin \omega t$ と $\sin \omega_{\mathrm{box}} t$ の位相が揃うという条件から決めることができます。それぞれの周期 $T = 2\pi / \omega$ と $T_{\mathrm{box}} = 2\pi / \omega_{\mathrm{box}}$ を定義すると、振動の周期は T と T_{box} の最小公倍数で与えられます。

プログラムソース 6.9 ●強制振動の変位の時間依存性

```
////////////////////////// 物理パラメータ //////////////////////////////////
（省略：ばね定数、質量、初期位置、初期速度）
// 強制振動の振幅
var l = 1;
////////////////////////// 解析解 /////////////////////////////////
（省略：角振動数） <----------------------------------------------6.3.6項
// 変位の時間依存性
function X( omega_box, t ){
  var x1 = x0 * Math.cos( omega * t ) + v0 / omega * Math.sin( omega * t );
  var x2 = omega * l /( omega_box * omega_box - omega * omega )
    * ( omega_box * Math.sin( omega * t ) - omega * Math.sin( omega_box * t ));
  <---------------------------------------------------------------- 式（6.64）
  return x1+x2
}
```

6.5.4 (2) 強制角振動数が固有角振動数の近傍の場合

強制角振動数が固有角振動数の近傍の場合の振る舞いを調べるために、初期条件を $z_0 = 0$、$v_0 = 0$、$\omega_{\rm box} = \omega \times 1.1$ として、式（6.64）で示した変位の時間依存性の解析解のグラフを示します。$x(t)$ は細かな振動と包絡関数の積で表されていることがわかります。

図 6.15 ●【解析解グラフ】強制角振動数が固有角振動数の近傍の場合の変位の時間依存性

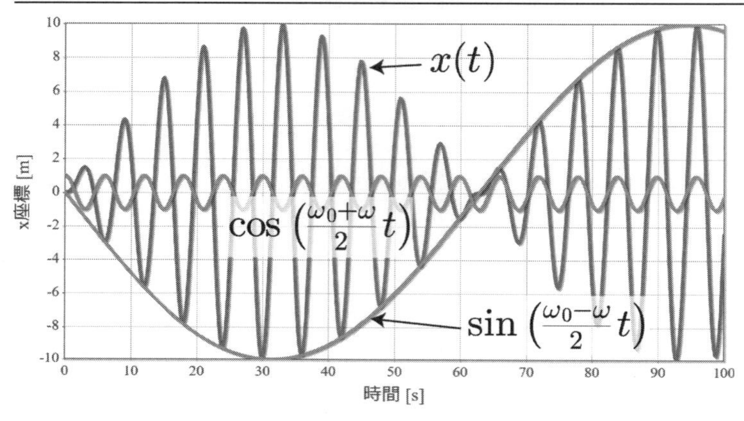

☞ Chapter6/ForcedOscillationMotion_graph2.html（HTML）

$\omega_{\rm box}$ の値が ω に近づいたときに、式（6.64）の第 3 項の 2 つの三角関数の係数の大きさは近づきます。そこで三角関数の係数を同じ（2 つの角振動数の平均：$(\omega_{\rm box} + \omega)/2$）とみなして三角関数の合成を行うと、式（6.64）の第 3 項は次のとおりになります。

$$\Delta x(t) \simeq -\frac{\omega L}{\omega_{\rm box} - \omega} \sin\left(\frac{\omega_{\rm box} + \omega}{2} t\right) \cos\left(\frac{\omega_{\rm box} - \omega}{2} t\right) \tag{6.66}$$

つまり、$\omega_{\rm box}$ と ω が近い場合には、第 3 項は 2 つの角振動数の和と差を角振動数とする三角関数の積で表されることができることから、図 6.15 の振る舞いを理解することができます。これは、周波数が少し異なる 2 つの音を重ねあわせることで生じる**うなり**と同じ原理です。

6.5.5 (3) 強制角振動数が固有角振動数の一致する場合

$\omega_{\rm box} = \omega$ の場合、解析解にそのまま代入すると式（6.64）の第 3 項の分母と分子が 0 となってしまうため、式（6.64）から直接グラフ描画することはできません。$\omega_{\rm box} = \omega + \delta$ として $\delta \to 0$ の極限をとることで調べることができます。

解析解　**強制角振動数が固有角振動数の一致する場合の変調項の時間依存性**

$$\Delta x(t) = \frac{L}{2}\left[\sin\omega t - \omega t\cos\omega t\right] = \frac{L\sqrt{1+\omega^2 t^2}}{2}\,\sin(\omega t - \phi) \tag{6.67}$$

ただし、ϕ は次の値を満たす位相です。

$$\cos\phi = \frac{1}{\sqrt{1+\omega^2 t^2}},\ \sin\phi = \frac{\omega t}{\sqrt{1+\omega^2 t^2}} \tag{6.68}$$

式（6.67）の係数は、t が大きくなるにつれて t に比例するようになります。

$$\Delta x(t) \simeq \frac{L\omega t}{2}\,\sin(\omega t - \phi) \tag{6.69}$$

つまり、支点の強制振動の振幅 l がゼロでない限り、どんなに小さくても時刻とともに球体の振動が無限に大きくなることを意味しています。

図 6.16 ●【解析解グラフ】強制角振動数が固有角振動数の一致する場合の変位の時間依存性

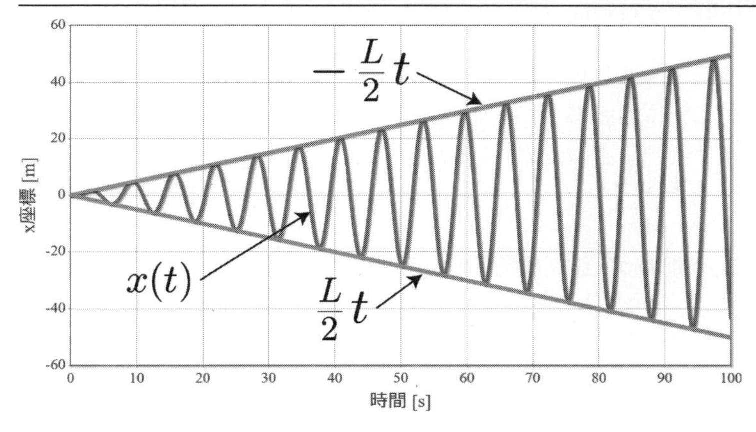

☞ Chapter6/ForcedOscillationMotion_graph3.html（HTML）

解析解グラフ（図 6.16）は、式（6.67）を $\omega_{\rm box} = \omega = 1$、$l = 1$ として計算した結果です。$x(t)$ の振幅が時刻に比例して大きくなっていく様子が確認できます（比例定数 $l/2$）。振幅が大きくなるということは、球体がもつ力学的エネルギーもそれに応じて増大することを意味します。このように、振動子に特定の角振動数で力を加えることでエネルギーが蓄えられる現象は**共鳴**と呼ばれます。

プログラムソース 6.10 ●強制角振動数が固有角振動数の一致する場合の変位の時間依存性

```
////////////////////////// 物理パラメータ //////////////////////////////////
(省略：ばね定数、質量、初期位置、初期速度、強制振動の振幅)
////////////////////////// 解析解 //////////////////////////////////
(省略：角振動数)
// 変位の変調項の時間依存性
function DeltaX( t ){
  var dx = l / 2 * ( Math.sin( omega * t ) - omega * t * Math.cos( omega * t ) );
  <------------------------------------------------------------------------------- 式 (6.67)
  return dx;
}
```

6.6 強制減衰振動運動

6.6.1 粘性抵抗力が加わった強制振動の数理モデル

本節では強制振動運動する振動子に速度に比例する抵抗力である粘性抵抗力が加わる「**強制減衰振動運動**」を解説します。この振動子に加わる力は、式（6.26）で示した減衰振動運動する振動子に加わる力に、式（6.59）で示した強制振動の変位ベクトルを代入した形になります。振動子に加わる力は次のとおりです。

計算アルゴリズム　粘性抵抗力が加わった強制振動子の加速度ベクトル

$$\boldsymbol{a}(t) = -\frac{k}{m}\left[\boldsymbol{r}(t) - \boldsymbol{r}_{\rm box}(t) - \boldsymbol{L}_0(t)\right] - \frac{\gamma}{m}\boldsymbol{v}(t) \tag{6.70}$$

1 2 3 4 5 6 7 8 9

図 6.17 ●強制振動運動する振動子に粘性抵抗力が加わった場合の数理モデル

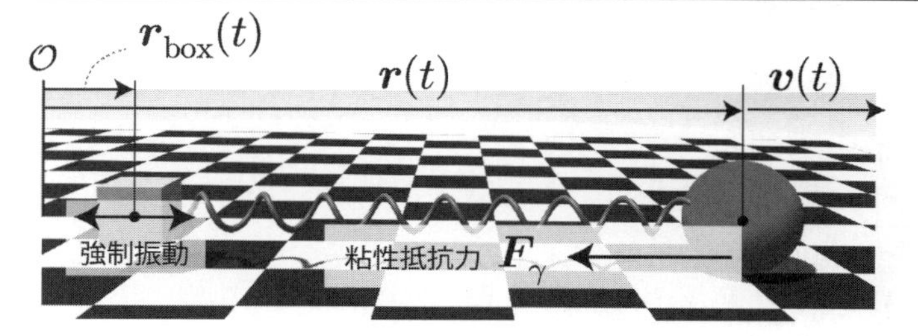

粘性抵抗力が加わる場合も、強制振動運動する振動子の解析解は運動の方向が強制振動の方向と一致する場合に限り、位置の時間依存性の解析解を導くことができます。変位ベクトルの向きを x 軸にとって、振動子の位置の原点をばねの自然長の位置に変更した場合（変数変換：$x(t) - L_0 \to x(t)$）の運動方程式は次のとおりです。

運動方程式　**強制減衰振動運動する振動子の変位に対する運動方程式（1 次元）**

$$\frac{d^2x(t)}{dt^2} + \frac{\gamma}{m}\frac{dx(t)}{dt} + \frac{k}{m}x(t) = \frac{k}{m}x_{\text{box}}(t) \tag{6.71}$$

運動方程式は、式（6.61）と同じ非同次項が存在する定数係数線形型 2 階の常微分方程式です。右辺の非同次項 $x_{\text{box}}(t)$ として、前節と同じ式（6.62）を与えた場合の一般解は次のとおりです†3。

一般解　**強制減衰振動運動する振動子の変位の時間依存性**

$$x(t) = C_1\cos\omega t + C_2\sin\omega t + \omega^2 l\left[\frac{\omega_{\text{box}}(\lambda_1+\lambda_2)\cos\omega_{\text{box}}t + (\lambda_1\lambda_2 - \omega_{\text{box}}^2)\sin\omega_{\text{box}}t}{(\omega_{\text{box}}^2+\lambda_1^2)(\omega_{\text{box}}^2+\lambda_2^2)}\right] \tag{6.72}$$

C_1 と C_2 は積分定数、λ_1 と λ_2 は式（6.37）で定義される量です。上記の一般解は、$\lambda_1 \neq \lambda_2$ の場合（$D \neq 0$）に成り立ちます。$\lambda_1 = \lambda_2$ の場合（$D = 0$）には式（6.40）の C_1 と C_2 に対して時間依存性を仮定して解く必要がありますが、本書では割愛します。

6.6.2　強制減衰振動運動の解析解

式（6.72）の一般解に、初期条件（$x(0) = x_0$、$v(t) = v_0$）を課した変位と速度の時間依存性の解析解は次のとおりです。

† 3　非同次方程式の一般解の導出は本書の範囲を超えるため割愛します。

解析解 **強制減衰振動運動する振動子の変位と速度の時間依存性**

$$x(t) = \left[\frac{\lambda_2 x_0 - v_0}{\lambda_2 - \lambda_1} - \frac{\omega_{\mathrm{box}}\omega^2 l}{(\lambda_2 - \lambda_1)(\omega_{\mathrm{box}}^2 + \lambda_1^2)}\right] e^{\lambda_1 t} + \left[\frac{\lambda_1 x_0 - v_0}{\lambda_1 - \lambda_2} - \frac{\omega_{\mathrm{box}}\omega^2 l}{(\lambda_1 - \lambda_2)(\omega_{\mathrm{box}}^2 + \lambda_2^2)}\right] e^{\lambda_2 t} + \omega^2 l \left[\frac{-\omega_{\mathrm{box}}(\lambda_1 + \lambda_2)\sin\omega_{\mathrm{box}} t + (\lambda_1\lambda_2 - \omega_{\mathrm{box}}^2)\cos\omega_{\mathrm{box}} t}{(\omega_{\mathrm{box}}^2 + \lambda_1^2)(\omega_{\mathrm{box}}^2 + \lambda_2^2)}\right] \tag{6.73}$$

$$v(t) = \lambda_1 \left[\frac{\lambda_2 x_0 - v_0}{\lambda_2 - \lambda_1} - \frac{\omega_{\mathrm{box}}\omega^2 l}{(\lambda_2 - \lambda_1)(\omega_{\mathrm{box}}^2 + \lambda_1^2)}\right] e^{\lambda_1 t} + \lambda_2 \left[\frac{\lambda_1 x_0 - v_0}{\lambda_1 - \lambda_2} - \frac{\omega_{\mathrm{box}}\omega^2 l}{(\lambda_1 - \lambda_2)(\omega_{\mathrm{box}}^2 + \lambda_2^2)}\right] e^{\lambda_2 t} - \omega^2 \omega_{\mathrm{box}} l \left[\frac{\omega_{\mathrm{box}}(\lambda_1 + \lambda_2)\cos\omega_{\mathrm{box}} t + (\lambda_1\lambda_2 - \omega_{\mathrm{box}}^2)\sin\omega_{\mathrm{box}} t}{(\omega_{\mathrm{box}}^2 + \lambda_1^2)(\omega_{\mathrm{box}}^2 + \lambda_2^2)}\right] \tag{6.74}$$

λ_1 と λ_2 は質量 m、ばね定数 k、粘性抵抗係数 γ の大小関係で、実数と虚数のどちらにもなります。これは判別式 D の正負と対応します。しかしながら、これらのパラメータの値に依らず、λ_1 と λ_2 の実部は必ず負となるため、時間が経つにつれ式（6.73）と（6.74）の第 1 項と第 2 項は指数関数的に減衰して無くなります。つまり、第 3 項目の変調項のみが存在することになります。本書では、粘性抵抗が存在する強制振動運動の特異的な特徴が現れる減衰振動（$D < 0$）の場合に絞って詳しく解説します。

D < 0 の強制減衰振動

この場合の λ_1 と λ_2 は、式（6.39）の $\bar{\omega}$ を用いて

$$\lambda_1 = -\frac{\gamma}{2m} + i\bar{\omega}\,,\ \lambda_2 = -\frac{\gamma}{2m} - i\bar{\omega} \tag{6.75}$$

と表され、式（6.73）の解析解は次のとおりになります。

解析解 **減衰項有り強制振動運動の位置の解析解**

$$
\begin{aligned}
x(t) = &\left[x_0 \cos\bar{\omega}t + \left(\frac{v_0}{\bar{\omega}} + \frac{\beta}{2m\bar{\omega}}x_0\right)\sin\bar{\omega}t\right]e^{-(\beta/2m)t} \\
&+ \frac{\omega^2 l}{(\omega_{\rm box}^2 - \omega^2)^2 + (\beta/m)^2\omega_{\rm box}^2}\left[\frac{\beta}{m}\omega_{\rm box}\cos\bar{\omega}t\right. \\
&\qquad\left. + \frac{\omega_{\rm box}}{2\bar{\omega}}\left(2\omega_{\rm box}^2 - 2\omega^2 + \left(\frac{\beta}{m}\right)^2\right)\sin\bar{\omega}t\right]e^{-(\beta/2m)t} \\
&- \frac{\omega^2 l}{(\omega_{\rm box}^2 - \omega^2)^2 + (\beta/m)^2\omega_{\rm box}^2}\left[\frac{\beta}{m}\omega_{\rm box}\cos\omega_{\rm box}t + \left(\omega_{\rm box}^2 - \omega^2\right)\sin\omega_{\rm box}t\right]
\end{aligned}
\tag{6.76}
$$

上式の第 1 項は減衰振動運動の解析解、第 2 項と第 3 項が強制振動における項となります。先述のとおり、第 1 項と第 2 項は時間とともに指数関数的に減衰してしまうため、ある程度時間が経過した後は第 3 項のみが残ります（時定数 $T = 2m/\gamma$）。第 3 項には初期条件 x_0 と v_0 を一切含まないため、どんな初期状態からスタートしてもある程度時刻が経つと全く同じ運動に落ち着きます。

$t \gg T$ の解析解

$t \gg T$ の場合、変位の時間依存性は式（6.76）の第 3 項のみとなります。この項は、三角関数の合成を用いて次のとおり単一の三角関数で表すことができます。

解析解 **強制減衰振動運動の変位の時間依存性**

$$
x(t) \simeq -\frac{\omega^2 l}{\sqrt{(\omega_{\rm box}^2 - \omega^2)^2 + (\gamma/m)^2\omega_{\rm box}^2}}\cos(\omega_{\rm box}t + \phi) \tag{6.77}
$$

ただし、ϕ は次の値を満たす位相です。

$$
\cos\phi = \frac{(\omega_{\rm box}^2 - \omega^2)^2}{\sqrt{(\omega_{\rm box}^2 - \omega^2)^2 + (\gamma/m)^2\omega_{\rm box}^2}},\ \sin\phi = \frac{(\gamma/m)^2\omega_{\rm box}^2}{\sqrt{(\omega_{\rm box}^2 - \omega^2)^2 + (\gamma/m)^2\omega_{\rm box}^2}} \tag{6.78}
$$

式（6.77）から強制減衰振動運動の振幅も明らかになります。

解析解 **強制減衰振動運動の振幅**

$$A(\omega_{\rm box}) \equiv |x(t)| = \frac{\omega^2 l}{\sqrt{(\omega_{\rm box}^2 - \omega^2)^2 + (\gamma/m)^2 \omega_{\rm box}^2}} \qquad (6.79)$$

6.6.3 ルンゲ・クッタで強制減衰振動運動シミュレーション

本項では、異なる初期値に対する強制減衰振動運動が時間とともに式（6.76）の第 3 項と一致することを確かめます。図 6.18 は、質量 $m = 1$、ばね定数 $k = 1$、粘性抵抗係数 $\gamma = 0.5$、強制振動の振幅と角速度 $l = 1$、$\omega_{\rm box} = 1$ に対する 3 つの初期条件（1：$x_0 = 0$、$v_0 = 0$、2：$x_0 = 5$、$v_0 = 0$、3：$x_0 = 0$、$v_0 = -5$）にて、ルンゲ・クッタ法で時間発展を計算した結果と式（6.76）の第 3 項のみをプロット（点線）した結果です。運動開始時には初期条件に対応した運動となりますが、最終的には同一の軌道を描く様子がわかります。時定数（$T = 4$ [s]）の 5 倍の 20 秒で概ね同一の軌道が得られることが確認できました。また、振幅も式（6.79）で与えられたとおりになっています。

図 6.18 ●【数値解グラフ】強制減衰振動運動の変位の時間依存性

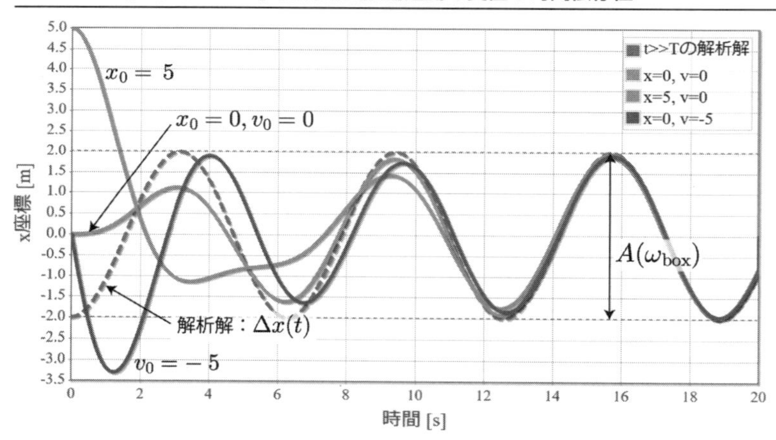

☞ Chapter6/ForcedOscillationMotion_RK.html（HTML）、ForcedOscillationMotion_RK.cpp（C++、数値データのみ／依存オブジェクト：Vector3.o, RK4.o）

プログラムソース 6.11 ●強制減衰振動運動の解析解と数値解

```
//////////////////////////// 物理パラメータ /////////////////////////////////////
（省略：ばね定数、質量、粘性抵抗係数、初期位置、初期速度、強制振動の振幅）
//////////////////////////// 解析解 ///////////////////////////////////
（省略：角振動数）
```

```
var omega_box = omega;  <---------------------------------------------------------- (※)
// 変位の振幅
var A = Math.pow(omega,2) * l / Math.sqrt(
            Math.pow( Math.pow(omega,2) - Math.pow(omega_box,2), 2)
          + Math.pow(gamma/m,2) * Math.pow(omega_box,2) );  <------------------ 式 (6.79)
console.log( "変位の振幅", A );
// 変位の変調項の時間依存性
function DeltaX( t ){
  var delta_x = - Math.pow(omega,2) * l
              / (Math.pow( Math.pow(omega,2)-Math.pow(omega_box,2), 2)
                 + Math.pow(gamma/m,2) *Math.pow(omega_box,2))
              * (gamma/m * omega_box * Math.cos( omega_box * t )
                 + (Math.pow(omega_box,2) - Math.pow(omega,2) )
                   * Math.sin( omega_box * t ) );  <--------------------- 式 (6.76) 第3項
  return delta_x;
}
////////////////// ルンゲ・クッタ法による数値計算用//////////////////////
// 支点の位置
function BoxX( t ){
  return l * Math.sin( omega_box * t );  <------------------------------------ 式 (6.62)
}
// 加速度ベクトル
RK4.A = function( t, r, v ){  <------------------------------------------------- 式 (6.70)
  var output = v.clone().multiplyScalar( -gamma/m ); // 粘性抵抗力
  output.x += - k / m * ( r.x - BoxX(t) );            // ばね弾性力
  return output;
}
```

試してみよう！

- **粘性抵抗係数 γ を変化させ、振動運動が式（6.77）へ収束するまでの時間がどのように変化するか予想して、試してみよう！**
- **$\gamma=0$ を与えて 6.5 節で解説した強制振動運動の 3 つの条件（図 6.14、図 6.15、図 6.16）のシミュレーションを試してみよう！**

6.6.4 強制減衰振動運動の最大振幅と共鳴角振動数

粘性抵抗力が存在しない場合、強制角振動数（$\omega_{\rm box}$）とばね振動子の固有角振動数（ω）が一致すると振幅は無限に増幅することは、式（6.69）で示しました。粘性抵抗力が存在する場合、振幅の増幅には最大値があり、式（6.79）から得ることができます。本項では、この振幅の最大値とその時の強制角振動数を示します。

式（6.79）の振幅が最大となる条件は、分母が最小となる場合です。分母の平方根の中身を抜き出した関数 $f(\omega_{\rm box})$ を $\omega_{\rm box}$ について平方完成します。

$$
\begin{aligned}
f(\omega_{\rm box}) &= (\omega_{\rm box}^2 - \omega^2)^2 + \left(\frac{\gamma}{m}\right)^2 \omega_{\rm box}^2 \\
&= \left[\omega_{\rm box}^2 - \left\{\omega^2 - \frac{1}{2}\left(\frac{\gamma}{m}\right)^2\right\}\right]^2 + \omega^2\left(\frac{\gamma}{m}\right)^2 - \frac{1}{4}\left(\frac{\gamma}{m}\right)^4
\end{aligned}
\tag{6.80}
$$

最大振幅となる強制角振動数（**共鳴角振動数**）を $\omega_{\rm r}$、最大振幅を $A(\omega_{\rm r})$ と表すと、次のとおりです。

解析解　強制減衰振動運動の共鳴角振動数と最大振幅

$$
\omega_{\rm r} \equiv \omega_{\rm box} = \sqrt{\omega^2 - \frac{1}{2}\left(\frac{\gamma}{m}\right)^2} = \omega\sqrt{1 - \frac{1}{2}\left(\frac{\gamma^2}{mk}\right)} \tag{6.81}
$$

$$
A(\omega_{\rm r}) = \frac{\omega^2 l}{\frac{\gamma}{m}\sqrt{\omega^2 - \frac{1}{4}\left(\frac{\gamma}{m}\right)^2}} = \frac{\omega^2 l}{\frac{\gamma}{m}\bar{\omega}} \tag{6.82}
$$

共鳴角振動数は γ が小さいほどばね振動子の固有角振動数 ω に近づいていき、最大振幅は $1/\gamma$ で大きくなることがわかります。

6.6.5 振幅の強制角度数依存性と半値全幅

式（6.79）で示したとおり、強制減衰振動運動の振幅 $A(\omega_{\rm box})$ は強制角振動数 $\omega_{\rm box}$ に依存します。図 6.19 は、質量 $m = 1$、ばね振動子の固有角振動数 $\omega = 1$ に対して、$\gamma = 0.01$、0.02、0.04、0.1 を与えたときの共鳴角振動数近傍の振幅 $A(\omega_{\rm box})$ です。振幅の最大値は γ が小さいほど（粘性抵抗力によるエネルギーの散逸が少ないほど）大きくなり、かつピークの鋭さが増してきます。

図 6.19 ●【解析解グラフ】角振動スペクトルと半値全幅

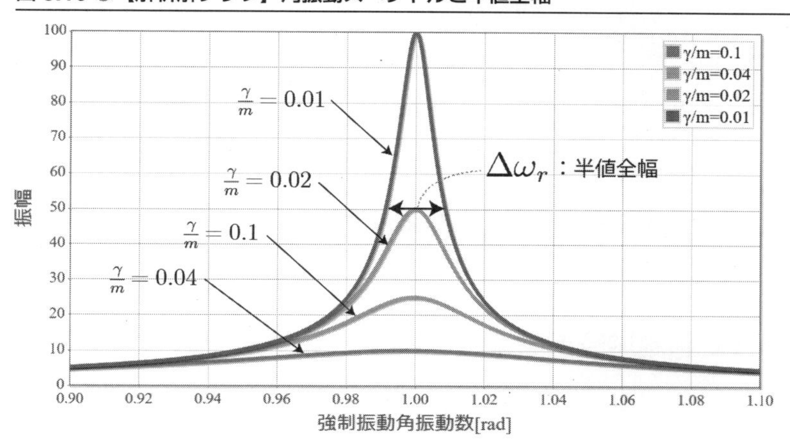

☞ Chapter6/ForcedOscillationMotion_graph5.html（HTML）

このピークの鋭さは、ピークの高さの半分の高さにおける幅、**半値全幅**という量で定義します。$A(\omega_{\rm box})/A(\omega_{\rm r}) = 1/2$ の 2 つの解の差から導くことができます。

解析解　共鳴振動スペクトルの半値全幅

$$\Delta\omega_r = \sqrt{\omega_{\rm r}^2 + \sqrt{3}\left(\frac{\gamma}{m}\right)\bar{\omega}} - \sqrt{\omega_{\rm r}^2 - \sqrt{3}\left(\frac{\gamma}{m}\right)\bar{\omega}} \tag{6.83}$$

$$\simeq \sqrt{3}\left(\frac{\gamma}{m}\right) \tag{6.84}$$

最後の近似式（6.84）は、γ/m が十分に小さいとして（$\gamma/m \ll \omega$）、γ/m でべき級数展開した結果の第 1 項目です。$\gamma/m = 0.01$ の場合、$\Delta\omega_{\rm r} \simeq 0.017$ となり、図 6.19 と概ね一致していることが確認できます。

プログラムソース 6.12 ●強制角振動数が固有角振動数の一致する場合の変位の時間依存性

```
////////////////////////// 物理パラメータ //////////////////////////////////
（省略：ばね定数、質量、強制振動の振幅）
////////////////////////// 解析解 ///////////////////////////////////
（省略：角振動数）
// 振幅の強制角振動数依存性
function A( gamma, omega_box ){
  var a = Math.pow(omega,2) * l
          / Math.sqrt( Math.pow(Math.pow(omega,2) - Math.pow(omega_box,2), 2 )
                 + Math.pow(gamma/m,2) * Math.pow(omega_box,2) );  <--------- 式（6.79）
```

```
    return a;
  }
```

6.7 重力が加わった強制減衰振動運動

6.7.1 重力が加わった強制減衰振動運動の数理モデル

強制減衰振動運動する振動子に重力を加えた振動子の運動を解説します。この振動子に加わる力ベクトルは、式（6.59）の強制振動に対する変位ベクトル $\Delta \boldsymbol{L}(t)$ を、重力が加わった減衰振動の式（6.54）に代入したものになります。この振動子の加速度ベクトルは次のとおりです。

計算アルゴリズム　重力が加わった強制減衰振動子の加速度ベクトル

$$\boldsymbol{a}(t) = -\frac{k}{m}\left[\boldsymbol{r}(t) - \boldsymbol{r}_{\rm box}(t) - \boldsymbol{L}_0(t)\right] - \frac{\gamma}{m}\boldsymbol{v}(t) + \boldsymbol{g} \tag{6.85}$$

これまでと同様、ばね弾性力に加えて重力が存在する場合、<u>運動の方向が重力の方向と一致する場合に限り</u>、位置の時間依存性の解析解を導くことができます。変位ベクトルの向きを重力と合わせて z 軸にとった場合の運動方程式は次のとおりです。

運動方程式　重力が加わった強制減衰振動子の運動方程式（1 次元）

$$\frac{d^2 z(t)}{dt^2} + \frac{\gamma}{m}\frac{dz(t)}{dt} + \frac{k}{m}\left[z(t) + L_0 - \frac{mg}{k}\right] = \frac{k}{m} z_{\rm box}(t) \tag{6.86}$$

6.5 節と同様に式（6.57）と変換することで、式（6.71）と全く同じ定数係数線形型 2 階の常微分方程式が得られます。

運動方程式　重力が加わった強制減衰振動子の運動方程式（1 次元）

$$\frac{d^2 \bar{z}(t)}{dt^2} + \frac{\gamma}{m}\frac{d\bar{z}(t)}{dt} + \frac{k}{m}\bar{z}(t) = \frac{k}{m} z_{\rm box}(t) \tag{6.87}$$

つまり、解析解は重力の有無に関わらず 6.6 節と同じとなるため、実質的には振動の中心位置が式（6.57）で変換しただけ下にずれることになります。

6.7.2　ルンゲ・クッタで強制減衰振動運動シミュレーション

本項では、重力が加わった強制減衰振動運動のシミュレーションを行います。具体例として、質量 $m = 1$、ばね定数 $k = 1$、粘性抵抗係数 $\gamma = 0.1$、ばねの自然長 $L_0 = 0$ のばね振動子に対して、式（6.81）で示した最大振幅となる強制振動の角振動数 $\omega_{\rm box} = \omega_r$ を与えます。図 6.20 は、初期条件 $x_0 = 0$、$v_0 = 0$ を与えた振動子の変位をルンゲ・クッタ法を用いて計算した結果と、式（6.76）の第 3 項のみをプロット（点線）した結果です。運動開始時には初期条件に対応した運動となりますが、最終的には同一の軌道を描く様子がわかります。時定数（$T = 20$ [s]）の 5 倍の 100 秒で概ね同一の軌道が得られることが確認できました。また、振幅も式（6.79）で与えられたとおりになっています。なお、運動の様子は重力によって振動中心の位置が mg/k だけ下がっただけで、6.2.2 項の解析解の結果と一致します。

図 6.20 ● 【数値解グラフ】重力と強制減衰振動運動の変位の時間依存性

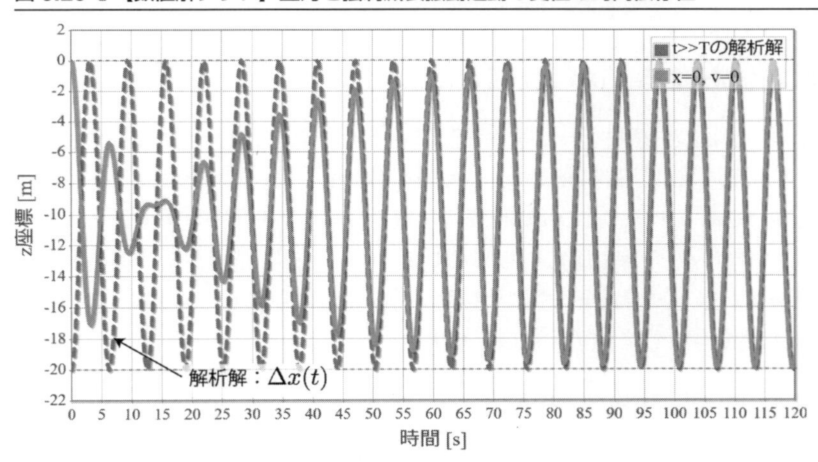

☞ Chapter6/ForcedOscillationMotionInGravityWithDamping_RK.html（HTML）、ForcedOscillationMotionInGravityWithDamping_RK.cpp（C++、数値データのみ／依存オブジェクト：Vector3.o, RK4.o）

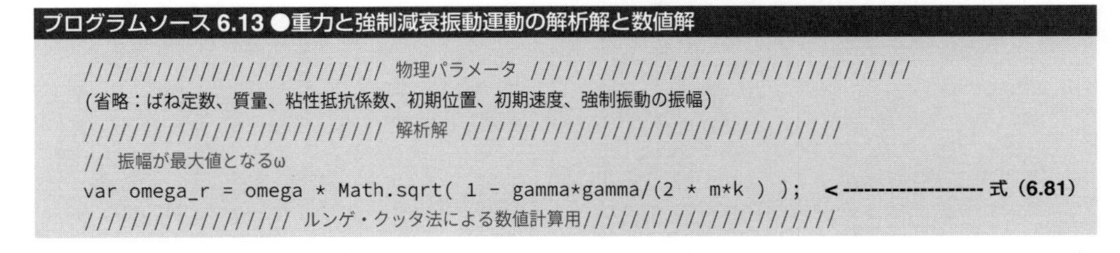

プログラムソース 6.13 ●重力と強制減衰振動運動の解析解と数値解

```
////////////////////////// 物理パラメータ //////////////////////////////////
（省略：ばね定数、質量、粘性抵抗係数、初期位置、初期速度、強制振動の振幅）
////////////////////////// 解析解 ////////////////////////////////
// 振幅が最大値となるω
var omega_r = omega * Math.sqrt( 1 - gamma*gamma/(2 * m*k ) );  <------------------ 式（6.81）
///////////////// ルンゲ・クッタ法による数値計算用//////////////////////
```

```
// 強制振動数
var omega_box = omega_r;
// 支点の位置
function BoxZ( t ){
  return l * Math.sin( omega_box * t );
}
// 加速度ベクトル
RK4.A = function( t, r, v ){  <------------------------------------ 式（6.85）
  var output = v.clone().multiplyScalar( -gamma/m ); // 粘性抵抗力
  output.z += - k / m * ( r.z - BoxZ(t) );           // ばね弾性力
  output.z += - g;                                   // 重力
  return output;
}
```

試してみよう！

- **重力 g を変化させ、振動運動の様子がどのように変化するか予想して、試してみよう！**

6.7.3 有限長ばねにおける「ばね反転」について

前項のシミュレータでは、ばねの自然長を設定することができますが、ばねの最小値や最大値を設定することはできません。そのため、強制振動によって振幅が増幅して、支点と振動子の距離が負（$L_0 + \Delta z < 0$）になることもあります。この瞬間に支点と振動子の位置関係が反転するため、図 6.21 で示したとおり、ばね弾性力の向きも反転することになります。その結果、粘性抵抗力が存在しない場合（$\gamma = 0$）の振幅が無限に増大する強制角振動数が固有角振動数の一致する条件（$\omega_{\rm box} = \omega$）でも、自然長が 0 ではない場合には無限大にはなりません。

図 6.21 ●有限長ばねにおける支点と振動子の位置関係による弾性力の向きの違い

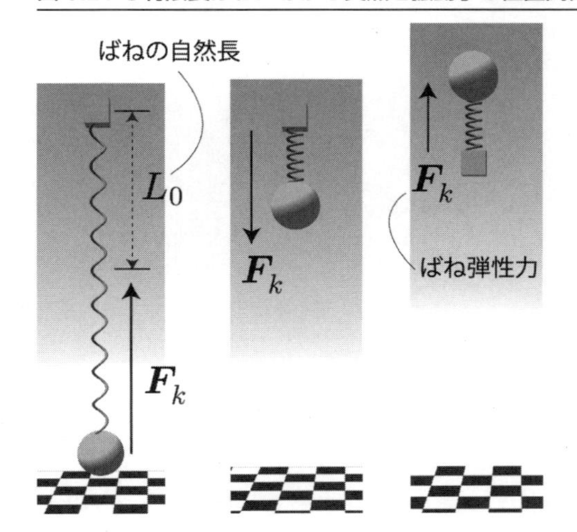

図 6.22 は、自然長が 5 のばね振動子に重力が加わる系にて、強制角振動数を固有角振動数と一致させた場合の位置の時間依存性を数値計算した結果です。支点を $z = 0$ を中心に上下に振動させます。また、初期条件としてばねが自然長となる位置で初速度 0 としています。開始直後、振動子には重力のみが加わるため沈み込みます。その後、徐々に振幅は増幅しますが、ある一定のところから増幅から減衰へ転じます。これがばねの反転に伴う結果です。

図 6.22 ●【数値解グラフ】自然長が 5 で強制角振動数を固有角振動数と一致させた場合

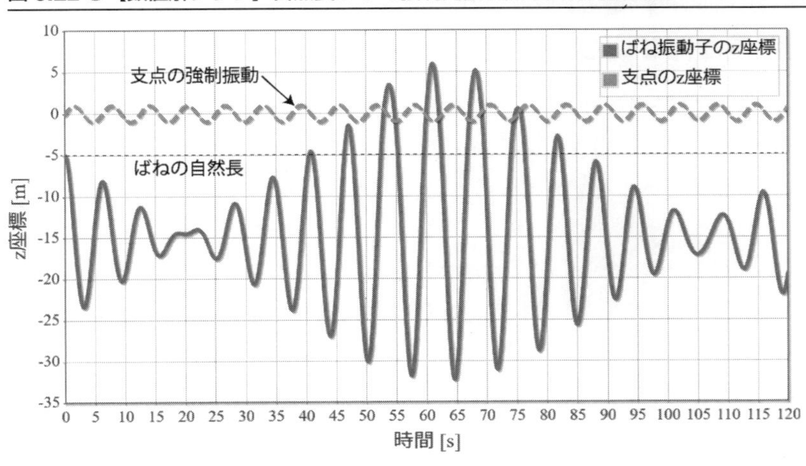

☞ Chapter6/ForcedOscillationMotionInGravity_RK.html（HTML）、ForcedOscillationMotionInGravity_RK.cpp（C++、数値データのみ／依存オブジェクト：Vector3.o, RK4.o）

物理シミュレータでは、この「ばね反転」に対する弾性力の向きを考慮しています。ルンゲ・クッタ法で数値計算する場合には、ばね弾性力を計算する関数を次のとおり定義する必要があります。

```
// ばね弾性力
function Fk( t, r, v ){
  if( r.z < BoxZ(t) ) return - k / m * ( r.z - BoxZ(t) + L0 ); // 振動子が支点の下の場合
  else return  -k / m * ( r.z - BoxZ(t) - L0);                 // 振動子が支点の上の場合
}
```

試してみよう！

- **ばねの自然長 L0 を 0 と与えた場合、6.5.5 項と同様に振幅が時間とともに増大することを確かめよう！**
- **L0 を大きくするにつれて、振幅の周期性がどのように変化するかを予想して、試してみよう！**

6.8 ばねの長さの最小値と最大値を考慮した非線形ばね弾性力

6.8.1 ばねの最低長と伸び切りの数理モデル

変位に比例した弾性力を生じる線形ばねの場合、前項の非現実的なばねの反転を制限することはできません。そこで本項では、ばねの長さに最小値を設定し、最小値に近づくほどばねを伸ばす向きに強い弾性力が生じる数理モデルを考えます。さらに、ばねの長さの最大値も同様に考えます。

ばねの長さが最小値あるいは最大値に近づくほど大きな弾性力を生じさせる数理モデルは多数考えられますが、最も単純なのは、ばね弾性力をばねの長さが最小値あるいは最大値に近づくほど小さくなるような値を分母に置いた分数で定義する方法です。ばね振動子の変位を

$$\Delta x(t) \equiv x(t) - x_{\rm box} - L_0 \tag{6.88}$$

と表した場合のばね弾性力を次のとおり定義します。

数理モデル　**ばねの長さの最小値と最大値を考慮した非線形ばね弾性力**

$$F_k = -k\Delta x(t) + k_{\min}\left(\frac{L_0}{L_0 - L_{\min} + \Delta x(t)}\right)^{n_{\min}} - k_{\max}\left(\frac{L_0}{L_{\max} - L_0 - \Delta x(t)}\right)^{n_{\max}} \tag{6.89}$$

第 1 項は変位に比例する線形ばね弾性力、第 2 項と第 3 項はばねの長さがそれぞれ最小値と最大値に向かうほど復元方向に生じる弾性力を表します。このような線形ではないばね弾性力は**非線形ばね弾性力**と呼ばれ、第 2 項と第 3 項を非線形項と呼ばれます。$n_{\min}$ と $n_{\max}$ は次数、$k_{\min}$ と $k_{\max}$ は非線形線形ばね定数を表し、これらのパラメータを調整することで非線形項の寄与の仕方を変更することができます。

式（6.89）には一つ問題があります。それは、非線形項を加えた結果、変位が 0 でも弾性力が 0 にならないという点です。$\Delta x(t) = 0$ で $F_k = 0$ となるように弾性力の原点を補正することを考えます。式（6.89）の非線形項をあらためて

$$F_{\text{non-linear}}(x) \equiv k_{\min}\left(\frac{L_0}{L_0 - L_{\min} + x}\right)^{n_{\min}} - k_{\max}\left(\frac{L_0}{L_{\max} - L_0 - x}\right)^{n_{\max}} \tag{6.90}$$

と定義しておいて、弾性力を次のとおり定義します。

数理モデル　**ばねの長さの最小値と最大値を考慮した非線形ばね弾性力（改）**

$$F_k = -k\Delta x(t) + F_{\text{non-linear}}(\Delta x(t)) - F_{\text{non-linear}}(0) \tag{6.91}$$

6.8.2　非線形ばね弾性力の変位依存性

式（6.91）を用いて非線形ばね弾性力の変位依存性をグラフ化した図が、図 6.23 です。ばねの自然長 $L_0 = 5$、最小値 $L_{\min} = 1$、最大値 $L_{\max} = 10$ とし、非線形線形ばね定数 $k_{\min} = k_{\max} = 0.1$ を共通として、次数 $n_{\min}$、$n_{\max} = 0$、1、2、3 を与えています。0 次は非線形項が存在しない場合と一致します。次数が大きくなるほど非線形の立ち上がりがはやくなる様子がわかります。

図 6.23 ●【解析解グラフ】非線形ばね弾性力の次数による違い

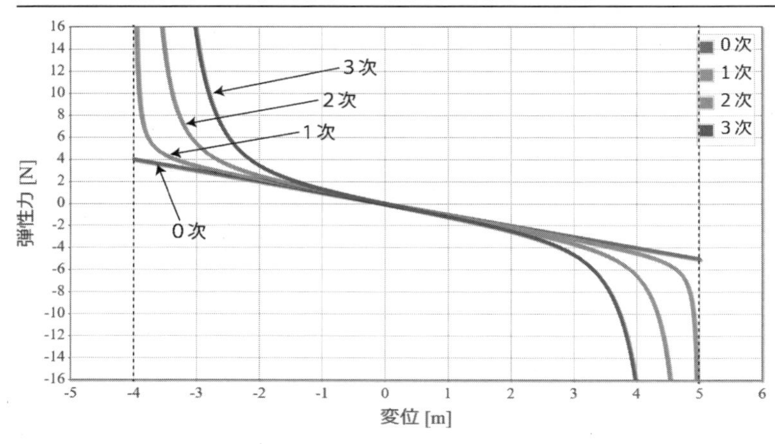

☞ Chapter6/NonLinearSpring_graph1.html（HTML）

続いて、図 6.24 は、次数を 1 に固定して非線形線形ばね定数 $k_{\rm min}$、$k_{\rm max}$ を 1、0.1、0.01、0 とした場合の、非線形ばね弾性力の変位依存性です。係数 0 は非線形項が存在しない場合を表します。係数が小さいほど、ばねの長さが最小値あるいは最大値に近づくまで非線形項の寄与は無くなり、急激な変化を示すことがわかります。

図 6.24 ●【解析解グラフ】非線形ばね弾性力の非線形線形ばね定数（係数）による違い

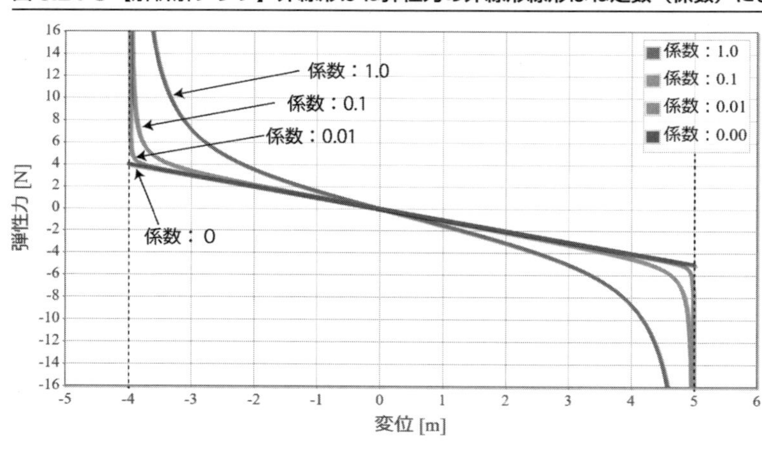

☞ Chapter6/NonLinearSpring_graph2.html（HTML）

プログラムソース 6.14 ●非線形ばね弾性力の変位依存性

```
/////////////////////////// 物理パラメータ //////////////////////////////////
(省略：ばねの自然長、最小値と最大値、ばね定数、非線形項の次数と係数)
/////////////////////////// 非線形ばね弾性力の定義 //////////////////////////////////
// 非線形項
function Fk_nonlinear( n_min, n_max, k_min, k_max, Dx ){
  return k_min * Math.pow( L0 / ( L0- L_min + Dx ) , n_min )
       - k_max * Math.pow( L0 / ( L_max - L0 - Dx ) , n_max );  <------------------- 式 (6.90)
}
// 非線形ばね弾性力
function Fk( n_min, n_max, k_min, k_max, Dx ){
  return - k * Dx + Fk_nonlinear( n_min, n_max, k_min, k_max, Dx )
                  - Fk_nonlinear( n_min, n_max, k_min, k_max, 0 );  <------------- 式 (6.91)
}
```


6.8.3 非線形ばねにおけるポテンシャルエネルギーの変位依存性

式（6.91）で定義した非線形ばねの弾性力に対するポテンシャルエネルギーは、変位で積分することで次のとおりに得られます。

解析解　非線形ばねのポテンシャルエネルギー

$$U_k = \frac{1}{2}k\Delta x^2 + U_{\mathrm{non-linear}}(\Delta x) + F_{\mathrm{non-linear}}(0)\Delta x - U_{\mathrm{non-linear}}(0) \tag{6.92}$$

$U_{\mathrm{non\text{-}linear}}$ は式（6.90）を変位で積分することで得られますが、n_{min} と n_{max} が 1 かそれ以外かで表式が異なります。

$$n_{\mathrm{min}}, n_{\mathrm{max}} \neq 1$$
$$\to U_{\mathrm{non-linear}}(x) = \frac{k_{\mathrm{min}}L_0}{n_{\mathrm{min}}-1}\left(\frac{L_0}{L_0 - L_{\mathrm{min}} + x}\right)^{n_{\mathrm{min}}-1} + \frac{k_{\mathrm{max}}L_0}{n_{\mathrm{max}}-1}\left(\frac{L_0}{L_{\mathrm{max}} - L_0 - x}\right)^{n_{\mathrm{max}}-1} \tag{6.93}$$

$$n_{\mathrm{min}}, n_{\mathrm{max}} = 1$$
$$\to U_{\mathrm{non-linear}}(x) = -L_0\left[k_{\mathrm{min}}\log(L_0 - L_{\mathrm{min}} + x) + k_{\mathrm{max}}\log(L_{\mathrm{max}} - L_0 - x)\right] \tag{6.94}$$

次のグラフは、図 6.23 で示した非線形ばね弾性力に対応したポテンシャルエネルギーです。両端に近づくほどポテンシャルエネルギーは急激に増大している様子がわかります。

図 6.25 ●【解析解グラフ】非線形ばねにおけるポテンシャルエネルギーの変位依存性

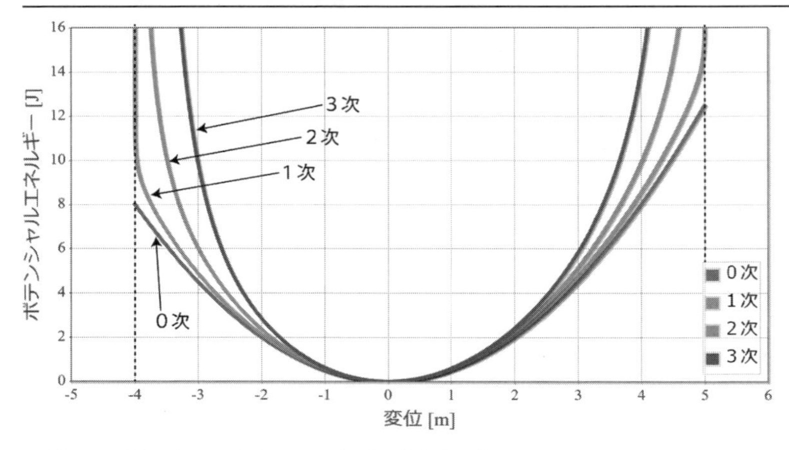

☞ Chapter6/NonLinearSpring_graph3.html（HTML）

6.8.4 非線形ばねによる運動の力学的エネルギー保存則の確認

式（6.91）で定義した非線形ばね弾性力における実際の運動は、解析的に計算することができません。ルンゲ・クッタ法を用いて数値計算します。そして、力学的エネルギーが保存していることを数値的に確かめます。ばねの自然長 $L_0 = 5$、最小値 $L_{\rm min} = 1$、最大値 $L_{\rm max} = 10$、ばね定数 $k = 1$、非線形線形ばね定数 $k_{\rm min} = k_{\rm max} = 1$、次数 $n_{\rm min}$、$n_{\rm max} = 2$ の非線形ばねを用意します。図 6.26 は、ばねの片端を原点に配置し、初期条件として振動子の位置を 9.5 [m]（変位 $\Delta x = 4.5$）、初速度を 0 [m/s] とした際の振動子の位置（右軸）と運動エネルギー、ポテンシャルエネルギー、力学的エネルギーの時間経過を描画しています（強制振動なし）。

初速度が 0 なので、時刻 $t = 0$ ではポテンシャルエネルギーが最大値、力学的エネルギーが 0 となり、自然長の位置 $x = 5$（$\Delta x = 0$）でポテンシャルエネルギーが 0、運動エネルギーが最大値となっている様子が確認できます。また、運動エネルギーとポテンシャルエネルギーの和で表される力学的エネルギーは時刻に依存しないことも確認できます。この力学的エネルギーの保存性は、ばね弾性力の線形、非線形に関わらず弾性力がポテンシャルエネルギーから導かれている場合には、4.3.1 項で示したとおり必ず成り立ちます。

図 6.26 ●【数値解グラフ】非線形ばねによる運動の力学的エネルギー保存則

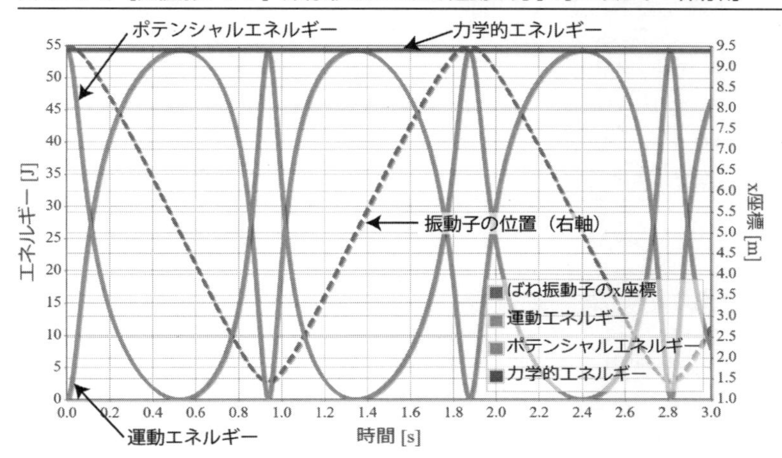

☞ Chapter6/NonLinearForcedOscillationMotion_energy_RK.html（HTML）、NonLinearForcedOscillationMotion_energy_RK.cpp（C++、数値データのみ／依存オブジェクト：Vector3.o, RK4.o）

試してみよう！

非弾性ばねによるばね振動子の運動（数値実験）

プログラムソースの次に挙げるパラメータを変更して、様々な条件に対する非弾性ばねによるばね振動子の運動をシミュレーションしてみよう。

- 初期位置と初速度を変更してみよう！
- ばねの長さの最小値と最大値を変更してみよう！
- 質量を大きくすると振動子の運動が遅くなることを確認しよう！
- 粘性抵抗力を与える（粘性抵抗係数を 0 より大きくする）と力学的エネルギーが保存しないことを確認しよう！

表 6.1 ●【計算パラメータ】Chapter6/NonLinearForcedOscillationMotion_graph.html

パラメータ	初期設定値	メモ
t_min、t_max	0、3	計算時間範囲
L0	5	ばねの自然長
L_min、L_max	1、10	ばねの長さの最小値と最大値
k	1	ばね定数
k_min、k_max	1、1	非線形ばね定数
n_min、n_max	2、2	非線形の次数

パラメータ	初期設定値	メモ
gamma	0	粘性抵抗係数
m	1	質量
x0	9.5	初期位置（L_min と L_max の間の値を与える必要あり）
v0	0	初速度
l	0	強制振動の振幅

6.8.5 非線形ばねを用いた強制振動運動

式（6.91）で定義した、非線形ばねを用いた強制振動運動を数値計算します。図 6.27 は、ばねの自然長 $L_0 = 5$、最小値 $L_{\rm min} = 1$、最大値 $L_{\rm max} = 10$、ばね定数 $k = 3$、非線形線形ばね定数 $k_{\rm min} = k_{\rm max} = 0.1$、次数 $n_{\rm min}$、$n_{\rm max} = 2$ の非線形ばねを用意し、自然長の位置に初速度 0 で配置した振動子を共鳴角振動数で強制振動させた結果です。強制振動によって振動子の振幅は、はじめ増大しますが、ばねの長さの最大値あるいは最小値に近づくと、一転して減少に転じている様子がわかります。これは、変位が大きくなるほど非線形性により共鳴角振動数が変化するためです。

図 6.27 ●【数値解グラフ】非線形ばねを用いた強制振動運動の時間依存性

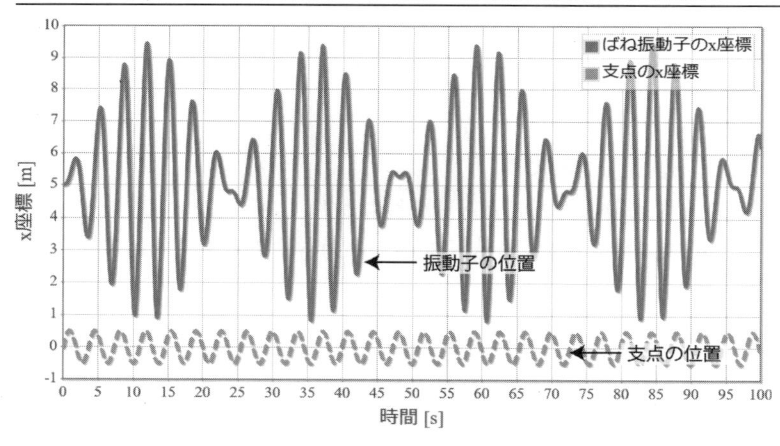

☞ Chapter6/NonLinearForcedOscillationMotion_RK.html（HTML）、NonLinearForcedOscillationMotion_RK.cpp（C++、数値データのみ／依存オブジェクト：Vector3.o, RK4.o）

試してみよう！

非弾性ばねによるばね振動子の運動（数値実験）

次に挙げるパラメータを変更して、様々な条件に対する非弾性ばねによるばね振動子の運動をシミュレーションしてみよう。なお、計算パラメータは前項と同じです。

- ばねの長さの最小値と最大値を変更してみよう！
- ばね係数、質量を変更してみよう！
- 粘性抵抗力を与える（粘性抵抗係数を 0 より大きくする）と一定の振幅に収束することを確認しよう！

1 2 3 4 5 6 7 8 9

6.9 物理シミュレータによる振動運動シミュレーション

6.9.1 ばね弾性力の与え方

図 6.28 ●ばね弾性力可視化用ばね

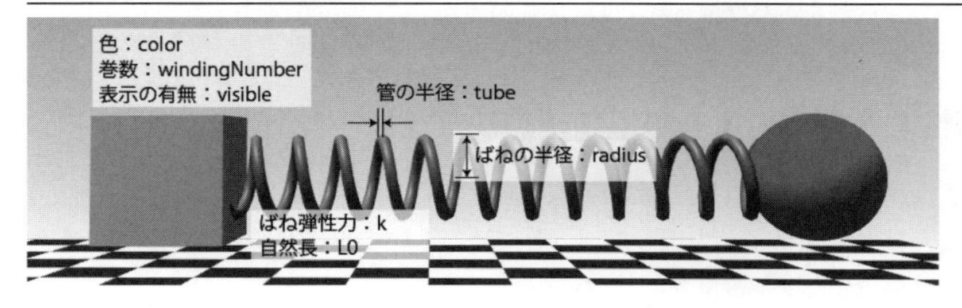

物理シミュレータでは、仮想物理実験室に登場する任意の 3 次元オブジェクト同士を線形ばねで接続することができます。線形ばねの接続方法は重力と同様、PhysLab クラスの setInteraction メソッドで行い、接続する 2 つオブジェクトを第 1 引数と第 2 引数に与え、第 3 引数に線形ばねを表すステート定数「LinearSpringConnection」を与えます。第 4 引数には、ばね弾性力の計算に必要なパラメータの他、計算には無関係である視覚的なパラメータも指定することができます。次のプログラムソースは、図 6.28 のような箱オブジェクトと球オブジェクトを線形ばねで接続するための setInteraction メソッドの実行箇所です。

プログラムソース 6.15 ●ばね弾性力の与え方

```
PHYSICS.physLab.ball = new PHYSICS.Sphere({ (省略) }); <--------------------------------------- (※1-1)
PHYSICS.physLab.box = new PHYSICS.Box({ (省略) }); <------------------------------------------- (※1-2)
// 線形ばねの定義
PHYSICS.physLab.setInteraction(
  PHYSICS.physLab.ball, // 球体 <---------------------------------------------------------------- (※2-1)
  PHYSICS.physLab.box,  // 支柱 <---------------------------------------------------------------- (※2-2)
  PHYSICS.LinearSpringConnection, // 線形ばね結合 <----------------------------------------------- (※2-3)
  {
    k : 1.0,              // ばね定数（デフォルト値） <------------------------------------------ (※3-1)
    L0 : 2.0,             // ばねの自然長（デフォルト値：0） <----------------------------------- (※3-2)
    visible : true,       // ばねの表示（デフォルト値） <---------------------------------------- (※4-1)
    color : 0x3e8987,     // 描画色（デフォルト値） <-------------------------------------------- (※4-2)
    radius :0.15,         // ばねの半径（デフォルト値：0.2） <----------------------------------- (※4-3)
    tube :0.03,           // 管の半径（デフォルト値：0.1） <------------------------------------- (※4-4)
    windingNumber : 10    // ばねの巻数（デフォルト値） <---------------------------------------- (※4-5)
  }
)
```

（※ 1）　仮想実験室に登場させる支柱オブジェクトと球体オブジェクトを生成します。

（※ 2）　第 1 引数と第 2 引数に指定したオブジェクトを第 3 引数で指定した相互作用で接続します。

（※ 3）　ばねの物理的な性質であるばね定数と自然長を指定します。

（※ 4）　ばねの視覚的な効果を与えるパラメータです。<u>実際の運動には一切影響を与えません</u>。

6.9.2　ばね弾性力と重力による単振動運動シミュレーション

図 6.29 は、重力とばね弾性力による単振動運動シミュレーションの様子です。ばね定数 $k = 2.0 \sim 3.0$、自然長に配置したばねに振動子を表現した球体を接続しています。シミュレータにて重力を与える方法は 5.5.1 項で解説したとおりです。

図 6.29 ●【シミュレータ】ばね弾性力と重力による単振動運動シミュレーション

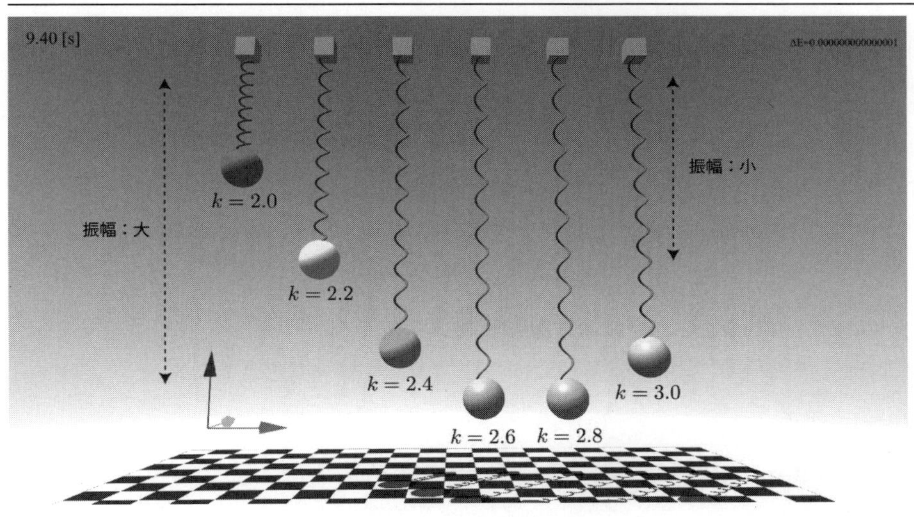

☞ Chapter6/SimpleHarmonicMotionInGravity.html（HTML）

プログラムソース 6.16 ●ばね弾性力の与え方

```
PHYSICS.physLab.balls[ i ] = new PHYSICS.Sphere({（省略）});  <---------- (※1-1)
PHYSICS.physLab.boxes[ i ] = new PHYSICS.Box({（省略）});  <---------- (※1-2)
// 線形ばねの定義
PHYSICS.physLab.setInteraction(
  PHYSICS.physLab.balls[ i ],     // 球体  <---------- (※2-1)
  PHYSICS.physLab.boxes[ i ],     // 支柱  <---------- (※2-2)
  PHYSICS.LinearSpringConnection, // 線形ばね結合  <---------- (※2-3)
  {
    k : 2.0+0.2*i,       // ばね定数  <---------- (※3-1)
    L0 : 2.0,            // ばねの自然長  <---------- (※3-2)
    visible : true,      // ばねの表示  <---------- (※4-1)
    color : 0x3e8987,    // 描画色  <---------- (※4-2)
    radius :0.15,        // ばねの半径  <---------- (※4-3)
    tube :0.03,          // 管の半径  <---------- (※4-4)
    windingNumber : 10   // ばねの巻数  <---------- (※4-5)
  }
)
（省略：重力の設定）  <---------- 5.5.1項
```

（※ 1）　「i」は支柱と球体のペアの番号です。

（※ 2）　第 1 引数と第 2 引数に指定したオブジェクトを第 3 引数で指定した相互作用で接続します。

（※ 3）　ばねの物理的な性質であるばね定数と自然長を指定します。

（※ 4）　ばねの視覚的な効果を与えるパラメータです。実際の運動には一切影響を与えません。

単振動運動しない場合のシミュレーション

前項で紹介したシミュレータでは、振動子（球体）の初期位置と初速度は任意の値を与えることができます。しかしながら、6.2.2 項で解説したとおり、変位の方向と初速度の方向が z 軸方向以外の場合には、どのような座標軸を用意しても式（6.20）のような 1 成分の方程式を得ることができません。その結果、解析解を得ることができないだけでなく、振動子の運動自体も複雑な軌道を描くことになります。図 6.30 は、振動子の初期位置と初速度を変位方向ではない方向に与えた場合のシミュレーションの様子です。単振動運動の場合と比較して、非常に複雑な運動となっていることがわかります。なお、球体の初期位置と初速度の指定方法は 3.7 節を参照してください。

図 6.30 ● 【シミュレータ】ばね弾性力と重力で単振動運動しない場合

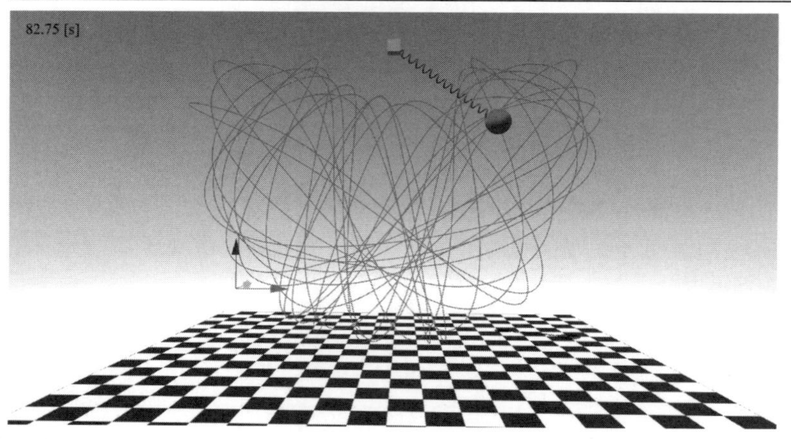

☞ Chapter6/SimpleHarmonicMotionInGravity2.html（HTML）

6.9.3 ばね弾性力と重力と粘性抵抗力による減衰振動運動シミュレーション

図 6.31 は、ばね弾性力と粘性抵抗力と重力による減衰振動運動シミュレーションの様子です。すべて同じ質量 $m = 1$ と同じばね定数 $k = 4$ の振動子に対して、左から順番に粘性抵抗係数 $\gamma =$ 0.8、1.6、2.4、3.2、4.0、4.8 を与えています。式（6.54）の臨界減衰となる条件から、$\gamma = 4.0$ を境に過減衰運動と減衰振動運動が切り替わります。γ が小さいほど、減衰の割合が小さいため長く振動を続けます。なお、最終的な振動子の位置は同じです。

図 6.31 ● 【シミュレータ】ばね弾性力と粘性抵抗力と重力による減衰振動運動シミュレーション

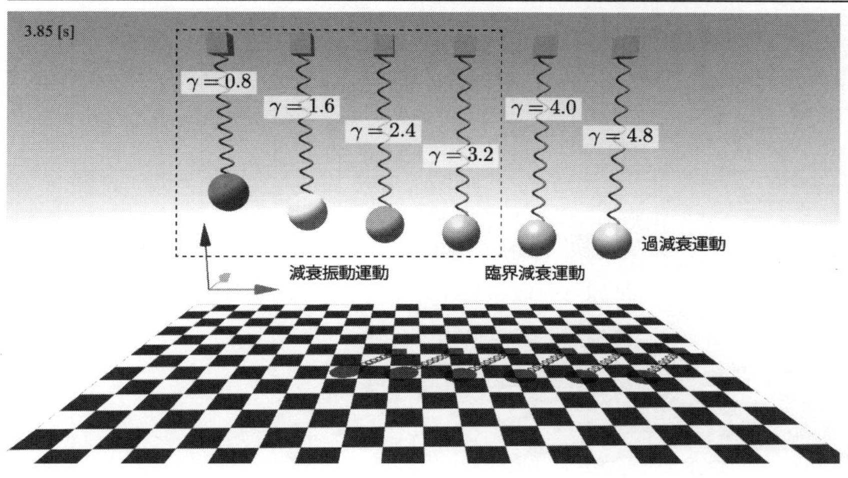

☞ Chapter6/DampedHarmonicMotionInGravity.html（HTML）

プログラムソース 6.17 ●ばね弾性力の与え方（UniformAccelerationLinearMotion.html）

```
PHYSICS.physLab.balls[ i ] = new PHYSICS.Sphere({ (省略) });
PHYSICS.physLab.boxes[ i ] = new PHYSICS.Box({ (省略) });
（省略：ばね弾性力の設定）    <------------------------------------6.9.1項
（省略：粘性抵抗力の設定）    <------------------------------------5.5.2項
（省略：重力の設定）   <-------------------------------------------5.5.1項
```

6.9.4 強制減衰振動シミュレーション

図 6.32 は、異なる角振動数で上下に振動する支点を模した箱に、同じ質量（$m = 1$）の球体を同じばね定数（$k = 2$）の線形ばねで接続した様子です。支点の角振動数 $\omega_{\rm box}$ を、左から順番にばね振動子の固有角振動数 ω を用いて、$\omega_{\rm box} = \omega/3$、$2\omega/3$、$\omega$, $4\omega/3$、$5\omega/3$、$6\omega/3$ と与えています。支点の振動は遅すぎても早すぎても振動子の振幅は増幅されず、共鳴角振動数近傍となる左から 3 番目（$\omega_{\rm box} = \omega$）だけ、時間ごとに振幅が増幅することがわかります。なお、粘性抵抗係数 γ が小さいほど、振幅の最大値は大きくなります。

図 6.32 ●【シミュレータ】重力が加わった強制減衰振動運動シミュレーション

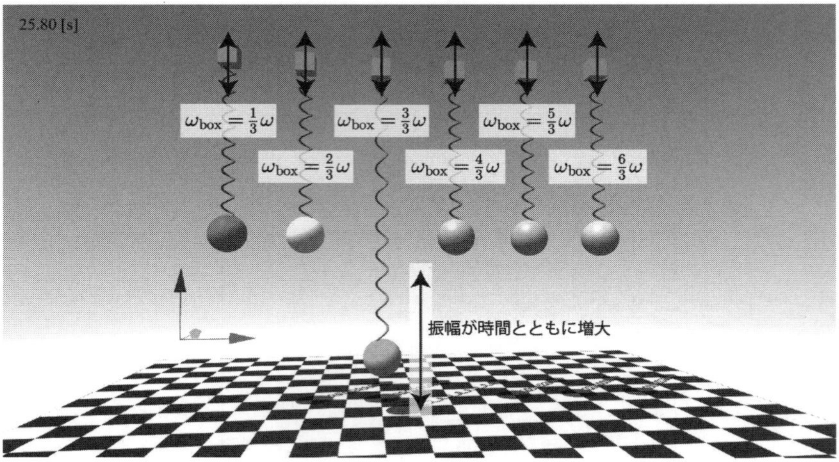

25.80 [s]

$\omega_{box} = \frac{1}{3}\omega$　$\omega_{box} = \frac{2}{3}\omega$　$\omega_{box} = \frac{3}{3}\omega$　$\omega_{box} = \frac{4}{3}\omega$　$\omega_{box} = \frac{5}{3}\omega$　$\omega_{box} = \frac{6}{3}\omega$

振幅が時間とともに増大

☞ 減衰なし：Chapter6/ForcedOscillationMotionInGravity.html（HTML）、減衰あり：Chapter6/ForcedOscillationMotionInGravityWithDamping.html（HTML）

支点の強制振動の方法

物理シミュレータにて支点の強制振動を与えるには、支点を表す箱オブジェクトにdynamicFunctionプロパティ（関数）という、計算ステップごとに実行される関数を定義します。この関数の中で、時刻に対する箱オブジェクトの位置をしてします。

プログラムソース 6.18 ●支点の位置ベクトルの指定方法

```
////////////////////////// 物理パラメータ /////////////////////////////////
(省略：ばね定数、質量、粘性抵抗係数、強制振動の振幅)
////////////////////////// 箱オブジェクトの生成 /////////////////////////////////
PHYSICS.physLab.boxes[ i ] = new PHYSICS.Box({
  (省略)
  dynamicFunction : function ( time ) {
    time = (time != undefined )
             ? time : this.physLab.step * this.physLab.dt; // 時刻の取得  <--------------- (※1)
    this.position.z = 10 + l * Math.sin( this.omega_box * time);
                                                      // 支点の位置のz座標を指定
  }
});
PHYSICS.physLab.boxes[ i ].omega_box = omega * (i+1) / 3.0;  <---------------------------- (※2)
```

（※ 1）　「this.physLab.step」と「this.physLab.dt」は、実験室の計算ステップ数と計算時間間隔を表す量です。つまり、この量の積は実験室の時刻を表します。

（※ 2） 各箱オブジェクトに異なる強制振動角振動数を与えるため、各オブジェクトに omega_box プロパティを用意して、dynamicFunction 関数内で利用します。

張力による振り子運動

ポイント

- 伸び縮みしないひもに吊り下げられたおもりの重力場中における振動運動
- 微小振動の解析解は単振動と同じ
- 微小振動の場合、振り子の周期は振幅やおもりの依存しない → **振り子の等時性**
- 一般の振動の場合、おもりの位置に関する解析解は得られない
- 距離に関する拘束力が存在するため「ニュートンの運動方程式」≠「計算アルゴリズム」 → 4.6 節
- 多重振子のおもりに加わる各張力は連立方程式で解くことができる
- 2 重振子は微小な初期値の違いによって全く異なる運動となるカオス現象の代表例

7.1 単振子運動

7.1.1 伸び縮みしないひもによる張力の数理モデル

単振子運動とは、固定された支柱とおもりの間を伸び縮みしないひも（伸び縮みしないので棒のほうが適切かもしれません）で結ばれた振り子による運動で、主に重力中であることが想定されます（重力がない場合は等速円運動になります）。振り子のおもりには支柱からの距離を一定に保つための力である**張力**が加わります。おもりを「円周上にとどめておく力」＝「張力」という意味となります。

数理モデル **重力中で単振子運動するおもりに加わる力（張力と重力）**

$$\boldsymbol{F} = \boldsymbol{S} + \boldsymbol{F}_G \tag{7.1}$$

1
2
3
4
5
6
7
8
9

図 7.1 ●重力と張力によって運動する単振子運動の数理モデル

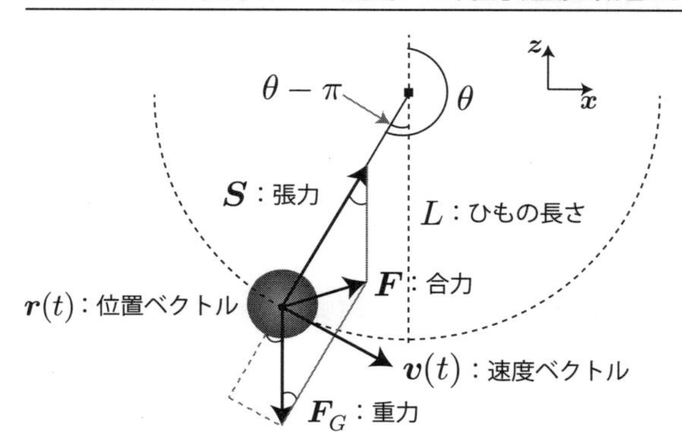

図 7.1 は、重力と張力によって運動する単振子運動の数理モデルです。振り子のおもりは、2.5.1 項で解説した 3 次元極座標系（図 2.10）にて、$\phi = 0$ とした x-z 平面上のみを運動するとします。z 軸からのなす角を θ、振り子の支点からの距離を L とします。図 7.1 からわかるとおり、張力の向きはおもりの位置から振り子の支点に向かう方向となります。

数理モデル　張力の方向

$$\boldsymbol{S} = -S\,\hat{\boldsymbol{r}}(t) \tag{7.2}$$

S は張力の大きさ（$S = |\boldsymbol{S}|$）、$\hat{\boldsymbol{r}}(t)$ は $\boldsymbol{r}(t)$ の単位ベクトルです。

数理モデル・拘束条件　単振子運動するおもりの位置ベクトル

$$|\boldsymbol{r}(t)| = L \tag{7.3}$$

この拘束条件を両辺 2 乗して時刻 t で微分することで、位置ベクトルと速度ベクトルの関係が得られます。

数学公式　位置ベクトルと速度ベクトルの関係

$$\boldsymbol{r}(t) \cdot \boldsymbol{v}(t) = 0 \tag{7.4}$$

式（7.4）は、位置ベクトルと速度ベクトルが直交することを意味します。

式（7.2）だけ見ると、式（7.1）と合わせてニュートンの運動方程式により加速度ベクトルが得られて、即座にシミュレーションを開始できるような気がします。しかしながら、式（7.3）で与えられる拘束条件の存在によって、張力の大きさSは位置ベクトル、速度ベクトルだけでなく、さらには外力（本項では重力）にも依存するため、「ニュートンの運動方程式」≠「計算アルゴリズム」となります。振動子の変位ベクトルだけで与えられるばね弾性力とは大きく異なります。3次元直交座標系における単振子運動の計算アルゴリズムは7.3.節で示します。

なお、3次元直交座標系における単振子運動のおもりに対するニュートンの運動方程式を以下に示します。

運動方程式　単振子運動のおもりに対する運動方程式（3次元直交座標系）

$$m\frac{d^2\boldsymbol{r}(t)}{dt^2} = \boldsymbol{F}_g + \boldsymbol{S}(t) \tag{7.5}$$

運動のシンプルさに加え運動方程式の見た目の簡単さに似合わず、式（7.3）と（7.4）で示した拘束条件が存在するために扱いは容易ではありません。しかしながら、拘束条件の対称性から3次元極座標系を採用することで解析的な扱いが容易となります。

7.1.2 3次元極座標系におけるニュートンの運動方程式

3次元極座標形式におけるニュートンの運動方程式は、4.4.3項で示したとおりです。図7.1で示した単振子運動の場合、x-z平面内のみの運動を考えるため、F_rとF_θが与えられれば運動方程式が得られます。なお、以下では単振子運動の支点を原点とします。

3次元極座標系における重力ベクトル

重力ベクトルは、直交座標系の単位ベクトルを用いて表した場合

$$\boldsymbol{F}_G = m\boldsymbol{g} = -mg\hat{\boldsymbol{e}}_z \tag{7.6}$$

となります。直交座標系の任意のベクトルは、式（1.50）の公式で極座標系に変換することができます。

$$\begin{aligned}\boldsymbol{F}_G &= (\boldsymbol{F}_G\cdot\hat{\boldsymbol{e}}_r)\,\hat{\boldsymbol{e}}_r + (\boldsymbol{F}_G\cdot\hat{\boldsymbol{e}}_\theta)\,\hat{\boldsymbol{e}}_\theta \\ &= -mg\cos\theta\,\hat{\boldsymbol{r}} + mg\sin\theta\,\hat{\boldsymbol{\theta}}\end{aligned} \tag{7.7}$$

3次元極座標系における張力ベクトル

一方の張力ベクトルは単振子運動の支点を原点の場合には式（7.2）で示したとおりです。3次元極座標系における張力ベクトルの方向は動径方向と一致します。

$$\boldsymbol{S} = -S\,\hat{\boldsymbol{e}}_r \tag{7.8}$$

単振子運動のおもりに加わる力とニュートンの運動方程式（3 次元極座標系）

単振子運動のおもりに加わる力ベクトルは、式（7.1）に式（7.7）と（7.8）を代入することで得られます。さらに、ニュートンの運動方程式も式（4.29）～（4.31）から直ちに得られます。

物理公式　3 次元極座標系における単振動のおもりに加わる力ベクトル

$$\boldsymbol{F} = -\left[S + mg\cos\theta\right]\hat{\boldsymbol{r}} + mg\sin\theta\,\hat{\boldsymbol{\theta}} \tag{7.9}$$

運動方程式　3 次元極座標系における単振動運動のニュートン運動方程式

$$(r\,\text{方向})\cdots\cdots -L\left(\frac{d\theta}{dt}\right)^2 = -\frac{1}{m}\left[S + mg\cos\theta\right] \tag{7.10}$$

$$(\theta\,\text{方向})\cdots\cdots L\frac{d^2\theta}{dt^2} = g\sin\theta \tag{7.11}$$

単振子運動のニュートン運動方程式は θ に関する微分方程式となります。これは、直交座標系の場合には位置ベクトルが 2 成分（x 軸成分と z 軸成分）であったのに対して、3 次元極座標系に変換したことで、自然な形で式（7.4）と（7.5）の拘束条件が加味された 1 成分に変換できたことを意味します。さらに、単振子運動は実質的に式（7.11）だけで表現され張力すら含まれません。式（7.11）は非線形方程式なので解析的に解くことはできませんが、数値的に解くことは可能です。

3 次元極座標系における張力の表式

単振子運動するおもりの運動は、式（7.11）を解くことで理解することができるため、張力を考慮する必要はありません。3 次元極座標系では、張力はむしろ $\theta(t)$ が得られた後に計算することができる量となります。式（7.10）を S について解くと、張力の表式が得られます。

物理法則　単振動運動における張力の表式

$$S = mL\left(\frac{d\theta}{dt}\right)^2 + mg\cos\theta \tag{7.12}$$

第 1 項目は遠心力に、第 2 項目は重力に対抗する力です。

7.1.3 ルンゲ・クッタで単振子運動における振れ角シミュレーション

本項では、式（7.11）で示した θ に関する非線形方程式を、ルンゲ・クッタ法を用いて数値的に解きます。その前に、おもりが最下点のときを基準とした角度、**振れ角** φ を導入します。

物理量　**振れ角（単位：rad）**

$$\varphi = \theta - \pi \tag{7.13}$$

次に、ルンゲ・クッタ法で計算するために、式（7.11）の2階の微分方程式を1階の連立微分方程式に変換します。

$$\frac{d\varphi(t)}{dt} = \omega(t) \tag{7.14}$$

$$\frac{d\omega(t)}{dt} = -\frac{g}{L}\sin\varphi(t) \tag{7.15}$$

$\varphi \to x$、$\omega \to vx$ と読み替えることで、4.6節のルンゲ・クッタ法をそのまま利用することができます。

```
// 加速度ベクトル
RK4.A = function( t, r, v ){
  return {x:- g / L * Math.sin( r.x ), y:0, z:0};   <------------ 式（7.15）
}
```

本項では、ひもの長さ $L = 10$、重力加速度 $g = 10$ として（1）静止状態と（2）最下点からの初速度を与えた場合を初期条件とします。

（1）初期条件：静止状態（$\varphi_0 \neq 0$、$\omega_0 = 0$）

図7.2は、おもりの初期振れ角として20°から180°まで20°ずつ与え、初角速度0で運動を開始した結果です。振れ角90°で水平、180°で真上を意味します。初期振れ角が大きくなるほど単振子運動の周期が長くなっていくことがわかります。これは、初期変位の大きさによらず周期が一定のばね弾性力による単振動運動とは異なります。初期振れ角が180°に近づくほど周期が大きくなり、180°で周期は無限大となります。

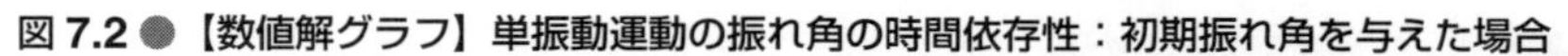

図 7.2 ●【数値解グラフ】単振動運動の振れ角の時間依存性：初期振れ角を与えた場合

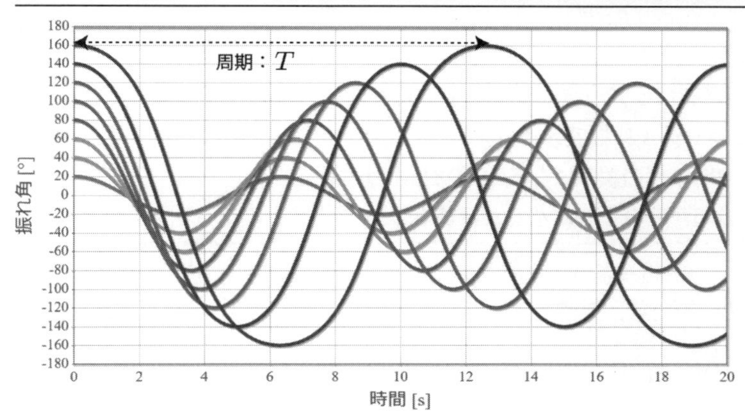

☞ Chapter7/SinglePendulumMotion_angle_RK.html（HTML）、SinglePendulumMotion_angle_RK.cpp（C++、数値データのみ／依存オブジェクト：Vector3.o, RK4.o）

（2）初期条件：最下点から初速度（$\varphi_0 = 0$、$\omega_0 \neq 0$）

図 7.3 は、おもりを最下点（$\varphi_0 = 0$）に置いて、初期角速度として 1/3 [rad/s]（60 [°/s]）から 3 [rad/s]（540 [°/s]）まで 1/3 [rad/s]（60 [°/s]）ずつ与えた結果です。初期角速度が大きいほど振れ角が大きくなり、2 [rad/s] でちょうどおもりが真上に到達していることがわかります（この真上に到達する条件は 7.1.6 項で示します）。初期角加速度が 2 [rad/s] よりも大きくなると振れ角が 180°を超えていますが、これは振り子が回転することを表します。

図 7.3 ●【数値解グラフ】単振動運動の振れ角の時間依存性：初速度を与えた場合

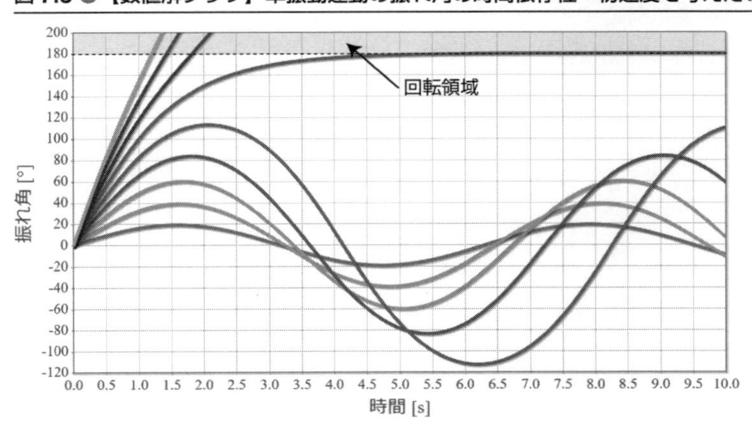

☞ Chapter7/SinglePendulumMotion_angle2_RK.html（HTML）、SinglePendulumMotion_angle2_RK.cpp（C++、数値データのみ／依存オブジェクト：Vector3.o, RK4.o）

試してみよう！

単振子運動の振れ角（数値実験）

プログラムソースの次に挙げるパラメータを変更して、様々な条件に対する非弾性ばねによるばね振動子の運動をシミュレーションしてみよう。

- ひもの長さを変更して、周期がどのようになるか確認しよう！
- 重力加速度を変更して、周期がどのようになるか確認しよう！

表●【計算パラメータ】単振子運動シミュレーション

パラメータ	初期設定値	メモ
t_min、t_max	0、20	計算時間範囲
L	10	ひもの長さ
g	10	重力加速度
phi0	Math.PI	初期振れ角
omega0	0	初期角加速度

7.1.4 【数値実験】周期の初期振れ角依存性

図 7.2 からわかるとおり、初期振れ角によって振り子の周期は異なります。そこで、プログラムを改良して、各ひもの長さに対する周期を数値計算してみます。具体的な計算手順は次のとおりです。

（1）ひもの長さ L を 1 から 10 まで指定
（2）各ひもの長さに対する振れ角の時間依存性を計算
（3）「周期」=「初期振れ角までに戻る時間」として周期を取得

図 7.4 ●【数値解グラフ】各ひもの長さごとの周期の初期振れ角依存性

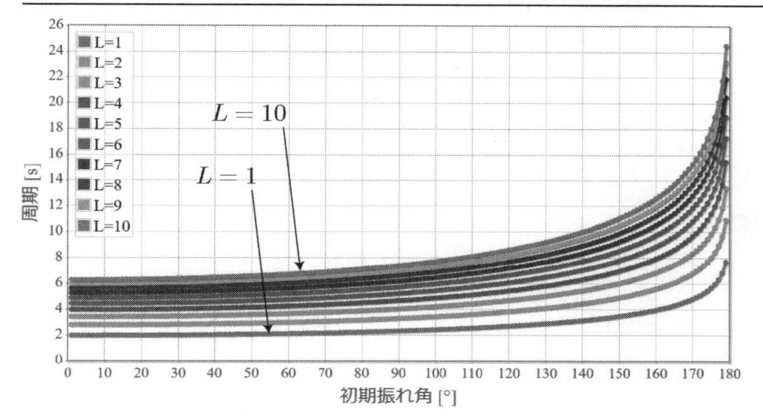

☞ Chapter7/SinglePendulumMotion_period_RK.html（HTML）、SinglePendulumMotion_period_RK.cpp（C++、数値データのみ／依存オブジェクト：Vector3.o, RK4.o）

図 7.4 は、各ひもの長さごとの周期の初期振れ角依存性です。L が大きいほど周期が長く、また、振れ角が 180°に近づくと急激に周期は長くなることがわかります。振れ角は 30°程度までは周期にほとんど変化が無いこともわかります。この振れ角が小さい時の周期は次項で示します。

7.1.5　単振子運動に関する解析解

先述のとおり、式（7.11）は θ に関する非線形微分方程式のため、一般の振れ角に対する解析解を得ることはできません。しなしながら、次の 3 つの量については解析的に導出することができます。

（1）振れ角と角速度の関係　→　張力の角度依存性
（2）振れ角の最大値　→　振り子が回転する条件
（3）振り子の周期を与える表式

（1）振れ角と角速度の関係

振れ角と角速度の関係は、式（7.11）両辺に $d\theta / dt$ を掛けて t で積分することで導かれます。初期角度と初期角速度をそれぞれ θ_0、ω_0 と表した場合、次のとおり表されます。さらに、式（7.12）から張力の角度依存性を得られます。

解析解 **単振子の振れ角と角速度の関係**

$$\omega(t) = \frac{d\theta}{dt} = \sqrt{\omega_0^2 + 2\omega_p^2(\cos\theta_0 - \cos\theta)} = \sqrt{\omega_0^2 + 2\omega_p^2(\cos\varphi - \cos\varphi_0)} \tag{7.16}$$

解析解 **単振子の張力の角度依存性**

$$S(\theta) = mL\left[\omega_0^2 + 2\omega_p^2(\cos\theta_0 - \cos\theta)\right] + mg\cos\theta = mL\left[\omega_0^2 + 2\omega_p^2(\cos\varphi - \cos\varphi_0)\right] - mg\cos\varphi \tag{7.17}$$

(2) おもりの振れの最大角

単振子運動の触れ角の最大値 $\varphi_{\max}$ は、式（7.16）右辺の角速度が 0 となる条件から得られます。

解析解 **単振子の最大振れ角**

$$\varphi_{\max} = \arccos\left[\cos\varphi_0 - \frac{1}{2}\frac{\omega_0^2}{\omega_p^2}\right] \tag{7.18}$$

式（7.18）は逆三角関数なので、逆三角関数の引数の絶対値が 1 よりも大きい場合には $\varphi_{\max}$ が虚数になります。これは、振り子が静止せずに回転し続ける状況を意味します。つまり、式（4.17）の逆三角関数の引数の絶対値が 1 よりも大きいことが、回転するための条件となります。

解析解 **単振子が回転するための初期角速度の条件**

$$\omega_0 > \omega_p\sqrt{2(\cos\varphi_0 + 1)}, \quad \omega_0 < -\omega_p\sqrt{2(\cos\varphi_0 + 1)} \tag{7.19}$$

なお、$\varphi_0 = 0$ にて $\varphi_{\max} = \pi$（180°）となる条件は、式（7.19）から $\omega_0 = 2\omega_p$ と得られます。これは、図 7.3 にて $\omega_0 = 2$ でちょうど真上で静止した結果と一致します。

(3) 振り子の周期を与える表式

振れ角が大きい場合には、周期は一定ではありません。式（7.11）にて変数変換と積分を行うことで、周期 T に関する次の表式が得られます。

解析解 **単振子の周期を表す表式**

$$T = \frac{8}{\bar{\omega}_0} \int_0^{\varphi_{\max}/2} \frac{1}{\sqrt{1-(2\omega/\bar{\omega}_0)^2 \sin^2 \phi}}\, d\phi \tag{7.20}$$

ただし、$\bar{\omega}_0$ は振り子の最大角速度（振り子が最下点を通過する場合の角速度）で、式（7.16）から

$$\bar{\omega}_0 \equiv \left.\frac{d\varphi}{dt}\right|_{\varphi(t_0)=0} = \sqrt{\omega_0^2 + 2\omega_p^2(1-\cos\varphi_0)} \tag{7.21}$$

と与えられる量です。式（7.20）右辺の積分は**第 1 種楕円積分**と呼ばれる積分で、積分結果は初等的な関数で表すことはできませんが、その性質はよく理解されています。そのため、式（7.20）は周期 T の解析解と言えます。なお、周期 T の数値解は 7.1.4 項で示すとおりです。

7.1.6 張力のポテンシャルエネルギーと力学的エネルギー保存則

単振子運動のような伸び縮みしないひもによる張力は、式（7.12）で示されたとおり、おもりの位置のみにで与えられる力ではありません。そのため、張力に対応する式（4.7）で定義されるポテンシャルエネルギーは存在しません。つまり、このように運動の経路を制限するために働く張力のような拘束力はポテンシャルエネルギーが存在しません。

単振子運動の力学的エネルギーは、おもりの運動エネルギーと重力に対するポテンシャルエネルギーの和となります。式（7.16）を、左辺に時間に依存する項、右辺に定数項を配置するように変形すると

$$\frac{1}{2} m\,[L\omega(t)]^2 + mgL\cos\theta(t) = \frac{1}{2} m\,[L\omega_0]^2 + mgL\cos\theta_0 \tag{7.22}$$

が得られます。式（3.34）で示した角速度と速度の関係 $v = L\omega$ を考慮すると、式（7.22）の両辺の第 1 項が運動エネルギー、第 2 項がポテンシャルエネルギーを表していて、両者の和は時間的に保存することがわかります。

7.1.7 微小振動の解析解

本節の最後に、単振子運動の振れ角が小さい場合に得られる解析解を示します。$\sin\varphi$ をテーラー展開して φ の高次の項を無視することで、式（7.11）は φ に対する線形常微分方程式となります。

運動方程式　微小振動における微分方程式

$$\frac{d^2\varphi}{dt^2} = -\frac{g}{L}\varphi \tag{7.23}$$

式（7.23）は、式（6.4）で示した線形ばねによる単振動運動に対する微分方程式と同一となるため、本質的には単振動運動と同じです。角振動数は次のとおりです。

解析解　単振動運動における微小振動時の角速度

$$\omega_p \equiv \sqrt{\frac{g}{L}} \tag{7.24}$$

L が大きいほど角振動数が小さく（周期は大きく）なることがわかります。また、初期振れ角 φ_0、初期角速度 ω_0 とした場合の触れ角と角速度、張力の解析解は次のとおりです。

解析解　単振動運動における微小振動の振れ角

$$\varphi(t) = \varphi_0\cos\omega_p t + \frac{\omega_0}{\omega_p}\sin\omega_p t \tag{7.25}$$

解析解　単振動運動の角速度

$$\omega(t) = \frac{d\varphi(t)}{dt} = \omega_p\left[-\varphi_0\sin\omega_p t + \frac{\omega_0}{\omega_p}\cos\omega_p t\right] \tag{7.26}$$

解析解　単振動運動の張力

$$S(t) = mL\omega_p^2\left[-\varphi_0\sin\omega_p t + \frac{\omega_0}{\omega_p}\cos\omega_p t\right]^2 - mg\cos\left[\varphi_0\cos\omega_p t + \frac{\omega_0}{\omega_p}\sin\omega_p t\right] \tag{7.27}$$

【補足説明】振り子の等時性

振り子の振れ幅が小さい場合、単振子運動の周期は式（7.14）で定義される角速度で決まる定数となります。

1 2 3 4 5 6 7 8 9

7.2 円錐振子運動

7.2.1 円錐振子運動の条件

円錐振子運動とは、重力中の単振子のおもりが同一円周上を等速円運動する運動です。振り子のひもとおもりの軌跡が円錐状になることから、この名称がつけられています。円錐振子運動の理解に必要な量を図示したのが、図 7.5 です。おもりに加わる力は単振子運動と同じです。

図 7.5 ●円錐振子運動の模式図

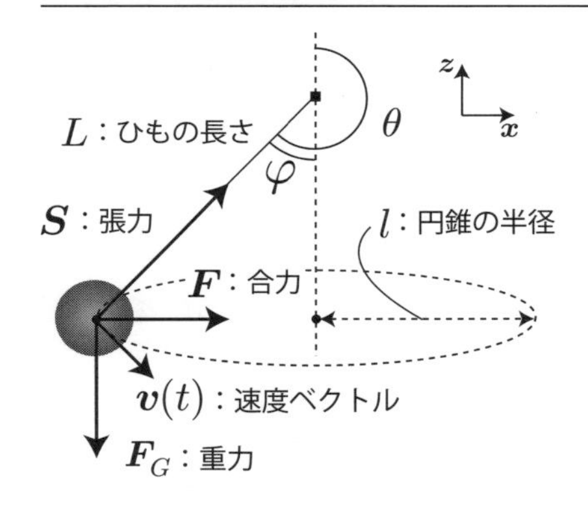

円錐振子運動が実現する条件

円錐振子運動は特定の初期条件の場合のみ実現されます。その条件は次の 2 つです。

（1）ひもからの張力と重力の合力が円周軌道平面方向を向く
（2）合力が等速円運動を実現する向心加速度を生じる

（1）の条件は、張力と重力の合力の z 成分が 0 であることを意味します。また（2）の条件は、合力が式（3.24）で示した向心加速度に質量を積算した値となることを意味します。さらに言い換えると、（1）は z 軸方向、（2）は xy 平面方向の力の釣り合いを表しています。

$$S\cos\varphi = mg \tag{7.28}$$

$$S\sin\varphi = m\frac{v^2}{l} \tag{7.29}$$

l の円錐の半径を表すので、L を用いて $l = L\sin\varphi$ と表すことができます。式（7.28）と（7.29）から、円錐振子運動するための速度の大きさの条件は次のとおりに得られます。

解析解　円錐振子運動の速度の大きさ

$$v = \pm\sqrt{\frac{gL\sin^2\varphi}{\cos\varphi}} \tag{7.30}$$

ちなみに、明示的に言及していませんが、（1）と（2）の条件には速度ベクトルが円周軌道の接線方向を向いていることも含まれます。つまり、速度ベクトルが円周軌道の接線方向かつ大きさが式（7.30）の場合のみ円錐振子運動となります。一度円錐振子運動が実現されると、外部からおもりに力が加わらない限り円錐振子運動を続けるため、初期条件として上記の条件を満たす必要があります。

7.2.2 円錐振子運動の速度の角度依存性

式（7.30）から言えることは、$\varphi = \pi/2$（90°、おもりが水平）で分母が 0 となることから速度の大きさが無限大、また、$\varphi > \pi/2$（おもりが水平より上側）では平方根の中が負になることから速度の大きさが虚数となります。つまり、円錐振子は頂点が上向きの円錐形しか存在できないことを表しています。図 7.6 は、$g = 10$、$L = 10$ とした場合、円錐振子運動の速度の大きさと角度 φ の関係です。およそ 0°から 45°あたりまでは角度と速度は比例的な関係ですが、90°に近づくにつれて急激に速度が大きくなることがわかります。

図 7.6 ●【解析解グラフ】円錐振子運動の速度と角度の関係

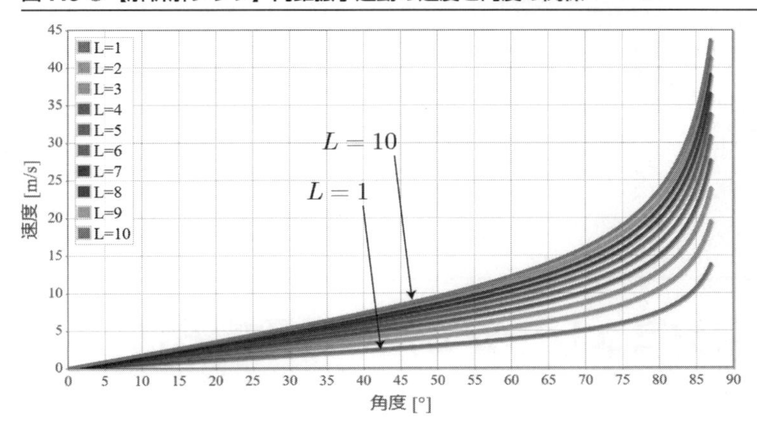

☞ Chapter7/ConicalPendulumMotion_graph.html（HTML）

7.2.3 円錐振子運動に関する解析解

向きが水平方向、大きさが式（7.30）の初速度ベクトルがおもりに与えられた場合に、円錐振子運動を行います。運動は半径 l（$= L \sin \varphi$）の等速円運動なので、位置、速度、加速度等の物理量は全て解析的に得られます。本項では、振り子の支点を原点とし、おもりの初期位置を x 軸上にとります。位置ベクトルと速度ベクトルは次のとおりです。

解析解　円錐振子運動のおもりの位置ベクトル・速度ベクトル・加速度ベクトル

$$\boldsymbol{r}(t) = l\,(\cos \omega_l t, \sin \omega_l t, z) \tag{7.31}$$

$$\boldsymbol{v}(t) = l\omega_l\,(\sin \omega_l t, -\cos \omega_l t, 0) \tag{7.32}$$

$$\boldsymbol{a}(t) = -l\omega_l^2(\cos \omega_l t, \sin \omega_l t, 0) \tag{7.33}$$

ただし、z（$= -L \cos \varphi$）は等速円運動の円周面の z 座標、ω_l（$= v / l$）は等速円運動の角速度です。この ω_l から円錐振子運動の周期も得られます。

解析解　円錐振子運動の周期

$$T = \frac{2\pi}{\omega_l} = \frac{2\pi l}{v} \tag{7.34}$$

解析解　円錐振子運動の張力ベクトルと大きさ

$$\boldsymbol{S} = \boldsymbol{F} - \boldsymbol{F}_G = -ml\omega_l^2(\cos\omega_l t, \sin\omega_l t, 0) + (0, 0, mg) \tag{7.35}$$

$$S = m\sqrt{l^2\omega_l^4 + g^2} = \frac{mg}{\cos\varphi} \tag{7.36}$$

7.3 振り子運動シミュレーションの汎用的方法

7.3.1 3 次元直交座標系における数理モデル

単振子運動や円錐振子運動では、解析に適した 3 次元極座標系を用いました。本節では単振子運動、円錐振子運動に限らず、おもりに重力と張力が加わる汎用的な系を対象とするために直交座標系を用いて、任意の運動をシミュレーションすることができる振り子運動シミュレータを開発します。本項では本シミュレータ開発に必要な数理モデルを示します。

図 7.7 ●ひもの張力によって運動するおもりの数理モデル

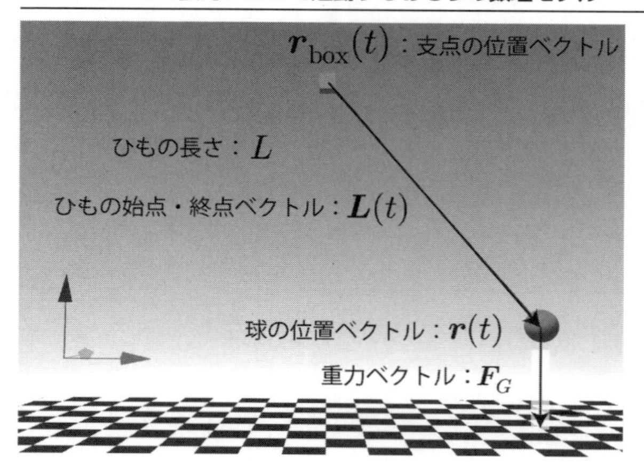

図 7.7 は、ひもの張力によって運動するおもりの数理モデルです。支柱も空間に固定ではなく移動させせることも考慮します。支柱とおもりの位置ベクトルをそれぞれ $\boldsymbol{r}_{\rm box}(t)$、$\boldsymbol{r}(t)$ とし、支柱を基準とした相対的な位置ベクトルをひもベクトルと呼んで

$$\boldsymbol{L}(t) = \boldsymbol{r}(t) - \boldsymbol{r}_{\rm box}(t) \tag{7.37}$$

と定義します。このひもベクトルを用いて張力ベクトルは次のとおり表されます。

1

数理モデル **張力の方向**

$$\boldsymbol{S} = -S\,\hat{\boldsymbol{L}}(t) \tag{7.38}$$

2

ただし、$\hat{\boldsymbol{L}}(t) = \boldsymbol{L}(t)/L$ です。伸び縮みしないひもを実現する条件は式（7.3）と（7.4）で示した拘束条件です。あらためて示しておきます。

3

数理モデル・拘束条件 **ひもベクトルの拘束条件**

$$\boldsymbol{r}(t)\cdot\boldsymbol{v}(t) = 0$$

$$|\boldsymbol{L}(t)| = |\boldsymbol{r}(t) - \boldsymbol{r}_{\rm box}(t)| = L \tag{7.39}$$

4

5

これらの拘束条件から張力と合力の表式を示します。

6

7.3.2 振り子運動の計算アルゴリズム

7

本項では、ニュートンの運動方程式（7.1）と拘束条件の式（7.39）から張力と合力を導出し、振り子のおもりの計算アルゴリズムを導出します。まず、速度ベクトルと位置ベクトルの関係は式（7.4）の導出と同様に、式（7.38）の両辺を 2 乗して時刻 t で微分することで得られます。

8

9

拘束条件 **速度ベクトルの条件**

$$[\boldsymbol{r}(t) - \boldsymbol{r}_{\rm box}(t)]\cdot[\boldsymbol{v}(t) - \boldsymbol{v}_{\rm box}(t)] = 0 \tag{7.40}$$

ただし、$\boldsymbol{v}_{\rm box}(t)$ は支点の速度ベクトルです。相対位置ベクトルと相対速度ベクトルが直交することを表しているので、おもりと支柱の位置が与えられたときの速度ベクトルの方向に制限が加えられていることを意味します。さらに、式（7.40）の両辺を時間で微分することで、加速度ベクトルに対する拘束条件が得られます。

拘束条件 **加速度ベクトルの条件**

$$[\boldsymbol{a}(t) - \boldsymbol{a}_{\rm box}(t)]\cdot[\boldsymbol{r}(t) - \boldsymbol{r}_{\rm box}(t)] + |\boldsymbol{v}(t) - \boldsymbol{v}_{\rm box}(t)|^2 = 0 \tag{7.41}$$

ただし、$\boldsymbol{a}_{\rm box}(t)$ は支点の加速度ベクトルです。相対加速度ベクトルの相対位置ベクトル成分が相対速度ベクトルの大きさと関係があることを表しているので、速度に関する拘束条件と比べると複雑ですが、加速度に関する拘束条件となっています。なお、式（7.37）の表記を用いて式（7.41）を $\boldsymbol{a}(t)$ の項について解くと

$$\boldsymbol{a}(t)\cdot\boldsymbol{L}(t)=\boldsymbol{a}_{\rm box}(t)\cdot\boldsymbol{L}(t)-|\boldsymbol{v}(t)-\boldsymbol{v}_{\rm box}(t)|^2 \tag{7.42}$$

となります。

一方、張力と重力の合力で運動するおもりの加速度ベクトルはニュートンの運動方程式から

$$\boldsymbol{a}(t)=\frac{1}{m}\left[\boldsymbol{S}(t)+\boldsymbol{F}_G\right]=\frac{1}{m}\left[-S\hat{\boldsymbol{L}}(t)+m\boldsymbol{g}\right] \tag{7.43}$$

となります。式（7.43）の右辺のうち S が未知の量となりますが、式（7.42）と（7.43）から S を決定することができます。式（7.43）の両辺に $\boldsymbol{L}(t)$ との内積をとると

$$\boldsymbol{a}(t)\cdot\boldsymbol{L}(t)=\frac{1}{m}\left[-LS+m\boldsymbol{g}_g(t)\cdot\boldsymbol{L}(t)\right] \tag{7.44}$$

となることから、式（7.41）と式（7.44）を比較して

$$S=\frac{m}{L}\left[|\boldsymbol{v}(t)-\boldsymbol{v}_{\rm box}(t)|^2-\boldsymbol{a}_{\rm box}(t)\cdot\boldsymbol{L}(t)+\boldsymbol{g}\cdot\boldsymbol{L}(t)\right] \tag{7.45}$$

と変形できます。式（7.45）は、支柱の位置ベクトル、速度ベクトル、加速度ベクトルが既知で、おもりの位置ベクトルと速度ベクトルが得られている場合には、張力の大きさが得られることを意味します。

解析解　ひもによる張力ベクトルの表式

$$\boldsymbol{S}(t)=-\frac{m}{L^2}\left[|\boldsymbol{v}(t)-\boldsymbol{v}_{\rm box}(t)|^2-\boldsymbol{a}_{\rm box}(t)\cdot\boldsymbol{L}(t)+\boldsymbol{g}\cdot\boldsymbol{L}(t)\right]\boldsymbol{L}(t) \tag{7.46}$$

解析解　振り子のおもりに加わる合力（張力と重力）

$$\boldsymbol{F}(t)=\boldsymbol{F}_G+\boldsymbol{S}(t)=m\boldsymbol{g}-\frac{m}{L^2}\left[|\boldsymbol{v}(t)-\boldsymbol{v}_{\rm box}(t)|^2-\boldsymbol{a}_{\rm box}(t)\cdot\boldsymbol{L}(t)+\boldsymbol{g}\cdot\boldsymbol{L}(t)\right]\boldsymbol{L}(t) \tag{7.47}$$

計算アルゴリズム　振り子のおもりの加速度ベクトル（張力と重力）

$$\boldsymbol{a}(t)=\boldsymbol{g}-\frac{1}{L^2}\left[|\boldsymbol{v}(t)-\boldsymbol{v}_{\rm box}(t)|^2-\boldsymbol{a}_{\rm box}(t)\cdot\boldsymbol{L}(t)+\boldsymbol{g}\cdot\boldsymbol{L}(t)\right]\boldsymbol{L}(t) \tag{7.48}$$

7.3.3 ルンゲ・クッタ法による振り子運動シミュレーション

式（7.48）で示した計算アルゴリズムを用いて、単振子運動の数値計算を行います。ルンゲ・クッタ法で計算するのに必要な加速度ベクトルを与えます。

プログラムソース 7.1 ●単振動運動シミュレーション

```
////////////////////////// 物理パラメータ //////////////////////////////////
// 支点の高さ
var z_box = 10;
// 支点の位置ベクトル・速度ベクトル・加速度ベクトル
var r_box = new Vector3( 0, 0, z_box );
var v_box = new Vector3( 0, 0, 0 );
var a_box = new Vector3( 0, 0, 0 );
// 重力加速度
var g = 10;
// 質量
var m = 1;
// ひもの長さ
var L = null;  <------------------------------------------------後で指定します
////////////////////////// 解析解 /////////////////////////////////
// 張力の大きさ
function S ( t, r, v ){  <-------------------------------------------式（7.45）
  var v_ = v.clone().sub( v_box );
  var v_abs2 = v_.lengthSq();
  var vecL = new Vector3().subVectors( r, r_box );
  return - m*( v_abs2 - a_box.dot(vecL) - g * vecL.z ) / ( L * L );
}
///////////////////////// ルンゲ・クッタ法による数値計算用 ////////////////////////
var dt = 0.01;
// 加速度ベクトル
RK4.A = function( t, r, v ){  <-------------------------------------式（7.48）
  var x = S ( t, r, v )/m * (r.x - r_box.x);
  var y = S ( t, r, v )/m * (r.y - r_box.y);
  var z = - g + S ( t, r, v )/m * (r.z - r_box.z);
  return {x: x, y:y, z:z };
}
```

図 7.8 は、初期条件として質量 $m = 1$ のおもりを支点の高さから初速度 0 で運動開始させた結果です。ひもの長さを 5 と 10 の場合を比較しています。L が大きいほど周期が長く、振れ角が最大付近の滞在時間も長い様子がわかります。

図 7.8 ● 【数値解グラフ】単振子運動の x 座標の時間依存性（t-x グラフ）

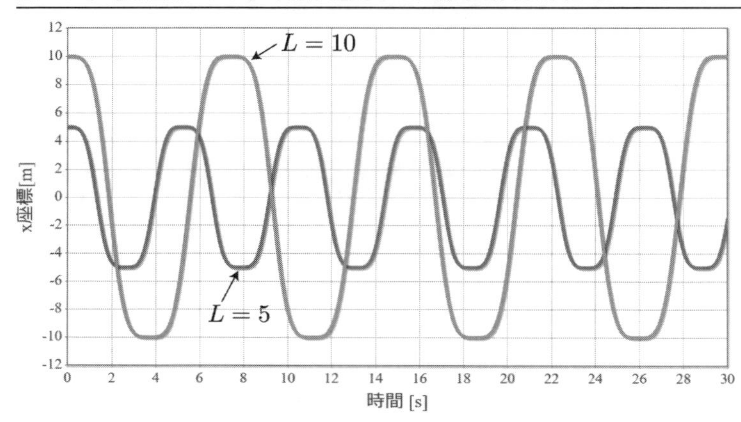

☞ Chapter7/SinglePendulumMotion_RK.html（HTML）、SinglePendulumMotion_RK.cpp（C++、数値データのみ／依存オブジェクト：Vector3.o, RK4.o）

7.3.4 ひもの長さの補正

ひもの長さは本来一定のはずですが、計算誤差の結果わずかにズレが生じます。そのズレを補正するために 2 つの力を与えます。1 つ目はズレの大きさに比例した線形ばね弾性力、2 つ目は伸び縮み方向の速度ベクトルを低減させるための粘性抵抗力です。それぞれ**補正ばね弾性力**と**補正粘性抵抗力**と呼ぶこととし、補正ばね弾性係数を k_c、補正粘性抵抗係数を γ_c と表すとします。元のひもの長さを L_0、$\hat{\boldsymbol{L}} = \boldsymbol{L}/|\boldsymbol{L}|$、$\bar{\boldsymbol{v}} = \boldsymbol{v} - \boldsymbol{v}_{\rm box}$ と表した場合の補正ばね弾性力と補正粘性抵抗力の和で定義する、**ひもの長さ補正力**は次のとおり定義することができます。

数理モデル ひもの長さ補正力＝補正ばね弾性力（第 1 項目）＋補正粘性抵抗力（第 2 項目）

$$\boldsymbol{f}_{\rm c} = -k_{\rm c}\left(|\boldsymbol{L}| - L_0\right)\hat{\boldsymbol{L}} - \beta_{\rm c}(\bar{\boldsymbol{v}} \cdot \hat{\boldsymbol{L}})\hat{\boldsymbol{L}} \tag{7.49}$$

次のプログラムソースは、このひもの長さ補正力を加えた振り子運動の加速度ベクトルです。2 つのパラメータ「compensationK」と「compensationGamma」が補正ばね弾性係数と補正粘性抵抗係数で、大きすぎると計算は不安定となり、小さすぎると効果が無くなるため、ちょうどよい値を与える必要があります。

プログラムソース 7.2 ●ひもの長さ補正力を加えた振り子の加速度ベクトル

```
// 補正パラメータ
var compensationK = 0.03;
```

```
var compensationGamma = 0.0002;
// 加速度ベクトル
RK4.A = function( t, r, v ){
  var f = new Vector3();
  f.x = S ( t, r, v )/m * (r.x - r_box.x);
  f.y = S ( t, r, v )/m * (r.y - r_box.y);
  f.z = - g + S ( t, r, v )/m * (r.z - r_box.z);
  // 長さ補正
  var L = new Vector3().subVectors( r, r_box );
  var hatL = L.clone().normalize();
  // 補正ばね弾性力
  var fk = hatL.clone().multiplyScalar( -compensationK * ( L0 - L.length() ) );
  var barV = new Vector3().subVectors( v, v_box );
  // 補正粘性抵抗力
  var fgamma = hatL.clone().multiplyScalar( -compensationGamma * barV.dot( hatL ) );
  // 張力にひもの長さ補正力加える
  f.add(fk).add(fgamma);
  return f;
}
```

図 7.9 は、前項の $L = 10$ の単振子運動にて 100 秒後のひもの長さのズレと力学的エネルギーを表示した結果です。理論的には、力学的エネルギーは $E = 100$ [J] で保存されます。補正力が 0（$k_c = 0$、$\gamma_c = 0$）の場合、ひもの長さのズレは約 1.0×10^{-7} [m] 程度であるのに対して、補正ばね弾性力のみを加えた場合は約 -3.1×10^{-10} [m] 程度と、ズレはおおよそ 1／300 に軽減されることが確認できました。さらに補正粘性抵抗力を加えると、ズレは約 1.4×10^{-11} [m] 程度と元の 1／8000 にまで軽減されます。

一方、保存量の力学的エネルギーは 1／10 程度しかズレは解消されません。これは、式（7.49）がひもの長さを一定値に保つための効果しかないことを表しています。力学的エネルギー的には効果は限定的ですが、式（7.45）張力の計算アルゴリズムはひもの長さが一定であることが前提となっているため、物理シミュレーションの安定性に対する補正の効果は非常にあります。単振子運動の場合には計算誤差はもともと小さいので問題にはなりにくいですが、瞬間的により大きな力が加わる 7.5.5 項の 2 重振子運動では、計算誤差の蓄積が早く、このひもの長さ補正力を加えないと 30 秒程度でシミュレーションが破綻してしまいます。また、2 重振子運動では、たとえ補正ばね弾性係数と補正粘性抵抗係数が一定の補正力を加えても、50 秒程度で破綻してしまいます。これは振り子に加わる力の大きさに比例して補正力を大きくする必要があることを示唆しています。具体的な補正力の改善は 7.5.5 項で解説します。

図 7.9 ●【数値解】ひもの長さと力学的エネルギーの誤差の検証

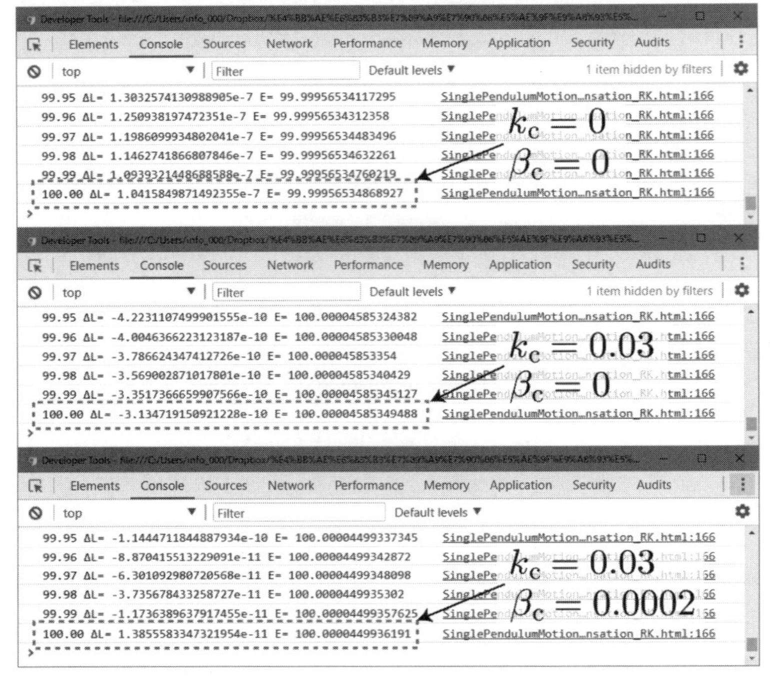

☞ Chapter7/SinglePendulumMotion_compensation_RK.html（HTML）、SinglePendulumMotion_compensation_RK.cpp（C++、数値データのみ／依存オブジェクト：Vector3.o, RK4.o）

7.4 強制振子運動

7.4.1 強制振子運動とは

強制振子運動とは、単振子の支柱を強制的に振動させることで生じる運動です。単振動運動と同様、特定の角振動数（共鳴角振動数）で支柱を振動させると、振り子の振幅が増幅されます。ただし、単振動運動とは異なり、共鳴角振動数が振り子の振幅によって異なります。図 7.10 は、強制振動運動に関係するベクトル量の模式図です。

図 7.10 ●強制振動運動に関係するベクトル量の模式図

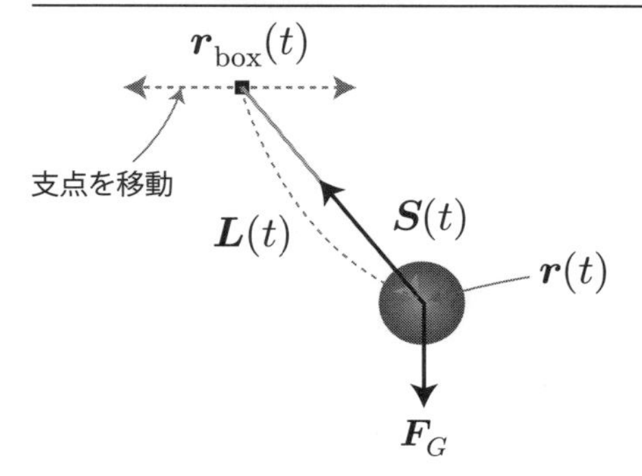

強制振子運動の例として、支点の位置を x 軸方向に振幅 l、角振動数 $\omega_{\rm box}$ で振動させます。この場合、式（7.48）の加速度ベクトルを決めるために必要な支柱の位置ベクトル、速度ベクトル、加速度ベクトルは次のとおりです。

$$\boldsymbol{r}_{\rm box}(t) = \boldsymbol{r}_{\rm box}(0) + l\sin(\omega_{\rm box}t)\,\hat{\boldsymbol{e}}_x \tag{7.50}$$

$$\boldsymbol{v}_{\rm box}(t) = l\omega_{\rm box}\cos(\omega_{\rm box}t)\,\hat{\boldsymbol{e}}_x \tag{7.51}$$

$$\boldsymbol{a}_{\rm box}(t) = -l\omega_{\rm box}^2\sin(\omega_{\rm box}t)\,\hat{\boldsymbol{e}}_x \tag{7.52}$$

7.4.2 ルンゲ・クッタ法による強制振子運動シミュレーション

7.3.3 項で解説したルンゲ・クッタ法による単振子運動シミュレーションのプログラムを、支点の強制振動に対応させます。具体的には、張力を計算する関数に式（7.50）、（7.51）、（7.52）を組み込むだけです。

プログラムソース 7.3 ●支点の強制振動関数と張力関数の定義

```
// 支点の位置ベクトル・速度ベクトル・加速度ベクトル
var r_box_function = function( t ){
  return new Vector3( l * Math.sin( omega_box * t ), 0, z_box );  <---------------- 式（7.50）
};
var v_box_function = function( t ){
  return new Vector3( l * omega_box * Math.cos( omega_box * t ), 0, 0 );  <---- 式（7.51）
};
var a_box_function = function( t ){
  return new Vector3( -l * omega_box * omega_box * Math.sin( omega_box * t ), 0, 0 );
  <--------------------------------------------------------------------------- 式（7.52）
};
```

```
// 張力の大きさ
function S ( t, r, v ){  <------------------------------------------------ 式 (7.45)
  var r_box = r_box_function( t ); // 支点の位置ベクトル
  var v_box = v_box_function( t ); // 支点の速度ベクトル
  var a_box = a_box_function( t ); // 支点の加速度ベクトル
  var v_ = v.clone().sub( v_box );
  var v_abs2 = v_.lengthSq();
  var vecL = new Vector3().subVectors( r, r_box );
  return - ( v_abs2 - a_box.dot(vecL) - g * vecL.z ) / ( L * L );
}
```

図 7.11 は、上記プログラムソースで計算した強制振動させた振り子の t-x グラフです。重力加速度 $g = 10$、ひもの長さ $L = 10$ の振動子（共鳴角振動数 $\omega_p = 1.0$）を静止状態から角振動数 $\omega_{\rm box} =$ 0.5、1.0、1.5 で支柱を振動させています。$\omega_{\rm box} = 1.0$ の場合に振幅が増幅されますが、それ以外はほとんど増幅していない様子がわかります。この条件は、式（7.24）で示した微小振動における固有角振動数と一致しています。しかしながら、振幅の増幅も 34 秒あたりがピークでその後は小さくなっていく様子もわかります。これは、振幅が大きくなるに従って固有角振動数が変化していくためです。

図 7.11 ●【数値解グラフ】強制振子運動の x 座標の時間依存性（t-x グラフ）

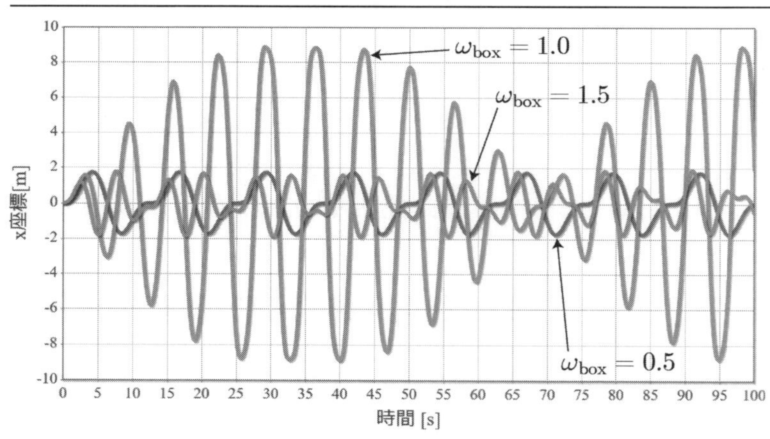

☞ Chapter7/ForcedVibrationSinglePendulumMotion_RK.html（HTML）、ForcedVibrationSinglePendulumMotion_RK.cpp（C++、数値データのみ／依存オブジェクト：Vector3.o, RK4.o）

7.4.3 【数値実験】振れ角が最大となる強制振動の角振動数は？

前項で示したとおり、強制振動の角振動数によって振れ角の最大値は異なります。本項では、解析的に求めることのできない、振れ角が最大となる強制振動の角振動数を数値的に調べてみましょう。前項と同様、重力加速度 $g = 10$、ひもの長さ $L = 10$ の振動子（共鳴角振動数 $\omega_p = 1.0$）を角振動数 0.5 から 1.5 まで 0.01 刻みで与え、時刻 $t = 0$ から 100 まで計算します。その時の振動子の z 座標の最大値（$z_{\max}$）をプロットしたのが図 7.12 です。強制振動の支点の高さをひもの長さ（L = 10）と一致させ、振動子の初期位置を $z = 0$ としています。そのため、$z_{\max}$ = 10 で振れ角 90°（水平）、$z_{\max}$ = 20 で振れ角 180°（真上）を意味します。

図 7.12 ●強制振動運動における触れの最大値（z 座標）

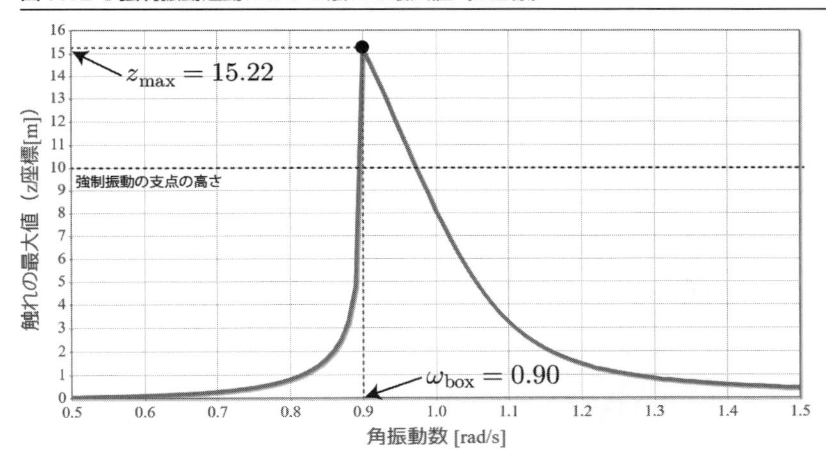

☞ Chapter7/ForcedVibrationSinglePendulumMotion_max_RK.html（HTML）、ForcedVibrationSinglePendulumMotion_RK.cpp（C++、数値データのみ／依存オブジェクト：Vector3.o, RK4.o）

このシミュレーションの結果、強制角振動数 $\omega_{\rm box}$ = 0.90 で振り子の z 座標の最大値 $z_{\max}$ = 15.22 となることがわかりました。この最大振れ角を実現する強制振動運動の z 座標の時間依存性が、図 7.13 です。おおよそ時間に比例して振幅が最大値まで大きくなって行く様子がわかります。単一の強制角振動数で振り子が一回転することは無いこともわかります。

図 7.13 ●最大振れ角を実現する強制振動運動の z 座標の時間依存性

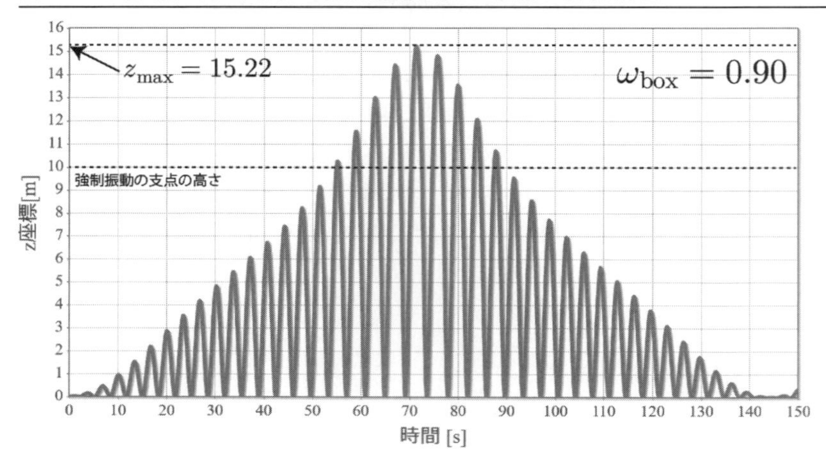

☞ Chapter7/ForcedVibrationSinglePendulumMotion_max2_RK.html（HTML）、ForcedVibrationSinglePendulumMotion_max2_RK.cpp（C++、数値データのみ／依存オブジェクト：Vector3.o, RK4.o）

7.5 多重振子運動

7.5.1 多重振子のモデルと運動方程式

これまでに解説した振り子は、支柱に伸び縮みしないひもで接続された 1 個の振り子で構成されていました。本項では、多数の振り子が任意に接続された多重振子をシミュレーションする方法を解説します。図 7.14 は i 番目のおもりに多数のおもりが接続された模式図を表しています。図では 3 つのおもりが結合されていますが、個数は何個でも問題ありません。それぞれの結合に対する張力を $\boldsymbol{f}_{ki}$ と表しています。また、i 番目のおもりの位置と質量を $\boldsymbol{r}_i$ と m_i とし、おもりに加わる外力（重力など）を $\boldsymbol{F}_i$ とします。

図 7.14 ●多数の結合が存在するおもりの模式図

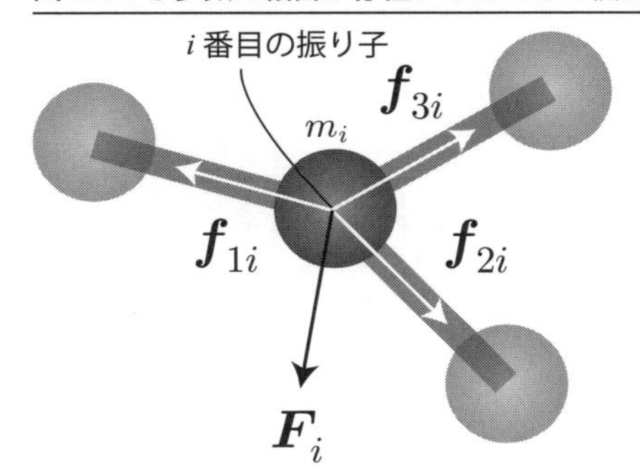

i 番目のおもりに加わる k 番目からの張力を $\boldsymbol{f}_{ki}$ と表した場合、i 番目のおもりの運動方程式は次のとおりです。

運動方程式　**多重振子の運動方程式**

$$m_i \frac{d^2 \boldsymbol{r}_i}{dt^2} = \sum_k \boldsymbol{f}_{ki} + \boldsymbol{F}_i \tag{7.53}$$

結合されている振り子の個数が N 個の場合、$i = 1$ から $i = N$ までの式（7.53）と同様の式が得られます。この N 本の運動方程式から張力に関する連立方程式を導き、数値的に解くことで多重振子の運動をシミュレーションすることができます。

7.5.2　張力に関する連立方程式の導き方

式（7.53）から導かれる N 本の運動方程式は、それぞれ 3 次元ベクトル量なので $3N$ 本の方程式となります。しかしながら、i 番目と k 番目のおもりを結合するひもの張力 $\boldsymbol{f}_{ik}$ の向きは i 番目と k 番目のおもり位置関係で一意に決まるため、大きさのみが未知の値となります。このことから、張力に関する $3N$ 本の方程式は N 本に集約することができます。本項ではその方法を解説します。

図 7.15 ● i 番目と j 番目のおもりが結合された模式図

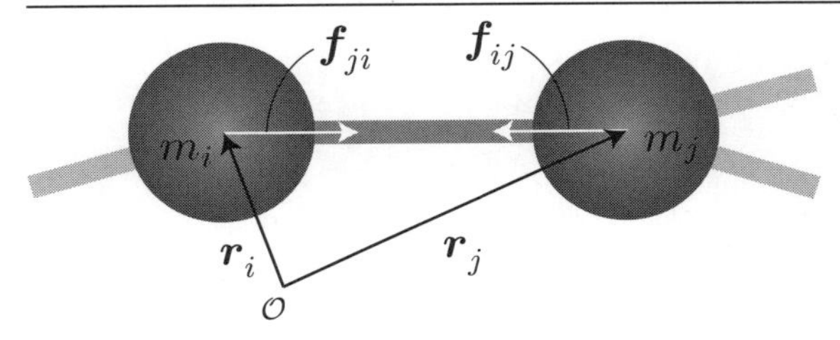

図 7.15 は、i 番目と j 番目のおもりが伸び縮みしないひもで結合された模式図です。この 2 個のおもりに着目して、張力に関する関係式を導出します。

位置ベクトル、速度ベクトル、加速度ベクトルの条件

2 つの剛体球の距離は一定に固定されているため、各々は自由に運動することができません。2 つのおもりが満たす関係式を導出します。基本となる条件式は「2 つのおもりの距離が一定」となる

$$|\boldsymbol{r}_i - \boldsymbol{r}_j| = L_{ij} \tag{7.54}$$

です。この条件式を時間微分することで、2 つの剛体球の運動に関する条件式を導出することができます。条件式を内積の形

$$(\boldsymbol{r}_i - \boldsymbol{r}_j)\cdot(\boldsymbol{r}_i - \boldsymbol{r}_j) = L_{ij}^2 \tag{7.55}$$

と表しておいて、両辺を時刻 t で微分します。

$$(\boldsymbol{v}_i - \boldsymbol{v}_j)\cdot(\boldsymbol{r}_i - \boldsymbol{r}_j) = 0 \tag{7.56}$$

この式は、速度ベクトルと位置ベクトルが満たすべき関係式で、相対位置ベクトルと相対速度ベクトルは垂直であることを意味しています。さらに時刻 t で微分します。

$$(\boldsymbol{a}_i - \boldsymbol{a}_j)\cdot(\boldsymbol{r}_i - \boldsymbol{r}_j) + |\boldsymbol{v}_i - \boldsymbol{v}_j|^2 = 0 \tag{7.57}$$

これは、加速度ベクトルと速度ベクトル、位置ベクトルが満たすべき関係式です。このように、元の結合条件を時刻で微分することで、運動に関する様々な量の関係式を導くことができます。

i 番目と j 番目のおもりの関係の導出

ニュートンの運動方程式に位置、速度、加速度に関する条件を課します。i 番目と j 番目のおもりの運動方程式を、式（7.53）から以下のとおり表しておきます。

$$\boldsymbol{a}_i = \sum_k \frac{\boldsymbol{f}_{ki}}{m_i} + \frac{\boldsymbol{F}_i}{m_i} \tag{7.58}$$

$$\boldsymbol{a}_j = \sum_k \frac{\boldsymbol{f}_{kj}}{m_j} + \frac{\boldsymbol{F}_j}{m_j} \tag{7.59}$$

式（7.57）の条件を課すために、両式の片々を引き算して位置ベクトルの差との内積をとります。

$$(\boldsymbol{a}_i - \boldsymbol{a}_j)\cdot(\boldsymbol{r}_i - \boldsymbol{r}_j) = \left\{\sum_k \left[\frac{\boldsymbol{f}_{ki}}{m_i} - \frac{\boldsymbol{f}_{kj}}{m_j}\right] + \left[\frac{\boldsymbol{F}_i}{m_i} - \frac{\boldsymbol{F}_j}{m_j}\right]\right\}\cdot(\boldsymbol{r}_i - \boldsymbol{r}_j) \tag{7.60}$$

この関係式を整理するために、i 番目と j 番目のおもりをつなぐ張力 $\boldsymbol{f}_{ij}$ を、おもりの位置ベクトルを用いて表しておきます。

$$\boldsymbol{f}_{ij} = f_{ij}\,\hat{\boldsymbol{n}}_{ij}\,,\ f_{ji} = f_{ij} \tag{7.61}$$

$$\hat{\boldsymbol{n}}_{ij} \equiv \frac{\boldsymbol{r}_i - \boldsymbol{r}_j}{|\boldsymbol{r}_i - \boldsymbol{r}_j|} \tag{7.62}$$

$\hat{\boldsymbol{n}}_{ij}$ は、j 番目のおもりの位置を基準とした i 番目のおもりの方向を表す単位ベクトルです。このように定義することで、大きさが同じで向きが正反対となる張力の作用・反作用の法則（$\hat{\boldsymbol{n}}_{ji} = -\hat{\boldsymbol{n}}_{ij}$）が自然な形で表現できます。さらに、これまでベクトル量であった未知の量を、スカラー量 f_{ij} へと変換することもできます。

式（7.54）〜式（7.62）を整理すると、式（7.60）の両辺は次のとおりになります。

$$左辺 = -|\boldsymbol{v}_i - \boldsymbol{v}_j|^2$$

$$右辺 = \sum_k \left[\frac{L_{ij}\hat{\boldsymbol{n}}_{ki}\cdot\hat{\boldsymbol{n}}_{ij}}{m_i} f_{ki} - \frac{L_{ij}\hat{\boldsymbol{n}}_{kj}\cdot\hat{\boldsymbol{n}}_{ij}}{m_j} f_{kj}\right] + \left[\frac{\boldsymbol{F}_i}{m_i} - \frac{\boldsymbol{F}_j}{m_j}\right]\cdot(\boldsymbol{r}_i - \boldsymbol{r}_j)$$

未知の量 f_{ij} を右辺に、既知の量を右辺に移項した結果が次のとおりです。

運動方程式 張力（f_{ij}）に関する連立方程式

$$\frac{1}{L_{ij}}\left[-|\boldsymbol{v}_i - \boldsymbol{v}_j|^2 - \left[\frac{\boldsymbol{F}_i}{m_i} - \frac{\boldsymbol{F}_j}{m_j}\right]\cdot(\boldsymbol{r}_i - \boldsymbol{r}_j)\right] = \sum_k \left[\frac{\hat{\boldsymbol{n}}_{ki}\cdot\hat{\boldsymbol{n}}_{ij}}{m_i} f_{ki} - \frac{\hat{\boldsymbol{n}}_{kj}\cdot\hat{\boldsymbol{n}}_{ij}}{m_j} f_{kj}\right] \tag{7.63}$$

おもりの位置ベクトル $\boldsymbol{r}$ と速度ベクトル $\boldsymbol{v}$、外力 $\boldsymbol{F}$、方向ベクトル $\hat{\boldsymbol{n}}$、質量 m、距離 L はすべて既知の量で、未知の量は張力の大きさ f です。N 個のおもりにそれぞれひもに結合されている場合（結合されていないペアも可）、未知の張力は ${}_N C_2 = N(N-1)/2$ 個存在するのに対して、式（7.63）も両辺のインデックス i と j を全ペアに対して与えることで、同数の方程式を与えることができます。つまり、式（7.63）の連立方程式を解くことで全張力を決定することができます。なお、ひもで結合されていないペアの場合、そのペアに対する方向ベクトルを 0（$\hat{\boldsymbol{n}}_{○△} = 0$）とすることで対応することができます。

7.5.3 振り子運動で式（7.63）を検証

式（7.63）を検証するために、式（7.48）で示した支点と振動子が1個の場合の強制振子の計算アルゴリズムを導出してみましょう。式（7.63）の右辺の和は、$k = i$ と j の場合のみとなります。式（7.61）と（7.62）を考慮すると次のとおりになります。

$$\frac{1}{L_{ij}}\left[-|\boldsymbol{v}_i - \boldsymbol{v}_j|^2 - \left[\frac{\boldsymbol{F}_i}{m_i} - \frac{\boldsymbol{F}_j}{m_j}\right]\cdot(\boldsymbol{r}_i - \boldsymbol{r}_j)\right] = -\left[\frac{1}{m_i} + \frac{1}{m_j}\right] f_{ij} \tag{7.64}$$

式（7.64）は、すでに未知の量は f_{ij} ひとつなので実質的には連立方程式にはなりません。f_{ij} について解くことで張力が得られたことになります。

強制振子運動を想定して、i 番目を振り子のおもり、j 番目を支点とします。強制振子は支点が外場とは関係なく移動するので、$m_j = \infty$ としつつ速度を $\boldsymbol{v}_j \neq 0$、加速度を $\boldsymbol{a}_j = \boldsymbol{F}_j/m_j$ とします。おもりの $\boldsymbol{F}_i = m_i\boldsymbol{g}$ を与えて整理すると

$$f_{ij} = \frac{m_i}{L_{ij}}\left[|\boldsymbol{v}_i - \boldsymbol{v}_j|^2 + (\boldsymbol{g} - \boldsymbol{a}_j)\cdot(\boldsymbol{r}_i - \boldsymbol{r}_j)\right] \tag{7.65}$$

となります。最後に、式（7.46）に合わせるために、$\boldsymbol{L} = L_{ij}\hat{\boldsymbol{n}}_{ij}$ を踏まえて $\boldsymbol{S}(t) = f_{ij}\,\hat{\boldsymbol{n}}_{ji} = -f_{ij}\boldsymbol{L}$ と変換することで、強制振子運動における張力を正しく導出できることが示されました。なお、式（7.63）の外場による加速度で置き換え（$\boldsymbol{F}_{\bigcirc}/m_{\bigcirc} = \boldsymbol{a}_{\bigcirc}^{(\mathrm{e})}$）たほうが、一般性があることがわかりました。

運動方程式 **張力（f_{ij}）に関する連立方程式（改）**

$$\frac{1}{L_{ij}}\left[-|\boldsymbol{v}_i - \boldsymbol{v}_j|^2 - \left(\boldsymbol{a}_i^{(\mathrm{e})} - \boldsymbol{a}_j^{(\mathrm{e})}\right)\cdot(\boldsymbol{r}_i - \boldsymbol{r}_j)\right] = \sum_k\left[\frac{\hat{\boldsymbol{n}}_{ki}\cdot\hat{\boldsymbol{n}}_{ij}}{m_i}f_{ki} - \frac{\hat{\boldsymbol{n}}_{kj}\cdot\hat{\boldsymbol{n}}_{ij}}{m_j}f_{kj}\right] \tag{7.66}$$

7.5.4 2重振子運動の計算アルゴリズム

式（7.66）を用いて、図7.16で示した2重振子運動の計算アルゴリズムの導出を行います。強制振動運動させることを想定して、支点の位置、速度、加速度ベクトルを $\boldsymbol{r}_0$、$\boldsymbol{v}_0$、$\boldsymbol{a}_0$、2つの振り子の位置、速度と外力ベクトルをそれぞれ $\boldsymbol{r}_1$、$\boldsymbol{v}_1$、$\boldsymbol{F}_1$ と $\boldsymbol{r}_2$、$\boldsymbol{v}_2$、$\boldsymbol{F}_2$ と表します。2つの張力の大きさ f_{01} と f_{12} を式（7.66）から導きます。なお、ひもの張力は式（7.61）と式（7.62）で定義されます。

図 7.16 ● 2 重振子の模式図

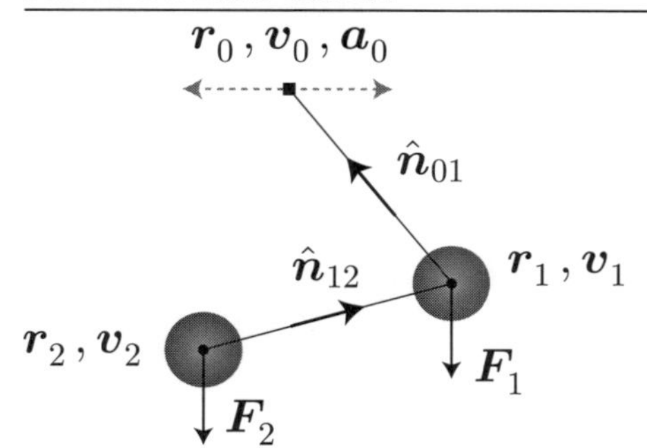

式（7.66）にて、$m_0 = 0$、方向ベクトルの $\hat{\boldsymbol{n}}_{01} \cdot \hat{\boldsymbol{n}}_{12}$ 以外が 0 であることを考慮して、$(i, j) = (0, 1)$、$(i, j) = (1, 2)$ の組み合わせで得られる f_{01} と f_{12} に関する 2 つの方程式は次のとおりです。

運動方程式　張力（f_{01}、f_{12}）に関する連立方程式

$$A_{01} = -\frac{f_{01}}{m_1} + \frac{\hat{\boldsymbol{n}}_{01} \cdot \hat{\boldsymbol{n}}_{12}}{m_1} f_{12} \tag{7.67}$$

$$A_{12} = \frac{\hat{\boldsymbol{n}}_{01} \cdot \hat{\boldsymbol{n}}_{12}}{m_1} f_{01} - \left(\frac{1}{m_1} + \frac{1}{m_2}\right) f_{12} \tag{7.68}$$

ただし、式（7.66）の左辺を A_{ij} と表しています。式（7.67）と式（7.68）から、2 つの張力の大きさ f_{10} と f_{12} は次のとおりに得られます。

解析解　2 重振子の 2 つのひもの張力の大きさ

$$f_{01} = -\left[\frac{m_1(m_1 + m_2)}{m_1 + m_2[1 - (\hat{\boldsymbol{n}}_{01} \cdot \hat{\boldsymbol{n}}_{12})^2]}\right] A_{01} - \left[\frac{m_1 m_2 (\hat{\boldsymbol{n}}_{01} \cdot \hat{\boldsymbol{n}}_{12})}{m_1 + m_2[1 - (\hat{\boldsymbol{n}}_{01} \cdot \hat{\boldsymbol{n}}_{12})^2]}\right] A_{12} \tag{7.69}$$

$$f_{12} = -\left[\frac{m_1 m_2 (\hat{\boldsymbol{n}}_{01} \cdot \hat{\boldsymbol{n}}_{12})}{m_1 + m_2[1 - (\hat{\boldsymbol{n}}_{01} \cdot \hat{\boldsymbol{n}}_{12})^2]}\right] A_{01} - \left[\frac{m_1 m_2}{m_1 + m_2[1 - (\hat{\boldsymbol{n}}_{01} \cdot \hat{\boldsymbol{n}}_{12})^2]}\right] A_{12} \tag{7.70}$$

式（7.61）より、張力の大きさは $f_{01} = f_{10}$、$f_{12} = f_{21}$ を満たす反面、方向ベクトルは $\hat{\boldsymbol{n}}_{01} = -\hat{\boldsymbol{n}}_{10}$、$\hat{\boldsymbol{n}}_{12} = -\hat{\boldsymbol{n}}_{21}$ と符号が反転する点に注意しつつ、各振り子に加わる全ての力ベクトルを計算することで、式（7.58）より加速度ベクトルを得ることができます。この加速度ベクトルは拘束条件を満たしているため、目的に応じた数値計算を行うことができます。

計算アルゴリズム 2重振子の各振り子の加速度ベクトル（張力と重力）

$$\boldsymbol{a}_1 = \frac{\boldsymbol{f}_1}{m_1} = \frac{\boldsymbol{f}_{01} + \boldsymbol{f}_{21} + \boldsymbol{F}_1}{m_1} = \frac{f_{01}}{m_1}\hat{\boldsymbol{n}}_{01} - \frac{f_{12}}{m_1}\hat{\boldsymbol{n}}_{12} + \boldsymbol{g} \tag{7.71}$$

$$\boldsymbol{a}_2 = \frac{\boldsymbol{f}_2}{m_2} = \frac{\boldsymbol{f}_{12} + \boldsymbol{F}_2}{m_2} = \frac{f_{12}}{m_2}\hat{\boldsymbol{n}}_{12} + \boldsymbol{g} \tag{7.72}$$

7.5.5 ルンゲ・クッタ法による2重振子運動シミュレーション

式（7.71）と式（7.72）で示した計算アルゴリズムを用いて、2重振子運動の数値計算を行います。2つの振り子は独立ではないので、4.6.5項で解説した多体系用ルンゲ・クッタ法計算ライブラリ RK4_Nbody を用いる必要があり、各振り子の加速度ベクトルを指定する RK4_Nbody.A を示します。引数 rs と vs には、2つの物体の位置ベクトルと速度ベクトルを配列で渡されます。

なお、7.3.4項で触れましたが、2重振子運動では瞬間的に大きな力が加わるため、ひもの長さ補正力を与える補正ばね弾性係数と補正粘性抵抗係数が一定値のままでは破綻してしまいます。そのため、力の大きさ（加速度の大きさ）に比例した補正ばね弾性係数と補正粘性抵抗係数を与えるように改良します。以下のプログラムの（※）を参照してください。

プログラムソース 7.4 ● 2重振子運動シミュレーション

```
// 補正パラメータ
var compensationK = 0.02;       // 補正ばね弾性係数
var compensationGamma = 1.0;    // 補正粘性抵抗係数
var compensationFactor = 1/10; // 補正倍率因子 <------------------------------------------------------- （※）
///////////////////////////// 解析解 ///////////////////////////////////
// 支点の位置ベクトル・速度ベクトル・加速度ベクトル
var r_box = new Vector3( 0, 0, z_box );
var v_box = new Vector3( 0, 0, 0 );
var a_box = new Vector3( 0, 0, 0 );
// 重力加速度ベクトル
var vec_g = new Vector3( 0, 0, -g );
// 連立方程式の左辺
function A( rs, vs, i, j ){ <--------------------------------------------------------------式（7.66）の左辺
  // 相対位置ベクトル
  var ri = ( i>0 )? rs[ i-1 ] : r_box;
  var rj = ( j>0 )? rs[ j-1 ] : r_box;
  var rij = new Vector3().subVectors( ri, rj );
  // 相対速度ベクトル
  var vi = ( i>0 )? vs[ i-1 ] : v_box;
  var vj = ( j>0 )? vs[ j-1 ] : v_box;
```

```
  var vij = new Vector3().subVectors( vi, vj );
  // 相対加速度ベクトル
  var ai = ( i>0 )? vec_g : a_box;
  var aj = ( j>0 )? vec_g : a_box;
  var aij = new Vector3().subVectors( ai, aj );
  var L = ( i == 0 )? L01 : L12;
  return ( - vij.lengthSq() - aij.dot( rij ) ) / L;
}
// f_{01}を計算
function f01( rs, vs, cos ){  <------------------------------------------ 式 (7.70)
  var bunbo = m1 + m2 * ( 1 - cos*cos );
  return -m1 * ( m1 + m2 ) / bunbo * A( rs, vs, 0, 1 )
            -m1 * m2 * cos / bunbo * A( rs, vs, 1, 2 ) ;
}
// f_{12}を計算
function f12( rs, vs, cos ){  <------------------------------------------ 式 (7.69)
  var bunbo = m1 + m2 * ( 1 - cos*cos );
  return -m1 * m2 * cos  / bunbo * A( rs, vs, 0, 1 )
               - m1 * m2 / bunbo * A( rs, vs, 1, 2 ) ;
}
//////////////// ルンゲ・クッタ法による数値計算用 ////////////////////////
var dt = 0.01;
// 加速度ベクトル
RK4_Nbody.A = function( t, rs, vs ){
  var N = rs.length;
  var outputs = [];
  // 方向ベクトル
  var n01 = new Vector3().subVectors( r_box, rs[ 0 ] ).normalize();
  var n12 = new Vector3().subVectors( rs[ 0 ], rs[ 1 ] ).normalize();
  // なす角の余弦
  var cos = n01.dot( n12 );
  // 振子1へ加わる加速度  <------------------------------------------------ 式 (7.71)
  outputs[ 0 ] = vec_g.clone();
  outputs[ 0 ].add( n01.clone().multiplyScalar(  f01( rs, vs, cos ) / m1 ) )
              .add( n12.clone().multiplyScalar( -f12( rs, vs, cos ) / m1 ) );
  // 振子2へ加わる加速度  <------------------------------------------------ 式 (7.72)
  outputs[ 1 ] = vec_g.clone();
  outputs[ 1 ].add( n12.clone().multiplyScalar(  f12( rs, vs, cos ) / m2 ) );
//////////////// ひもの長さ補正力の計算/////////////////////////////////
  // 現時点の長さ
  var _L01 = new Vector3().subVectors( r_box, rs[ 0 ] ).length();
  var _L12 = new Vector3().subVectors( rs[ 0 ], rs[ 1 ] ).length();
  // 補正倍率
  var ratio = ( outputs[ 0 ].length() + outputs[ 1 ].length() )
                                       * compensationFactor;  <------------------ (※)
  // 補正ばね弾性力
  var fk01 = n01.clone().multiplyScalar( -(_L01 - L01) * compensationK * ratio );
```

```
    var fk10 = fk01.clone().multiplyScalar( -1 );
    var fk12 = n12.clone().multiplyScalar( -(_L12 - L12) * compensationK * ratio );
    var fk21 = fk12.clone().multiplyScalar( -1 );
    var v01 = new Vector3().subVectors( v_box,   vs[ 0 ] );
    var v12 = new Vector3().subVectors( vs[ 0 ], vs[ 1 ] );
    // 補正粘性抵抗力
    var fgamma01 = n01.clone().multiplyScalar( compensationGamma * v01.dot( n01 )
                                                                      * ratio );
    var fgamma10 = fgamma01.clone().multiplyScalar( -1 );
    var fgamma12 = n12.clone().multiplyScalar( compensationGamma * v12.dot( n12 )
                                                                      * ratio );
    var fgamma21 = fgamma12.clone().multiplyScalar( -1 );
    // ひもの長さ補正力を加える
    outputs[ 0 ].add( fk01 ).add( fk21 ).add( fgamma01 ).add( fgamma21 );
    outputs[ 1 ].add( fk12 ).add( fgamma12 );
  //////////////////////////////////////////////////////// /
    return outputs;
  }
```

（※）　補正対象の振り子の加速度の大きさから補正倍率 `ratio` を決定します。その補正倍率の大きさを与える因子が `compensationFactor` です。この因子を `1/10` と与えているのは理由は、試行結果から得られた経験則です。

図 7.17 は、支点の高さが 2 [m]、2 つのひもの長さが 1 [m]、2 つの振り子の重さが 1 [kg] の 2 重振子の運動の軌跡です（10 秒間）。最下点の状態から 2 つ目の振り子に初速度を与えています。内側の円は 1 つ目の振り子の軌跡、複雑な軌跡が 2 つ目の振り子です。意図通りの数値計算が実現できていることが確認できます。

図 7.17 ●【数値解グラフ】2 重振子運動シミュレーションの軌跡（x-z グラフ）

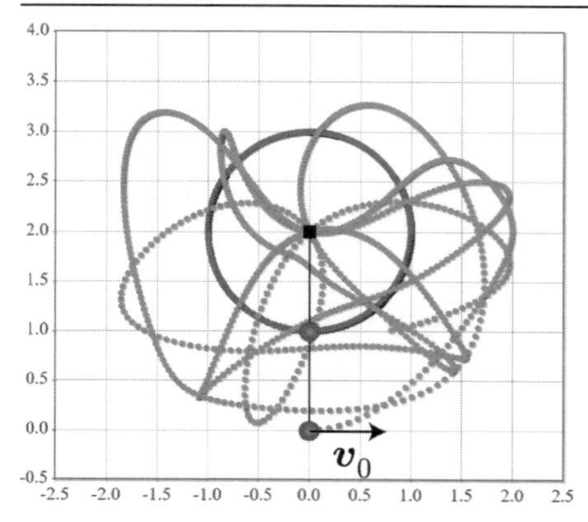

☞ Chapter7/DoublePendulum_RK.html（HTML）、DoublePendulum_RK.cpp（C++、数値データのみ／依存オブジェクト：Vector3.o, RK4_Nbody.o）

試してみよう！

- ひもの長さ補正力を与える係数を 0 として計算した場合、どの程度で計算が破綻するかを確かめよう！
- 初速度を拘束条件を無視して与えた場合に、シミュレーションが直ちに破綻することを確かめよう！

2 重振子の強制振動運動

支点の位置ベクトル（r_box）、速度ベクトル（v_box）、加速度ベクトル（a_box）を、7.4.2 項で定義した r_box_function 関数、v_box_function 関数、a_box_function 関数に置き換えることで強制振動運動させることができます。図 7.18 は、静止状態から支点を左右に振動させた結果です（10 秒間）。意図通りの数値計算が実現できていることが確認できます。

図 7.18 ● 【数値解グラフ】2 重振子強制振動運動の軌跡（x-z グラフ）

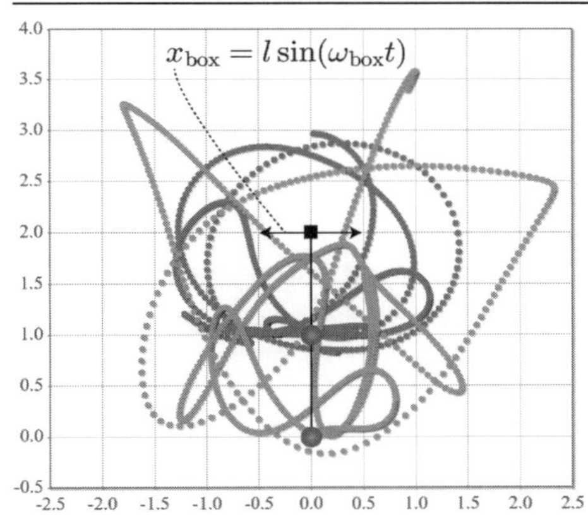

☞ Chapter7/ForcedVibrationDoublePendulum_RK.html（HTML）、ForcedVibrationDoublePendulum_RK.cpp（C++、数値データのみ／依存オブジェクト：Vector3.o, RK4_Nbody.o）

7.5.6　2 重振子運動のカオス現象

カオス現象とは、物理学の基礎方程式が成り立つ系にも関わらず、特定の条件で引き起こされる予測できない複雑な運動のことを指します。前項で示した 2 重振子運動は、このカオス現象を表す有名な例として知られています。図 7.19 は、図 7.17 と同じ条件で計算した内側と外側の振り子の t-z グラフです。2 つの振り子の運動は規則性が見られず、古典物理学の基礎方程式であるニュートンの運動方程式を満たしているにも関わらず、まるでランダムに運動しているようにも見えます。この運動は同じ初期条件が与えられれば必ず同じ振る舞いとなる決定論的法則に従い、もちろんランダムではありません。この未来の予測不可能性はカオス現象の本質の 1 つです。

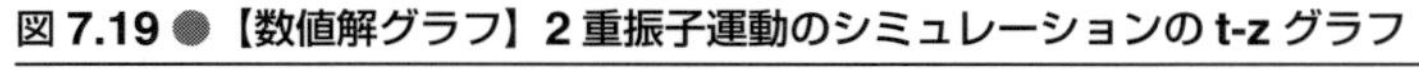

図 7.19 ●【数値解グラフ】2 重振子運動のシミュレーションの t-z グラフ

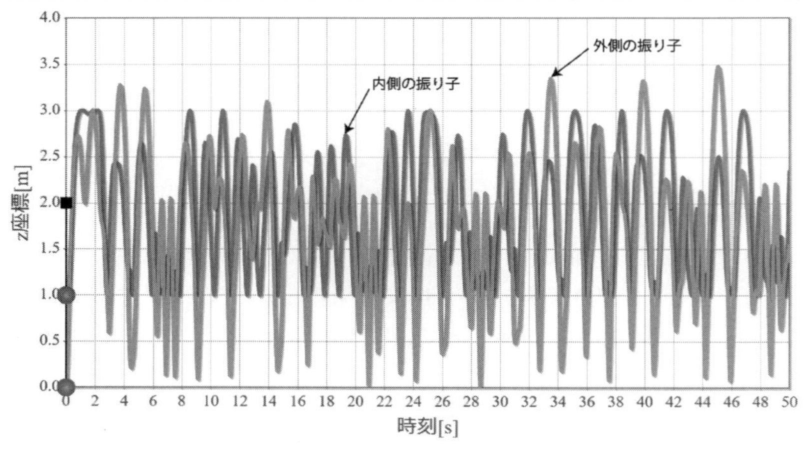

☞ Chapter7/DoublePendulum2_RK.html（HTML）、DoublePendulum2_RK.cpp（C++、数値データのみ／依存オブジェクト：Vector3.o, RK4_Nbody.o）

初期値のわずかな違いによる軌道の違い

はじめに問題です。2 つの 2 重振子を用意して、外側の振り子の初速度を 10^{-15} [m／s] だけ変化させたとします。2 つの 2 重振子運動を開始した場合、図 7.19 のスケールで何秒後に運動の違いが現れるでしょうか。ちなみに 10^{-15} とは、倍精度浮動小数点数（64 ビット）の有効桁における最小値程度です。

図 7.20 は、2 つの 2 重振子運動の外側の振り子の軌跡です。初速度 10^{-15} [m／s] の違いは時間とともに増幅され、わずか 17 秒強でこのスケールでの違いとして現れます。つまり、カオス現象が生じる系では、無限精度が実現できない限り再現性を担保することができません。この初期値敏感性がカオス現象の 2 つ目の本質として知られています。ちなみに天気予報が長期的に予測できないこともカオス現象が関係していると考えられています。

図 7.20 ●【数値解グラフ】初速度 10^{-15} だけ異なる 2 重振子運動の軌跡

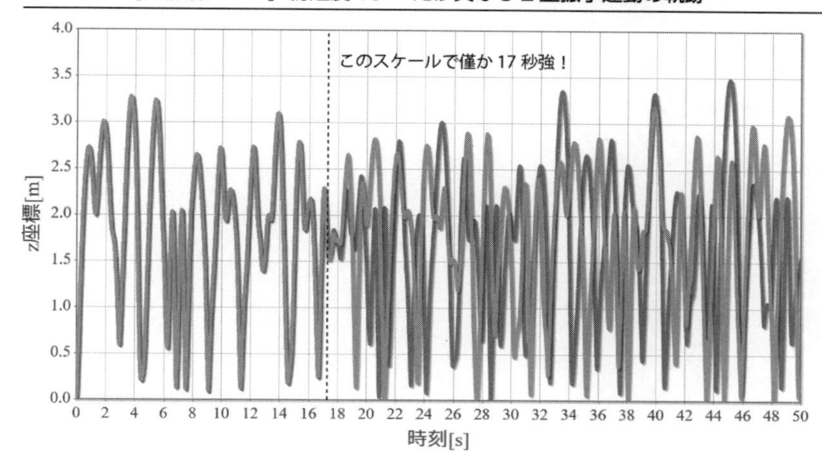

☞ Chapter7/DoublePendulum3_RK.html（HTML）、DoublePendulum3_RK.cpp（C++、数値データのみ／依存オブジェクト：Vector3.o, RK4_Nbody.o）

7.5.7　ルンゲ・クッタ法とガウスの消去法による多重振子運動シミュレーション

任意の個数の振り子が連なった多重振子運動をシミュレーションするための手順を示します。7.5.4 項では、2 つの振り子に加わる張力を、式（7.66）から式（7.69）、（7.70）で示したように手で計算しました。しかしながら、個数が増えるごとに非常に大変な作業となってしまいます。そこで、式（7.66）の連立方程式を 1.7 項で解説したガウスの消去法を用いて数値的に解くことで、f_{ij} の値を決定します。振り子が N 個の場合、未知の変数は f_{01}、f_{12}、f_{23} $\cdots$ $f_{N-1,N}$ の N 個となります。次のプログラムソースでは、ひものつなぎ方を任意に設定できるように考慮しています。

プログラムソース 7.5 ●多重振子運動シミュレーション

```
//////////////////////////// 物理パラメータ ////////////////////////////
// 質量
var m = [ Infinity, 1, 1, 1 ];  <------------------------------------ (※1-1)
// 初速度
var v0 = [ 0, 0, 0, 15];  <------------------------------------------ (※1-2)
// ひもの長さ
var L = [1, 1, 1];  <------------------------------------------------ (※1-3)
// 重力加速度ベクトル
var vec_g = new Vector3( 0, 0, -g );
// 支点の高さ
var z_box = L[ 0 ] + L[ 1 ] + L[ 2 ];
///////////////////////// 準備 /////////////////////////
```

```
// 外力のみの場合の加速度ベクトル
var a = [];  <---------------------------------------式（7.66）左辺のa^{\rm (e)}に対応
for( var i = 0; i<m.length; i++ ){
  if( m[i] != Infinity ) a.push( vec_g.clone() ); // 重力加速度
  else a.push( new Vector3() );                   // 支点は停止
}
// f_{ij}の変数番号を格納する配列cs[i][j]の準備
var cs = [];
for(var i = 0; i < m.length; i++ ){
  cs[ i ] = [];
  for(var j = 0; j < m.length; j++ ){
    cs[ i ][ j ] = undefined;
  }
}
var nn = 0;  <----------------------------------------------------------- (※2-1)
for(var i = 0; i < m.length; i++ ){
  for(var j = i; j < m.length; j++ ){
    if( i == j || Math.abs( i - j ) != 1 ) continue;
    if( m[ i ] == Infinity && m[ j ] == Infinity ) continue;
    cs[ i ][ j ] = nn;  <------------------------------------------------ (※2-2)
    nn++;
  }
}
// 変数の数
var NN = nn;
// 連立方程式用の行列の初期化
var J = [];  <-------------------------------------------------------------1.7.5項
for(var ni = 0; ni < NN; ni++ ){
  J[ ni ] = [];
  for(var nj = 0; nj <= NN; nj++ ){
    J[ ni ][ nj ] = 0;
  }
}
// ひもの長さL_{ij}を格納する配列
var Ls = [];
for(var i = 0; i < m.length; i++ ){
  Ls[ i ] = [];
  for(var j = i + 1; j < m.length; j++ ){
    if( cs[ i ][ j ] != undefined ) Ls[ i ][ j ] = L[ i ];
  }
}
////////////////// ルンゲ・クッタ法による数値計算用 ////////////////////
var dt = 0.01;
// 加速度ベクトル
RK4_Nbody.A = function( t, rs, vs ){
  var N = rs.length;
```

```
var outputs = [];
// 方向ベクトル（接続されていない場合は0ベクトル）
var n = [];
for(var i = 0; i < rs.length; i++ ){
  n[ i ] = [];
  for(var j = 0; j < rs.length; j++ ){
    if( cs[ i ][ j ] != undefined || cs[ j ][ i ] != undefined ){
      n[ i ][ j ] = new Vector3().subVectors( rs[ i ], rs[ j ] ).normalize();
<------------------------------------------------------------------------------ (※3)
    } else {
      n[ i ][ j ] = new Vector3();
    }
  }
}
// 連立方程式用行列の初期化
for(var ni = 0; ni < NN; ni++ ){
  for(var nj = 0; nj <= NN; nj++ ){
    J[ ni ][ nj ] = 0;
  }
}
var nn = 0;
for(var i = 0; i < rs.length; i++ ){
  for(var j = 0; j < rs.length; j++ ){
    if( cs[ i ][ j ] == undefined ) continue;
    // 相対位置ベクトル
    var rij = new Vector3().subVectors( rs[ i ], rs[ j ] );
    // 相対速度ベクトル
    var vij = new Vector3().subVectors( vs[ i ], vs[ j ] );
    // 相対加速度ベクトル
    var aij = new Vector3().subVectors( a[i], a[j] );
    // 定数項
    J[ nn ][ NN ] = ( -vij.lengthSq() - aij.dot( rij ) ) / L[ i ][ j ];
<----------------------------------------------------------------------式（7.66）の右辺
    for(var k = 0; k < rs.length; k++ ){
      var fik =  n[ i ][ k ].dot( n[ i ][ j ] ) / m[ i ];  <------------------ (※4-1)
      var fjk = -n[ j ][ k ].dot( n[ i ][ j ] ) / m[ j ];  <------------------ (※4-2)
      if     ( i < k && cs[ i ][ k ] !== undefined )
                 J[ nn ][ cs[ i ][ k ] ] += fik;  <---------------------------- (※5-1)
      else if( i > k && cs[ k ][ i ] !== undefined )
                 J[ nn ][ cs[ k ][ i ] ] += fik;  <---------------------------- (※5-2)
      if     ( j < k && cs[ j ][ k ] !== undefined )
                 J[ nn ][ cs[ j ][ k ] ] += fjk;  <---------------------------- (※5-3)
      else if( j > k && cs[ k ][ j ] !== undefined )
                 J[ nn ][ cs[ k ][ j ] ] += fjk;  <---------------------------- (※5-4)
    }
    nn++;
```

```
    }
  }
  var Ans = solveSimultaneousEquations( J );  <----------------------------------------- 1.7.5項 (※6)
  for(var i = 0; i < rs.length; i++ ){
    outputs[ i ] = a[ i ].clone();
  }
  var nn = 0;
  for(var i = 0; i < rs.length; i++ ){
    for(var j = 0; j < rs.length; j++ ){
      if( cs[ i ][ j ] == undefined ) continue;
      outputs[ i ].add( n[i][j].clone().multiplyScalar( Ans[nn] / m[ i ]));  <- (※7-1)
      outputs[ j ].add( n[i][j].clone().multiplyScalar(-Ans[nn] / m[ j ]));  <- (※7-2)
      nn++;
    }
  }

  // ひもの長さの補正力
  for(var i = 0; i < rs.length; i++ ){
    for(var j = 0; j < rs.length; j++ ){
      if( cs[ i ][ j ] == undefined ) continue;
      var L = new Vector3().subVectors( rs[ i ], rs[ j ] ).length();
      // 補正倍率
      var ratio = ( outputs[ i ].length() + outputs[ j ].length() )
                                                     * compensationFactor;
      // 補正弾性力
      var fkij = n[ i ][ j ].clone().multiplyScalar( -( L - Ls[ i ][ j ] )
                                                * compensationK * ratio );
      var fkji = fkij.clone().multiplyScalar( -1 );
      var vij = new Vector3().subVectors( vs[ i ], vs[ j ] );
      // 補正粘性抵抗力
      var fgammaij = n[ i ][ j ].clone().multiplyScalar( compensationGamma
                                       * vij.dot( n[ i ][ j ] ) * ratio );
      var fgammaji = fgammaij.clone().multiplyScalar( -1 );
      // 補正力の加算
      if( m[i] !== Infinity ) outputs[ i ].add( fkji ).add( fgammaji );  <------- (※8-1)
      if( m[j] !== Infinity ) outputs[ j ].add( fkij ).add( fgammaij );  <------- (※8-2)
    }
  }
  return outputs;
}
```

（※ 1） 各振り子の質量と初速度、ひもの長さを配列で用意します。支点の質量は無限大（Infinity）と設定します。

（※ 2） cs[i][j] は変数 f_{ij} が連立方程式の何番目かマッピングする配列です。今回は隣り合った振り子のときだけ変数番号を与えます。

（※3）　cs[i][j] に変数番号が与えられている場合のみ方向ベクトルを与えます。
（※4）　式（7.66）の右辺の f_{ik} と f_{jk} の係数。
（※5）　連立方程式用の行列に格納します。
（※6）　配列 Ans には、Ans[0] から Ans[N-1] まで f_{01} から $f_{N-1,N}$ までの値が格納されています。
（※7）　連立方程式の解から式（7.71）に基づいて加速度ベクトルを与えます。
（※8）　質量を無限大として与えられている支点には補正力を加算しないようにします。

次のグラフは、$N=3$ の多重振子運動シミュレーションの結果です。支点の高さを 3 [m]、3 つのひもの長さを 1 [m]、3 つの振り子の重さを 1 [kg] として、最下点の状態から 3 つ目の振り子に初速度を与えています。内側の円弧は 1 つ目の振り子の軌跡、2 つ目と 3 つ目の振り子が複雑な軌跡を描きます。意図通りの数値計算が実現できていることが確認できます。

図 7.21 ●【数値解グラフ】3 重振子運動シミュレーションの軌跡（x-z グラフ）

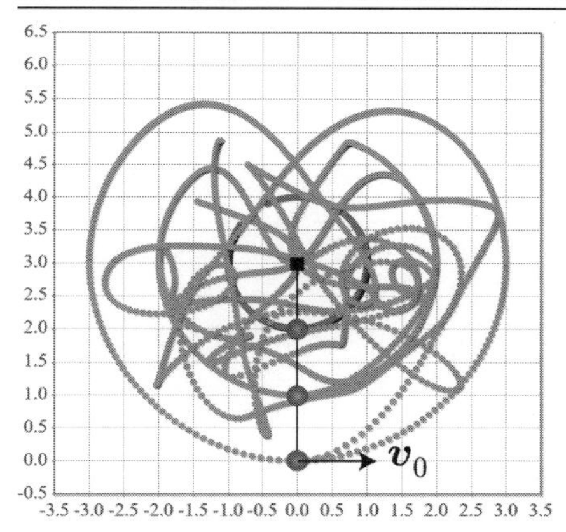

☞ Chapter7/MultiplePendulum_RK.html（HTML）、MultiplePendulum_RK.cpp（C++、数値データのみ／依存オブジェクト：Vector3.o, RK4_Nbody.o）

多重振子の強制振動運動

強制振動運動シミュレータを実現するには、強制振動運動させる振り子に対して 7.4.2 項で定義した r_box_function 関数、v_box_function 関数、a_box_function 関数を与えるだけです。

```
// 加速度ベクトル
RK4_Nbody.A = function( t, rs, vs ){
  var N = rs.length;
  var outputs = [];
  rs[ 0 ] = r_box_function( t );
```

```
    vs[ 0 ] = v_box_function( t );
    a[ 0 ]  = a_box_function( t );
    （省略）
}
```

図 7.22 は、3 個の振り子の多重振子を静止状態から支点を左右に振動させた結果です（10 秒間）。意図通りの数値計算が実現できていることが確認できます。

図 7.22 ● 【数値解グラフ】3 重振子強制振動運動の軌跡（x-z グラフ）

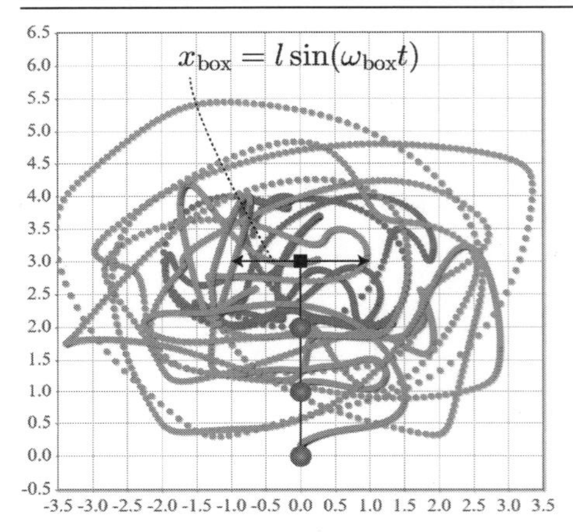

☞ Chapter7/ForcedVibrationMultiplePendulum_RK.html（HTML）、ForcedVibrationMultiplePendulum_RK.cpp（C++、数値データのみ／依存オブジェクト：Vector3.o, RK4_Nbody.o）

7.6 物理シミュレータによる振り子運動シミュレーション

7.6.1 張力の与え方

物理シミュレータでは、仮想物理実験室に登場する任意の 3 次元オブジェクト同士を伸び縮みしないひもで接続することができます。

1 2 3 4 5 6 7 8 9

図 7.23 ●張力可視化用ひも

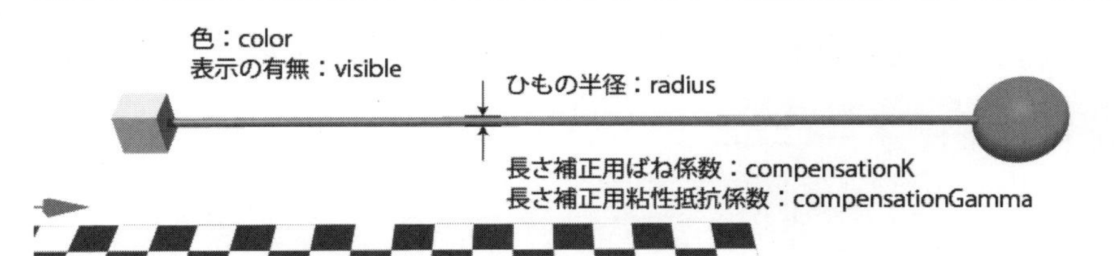

ひもの接続方法は線形ばねと同様、PhysLab クラスの setInteraction メソッドで行い、接続する 2 つオブジェクトを第 1 引数と第 2 引数に与え、第 3 引数にひもを表すステート定数「FixedDistanceConnection」を与えます。第 4 引数には張力の計算に必要なパラメータの他、計算には無関係である視覚的なパラメータも指定することができます。図 7.23 に示した 2 つのパラメータ「compensationK」と「compensationGamma」は、ひもの長さを補正するために 7.3.4 項で導入した補正ばね弾性係数と補正粘性摩擦係数です。次のプログラムソースは、図 7.23 のような箱オブジェクトと球オブジェクトひもで接続するための setInteraction メソッドの実行箇所です。

プログラムソース 7.6 ●ひもによる張力の与え方

```
PHYSICS.physLab.ball = new PHYSICS.Sphere({（省略）});  <------------------------------------- (※1-1)
PHYSICS.physLab.box = new PHYSICS.Box({（省略）});  <----------------------------------------- (※1-2)
// 伸び縮みしないひもによる張力の与え方
PHYSICS.physLab.setInteraction(
  PHYSICS.physLab.ball,             // 球体
  PHYSICS.physLab.box,              // 箱体
  PHYSICS.FixedDistanceConnection, // 伸び縮みしないひもによる張力
  {
    radius : 0.05,             // ひもの半径（デフォルト値）
    compensationK : 0.2,       // 長さ補正用ばね係数（デフォルト値）
    compensationGamma : 0.05, // ひもの方向ベクトル方向の速度を減衰させる粘性摩擦係数（デフォルト値）
  }
);
```

なお、ひもの長さは接続した球体と箱体の距離から自動的に与えられます。

7.6.2　張力と重力による単振子運動シミュレーション

図 7.24 は、同一のひもと振り子で構成された振れ角の異なる単振子運動シミュレーションの様子です。初期振れ角を 15°から 90°まで 15°づつ変化させた初期状態を表しています。なお、重力

加速度ベクトルを $\boldsymbol{g} = (0, 0, -10)$、支点の高さ boxZ = 10、ひもの長さ L = 10 とします。

プログラムソース 7.7 ●初期位置の与え方

```
for( var i=0; i<6; i++  ){
  var phi = i * Math.PI/12;  <-------- 15°づつ変化させる
  var x = L * Math.cos( phi );  <-------- 球体のx初期座標
  var z = boxZ - L * Math.sin( phi );  <-------- 球体のz初期座標
  PHYSICS.physLab.balls[ i ] = new PHYSICS.Sphere({
（省略）
    // 初期状態パラメータ
    position: { x: x , y: 6 - 2 * i, z: z },   // 位置ベクトル
（省略）
  }
}
```

図 7.24 ● 【シミュレータ】単振子運動シミュレーション

☞ 単独振子：Chapter7/SinglePendulumMotion_PhysLab.html（HTML）、 複数振子：Chapter7/SinglePendulumMotion2_PhysLab.html（HTML）

7.6.3 円錐振子運動シミュレーション

振り子のおもりが円錐振子運動を行うには、初速度の大きさを式（7.30）で示した値で、かつ円周軌道の接線方向である必要があります。式（7.37）の定義された $\boldsymbol{L}(t)$ に対する円錐振子運動するための速度ベクトルの条件は次のとおりです。

解析解　円錐振子運動の速度ベクトル

$$
\boldsymbol{v}(t) = \pm\sqrt{\frac{gL\sin^2\varphi}{\cos\varphi}}\frac{\boldsymbol{L}(t)\times\boldsymbol{g}}{|\boldsymbol{L}(t)\times\boldsymbol{g}|} \tag{7.73}
$$

ただし、

$$
\cos\varphi = \frac{\boldsymbol{L}(t)\cdot\boldsymbol{g}}{|\boldsymbol{L}(t)||\boldsymbol{g}|} \tag{7.74}
$$

です。任意の初期位置ベクトルに対する速度ベクトルは、式（7.73）にて $t=0$ として得られます。

図 7.25 は、ひもの長さ $L = 10$ にて角度 $\varphi = 15°$、$30°$、$45°$、$60°$、$75°$ と与えたときの円錐振子運動シミュレーションの様子です。初期状態と 20 秒後の軌跡を真下から眺めた様子です。初期速度ベクトルは紙面の奥向き方向に与えています。

図 7.25 ●【シミュレータ】円錐振子運動シミュレーション

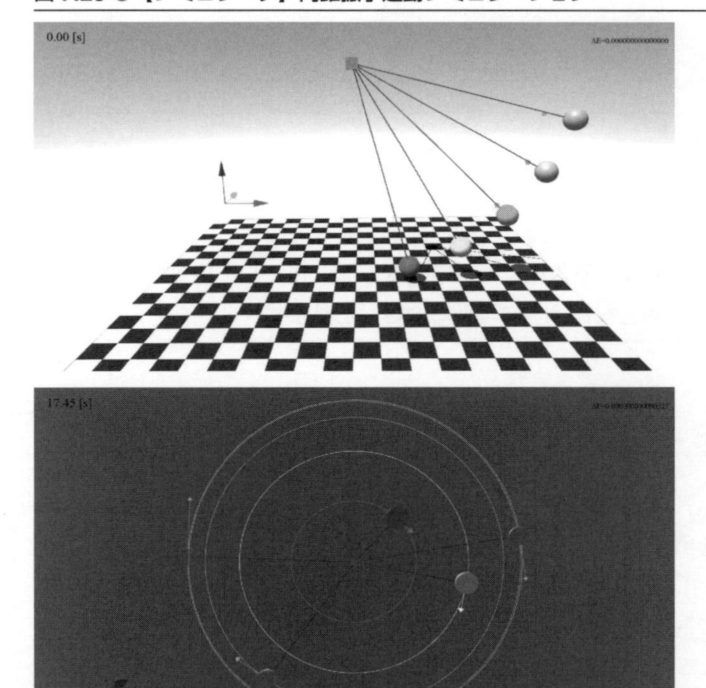

☞　単独振子：Chapter7/ConicalPendulumMotion_PhysLab.html（HTML）、　複数振子：Chapter7/ConicalPendulumMotion2_PhysLab.html（HTML）

プログラムソース 7.8 ●円錐運動のための速度ベクトル

```
/////////////////////////// 物理パラメータ //////////////////////////////////
// 支点の位置ベクトル
var r_box = new THREE.Vector3( 0, 0, 10 );
// 重力ベクトル
var g = new THREE.Vector3( 0, 0, -10 );
// 質量
var m = 1;
// 初期位置ベクトル
var r0 = new THREE.Vector3( 5, 0, 5 );  <ここで指定した初期位置ベクトルに対する初速度ベクトルを計算
// ひもベクトル
var vecL = new THREE.Vector3().subVectors( r0, r_box );  <------------------------------ 式（7.37）
// ひもの長さ
var L = vecL.length();  <-------------------------------------------------------------- 式（7.39）
/////////////////////////// 初期速度ベクトルの計算 //////////////////////////////////
var cosPhi = vecL.dot( g ) / ( L * g.length() );  <----------------------------------- 式（7.74）
var sinPhi2 = 1.0 - cosPhi*cosPhi;
// 速度ベクトルの大きさ
var v = Math.sqrt( g.length()*L*sinPhi2 / cosPhi );  <-------------------------------- 式（7.73）
// 初期速度ベクトル
var v0 = new THREE.Vector3().crossVectors( vecL, g ).normalize().multiplyScalar( v );
  <------------------------------------------------------------------------------------ 式（7.73）
```

試してみよう！

- **初期速度ベクトルの大きさ v を式（7.73）の値から変化させてみてください。大きくても小さくてもおもりの軌跡は円にはならず、不規則な軌道を描きます。ただし、速度ベクトルの方向は必ず式（7.37）の $L(t)$ と直角となるように与える必要があります。**

7.6.4 強制振子運動シミュレーション

図 7.26 は、異なる角振動数で左右に振動する支柱に、同じ長さのひもに結び付けられた同じ質量のおもりを接続した様子です。前項と同じパラメータの振動子に対して、手前から順番に $\omega_{\rm box}$ = 0.2、0.4、0.6、0.8、1.0、1.2 [rad／s] の角速度を与えています（振幅 $l = 1$）。強制振子運動は強制振動運動と異なって共鳴角振動数が振幅によって異なるため、単一の角振動数を与えても振り子が 1 回転するまでには至りません。振幅が大きくなるに従って、振動子の位相と支点の位相が反転してしまうあたりで振幅は減衰に転じる様子がわかります。

図 7.26 ●【シミュレータ】強制振子運動シミュレーション

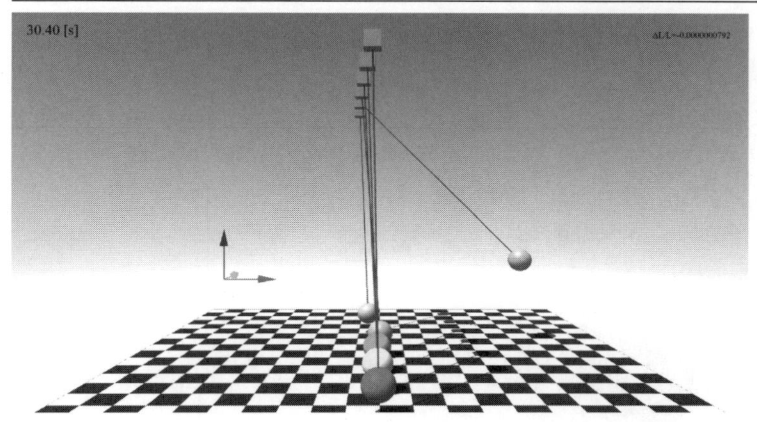

☞ Chapter7/ForcedVibrationSinglePendulumMotion_PhysLab.html（HTML）

物理シミュレータによる支点の強制振動は、6.9.4 項で示したとおり、箱オブジェクトに dynamicFunction プロパティ（関数）を定義することで実現できます。

```
////////////////////////// 物理パラメータ ////////////////////////////////
（省略：質量、重力加速度、ひもの長さ、強制振動の振幅、固有角振動数）
////////////////////////// 箱オブジェクトの生成 //////////////////////////
PHYSICS.physLab.boxes[ i ] = new PHYSICS.Box({
  （省略）
  dynamicFunction : function ( time ) {
    time = (time != undefined )? time : this.physLab.step * this.physLab.dt;
    this.position.x = l * Math.sin( this.omega_box * time );  <------------------------ 式（7.50）
    this.velocity.x = l * this.omega_box * Math.cos( this.omega_box * time );
  <------------------------------------------------------------------------------------- 式（7.51）
    this.acceleration.x = - l * this.omega_box * this.omega_box
                            * Math.sin( this.omega_box * time );  <-------------- 式（7.52）
  }
});
PHYSICS.physLab.boxes[ i ].omega_box = omega_p * 0.2 * (i+1);
```

7.6.5 2 重振子運動シミュレーション

物理シミュレータで 2 重振子運動シミュレーションを実現するには、単振子シミュレーション時の振り子を模した球体オブジェクトに、2 個目の球体オブジェクトを伸び縮みしないひもで接続します。2 個目の球体オブジェクトに重力を与えることを忘れないように注意してください。

プログラムソース 7.9 ● 2 重振子の作り方

```
PHYSICS.physLab.box = new PHYSICS.Box({（省略）});
PHYSICS.physLab.balls[ 0 ] = new PHYSICS.Sphere({（省略）});
PHYSICS.physLab.balls[ 1 ] = new PHYSICS.Sphere({（省略）});
// 伸び縮みしないひもによる張力の与え方
PHYSICS.physLab.setInteraction(
  PHYSICS.physLab.box,              // 箱体
  PHYSICS.physLab.balls[ 0 ],       // 球体1
  PHYSICS.FixedDistanceConnection, // 伸び縮みしないひもによる張力
  {（省略）}
);
PHYSICS.physLab.setInteraction(
  PHYSICS.physLab.balls[ 0 ],       // 球体1
  PHYSICS.physLab.balls[ 1 ],       // 球体2
  PHYSICS.FixedDistanceConnection, // 伸び縮みしないひもによる張力
  {（省略）}
);
```

図 7.27 は、7.5.5 項と同じひもの長さ 1 [m]、質量 1 [kg] の 2 個の振り子の外側の振り子に初速度 10 [m／s] を与えた際の 50 秒後の様子です。図 7.17 は軌跡の静止画しか得られませんが、本シミュレータは計算結果がリアルタイムにグラフィックスで表現できるため、2 重振子運動の挙動がわかりやすいです。また、わずかに異なる初速度に対するシミュレータも用意していますので運動を確認してみてください。

図 7.27 ●【シミュレータ】2 重振子運動シミュレーションの様子

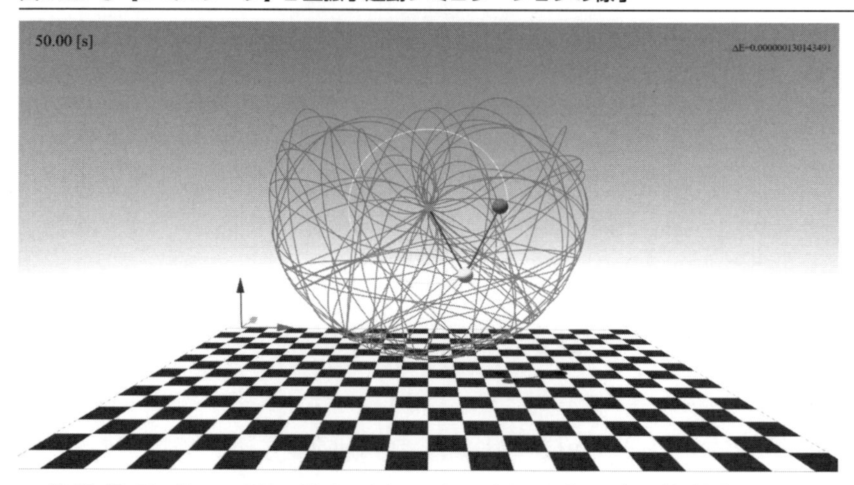

☞ 単独振子：Chapter7/DoublePendulum_PhysLab.html（HTML）、複数振子：Chapter7/DoublePendulum2_PhysLab.html（HTML）

7.6.6 多重振子運動シミュレーション

振り子の個数を増やすことで、多重振子運動シミュレーションを行うことができます。接続方法は前項と同じです。図 7.28 は、10 個の振り子を 1 列につなげた多重振子運動シミュレーションの様子です。振り子の数が増えるほど、1 つ 1 つの振り子の動きは制限が加わって互いに協調した動きとなっていきます。トータルの長さを一定として、個数を増やすと同時に各ひもの長さを短くしていった極限で、一本のひものような連続体と近似できるようになります。

図 7.28 ● 【シミュレータ】多重振子運動シミュレーションの様子

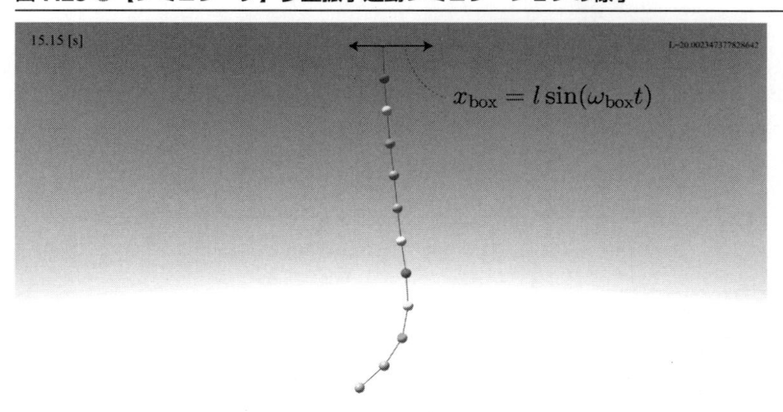

☞ Chapter7/MultiplePendulum_PhysLab.html（HTML）

プレ計算モード

本シミュレーションでは、ひもに加わる張力を各時間ステップごとに連立方程式を用いて計算するため、振り子の数が増えるほど計算量が増大していきます。そのため、計算と同時にグラフィックスを表示する形式では滑らかなグラフィックス再生を行うことができません。そのため、本シミュレーションでは予め指定した時刻までの数値計算を終了させて、その計算結果を元にしたグラフィックス再生を行う「プレ計算モード」を用意しております。仮想物理実験室オブジェクトの `calculateMode` プロパティにステート定数「`PHYSICS.PreMode`」を与えることでプレ計算モードとなります。

```
// 仮想物理実験室オブジェクトの生成
PHYSICS.physLab = new PHYSICS.PhysLab({
  calculateMode : PHYSICS.PreMode,        // 計算モードの設定  <------------------------------ (※1)
  preCalculationMode : {
    autoStart : false,                    // 自動再生の有無  <-------------------------------- (※2)
```

```
        displayStageButtonID : "calculater", // 再計算用ボタンID
        endStep : 50000,                     // プレ計算の終了計算ステップ数  <------------------ (※3)
      },
    (省略)
    }
```

（※ 1）　calculateMode プロパティのデフォルト値は「リアルタイム計算モード」(3.6.2 項を参照) を表すステート定数「PHYSICS.RealTimeMode」です。

（※ 2）　計算終了後と同時に自動再生するかどうかを指定するフラグです。

（※ 3）　1 計算ステップあたりの時間間隔（dt プロパティの値）が 0.001 の場合、計算終了時刻は 50 秒となります。

図 7.29 がプレ計算モード時の画面です。画面中央のボタンをクリックすると数値計算が始まり、進捗率がパーセンテージで表示されます。画面下部の「計算終了時刻」欄の時刻を変更することもできます。なお、計算終了後、図 7.30 で示した「計算再開」ボタンをクリックすることで、続きを計算することができます。

図 7.29 ●プレ計算モード時の画面

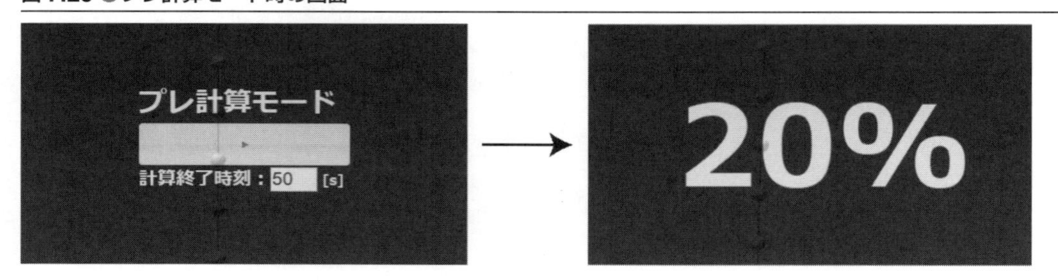

図 7.30 ●続きを計算する「計算再開」ボタン

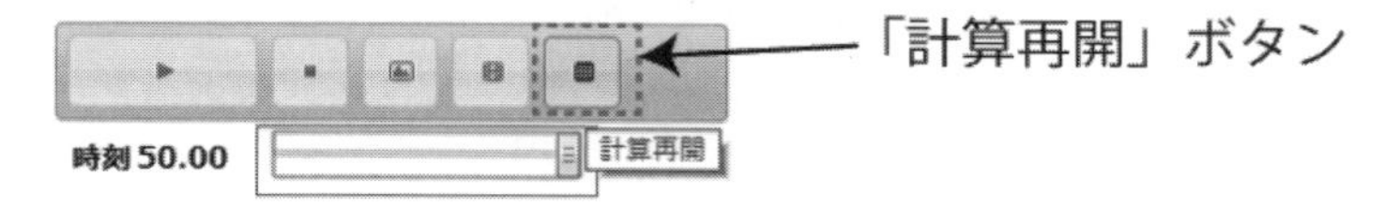

7.6.7 連成振子運動シミュレーション

図 7.31 のように、2 つの単振子がばねで接続された系は連生振子と呼ばれます。本書では詳しく解析結果を示しませんが、物理シミュレータによる連成振子運動シミュレーションを示します。この連生振子の見どころは、<u>左右の振り子が持つ力学的エネルギーがばねを通じて伝搬して行った</u>

り来たりする様子が見られることです。左の振り子に初速度を与えて計算を開始すると、はじめは左の振り子のみが運動しますが、徐々に右の振り子への運動が大きくなり、左の振り子の運動が一度停止します（40 秒あたり）。この時点が全力学的エネルギーが右の振り子に移った状態です。その後、同様に右の振り子から左の振り子へエネルギーの伝搬が起こります。図 7.32 は振り子の数を増やした多重連生振子です。2 個の場合と同様の運動を行います。

図 7.31 ●【シミュレータ】連成振子運動シミュレーションの様子

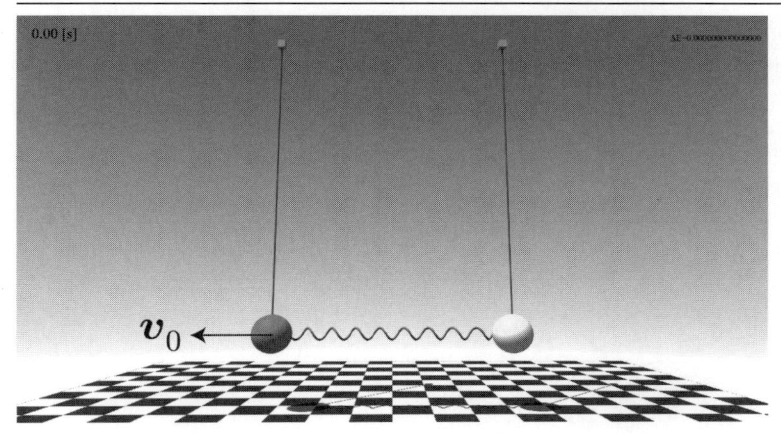

☞ Chapter7/CoupledPendulum_PhysLab.html（HTML）

図 7.32 ●【シミュレータ】多重連成振子運動シミュレーションの様子

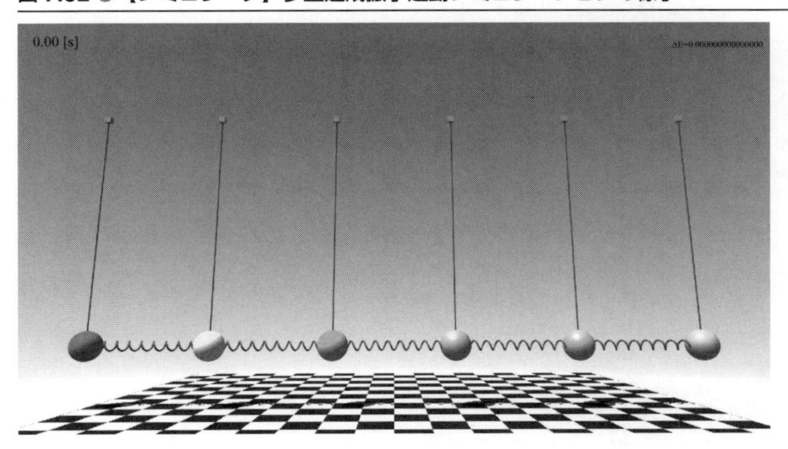

☞ Chapter7/CoupledPendulum2_PhysLab.html（HTML）

7.6.8 ニュートンのゆりかご

本シミュレータでは、運動する球体オブジェクト同士の衝突も計算することができます。複数の単振子を並べて、次のとおり振り子を模した球体オブジェクトの各ペアの衝突計算を追加することで、「ニュートンのゆりかご」と呼ばれる運動量保存則と力学的エネルギーの保存則を可視化する装置を実現することができます。

```
// 球体オブジェクトの数
var N = PHYSICS.physLab.balls.length;
// 衝突力相互作用の定義
for( var i=0; i<N; i++ ){
  for( var j=i+1; j<N; j++ ){
    // 衝突力の定義
    PHYSICS.physLab.setInteraction(
      PHYSICS.physLab.balls[ i ],  // 球体i
      PHYSICS.physLab.balls[ j ],  // 球体j
      PHYSICS.SolidCollision,      // 衝突力の定義   <------------------------------------------ 5.5.3項
      {
        Er : 1.0,  // 反発係数
      }
    );
  }
}
```

図 7.33 ● 【シミュレータ】「ニュートンのゆりかご」の様子

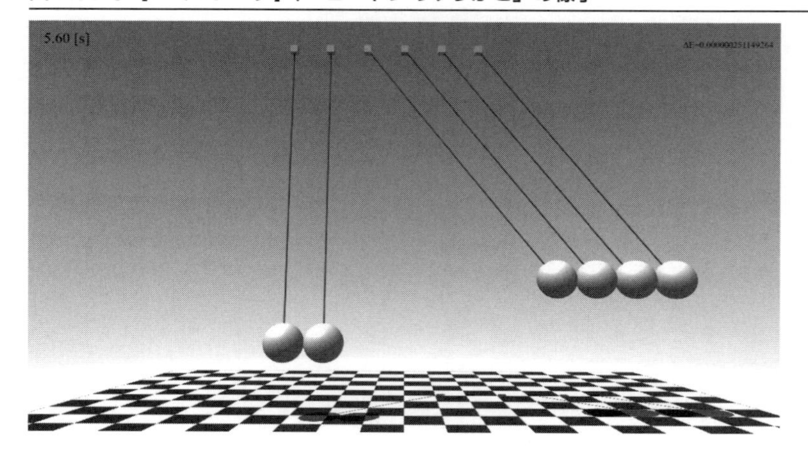

図 7.33 は、4 つの振り子に初速度を与えた際の「ニュートンのゆりかご」の様子です。力学的エネルギーの保存則から示されるとおり、衝突する毎に左端あるいは右端から 4 個の振り子が運

動します。初速度を与える振り子の個数と大きさは任意に指定することができ、図 7.33 ではプログラムソース内で次のとおりに指定します（マイナスは左側方向です）。

```
PHYSICS.physLab.balls[ 0 ].velocity.set( -10, 0, 0 ); // 球体1
PHYSICS.physLab.balls[ 1 ].velocity.set( -10, 0, 0 ); // 球体2
PHYSICS.physLab.balls[ 2 ].velocity.set( -10, 0, 0 ); // 球体3
PHYSICS.physLab.balls[ 3 ].velocity.set( -10, 0, 0 ); // 球体4
```

経路に拘束された運動

ポイント

- 任意の経路に束縛された運動を計算するには、経路の形状を与える経路ベクトル、接線ベクトル、曲率ベクトルが必要
- 経路に関する拘束力が存在するため「ニュートンの運動方程式」≠「計算アルゴリズム」→ 4.6 節
- 運動経路がサイクロイド曲線経路に拘束された振り子運動は振幅に依らず周期が一定 → **振り子の等時性**

8.1 経路の解析的取り扱い

8.1.1 経路ベクトル、接線ベクトル、曲率ベクトルの定義

経路は 1 次元のひも状なので、経路上の任意の点は 1 つの媒介変数（パラメータ）で指定することができます。本項では、始点からの距離 l を媒介変数とします。図 8.1（左）は、$l = 0$ がひもの始点、$l = L$ が終点を表す長さ L の 1 本のひも（経路）で繋がれた 2 点の模式図です。$0 \leq l \leq L$ の l に対する経路の位置ベクトルを $\boldsymbol{r}_{\rm path}(l)$ と表し、**経路ベクトル**と呼ぶことにします。本項では、このような 3 次元空間中の経路を取り扱うために必要な各種ベクトル量の定義を行います。

図 8.1 ●経路ベクトルと接線ベクトルの関係

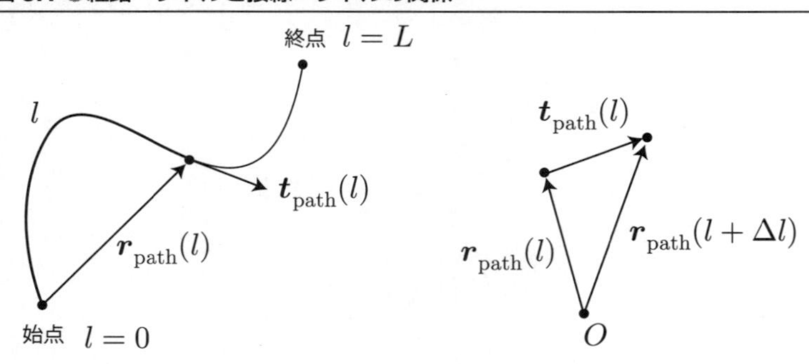

図 8.1（右）の $\boldsymbol{t}_{\rm path}(l)$ は経路ベクトル $\boldsymbol{r}_{\rm path}(l)$ における接線方向を表す単位ベクトルです。接線ベクトルは媒介変数の変化に対する位置ベクトルの変化として表すことができるので、媒介変数による微分として定義することができます。

数学定義 **経路の接線ベクトル**

$$\boldsymbol{t}_{\text{path}}(l) \equiv \lim_{\Delta l \to 0} \frac{\boldsymbol{r}_{\text{path}}(l+\Delta l) - \boldsymbol{r}_{\text{path}}(l)}{\Delta l} = \frac{d\boldsymbol{r}_{\text{path}}(l)}{dl} \tag{8.1}$$

l も Δl も同じ長さの次元を持っているので、接線ベクトルは無次元量となります。また、式（8.1）の第 2 式にて Δl を小さくする分母と分子が同じ大きさに近づいくことから、次の関係式を満たします。

数学公式 **接線ベクトルの長さ**

$$|\boldsymbol{t}_{\text{path}}(l)| = 1 \tag{8.2}$$

経路ベクトルと接線ベクトルの関係は、物体の運動における位置ベクトルと速度ベクトルとの関係と形式は似ていますが、導かれる性質は全く異なります。また、式（8.1）の両辺を l で積分することで、任意の l における経路ベクトルと接線ベクトルの関係が

$$\boldsymbol{r}_{\text{path}}(l) = \int_0^l \boldsymbol{t}_{\text{path}}(l)dl \tag{8.3}$$

と得られます。ただし、位置ベクトルの原点を経路の始点としています。以上の 2 つのベクトル量で、経路の任意の地点の位置とその接線方向を取得することができます。

図 8.2 ●接線ベクトルと曲率ベクトルの関係

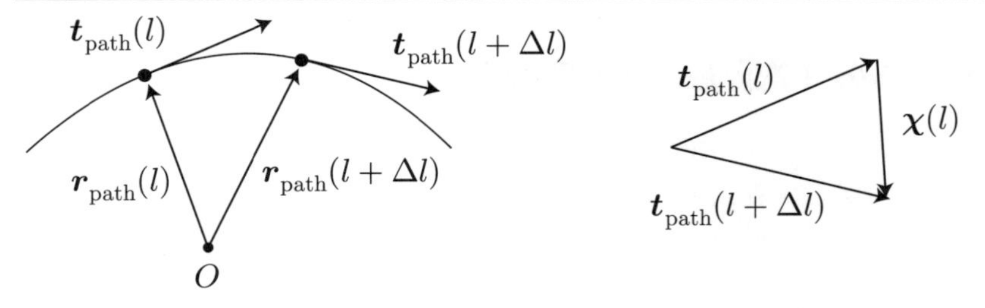

経路の特徴を把握するのにもう一つ重要なベクトル量は、経路の曲がり方を表す**曲率ベクトル**と呼ばれる量です。図 8.2（左）は、地点 l と $l+\Delta l$ における接線ベクトル $\boldsymbol{t}_{\text{path}}(l)$、$\boldsymbol{t}_{\text{path}}(l+\Delta l)$ を図示しています。経路の曲がり方が大きいほど、接線ベクトルの変化の割合が大きくなります。そこで、図 8.2（右）にように媒介変数の変化に対する接線ベクトルの変化を曲率ベクトルと定義します。

数学公式 **経路の曲率ベクトル**

$$\boldsymbol{\chi}(l) \equiv \lim_{\Delta l \to 0} \frac{\boldsymbol{t}_{\rm path}(l) - \boldsymbol{t}_{\rm path}(l-\Delta l)}{\Delta l} = \frac{d\boldsymbol{t}_{\rm path}(l)}{dl} \tag{8.4}$$

この接線ベクトルと曲率ベクトルとの関係は、物体運動の速度ベクトルと加速度ベクトルとの関係とに似ています。図 8.2（右）からわかるとおり、Δl が 0 に近づくほど曲率ベクトルは接線ベクトルと垂直になることから、

数学公式 **接線ベクトルの長さ**

$$\boldsymbol{\chi}(l) \cdot \boldsymbol{t}_{\rm path}(l) = 0 \tag{8.5}$$

であることがわかります。つまり、曲率ベクトルは経路の法線方向を向いていて、法線ベクトルを $\boldsymbol{n}_{\rm path}(l)$ とすると

$$\boldsymbol{\chi}(l) = \chi(l)\, \boldsymbol{n}_{\rm path}(l) \tag{8.6}$$

と表すことができます。ただし、1 次元状のひも（曲線）に対して、そもそも法線という概念は存在しないかもしれませんが、式（8.4）のベクトル量を計算することができれば、その規格化した量が曲線に対する法線ベクトルと定義することができます。いずれにせよ、経路の特徴はここまでで定義した位置ベクトル、接線ベクトル、曲率ベクトルで把握することができます。$\chi(l)$ は、曲線の曲がり方を表す**曲率**と呼ばれる量で、次元は L^{-1} です。

8.1.2 経路ベクトルの 3 次元成分媒介変数表示

ここまでは、経路ベクトルを始点からの距離 l を媒介変数として利用しましたが、実際に経路を設定するには、距離 l を媒介変数とするよりも経路の 3 次元成分（x、y、z）をそれぞれ媒介変数で表す方が容易で簡単です。経路の 3 次元成分（x、y、z）を媒介変数 θ を用いて指定します。

$$\boldsymbol{r}_{\rm path}\,({\rm l}) = \boldsymbol{r}_{\rm path}(\theta) = (x(\theta), y(\theta), z(\theta)) \tag{8.7}$$

始点からの距離 l と媒介変数 θ との関係

接線ベクトルと曲率ベクトルは距離 l による微分として定義されます。そのため、l と θ の関係が必要となるので導出します。

図 8.3 ● x,y と l の関係の模式図

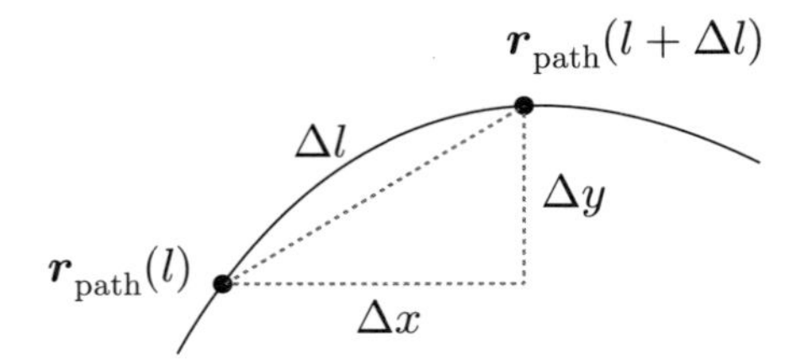

図 8.3 は、経路の地点 l から $l+\Delta l$ までの x、y 変化分 Δx と Δy を表しています。Δl が小さくなるほど、実際の経路と直角三角形の斜辺の長さが近づいていくことになります。Δl が非常に小さい場合、Δl と Δx、Δy は三平方の定理で結びつけることができるので、近似的に次の関係式が成り立ちます。

$$\Delta l = \sqrt{\Delta x^2 + \Delta y^2 + \Delta z^2} \tag{8.8}$$

図 8.3 は 2 次元ですが、3 次元でも全く同じ考えが成り立つので Δz を加えています。Δl と Δx、Δy、Δz はそれぞれ媒介変数 θ の関数と考えることができるので、式（8.8）の両辺を $\Delta\theta$ で割った

$$\frac{\Delta l}{\Delta\theta} = \sqrt{\left(\frac{\Delta x}{\Delta\theta}\right)^2 + \left(\frac{\Delta y}{\Delta\theta}\right)^2 + \left(\frac{\Delta z}{\Delta\theta}\right)^2} \tag{8.9}$$

に対して、$\Delta\theta \to 0$ の極限を考えることで l の θ 微分が得られます。

数学公式　2 種類の媒介変数 l の θ 微分

$$\frac{dl}{d\theta} = \sqrt{\left(\frac{dx}{d\theta}\right)^2 + \left(\frac{dy}{d\theta}\right)^2 + \left(\frac{dz}{d\theta}\right)^2} \tag{8.10}$$

これは、式（8.7）で定義されている経路に対して、θ の変化に対する l の変化を表す関係式となっています。つまり、式（8.10）の両辺を θ で積分することで

$$l = \int_0^\theta d\theta \sqrt{\left(\frac{dx}{d\theta}\right)^2 + \left(\frac{dy}{d\theta}\right)^2 + \left(\frac{dz}{d\theta}\right)^2} \tag{8.11}$$

となります。ただし、$\theta = 0$ を経路の始点としています。

接線ベクトルと媒介変数 θ との関係

接線ベクトルを媒介変数 θ を用いて表すことを考えます。接線ベクトルは式（8.1）で定義したとおり位置ベクトルの l 微分なので、変数変換を利用します。

数学公式　接線ベクトルの θ 依存性

$$\boldsymbol{t}_{\mathrm{path}}(l) = \frac{d\boldsymbol{r}_{\mathrm{path}}(l)}{dl} = \frac{d\theta}{dl}\frac{d\boldsymbol{r}_{\mathrm{path}}(\theta)}{d\theta} \tag{8.12}$$

係数の $d\theta/dl$ は式（8.10）の逆数と同じなので、

$$\frac{d\theta}{dl} = 1\Bigg/\sqrt{\left(\frac{dx}{d\theta}\right)^2 + \left(\frac{dy}{d\theta}\right)^2 + \left(\frac{dz}{d\theta}\right)^2} \tag{8.13}$$

と与えられることから、経路が式（8.7）で与えられる場合には接線ベクトルは式（8.12）で計算することができます。

曲率ベクトルと媒介変数 θ との関係

続いて、曲率ベクトルを媒介変数 θ を用いて表すことを考えます。曲率ベクトルは式（8.4）で定義したとおり接線ベクトルの l 微分なので、変数変換を利用します。

数学公式　曲率ベクトルの θ 依存性

$$\boldsymbol{\chi}(l) = \frac{d\boldsymbol{t}_{\mathrm{path}}(l)}{dl} = \frac{d^2\theta}{dl^2}\frac{d\boldsymbol{r}_{\mathrm{path}}(\theta)}{d\theta} + \left(\frac{d\theta}{dl}\right)^2 \frac{d^2\boldsymbol{r}_{\mathrm{path}}(\theta)}{d\theta^2} \tag{8.14}$$

係数の $d^2\theta/dl^2$ は、式（8.13）をさらに l で微分することで

$$\begin{aligned}\frac{d^2\theta}{dl^2} &= -\frac{\left(\frac{d\theta}{dl}\right)\left[\left(\frac{dx}{d\theta}\right)\left(\frac{d^2x}{d\theta^2}\right) + \left(\frac{dy}{d\theta}\right)\left(\frac{d^2y}{d\theta^2}\right) + \left(\frac{dz}{d\theta}\right)\left(\frac{d^2z}{d\theta^2}\right)\right]}{\left[\left(\frac{dx}{d\theta}\right)^2 + \left(\frac{dy}{d\theta}\right)^2 + \left(\frac{dz}{d\theta}\right)^2\right]^{3/2}} \\ &= -\frac{\left[\left(\frac{dx}{d\theta}\right)\left(\frac{d^2x}{d\theta^2}\right) + \left(\frac{dy}{d\theta}\right)\left(\frac{d^2y}{d\theta^2}\right) + \left(\frac{dz}{d\theta}\right)\left(\frac{d^2z}{d\theta^2}\right)\right]}{\left[\left(\frac{dx}{d\theta}\right)^2 + \left(\frac{dy}{d\theta}\right)^2 + \left(\frac{dz}{d\theta}\right)^2\right]^2} = -\frac{\left(\frac{d\boldsymbol{r}_{\mathrm{path}}(\theta)}{d\theta}\right)\cdot\left(\frac{d^2\boldsymbol{r}_{\mathrm{path}}(\theta)}{d\theta^2}\right)}{\left|\frac{d\boldsymbol{r}_{\mathrm{path}}(\theta)}{d\theta}\right|^4}\end{aligned} \tag{8.15}$$

となることから、式（8.13）と合わせて曲率ベクトルを θ で表すことができました。

以上、経路ベクトルが式（8.7）のとおり媒介変数表示で与えられたときの接線ベクトル、曲率ベクトルを得ることができました。

1
2
3
4
5
6
7
8
9

8.1.3 任意の経路に拘束された速度ベクトルと加速度ベクトル

前節で解説した経路の解析的取り扱いを踏まえて、媒介変数表示で与えた経路に運動が固定された物体の運動について考えます。図 8.4 は、与えたれた経路に球体が拘束されている様子を表しています。時刻 t における球体の位置ベクトルを $\boldsymbol{r}(t)$、速度ベクトルを $\boldsymbol{v}(t)$、球体が経路に拘束されるための力である拘束力を $\boldsymbol{S}(t)$ とします（単振り子運動では張力と呼んでいました）。経路と球体の速度に対するこの拘束力 $\boldsymbol{S}(t)$ の表式が得られれば、直ちにシミュレーションを行うことができます。なお、本項では経路そのものも時刻とともに移動することも想定するために、時刻 t の経路の始点の位置ベクトルと速度ベクトル、加速度ベクトルをそれぞれ $\boldsymbol{r}_0(t)$、$\boldsymbol{v}_0(t)$ 、$\boldsymbol{a}_0(t)$ とします。

図 8.4 ●経路に拘束された球体の運動

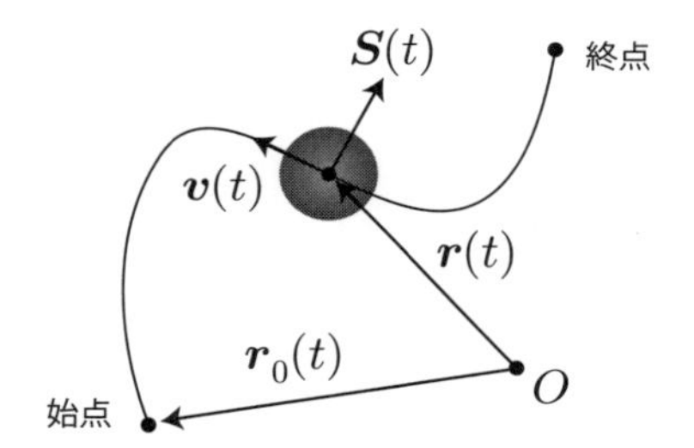

このように、経路に拘束された球体の位置ベクトル、速度ベクトル、拘束力は必ず次の条件を満たします。

（1）球体の位置ベクトルは経路上に存在する
（2）拘束力は必ず経路の垂直方向を向く

（1）の条件は自明ですが、すべてはここから始まります。任意の時刻 t における球体の位置ベクトルは、前節で定義した経路ベクトル、接線ベクトルを用いて、

$$\boldsymbol{r}(t) = \boldsymbol{r}_{\text{path}}(l) \tag{8.16}$$

と表されます。（2）の条件は

$$\boldsymbol{S}(t) \cdot \boldsymbol{t}_{\text{path}}(l) = 0 \tag{8.17}$$

と表すことができます。この条件は拘束力を導出する切り札となるので、最後までとっておきます。

当面の目標は、経路に拘束されたニュートンの運動方程式の導出です。まず、式（8.16）の位置ベクトルの表式を時間で微分することで、速度ベクトルと加速度ベクトルの表式を導出します。速度ベクトルは微分の変数変換を適用すると次のとおりになります。

数学公式　速度ベクトルと接線ベクトルの関係

$$
\begin{aligned}
\boldsymbol{v}(t) &= \frac{d\boldsymbol{r}(t)}{dt} = \frac{d\boldsymbol{r}_0(t)}{dt} + \frac{dl}{dt}\frac{d\boldsymbol{r}_{\text{path}}(l)}{dl} \\
&= \boldsymbol{v}_0(t) + \frac{dl}{dt}\boldsymbol{t}_{\text{path}}(l)
\end{aligned}
\tag{8.18}
$$

この表式にて、これまで全く未知の因子は dl/dt です。この dl/dt は、接線ベクトル $\boldsymbol{t}_{\text{path}}(l)$ と物体と経路の速度ベクトル $\boldsymbol{v}(t)$ と $\boldsymbol{v}_0(t)$ が既知であれば、式（8.18）の両辺に $\boldsymbol{t}_{\text{path}}(l)$ との内積をとることで

$$
\frac{dl}{dt} = (\boldsymbol{v}(t) - \boldsymbol{v}_0(t)) \cdot \boldsymbol{t}_{\text{path}}(l) \tag{8.19}
$$

と計算できます。ただし、接線ベクトルの式（8.2）の関係を利用しています。

続いて、物体の加速度ベクトルについてです。式（8.18）の両辺を時間微分することで得られます。

数学公式　加速度ベクトルと接線ベクトル、曲率ベクトルとの関係

$$
\begin{aligned}
\boldsymbol{a}(t) &= \frac{d\boldsymbol{v}(t)}{dt} = \frac{d\boldsymbol{v}_0(t)}{dt} + \frac{d^2l}{dt^2}\boldsymbol{t}_{\text{path}}(l) + \left(\frac{dl}{dt}\right)^2 \frac{d\boldsymbol{t}_{\text{path}}(l)}{dl} \\
&= \boldsymbol{a}_0(t) + \frac{d^2l}{dt^2}\boldsymbol{t}_{\text{path}}(l) + \left(\frac{dl}{dt}\right)^2 \boldsymbol{\chi}(l)
\end{aligned}
\tag{8.20}
$$

ただし、最後の項は曲率ベクトルの関係式（8.4）を用いています。接線ベクトルが与えられていれば、曲率ベクトル $\boldsymbol{\chi}(l)$ も得られるので、新出の因子は d^2l/dt^2 のみです。この因子も速度ベクトルと同様、式（8.20）の両辺に $\boldsymbol{t}_{\text{path}}(l)$ との内積を計算することで得られそうですが、右辺の加速度ベクトルはニュートンの運動方程式から与えられる未知の量です。いずれにせよ、経路に拘束された球体の速度ベクトルと加速度ベクトルの表式は得られました。

8.1.4 任意の経路に拘束された物体の運動方程式と計算アルゴリズム

d^2l/dt^2 が未知の量ではありますが、経路に束縛された任意の運動に対する加速度ベクトルは式（8.20）で示したとおりです。つまり、加速度ベクトルの表式が得られたので、逆算的ですがこの加速度ベクトルから物体に加わる力ベクトルが、ニュートンの運動方程式から形式的に表すことができます。

運動方程式　経路に束縛されたニュートンの運動方程式

$$\boldsymbol{F}(t) = m\left[\boldsymbol{a}_0(t) + \frac{d^2l}{dt^2}\boldsymbol{t}_{\rm path}(l) + \left(\frac{dl}{dt}\right)^2 \boldsymbol{\chi}(l)\right] \tag{8.21}$$

この物体に加わる力は、拘束力と重力などの外部から加わる力の和で表されるため、この表式だけでは決定することができません。これは d^2l/dt^2 が未知であることに対応します。そこで、前項で挙げた拘束力に課される条件「(2) 拘束力は必ず経路の垂直方向を向く」を用いて、d^2l/dt^2 の決定と拘束力の導出を行います。

先述のとおり、物体に加わる力は拘束力と外部からの力の和で与えられるため

$$\boldsymbol{F}(t) = \boldsymbol{S}(t) + \boldsymbol{F}_e(t) \tag{8.22}$$

と表すことができるので、式（8.21）と式（8.22）から

$$\boldsymbol{S}(t) + \boldsymbol{F}_e(t) = m\left[\boldsymbol{a}_0(t) + \frac{d^2l}{dt^2}\boldsymbol{t}_{\rm path}(l) + \left(\frac{dl}{dt}\right)^2 \boldsymbol{\chi}(l)\right] \tag{8.23}$$

となります。これが、経路に拘束された物体に関するニュートンの運動方程式となります。上式で未知なのは拘束力 $\boldsymbol{S}(t)$ と d^2l/dt^2 の 2 つですが、式（8.19）の導出と同様に両辺に $\boldsymbol{t}_{\rm path}(l)$ との内積をとると、式（8.17）の条件から $\boldsymbol{S}(t)$ が消えて、d^2l/dt^2 について解くことができます。

$$\frac{d^2l}{dt^2} = \frac{1}{m}\left[\boldsymbol{F}_e(t)\cdot\boldsymbol{t}_{\rm path}(l)\right] - \boldsymbol{a}_0(t)\cdot\boldsymbol{t}_{\rm path}(l) \tag{8.24}$$

つまり、d^2l/dt^2 は外部からの力 $\boldsymbol{F}_{\rm e}$、経路の始点の加速度 $\boldsymbol{a}_0(t)$ が与えられていれば、上式の右辺は全て既知となります。以上から、物体に加わる力は式（8.21）に式（8.19）と式（8.24）を代入した量となることがわかり、加速度ベクトルは次のとおり得られました。

計算アルゴリズム **経路に束縛された物体の加速度ベクトル**

$$\boldsymbol{a}(t) = \boldsymbol{a}_0(t) + \left\{ \frac{1}{m} \left[\boldsymbol{F}_e(t) \cdot \boldsymbol{t}_{\text{path}}(l) \right] - \boldsymbol{a}_0(t) \cdot \boldsymbol{t}_{\text{path}}(l) \right\} \boldsymbol{t}_{\text{path}}(l) + \left\{ (\boldsymbol{v}(t) - \boldsymbol{v}_0(t)) \cdot \boldsymbol{t}_{\text{path}}(l) \right\}^2 \boldsymbol{\chi}(l) \tag{8.25}$$

なお、拘束力は上記の加速度ベクトルを用いて次のとおりになります。

物理法則 **経路に束縛された物体に加わる拘束力**

$$\boldsymbol{S}(t) = m\boldsymbol{a}(t) - \boldsymbol{F}_{\mathrm{e}}(t) \tag{8.26}$$

8.1.5 経路からのズレを補正する補正力

計算誤差の結果、経路に拘束された運動も経路からのズレが生じてしまいます。このズレも、7.3.4 項で解説した補正ばね弾性力と補正粘性抵抗力を導入して補正します。補正ばね弾性係数を k_{c}、補正粘性抵抗係数を γ_{c} とし、経路からのズレを $\bar{\boldsymbol{r}} = \boldsymbol{r} - \boldsymbol{r}_{\text{path}}$、$\bar{\boldsymbol{v}} = \boldsymbol{v} - \boldsymbol{v}_0$、2 つの法線ベクトルを $\boldsymbol{n}_{1\text{path}} = \boldsymbol{\chi}/|\boldsymbol{\chi}|$、$\boldsymbol{n}_{2\text{path}} = \boldsymbol{t}_{\text{path}} \times \boldsymbol{n}_{1\text{path}}$ と表した場合の補正ばね弾性力と補正粘性抵抗力の和で定義する**経路補正力**は、次のとおり定義することができます。

数理モデル **経路補正力＝補正ばね弾性力（第 1 項目）＋補正粘性抵抗力（第 2 項目・第 3 項目）**

$$\boldsymbol{f}_{\mathrm{c}} = -k_{\mathrm{c}}\,\bar{\boldsymbol{r}} - \beta_{\mathrm{c}} \left[(\bar{\boldsymbol{v}} \cdot \boldsymbol{n}_{1\text{path}})\,\boldsymbol{n}_{1\text{path}} + (\bar{\boldsymbol{v}} \cdot \boldsymbol{n}_{2\text{path}})\,\boldsymbol{n}_{2\text{path}} \right] \tag{8.27}$$

k_{c} と γ_{c} の大きさは経験的に決定しますが、これらのパラメータを調整しても経路の形状によっては経路補正力を加えてもズレが減少しないものもあります。円経路やサイクロイド曲線経路などは急激な方向転換が存在しないため、もともと計算精度が高いので、補正力を加えても誤差は 1/10 程度にしか低減できないのに対して、放物線経路や楕円経路は一部分で急激な方向転換が存在するので、補正力を加えると誤差が 1/1000 程度に低減できます。

8.1.6 ルンゲ・クッタ法で利用する加速度ベクトルの取得方法

これまでと同様、経路に束縛された運動も適切な加速度ベクトルを与えることでルンゲ・クッタ法を用いて計算することができます。次のプログラムソースの前半では、設定する経路に対する経路ベクトル、接線ベクトル、曲率ベクトルを与える関数の定義、後半でそれらを利用した加速度ベクトルを計算する関数の定義を行っています。

プログラムソース 8.1 ●各種経路関連ベクトルと加速度ベクトルの計算方法

```
////////////////////////// 解析解 //////////////////////////////////
// 経路の関する情報を保持するオブジェクト
var Path = {};
// 媒介変数の取得
Path.getTheta = function( r ){  <------------------------------------------------ (※1)
  (省略)
  return theta;
}
// 経路の位置ベクトルを指定する媒介変数関数
Path.position = function ( theta ){  <-------------------------------------- (※2-1)
  (省略)
  return new Vector3(x,y,z);
};
// 接線ベクトルを指定する媒介変数関数
Path.tangent = function ( theta ){  <--------------------------------------- (※2-2)
  (省略)
  return new Vector3(x,y,z);
};
// 曲率ベクトルを指定する媒介変数関数
Path.curvature = function ( theta ){  <------------------------------------ (※2-3)
  (省略)
  return new Vector3(x,y,z);
}
////////////////// ルンゲ・クッタ法による数値計算用/////////////////////
// 加速度ベクトルの計算
RK4.A = function ( t, r, v ){  <------------------------------------------ 式 (8.25)
  // 外場（重力）の計算
  var Fe = new Vector3(0,0,-g*m);
  // 媒介変数の取得
  var theta = Path.getTheta ( r );
  // 媒介変数に対する位置ベクトル、接線ベクトル、曲率ベクトルの計算
  var position = Path.position( theta );
  var tangent = Path.tangent( theta );
  var curvature = Path.curvature( theta );
  // 経路自体の運動
  var v0 = new Vector3( );
  var a0 = new Vector3( );
  // 相対速度
  var bar_v = new Vector3( ).subVectors( v, v0 );
  // 微係数dl/dtとd^2l/dt^2を計算
  var dl_dt = bar_v.dot( tangent );  <------------------------------- 式 (8.19)
  var d2l_dt2 = Fe.dot( tangent )/m - a0.dot( tangent );  <------------ 式 (8.24)
```

```
    // 加速度を計算
    var a = a0.clone();
    a.add( tangent.clone( ).multiplyScalar( d2l_dt2 ) );
    a.add( curvature.clone( ).multiplyScalar( dl_dt * dl_dt ));

    // 補正パラメータ
    var compensationK = 10;       // 補正ばね弾性係数
    var compensationGamma = 1.0; // 補正粘性抵抗係数
    var compensationFactor = 1;  // 補正因子
    // 補正倍率
    var ratio = a.length() * compensationFactor;  <------------------------ (※3)
    // 補正倍率
    var ratio = a.length() * compensationFactor;
    // ズレ位置ベクトル
    var bar_r = new Vector3().subVectors( r, position );
    // 補正ばね弾性力
    var fk = bar_r.multiplyScalar( -compensationK * ratio );  <--------式（8.27）の第1項
    // 法線ベクトル
    var n1 = curvature.clone().normalize();
    var n2 = new Vector3().crossVectors( n1, tangent );
    // 補正粘性抵抗力
    var fgamma1 = n1.clone().multiplyScalar( -compensationGamma
                                          * bar_v.dot( n1 ) * ratio );
    <-------------------------------------------------------------式（8.27）の第2項
    var fgamma2 = n2.clone().multiplyScalar( -compensationGamma
                                          * bar_v.dot( n2 ) * ratio );
    <-------------------------------------------------------------式（8.27）の第3項
    // 経路補正力を加える
    a.add( fk ).add( fgamma1 ).add( fgamma2 );  <-------------------- 式（8.27）
    return a;  <------------------------------------------------------ 式（8.25）
  }
```

（※ 1）　数値計算で得られた位置ベクトルから媒介変数 θ を計算するための関数です。

（※ 2）　次項以降にて、媒介変数表示で与えた経路ベクトルの例として（1）円、（2）楕円、（3）放物線、（4）サイクロイド曲線を取り上げ、本関数の具体的な定義を示します。

（※ 3）　運動する物体に加えられる加速度の大きさに比例した補正倍率を与えます。

8.2 円経路に束縛された運動

8.2.1 円経路の経路ベクトル・接線ベクトル・曲率ベクトル

円とは、2 次元平面上において、ある点からの距離が等距離となる点の集合で定義される図形です。中心座標 (x_0, y_0)、半径 r の円を表す式は次式で与えられます。

$$(x - x_0)^2 + (y - y_0)^2 = r^2 \tag{8.28}$$

図 8.5 ●円の媒介変数表示の模式図

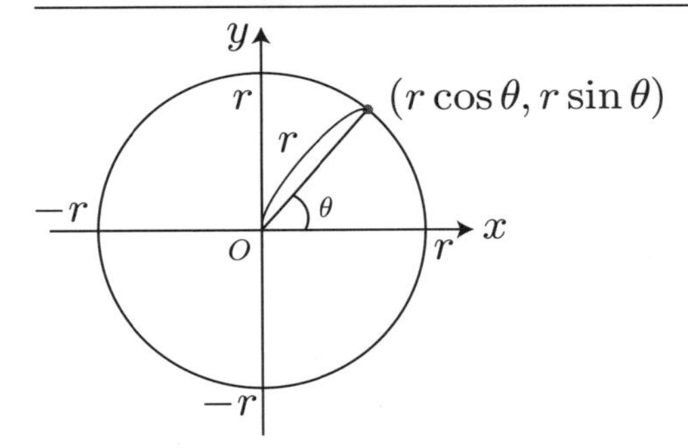

原点を中心とした円周上の任意の点は、媒介変数 θ を用いて次のとおり与えられます。

数学公式　円経路の媒介変数表示

$$\begin{cases} x(\theta) = r\cos\theta \\ y(\theta) = r\sin\theta \end{cases} \tag{8.29}$$

これは 2 次元の極座標形式と同じです。この媒介変数表示において、$\theta = 0$ を始点、$\theta = 2\pi$ を終点とした経路を、経路ベクトル $\boldsymbol{r}_{\rm path}(\theta)$ と定義します。前項で示した方法を適用して接線ベクトルと曲率ベクトルの導出を行います。まず、これらのベクトル量の計算に必要な θ の l の微分は、式 (8.10)、(8.13)、(8.15) から

$$\frac{dl}{d\theta} = r \ \rightarrow\ \frac{d\theta}{dl} = \frac{1}{r},\quad \frac{d^2\theta}{dl^2} = 0 \tag{8.30}$$

と得られます。円経路の接線ベクトルと曲率ベクトルは、式（8.12）と式（8.14）からそれぞれ得られます。

数学公式　円経路の接線ベクトル

$$\boldsymbol{t}_{\rm path}(\theta) = \frac{1}{r}(-r\sin\theta, r\cos\theta) = (-\sin\theta, \cos\theta) \tag{8.31}$$

数学公式　円経路の曲率ベクトル

$$\boldsymbol{\chi}(\theta) = \frac{1}{r^2}(-r\cos\theta, -r\sin\theta) = -\frac{1}{r}(\cos\theta, \sin\theta) \tag{8.32}$$

また、式（8.32）は式（8.29）の媒介変数表示の経路ベクトル $\boldsymbol{r}_{\rm path}(\theta)$ を用いると

$$\boldsymbol{\chi}(\theta) = -\frac{1}{r^2}\boldsymbol{r}_{\rm path}(\theta) \tag{8.33}$$

と表されることから、円の曲率ベクトルは、経路の代表点から円の中心に向かう方向であることがわかります。以上の結果から、式（8.2）と式（8.5）も確認することができます。なお、曲率ベクトルの大きさは

$$\chi(\theta) = |\boldsymbol{\chi}(\theta)| = \frac{1}{r} \tag{8.34}$$

となることから、直感どおり θ に依存せず一定値をとることがわかります。

8.2.2 円経路の各ベクトルの可視化

図 8.6 は、経路上の代表点の位置ベクトル、接線ベクトル、曲率ベクトルを three.js を用いて表示した結果です。HTML 文書「PrametricPlot_Circle.html」では、input 要素の type 属性で range を指定することで実装できるスライダーを利用して媒介変数 θ の値を指定することができます。図 8.6 では $\theta = 0$、$3\pi/5$、$6\pi/5$、$9\pi/5$ の値に対する各種ベクトル量を表示しています。

図 8.6 ●円の媒介変数表示と各ベクトル量の可視化

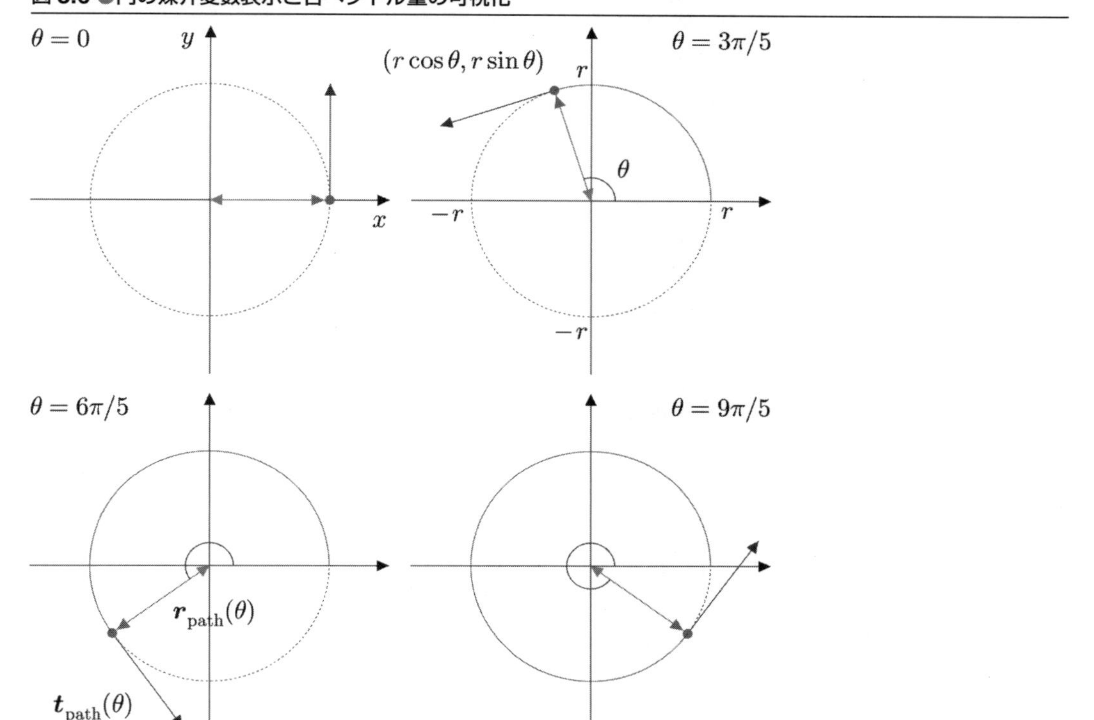

☞ Chapter8/PrametricPlot_Circle.html（HTML）

円の円周の長さと面積

本項の最後に、義務教育でもよく知られている円の円周と面積ですが、今後様々な曲線に対する線分の長さや囲まれた領域の面積を計算する手順の確認として、本項で導入した微分量から導きます。円の円周は、式（8.30）の両辺に $d\theta$ を掛けて両辺を積分することで即座に得られます。

数学公式　円周の長さ

$$\int_0^l dl = \int_0^{2\pi} r d\theta \ \rightarrow \ l = 2\pi r \tag{8.35}$$

と得られます。また、円の面積は y を x の関数と考えて、$x = 0$ から半径 r まで積分することで円の第 1 象限の面積を計算することができるので、円全体の面積は

$$S = 4\int_0^r y(x)\,dx \tag{8.36}$$

となります。中心が原点の円の方程式（8.28）より

$$y(x) = \pm\sqrt{r^2 - x^2} \tag{8.37}$$

となりますが、積分範囲は第 1 象限のみを考えているので正符号のみを採用して、式（8.36）は

$$S = 4\int_0^r \sqrt{r^2 - x^2}\,dx \tag{8.38}$$

となります。このような平方根を含んだ被積分関数は、三角関数を用いて積分変数の変数変換を行うことで積分の実行に見通しが立つことが多いです。今回は

$$x = r\sin\phi \tag{8.39}$$

と変換することで、被積分関数の平方根がとれます。また、式（8.39）の両辺を x で微分して、両辺に dx を掛けると

$$dx = r\cos\phi\,d\phi \tag{8.40}$$

が得られるので、式（8.38）に式（8.39）と式（8.40）を代入して、x から ϕ への変数変換を完了させます。ただし、式（8.39）の変数変換を行うことで、ϕ の積分区間が 0 から $\pi/2$ と変化することに留意してください。式（8.38）の面積は次のとおり計算されます。

数学公式　円の面積

$$\begin{aligned} S &= 4r^2\int_0^{\pi/2}\cos^2\phi\,d\phi = 4r^2\int_0^{\pi/2}\frac{1+\cos 2\phi}{2}\,d\phi \\ &= 2r^2\left[\theta + \frac{1}{4}\sin 2\phi\right]_0^{\pi/2} = \pi r^2 \end{aligned} \tag{8.41}$$

なお、$\sin^2$ や $\cos^2$ の積分はそのままでは実行できないため、倍角の公式で指数を落とすことで計算することができます。

8.2.3 ルンゲ・クッタで円経路に束縛された運動シミュレーション

重力が加わる物体が円経路に束縛された運動を、ルンゲ・クッタ法を用いて計算します。ここまで円経路はxy平面で定義していましたが、重力の方向を–z軸方向とするために、yをzに置き換えたxz平面とします。経路ベクトル、接線ベクトル、曲率ベクトルを与える関数は次に示したとおりです。

プログラムソース 8.2 ●各種経路関連ベクトルと加速度ベクトルの計算方法

```
////////////////////////// 解析解 //////////////////////////////////
// 経路の関する情報を保持するオブジェクト
var Path = {};
// 円経路の半径
Path.R = 1;
// 円の中心位置ベクトル
Path.center = new Vector3(0, 0, Path.R);
// 経路の位置ベクトルを指定する媒介変数関数
Path.position = function ( theta ){  <------------------------- 式 (8.29)
  var x = this.R * Math.cos(theta);  <------------------------- (※1)
  var y = 0;
  var z = this.R * Math.sin(theta) + Path.center.z;  <--------- (※2)
  return new Vector3(x,y,z);
};
// 接線ベクトルを指定する媒介変数関数
Path.tangent = function ( theta ){  <-------------------------- 式 (8.31)
  var x = -Math.sin(theta);
  var y = 0;
  var z =  Math.cos(theta);
  return new Vector3(x,y,z);
};
// 曲率ベクトルを指定する媒介変数関数
Path.curvature = function ( theta ){  <------------------------ 式 (8.32)
  var x = - Math.cos(theta) / this.R;
  var y = 0;
  var z = - Math.sin(theta) / this.R;
  return new Vector3(x,y,z);
}
// 媒介変数の取得
Path.getTheta = function( r ){
  // 相対位置ベクトル
  var bar_r = new Vector3().subVectors( r, this.center );
  // 経路の半径
  var R = bar_r.length();  <----------------------------------- (※3)
  var sinTheta = bar_r.z/R ;  <-------------------------------- (※4-1)
  var theta;
```

```
    if( sinTheta > 0 ) {  <------------------------------------------ (※4-2)
      theta = Math.acos( bar_r.x/R  );  <---------------------------- (※5-1)
    } else {  <------------------------------------------------------ (※4-3)
      theta = 2*Math.PI - Math.acos( bar_r.x/R );  <----------------- (※5-2)
    }
    return theta;
  }
```

（※ 1）　this はオブジェクト自身を示すキーワードです。この場合、Path を指します。

（※ 2）　円経路の中心座標は経路が原点を通る z 軸上に配置します。

（※ 3）　経路の半径は Path.R で指定した値のはずですが、数値計算の過程で誤差が発生します。その誤差を加味して媒介変数を計算するために、現時点における半径をあらためて計算しておきます。

（※ 4）　$\sin\theta$、$\cos\theta$ の値から θ を計算するには asin 関数や acos 関数の逆関数を用いれば良いのですが、多価関数である三角関数の逆関数の利用は注意が必要です。ここでは、$\sin\theta$ の値を取得後、$\sin\theta$ の正負によって媒介変数 θ が第 1、2 象限か第 3、4 象限の場合分けを行っています。

（※ 5）　媒介変数 θ が第 1、2 象限の場合、戻り値が 0 から π で定義されている acos 関数を用いて θ を計算します。一方、θ が第 3、4 象限の場合には θ が大きくなるほど、acos 関数の戻り値は π から 0 へ小さくなるため、上記の通り計算します。なお、asin 関数の戻り値は $-\pi/2$ から $\pi/2$ で定義され、上記を asin 関数を用いて実装することもできます。

図 8.7 は、重力中（$g = 10$）を円経路（半径 $R = 1$）で束縛された物体の運動の位置座標（xz 平面）です。初期条件として原点に置いた物体に、x 軸方向の初速度 $v_0 = 6$ を与えています。物体は経路に沿って登り、最高点に到達した後に運動は反転します。この運動は張力による振り子運動と一致します。

図 8.7 ●【数値解グラフ】重力中を円経路で束縛された物体の運動の軌跡

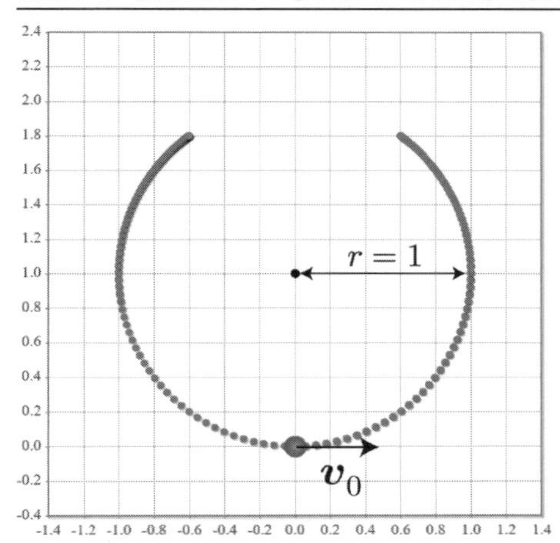

☞ Chapter8/Path_Circle_RK.html（HTML）、Path_Circle_RK.cpp（C++、数値データのみ／依存オブジェクト：Vector3.o, RK4.o）

試してみよう！

- 重力 $g = 0$ を与えた場合、等速円運動となることを確認しよう。
- 初期条件として $(x, z) = (1, 1)$、$(v_x, v_z) = (0, 0)$ を与えた場合、単振子運動と同じになることを確認しよう。
- 初速度の大きさを調整して、円経路のちょうど真上で静止させてみよう！（ヒント：初期運動エネルギーと円経路の真上のポテンシャルエネルギーが等しくなるように初速度を与えます。）

8.3 楕円経路に束縛された運動

8.3.1 楕円の定義と楕円の式

楕円とは、2 次元平面上において、ある 2 点からの距離の和が等距離となる点の集合で定義される図形です。まず、楕円の表式を導出します。この 2 点をつなぐ直線を x 軸、その直線の垂直方向を y 軸と定義し、2 点の中点を原点とします。この 2 点は焦点と呼ばれ、焦点間距離を R、2 点

からの距離の和を L（$= L_1 + L_2$）としたとき、上記の条件を満たす点 (x, y) の集合を表す図形を考えます。

図 8.8 ●楕円の表式を導き出すのに必要な量

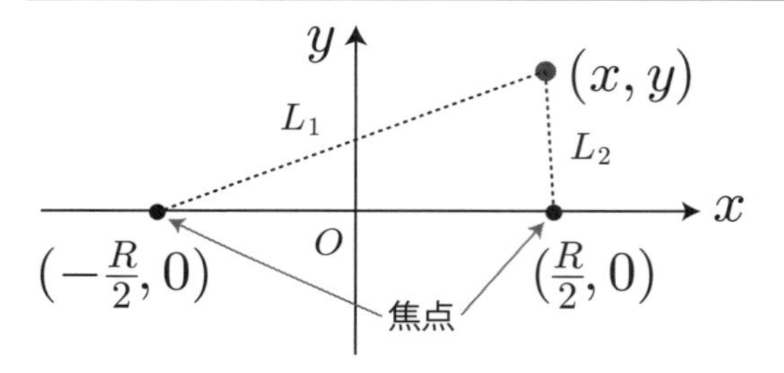

上記の条件を満たす点 (x, y) は、三平方の定理から

$$L = \sqrt{\left(x - \frac{R}{2}\right)^2 + y^2} + \sqrt{\left(x + \frac{R}{2}\right)^2 + y^2} \tag{8.42}$$

を満たします。平方根を無くすために、式（8.42）を 2 乗した後に移項してもう一度 2 乗することで、

$$\frac{4}{L^2}x^2 + \frac{4}{L^2 - R^2}y^2 = 1 \tag{8.43}$$

と簡略化することができます。さらに、

$$a^2 = \frac{L^2}{4},\ b^2 = \frac{L^2 - R^2}{4} \tag{8.44}$$

と置くことで次のとおり楕円を表す式が示されます。

数学公式　中心が原点の楕円の式

$$\frac{x^2}{a^2} + \frac{y^2}{b^2} = 1 \tag{8.45}$$

これは原点を中心とした楕円を表し、焦点間距離 R と焦点からの距離の和 L は

$$L = 2a,\ R = 2\sqrt{a^2 - b^2} \tag{8.46}$$

となります。また、2 つの焦点の座標も $(\sqrt{a^2-b^2}, 0)$ と $(-\sqrt{a^2-b^2}, 0)$ であることがわかります。式（8.44）と（8.46）からわかるとおり、2 つの焦点を x 軸上にとった場合には $a > b$ を満たすことになります。この a と b はそれぞれ楕円の長辺と短辺と呼ばれます。

2 つの焦点を y 軸上にとった場合、2 つの焦点座標は $(0, \sqrt{b^2-a^2})$ と $(0, -\sqrt{b^2-a^2})$ となり、L と R も a と b を反転させた

$$L = 2b,\ \ R = 2\sqrt{b^2-a^2} \tag{8.47}$$

となります。なお、楕円の中心が原点ではない場合、中心座標 (x_0, y_0) の円を表す式は次式で与えられます。

数学公式　中心が (x_0, y_0) の楕円の式

$$\frac{(x-x_0)^2}{a^2} + \frac{(y-y_0)^2}{b^2} = 1 \tag{8.48}$$

8.3.2 楕円経路の経路ベクトル・接線ベクトル・曲率ベクトル

楕円の式は式（8.45）で示したとおりですが、楕円の円周上の点も円の場合と同様に媒介変数 θ を用いて表すことができます。

数学公式　楕円経路の媒介変数表示

$$\begin{cases} x(\theta) = a\cos\theta \\ y(\theta) = b\sin\theta \end{cases} \tag{8.49}$$

図 8.9 ●楕円の媒介変数表示の模式図

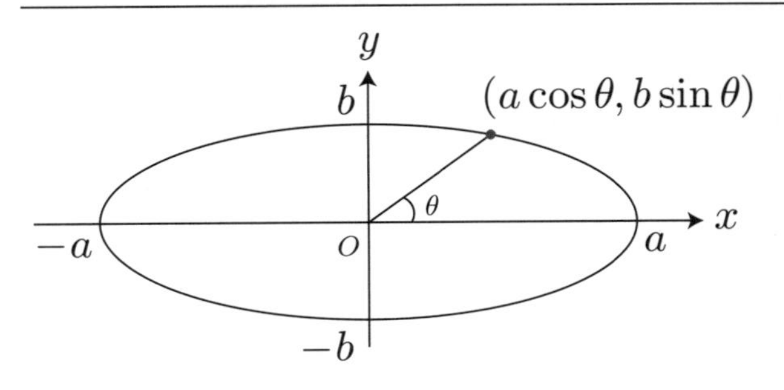

円のときと同様に、$\theta = 0$ を始点、$\theta = 2\pi$ を終点とした経路を経路ベクトル $\boldsymbol{r}_{\text{path}}(\theta)$ と定義し、接線ベクトルと曲率ベクトルの導出を行います。これらのベクトル量の計算に必要な θ の l の 1 回微分は、式（8.10）と式（8.13）から

$$\frac{dl}{d\theta} = \sqrt{a^2 \sin^2 \theta + b^2 \cos^2 \theta} \ \rightarrow \ \frac{d\theta}{dl} = \frac{1}{\sqrt{a^2 \sin^2 \theta + b^2 \cos^2 \theta}} \tag{8.50}$$

2 回微分は、

$$\frac{d^2\theta}{dl^2} = \frac{d\theta}{dl}\frac{d}{d\theta}\left(\frac{1}{\sqrt{a^2 \sin^2 \theta + b^2 \cos^2 \theta}}\right) = \frac{(b^2 - a^2)\sin\theta\cos\theta}{\left(a^2 \sin^2 \theta + b^2 \cos^2 \theta\right)^2} \tag{8.51}$$

と与えられることから、楕円経路の接線ベクトルと曲率ベクトルは、式（8.12）と式（8.14）から次のとおり得られます。

数学公式　楕円経路の接線ベクトル

$$\boldsymbol{t}_{\text{path}}(\theta) = \frac{1}{\sqrt{a^2 \sin^2 \theta + b^2 \cos^2 \theta}}(-a\sin\theta, b\cos\theta) \tag{8.52}$$

数学公式　楕円経路の曲率ベクトル

$$\boldsymbol{\chi}(\theta) = \frac{-ab}{\left(a^2 \sin^2 \theta + b^2 \cos^2 \theta\right)^2}(b\cos\theta, a\sin\theta) \tag{8.53}$$

以上の結果から、式（8.2）と式（8.5）も確認することができます。なお、曲率ベクトルの大きさは

$$\chi(\theta) = |\boldsymbol{\chi}(\theta)| = \frac{ab}{\left(a^2 \sin^2 \theta + b^2 \cos^2 \theta\right)^{3/2}} \tag{8.54}$$

となることから、円とは異なり θ に依存します。$a > b$ の場合、曲率の最小値と最大値はそれぞれ $\chi(\pi/2) = b/a$ と $\chi(\pi/2) = a/b$ です。

8.3.3 楕円経路の各ベクトルの可視化

図 8.10 は、経路上の代表点の位置ベクトル、接線ベクトル、曲率ベクトルを three.js を用いて表示した結果です。円のときと同様、HTML 文書「PrametricPlot_Ellipse.html」でもスライダーを利用して媒介変数 θ の値を指定することができます。なお、$a = 1.4$、$b = 0.7$ で計算しています。

図 8.10 ●楕円の媒介変数表示と各ベクトル量の可視化

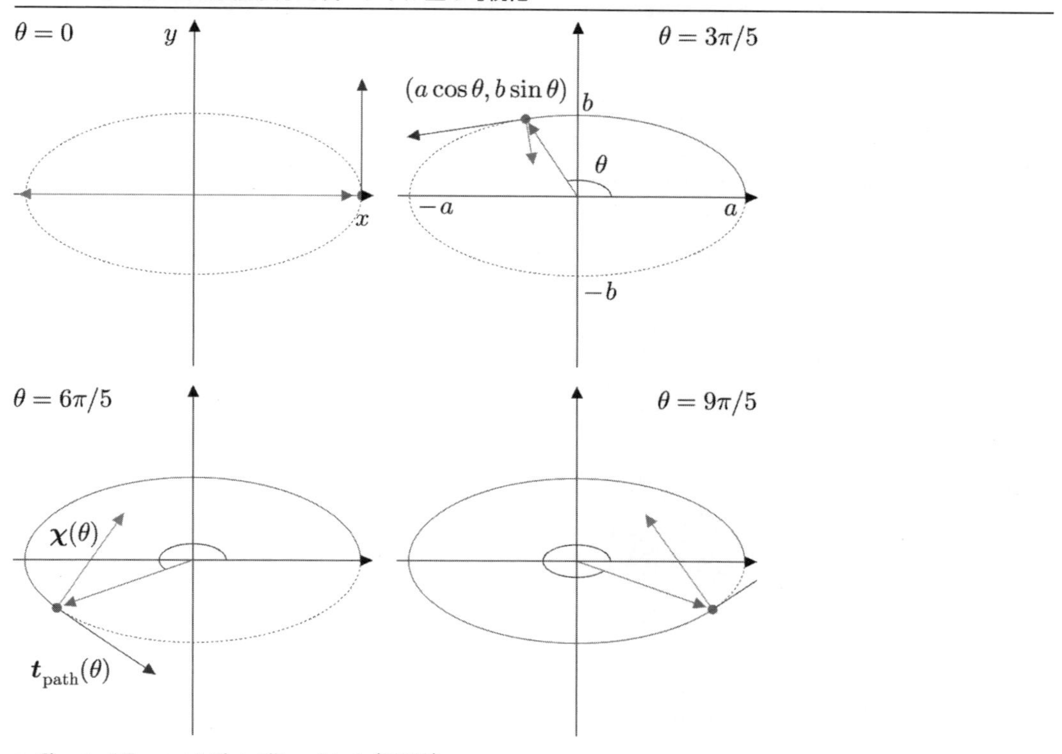

☞ Chapter8/PrametricPlot_Ellipse.html（HTML）

楕円の円周の長さと面積

円のときと同様に、楕円の円周の長さと面積を導出します。まず面積についてです。y を x の関数とみなした場合、式（8.45）から

$$y(x) = \pm b\sqrt{1 - \frac{x^2}{a^2}} \tag{8.55}$$

と表せるので、円と同様、楕円の面積の第 1 象限のみを考えて正符号を採用することで、

$$S = 4\int_0^a y(x)dx = 4b\int_0^a \sqrt{1-\frac{x^2}{a^2}}\,dx \tag{8.56}$$

と表すことができます。この積分も円と同様に三角関数を用いて変数変換を行うことで、計算ができそうです。

$$x = a\sin\phi \rightarrow dx = a\cos\phi\, d\phi \tag{8.57}$$

を式（8.56）に代入して整理した後、円と同様の積分を計算することで楕円の面積が得られます。

数学公式　楕円の面積

$$S = 4ab\int_0^{\frac{\pi}{2}} \cos^2\phi\, d\phi = 4ab\int_0^{\frac{\pi}{2}} \cos^2\phi\, d\phi = ab\pi \tag{8.58}$$

続いて楕円の円周の長さです。円周の長さは式（8.50）左の両辺を積分した

$$l = \int_0^{2\pi} \sqrt{a^2\sin^2\theta + b^2\cos^2\theta}d\theta \tag{8.59}$$

で表されます。この積分は、三角関数を用いた変数変換をどのように行っても実行することができないことが知られています。しかしながら、この積分の形は**第 2 種完全楕円積分**と呼ばれる積分で表すことができるので、そこまでの導出を行います。第 2 種完全楕円積分の定義は次のとおりです。

数学定義　第 2 種完全楕円積分

$$E(k) \equiv E(\frac{\pi}{2}, k) = \int_0^{\frac{\pi}{2}} \sqrt{1-k^2\sin^2\theta}\, d\theta \tag{8.60}$$

積分区間の上端が $\pi/2$ ではない $E(\phi, k)$ は、**第 2 種楕円積分**と呼ばれます。式（8.59）と式（8.60）を見比べるとかなり近いことがわかります。式（8.59）の被積分関数の $\sin^2$ を $\cos^2$ に変換して、積分区間を $-\pi/2$ ずらすことで

$$l = a\int_0^{2\pi} \sqrt{1-\frac{a^2-b^2}{a^2}\cos^2\theta}\, d\theta = a\int_{-\frac{\pi}{2}}^{\frac{3}{2}\pi} \sqrt{1-\frac{a^2-b^2}{a^2}\sin^2\theta}\, d\theta \tag{8.61}$$

と変形することができます。$\sin^2$ の関数形を考慮すると、4 つの積分区間 $[-\pi/2, 0]$、$[0, \pi/2]$、$[\pi/2, \pi]$、$[\pi, 3\pi/2]$ において積分値は一致するので、代表的な積分区間 $[0, \pi/2]$ の 4 倍と考えることができます。つまり、式（8.60）は

$$l = 4a \int_0^{\frac{\pi}{2}} \sqrt{1 - \frac{a^2 - b^2}{a^2} \sin^2\theta}\, d\theta = 4aE\left(\sqrt{\frac{a^2 - b^2}{a^2}}\right) \tag{8.62}$$

と変形することができ、式（8.60）の第 2 種完全楕円積分と表すことができました。上記の導出は楕円の長辺を a（$> b$）としているため、このような周りくどい変形をおこなう必要がありましたが、$b > a$ の場合には、式（8.59）の $\cos^2$ を $\sin^2$ に変形することで直ちに第 2 種完全楕円積分の形にもってくることができます。

数学公式　楕円の円周の長さ

$$l = 4bE\left(\sqrt{\frac{b^2 - a^2}{b^2}}\right) \tag{8.63}$$

8.3.4　ルンゲ・クッタで楕円経路に束縛された運動シミュレーション

重力が加わる物体が楕円経路に束縛された運動を、ルンゲ・クッタ法を用いて計算します。円経路と同様、重力の方向を $-z$ 軸方向とするために、y を z に置き換えた xz 平面とします。経路ベクトル、接線ベクトル、曲率ベクトルを与える関数は次に示したとおりです。

プログラムソース 8.3 ●各種経路関連ベクトルと加速度ベクトルの計算方法

```
/////////////////////////// 解析解 /////////////////////////////////
// 経路の関する情報を保持するオブジェクト
var Path = {};
// 楕円の長径と短径
Path.a = 1.5;
Path.b = 0.7;
// 楕円の中心位置ベクトル
Path.center = new Vector3(0, 0, Path.b);
// 経路の位置ベクトルを指定する媒介変数関数
Path.position = function ( theta ){  <------------------------------ 式（8.49）
  var x = this.a * Math.cos(theta) + this.center.x;
  var y = 0;
  var z = this.b * Math.sin(theta) + this.center.z;
```

```
  return new Vector3(x,y,z);
};
// 接線ベクトルを指定する媒介変数関数
Path.tangent = function ( theta ){  <------------------------------ 式 (8.52)
  var A = 1 / Math.sqrt( Math.pow( this.a * Math.sin( theta ),2 )
                + Math.pow( this.b * Math.cos( theta ), 2 ) );
  var x = - A * this.a * Math.sin( theta );
  var y = 0;
  var z = A * this.b * Math.cos( theta );
  return new Vector3(x,y,z);
};
// 曲率ベクトルを指定する媒介変数関数
Path.curvature = function ( theta ){  <---------------------------- 式 (8.53)
  var A = - this.a * this.b * 1 / Math.pow( (Math.pow(this.a * Math.sin( theta ),2)
                          + Math.pow(this.b * Math.cos( theta ), 2) ), 2);
  var x = A * this.b * Math.cos( theta );
  var y = 0;
  var z = A * this.a * Math.sin( theta );
  return new Vector3(x,y,z);
}
// 媒介変数の取得
Path.getTheta = function( r ){
  // 相対位置ベクトル
  var bar_r = new Vector3().subVectors( r, this.center );
  // 楕円方程式の右辺
  var c = Math.sqrt( Math.pow( bar_r.x / this.a , 2 )
                + Math.pow( bar_r.z / this.b , 2 ));  <--------------- (※)
  // 楕円方程式のパラメータの変換
  var a = this.a * c;  <-------------------------------------------- (※)
  var b = this.b * c;  <-------------------------------------------- (※)
  var sinTheta = bar_r.z/b ;
  var theta;
  if( sinTheta > 0 ) {
    theta = Math.acos( bar_r.x/ a );
  } else {
    theta = 2 * Math.PI - Math.acos( bar_r.x / a );
  }
  return theta;
}
```

（※）　式（8.45）で示したとおり、楕円の式の右辺は必ず 1 になります。しかしながら、この右辺の値は計算誤差によって 1 から変化してしまうことから、楕円の式の a と b を補正します。

図 8.7 は、重力中（$g = 10$）を円経路（半径 $R = 1$）で束縛された物体の運動の位置座標（xz 平面）です。初期条件として、原点に置いた物体に x 軸方向の初速度 $v_0 = 6$ を与えています。物体は

経路に沿って登り、最高点に到達した後に運動は反転します。この運動は張力による振り子運動と一致します。

図 8.11 ●【数値解グラフ】重力中を楕円経路で束縛された物体の運動の軌跡

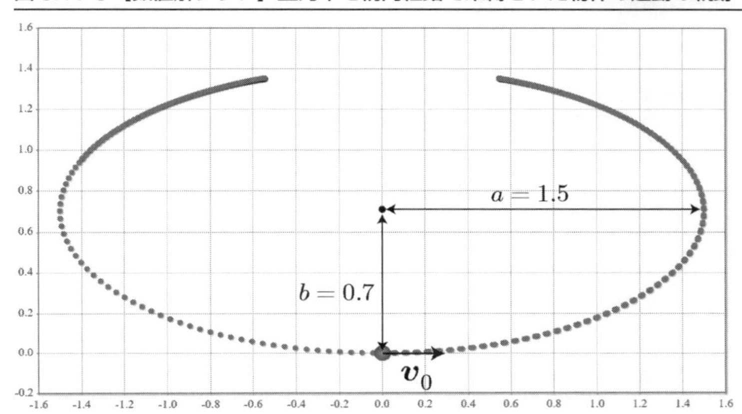

☞ Chapter8/Path_Ellipse_RK.html（HTML）、Path_Ellipse_RK.cpp（C++、数値データのみ／依存オブジェクト：Vector3.o, RK4.o）

試してみよう！

- 重力 $g = 0$ を与えた場合、等速で楕円軌道運動することを確認しよう。
- 初速度の大きさを調整して、楕円経路のちょうど真上で静止させてみよう！
- 式（8.49）で定義された楕円の形状を決定するパラメータ a、b の値を様々な値に変更してみよう！

8.4 放物線経路に束縛された運動

8.4.1 放物線経路の経路ベクトル・接線ベクトル・曲率ベクトル

放物線とは、重力場中の物体を斜方投射させたときの運動の軌跡を表す曲線です。斜方投射の水平方向を x 軸、垂直方向を y 軸と定義した場合、y の一般解は

$$y = a(x - x_0)^2 + b \tag{8.64}$$

と x の 2 次関数となります（5.1 節参照）。本項では、図 8.12 のような 2 次関数の頂点が原点となる場合の曲線を経路とするときの、接線ベクトル、曲率ベクトルの導出を行います。

図 8.12 ●放物線の媒介変数表示の模式図

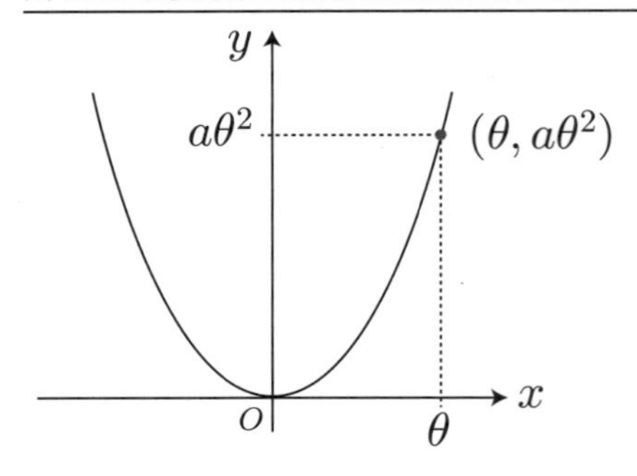

放物線を表す媒介変数表示は次のとおりです。

数学公式　放物線経路の媒介変数表示

$$\begin{cases} x(\theta) = \theta \\ y(\theta) = a\theta^2 \end{cases} \tag{8.65}$$

媒介変数 θ は $-\infty < \theta < \infty$ で定義されます。接線ベクトルと曲率ベクトルに必要な θ の l の微分は

$$\frac{dl}{d\theta} = \sqrt{1 + 4a^2\theta^2} \ \rightarrow \ \frac{d\theta}{dl} = \frac{1}{\sqrt{1 + 4a^2\theta^2}} \tag{8.66}$$

2 回微分は

$$\frac{d^2\theta}{dl^2} = \frac{d\theta}{dl}\frac{d}{d\theta}\left(\frac{1}{\sqrt{1 + 4a^2\theta^2}}\right) = \frac{-4a^2\theta}{\left(1 + 4a^2\theta^2\right)^2} \tag{8.67}$$

と与えられることから、放物線経路の接線ベクトルと曲率ベクトルは、式（8.12）と式（8.14）から次のとおり得られます。

数学公式 **放物線経路の接線ベクトル**

$$\boldsymbol{t}_{\rm path}(\theta) = \frac{1}{\sqrt{1+4a^2\theta^2}}(1, 2a\theta) \tag{8.68}$$

数学公式 **放物線経路の曲率ベクトル**

$$\boldsymbol{\chi}(\theta) = \frac{-2a}{\left(1+4a^2\theta^2\right)^2}(2a\theta, -1) \tag{8.69}$$

以上の結果から、式（8.2）と式（8.5）も確認することができます。なお、曲率ベクトルの大きさは

$$\chi(\theta) = |\boldsymbol{\chi}(\theta)| = \frac{2|a|}{\left(1+4a^2\theta^2\right)^{3/2}} \tag{8.70}$$

となることから、楕円と同様 θ に依存します。曲率は $\theta = 0$ のときに最大値 $2|a|$ をとり、後は θ が大きくなるほど θ の 2 乗に反比例して小さくなります。

8.4.2 放物線経路の各ベクトルの可視化

図 8.13 は、経路上の代表点の位置ベクトル、接線ベクトル、曲率ベクトルを three.js を用いて表示した結果です。これまでと同様、HTML 文書「PrametricPlot_Parabola.html」でもスライダーを利用して媒介変数 θ の値を指定することができます。なお、$a = 1.0$ で計算しています。

図 8.13 ●放物線の媒介変数表示と各種ベクトル量

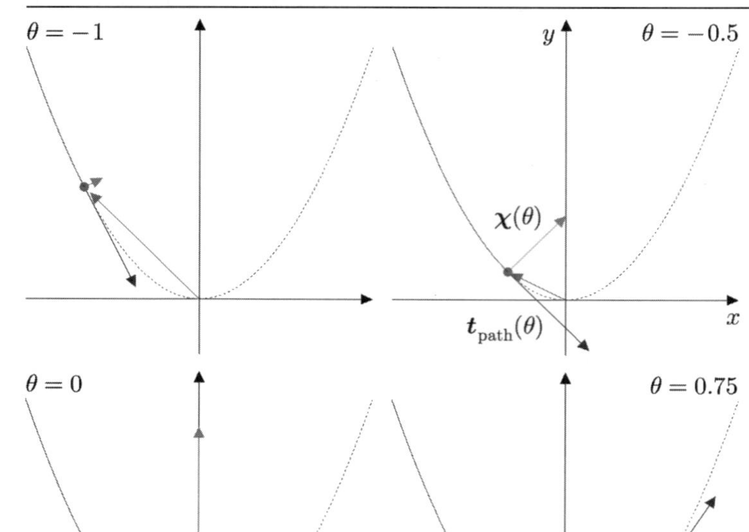

☞ Chapter8/PrametricPlot_Parabola.html（HTML）

放物線の曲線の長さ

図 8.12 の放物線の場合、囲まれた領域は存在しないので、$x = 0$ から x_1 までの放物線の曲線の長さについて考えます。中学校でも学習する二次方程式ですが、曲線の長さの計算は地味に大変で、高等学校の数学を総動員することになります。まず、曲線の長さは式（8.66）左の両辺を積分することで

$$l = \int_0^{x_1} \sqrt{1 + 4a^2\theta^2}d\theta \tag{8.71}$$

と表すことができます。被積分関数の平方根の中が円や楕円のときとは異なり、2 つの項が和となります。この場合、$1 + \tan^2 = 1 / \cos^2$ の三角関数の変形を考慮して、次のとおり積分変数の変数変換を行います。

$$2a\theta = \tan\phi \ \rightarrow\ 2ad\theta = \frac{1}{\cos^2\phi}\,d\phi \tag{8.72}$$

ただし、この変数変換により積分区間は 0 から $\arctan(2ax_1)$ となります。式（8.71）に式（8.72）を代入して整理すると、曲線の長さの表式は

$$l = \frac{1}{2a}\int_0^{\phi_1}\frac{1}{\cos^3\phi}\,d\phi \tag{8.73}$$

となります。ただし、$\phi_1 = \arctan(2ax_1)$ です（図 8.14 を参照）。これで式（8.71）の被積分関数の平方根を無くすことができたので、今度は積分の実行が可能となるべきへと変換することを考えます。具体的には

$$\sin\phi = t \rightarrow \cos\phi\, d\phi = dt \tag{8.74}$$

と変換します。この変数変換により、積分区間は 0 から $2ax_1/\sqrt{1+4a^2x_1^2}$ となります。

図 8.14 ● ϕ_1 の定義

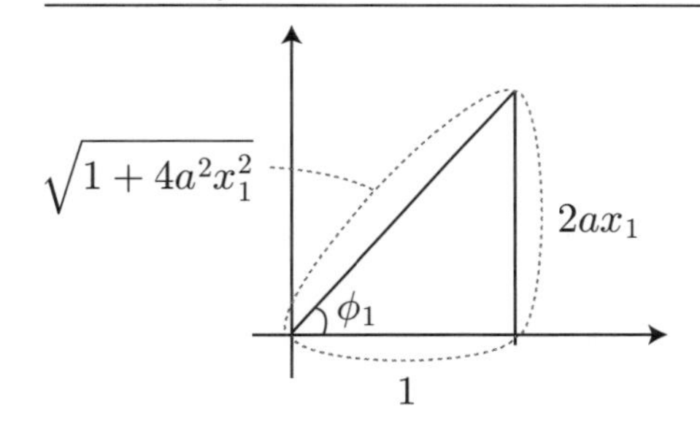

式（8.73）を（8.74）に代入して整理すると、曲線の長さの表式は

$$l = \frac{1}{2a}\int_0^{t_1}\frac{1}{(1-t^2)^2}\,dt \tag{8.75}$$

と、被積分関数がべきに変換することができます。ただし、$t_1 = 2ax_1/\sqrt{1+4a^2x_1^2}$ です。なお、式（8.73）から式（8.75）への変換における三角関数からベキへの変数変換は他にもいろいろ考えられますが、式（8.74）以外の場合には被積分関数にまた平方根が現れてしまうためうまく行きません。

最後に、式（8.75）の被積分関数を部分分数分解

$$\frac{1}{(1-t^2)^2} = \frac{1}{4}\left(\frac{1}{1-t} + \frac{1}{1+t}\right)^2 = \frac{1}{4}\left(\frac{1}{(1-t)^2} + \frac{1}{(1+t)^2} + \frac{1}{1-t} + \frac{1}{1+t}\right) \tag{8.76}$$

することで、式（8.75）の積分を実行するだけです。

数学公式　放物線の長さ

$$\begin{aligned} l &= \frac{1}{8a}\int_0^{t_1}\left(\frac{1}{(1-t)^2} + \frac{1}{(1+t)^2} + \frac{1}{1-t} + \frac{1}{1+t}\right)dt \\ &= \frac{1}{8a}\left[\frac{1}{1-t} - \frac{1}{1+t} - \log(1-t) + \log(1+t)\right]_0^{t_1} \\ &= \frac{1}{8a}\left[\frac{2t_1}{(1-t_1)(1+t_1)} + \log\left(\frac{1+t_1}{1-t_1}\right)\right] \end{aligned} \tag{8.77}$$

以上で 0 から x_1 までの放物線の曲線の長さを計算することができました。簡単な検算を行います。$x_0 = 0$ の場合、$t_1 = 0$ なので $l = 0$ となり正しいです。また、x_1 が十分小さい場合（$x_1 \ll 1$）には $t_1 \simeq 2ax_1$ となり、式（8.77）をテーラー展開することで $l \simeq x_1$ となります。この結果は、x_1 が 0 付近では曲線の長さは x_1 の変化分に近づいて a の値に依らず x_1 に一致するという直感に合っています。また、x_1 は大きいほど t_1 は 1 に近づいていきます。x_1 が十分に大きい場合（$x_1 \gg 1$）、$t_1 \simeq 1 - 1/(4a^2x_1^2)$ となるので、log 発散よりもべき発散の方が速いことを考慮すると $l \simeq ax_1^2$ となります。この結果は、x_1 が非常に大きいところでは、曲線の長さが y 軸方向の長さと一致するという直感に合っています。以上の検算から、式（8.77）は妥当であることある程度確認できました。

8.4.3 ルンゲ・クッタで放物線経路に束縛された運動シミュレーション

重力が加わる物体が放物線経路に束縛された運動を、ルンゲ・クッタ法を用いて計算します。これまでと同様、重力の方向を −z 軸方向とするために、y を z に置き換えた xz 平面とします。経路ベクトル、接線ベクトル、曲率ベクトルを与える関数は次に示したとおりです。

プログラムソース 8.4 ●各種経路関連ベクトルと加速度ベクトルの計算方法

```
////////////////////////// 解析解 //////////////////////////////////
// 経路の関する情報を保持するオブジェクト
var Path = {};
// 2次方程式のa係数
Path.a = 1;
// 2次方程式の頂点の位置ベクトル
Path.center = new Vector3(0, 0, 0);
```

```
// 経路の位置ベクトルを指定する媒介変数関数
Path.position = function ( theta ){  <------------------------ 式 (8.65)
  var x = theta;
  var y = 0;
  var z = this.a * theta * theta;
  return new Vector3(x,y,z);
};
// 接線ベクトルを指定する媒介変数関数
Path.tangent = function ( theta ){  <------------------------ 式 (8.68)
  var A = 1 / Math.sqrt( 1 + Math.pow( 2 * this.a * theta, 2 ));
  var x = A * 1;
  var y = 0;
  var z = A * 2 * this.a  * theta;
  return new Vector3(x,y,z);
};
// 曲率ベクトルを指定する媒介変数関数
Path.curvature = function ( theta ){  <------------------------ 式 (8.69)
  var A =  Math.pow( 1 / ( 1 + Math.pow( 2 * this.a * theta, 2 ) ), 2 );
  var x = - A * 4 * Math.pow( this.a , 2 ) * theta;
  var y = 0;
  var z = A * 2 * this.a;
  return new Vector3(x,y,z);
}
// 媒介変数の取得
Path.getTheta = function( r ){
  // 相対位置ベクトル
  var bar_r = new Vector3().subVectors( r, this.center );
  return bar_r.x;
}
```

図 8.15 は、重力中（$g = 10$）を放物線経路（2 次係数 $a = 1$）で束縛された物体の運動の位置座標（xz 平面）です。初期条件として、原点に置いた物体に x 軸方向の初速度 $v_0 = 6$ を与えています。物体は経路に沿って登り、最高点に到達した後に運動は反転します。

図 8.15 ●【数値解グラフ】重力中を円経路で束縛された物体の運動の軌跡

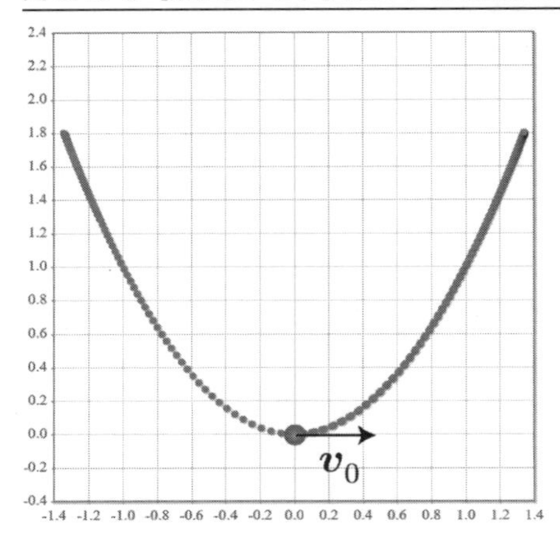

☞ Chapter8/Path_Parabola_RK.html（HTML）、Path_Parabola_RK.cpp（C++、数値データのみ／依存オブジェクト：Vector3.o, RK4.o）

試してみよう！

- 経路を 2 次関数から 3 次関数へ拡張して実行してみよう！

8.5 サイクロイド曲線経路に束縛された運動

8.5.1 サイクロイド曲線の経路の経路ベクトル・接線ベクトル・曲率ベクトル

図 8.16 で示したように、原点の直上に円を置いて x 軸上を転がすことを考えます。はじめ原点に置かれた円周上に固定された点は、円の回転とともに xy 平面上を移動するわけですが、その時の点の軌跡がサイクロイド曲線と呼ばれます。半径 r の円を原点からの角度 θ 回転させたとき、円の中心座標は $(r\theta, r)$ となり、円周上の固定点の座標は、この円の中心座標から x 方向に $-\sin\theta$、y 方向に $-r\cos\theta$ 移動させたところにあるので、サイクロイド曲線を表す媒介変数表示は次のとおりになります。

数学公式　**サイクロイド曲線の媒介変数表示**

$$\begin{cases} x(\theta) = r(\theta - \sin\theta) \\ y(\theta) = r(1 - \cos\theta) \end{cases} \tag{8.78}$$

ただし、図 8.16 は $\pi/2 < \theta < \pi$ の様子を表しているので、$\sin\theta > 0$、$\cos\theta < 0$ であることに注意してください。

図 8.16 ●サイクロイド曲線の描き方

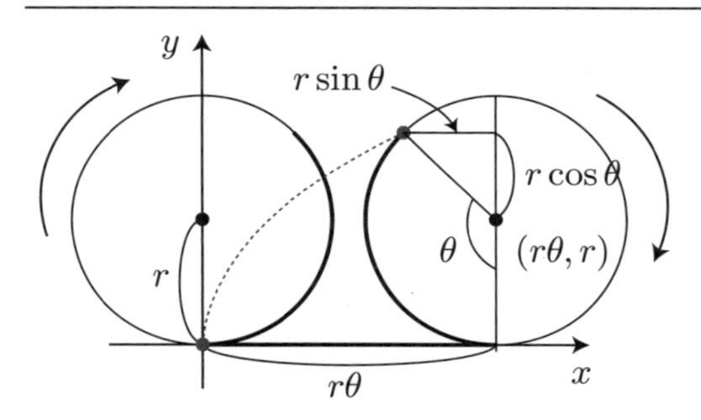

図 8.17 ●サイクロイド曲線

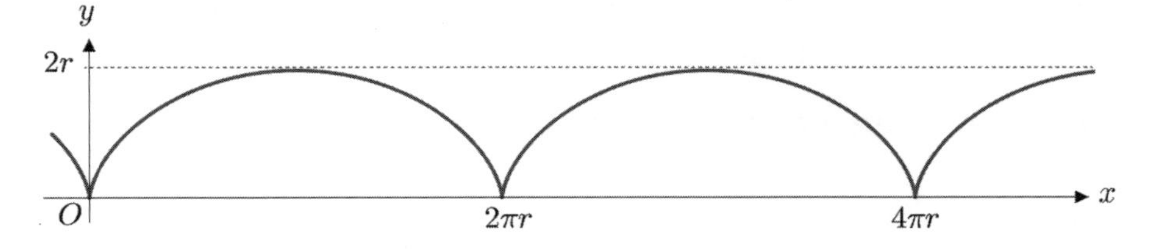

式（8.78）を用いてサイクロイド曲線を描画した結果が、図 8.17 です。θ は $-\infty < \theta < \infty$ で定義されます。これまでと同様、接線ベクトルと曲率ベクトルに必要な θ の l の微分は

$$\frac{dl}{d\theta} = \sqrt{2}r\sqrt{1-\cos\theta} \ \rightarrow \ \frac{d\theta}{dl} = \frac{1}{\sqrt{2}r\sqrt{1-\cos\theta}} \tag{8.79}$$

2 回微分は

$$\frac{d^2\theta}{dl^2} = \frac{d\theta}{dl}\frac{d}{d\theta}\left(\frac{1}{\sqrt{2}r\sqrt{1-\cos\theta}}\right) = \frac{-\sin\theta}{4r^2(1-\cos\theta)^2} \tag{8.80}$$

と与えられることから、サイクロイド曲線経路の接線ベクトルと曲率ベクトルは、式（8.12）と式

（8.14）から次のとおり得られます。

数学公式 **サイクロイド曲線経路の接線ベクトル**

$$\boldsymbol{t}_{\text{path}}(\theta) = \frac{1}{\sqrt{2}\sqrt{1-\cos\theta}}(1-\cos\theta, \sin\theta) = \frac{1}{\sqrt{2}}(\sqrt{1-\cos\theta}, \pm\sqrt{1+\cos\theta}) \tag{8.81}$$

数学公式 **サイクロイド曲線経路の曲率ベクトル**

$$\boldsymbol{\chi}(\theta) = \frac{-1}{4r(1-\cos\theta)}(-\sin\theta, 1-\cos\theta) \tag{8.82}$$

となります。しかしながら、式（8.81）と式（8.82）は $\theta=0$ や 2π で分母が 0 になってしまい無限大に発散してしまいます。三角関数の関係式 $\sin\ \theta = \pm\sqrt{1-\cos^2\theta} = \pm\sqrt{(1+\cos\theta)(1-\cos\theta)}$ を考慮して式（8.81）と式（8.82）をそれぞれ変形することで、接線ベクトルは 0 となる因子が通分されて発散しなくなります。

数学公式 **サイクロイド曲線経路の接線ベクトル**

$$\boldsymbol{t}_{\text{path}}(\theta) = \frac{1}{\sqrt{2}}(\sqrt{1-\cos\theta}, \pm\sqrt{1+\cos\theta}) \tag{8.83}$$

数学公式 **サイクロイド曲線経路の曲率ベクトル**

$$\boldsymbol{\chi}(\theta) = \frac{-1}{4r}\left(\mp\sqrt{\frac{1+\cos\theta}{1-\cos\theta}}, 1\right) \tag{8.84}$$

依然として曲率ベクトルの x 成分は $\theta=0$、2π で発散しますが、これはサイクロイド曲線のもつ特異性で、この 2 点が特異点であることを意味しています。なお、式（8.83）と（8.84）の±は $\sin(\theta)$ の符号に対応します。また、曲率ベクトルの大きさは

$$\chi(\theta) = |\boldsymbol{\chi}(\theta)| = \frac{1}{2r\sqrt{2-2\cos\theta}} \tag{8.85}$$

となることから θ に依存します。曲率は $\theta=\pi$ のときに最小値 $1/2\sqrt{2}r$ をとり、$\theta=0$ と 2π で無限大に発散します。

8.5.2 サイクロイド曲線経路の各ベクトルの可視化

図 8.18 は、始点 $\theta = 0$ から終点 $\theta = 2\pi$ の経路に対する経路ベクトル、接線ベクトル、曲率ベクトルを three.js を用いて表示した結果です。これまでと同様、HTML 文書「PrametricPlot_Cycloid.html」でもスライダーを利用して媒介変数 θ の値を指定することができます。

図 8.18 ●放物線の媒介変数表示と各種ベクトル量

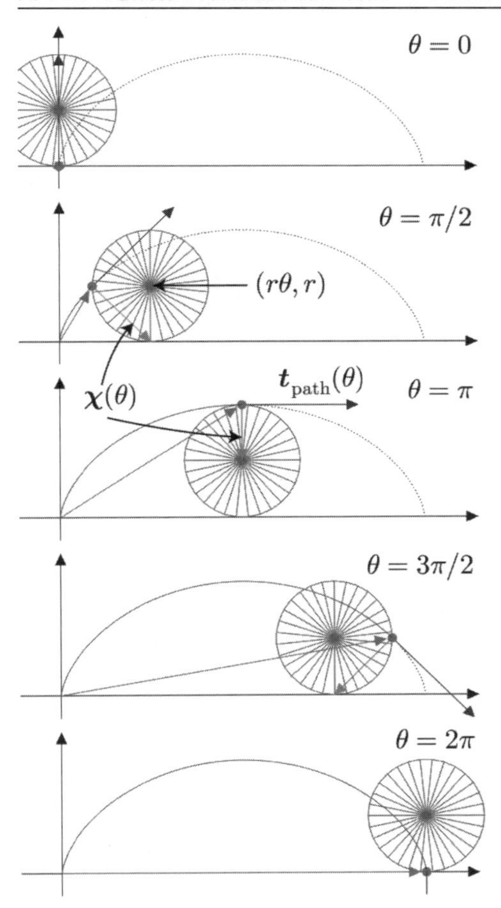

☞ Chapter8/PrametricPlot_Cycloid.html（HTML）

サイクロイド曲線の長さと面積

式（8.78）で定義されるサイクロイド曲線において、$\theta = 0$ から 2 π まで曲線の長さと x 軸とで囲まれる領域の面積を調べます。まず、曲線の長さについてです。これまでと同様、曲線の長さの

表式は式（8.79）を積分した

$$l = \sqrt{2}r \int_0^{2\pi} \sqrt{1 - \cos\theta} d\theta \tag{8.86}$$

で与えられます。この被積分関数の平方根は三角関数の倍角の公式を利用することで無くすことができ、即座に積分を実行することができます。

数学公式　サイクロイド曲線の長さ

$$\begin{aligned} l &= 2r \int_0^{2\pi} \sqrt{\sin^2 \frac{\theta}{2}}\, d\theta = 2r \int_0^{2\pi} |\sin \frac{\theta}{2}|\, d\theta \\ &= 2r \int_0^{\pi} \sin\theta\, d\theta = 2r\, [\cos\theta]_0^{\pi} = 4r \end{aligned} \tag{8.87}$$

曲線の長さはちょうど半径の 4 倍ということがわかりました。次に面積についてです。面積を与える表式もこれまでと同様、y を x の関数と見なして、x の可動範囲（0 から $2\pi r$）で積分した

$$S = \int_0^{2\pi r} y(x) dx \tag{8.88}$$

で与えられます。しかしながら、まだサイクロイド曲線における x と y の関係式が得られていないので、サイクロイド曲線の方程式の導出から行います。式（8.78）で与えられた媒介変数表示から θ を消去できれば良いのですが、この 2 式だけでは消去しきれません。そこで、式（8.78）をいじくりまわす必要があります。x と y の θ 微分をそれぞれ考えて割り算すると

$$\frac{dy}{dx} = \frac{dy}{d\theta}\frac{d\theta}{dx} = \frac{dy}{d\theta}\Big/\frac{dx}{d\theta} = \frac{\sin\theta}{1-\cos\theta} = \sqrt{\frac{1+\cos\theta}{1-\cos\theta}} \tag{8.89}$$

という関係式が得られます。式（8.89）の最左辺と最右辺をつなげると x と y のみの関係式となっていることがわかります。円や楕円、方程式とは異なりますが、この微分方程式がサイクロイド曲線における x と y の関係式となります。一般には両辺を 2 乗した

$$\left(\frac{dy}{dx}\right)^2 = \frac{2r}{y} - 1 \tag{8.90}$$

がよく知られる形となります。式（8.89）を変形すると

$$dx = \frac{dy}{\sqrt{(2r/y) - 1}} \tag{8.91}$$

という関係式が導き出されますが、式（8.88）の被積分関数はもともと y であることを考慮すると、これはちょうど積分変数を x から y に変換するための関係式となっています。つまり、式（8.88）は

$$S = 2\int_0^{2r} \frac{y}{\sqrt{(2r/y) - 1}}\, dy = 2\int_0^{2r} \frac{y^{3/2}}{\sqrt{2r - y}}\, d \tag{8.92}$$

と y の積分に変換することができます。ただし、サイクロイド曲線は y の値に対する x の値は 2 つ存在（2 価関数）するので積分区間には注意が必要となります。x と y が 1 対 1 の関係にあるのは、x の範囲が 0 から πr まで（もとの積分区間の半分）なので、そこまでの積分に対して変数変換が可能となります。なお、式（8.92）の係数「2」は、x の積分範囲 $[0 : \pi r]$ における積分値は元の区間の半分なので、2 倍する必要があるためです。以上からサイクロイド曲線の面積は式（8.92）で与えられることがわかります。この積分を計算するには被積分関数の平方根を無くすために

$$y = 2r\cos^2\phi \tag{8.93}$$

の変数変換を考えます。ϕ の積分区間は $\pi/2$ から 0 となります。式（8.93）の両辺を ϕ で微分して分母を払うと

$$dy = -4r\cos\phi\sin\phi\, d\phi \tag{8.94}$$

となるので、式（8.92）に式（8.93）と式（8.94）を代入して整理して積分区間を反転させると、サイクロイド曲線の面積が導出できます。

数学公式　**サイクロイド曲線と x 軸と囲まれる面積**

$$S = 16r^2\int_0^{\pi/2} \cos^4\phi\, d\phi = 16r^2\left(\frac{3\pi}{16}\right) = 3\pi r^2 \tag{8.95}$$

なお、被積分関数 $\cos^4$ の積分は

$$\begin{aligned}\cos^4\phi &= \left[\frac{1+\cos 2\phi}{2}\right]^2 = \frac{1}{4}(1 + 2\cos 2\phi + \cos^2 2\phi) = \frac{1}{4}(1 + 2\cos 2\phi + \frac{1+\cos 4\phi}{2}) \\ &= \frac{3}{8} + \frac{1}{2}\cos 2\phi + \frac{1}{8}\cos 4\phi\end{aligned} \tag{8.96}$$

の変形を考慮すると

$$\int_0^{\pi/2} \cos^4 \phi \, d\phi = \frac{3\pi}{16} \tag{8.97}$$

で与えられます。

8.5.3 媒介変数の取得方法

運動する物体の位置から媒介変数 θ を計算するには、式（8.78）の y から

$$\theta = \arccos\left(1 + \frac{z}{r}\right) \tag{8.98}$$

と得られます。ただし、arccos 関数は -1 から 1 の引数に対して π から 0 を返すので、円経路と同様、θ を 0 から 2π で取得するために x の値で場合分けが必要となります。具体的な実装については後述するプログラムソースでで示します。

数値計算では、計算誤差のためにサイクロイド曲線を表すパラメータ r の補正値の取得が必要となります。そのためには、式（8.90）で示したサイクロイド曲線の微分方程式を r について解いた

$$r = \frac{y}{2}\left[1 + \left(\frac{dy}{dx}\right)^2\right] = \frac{y}{2}\left[1 + \left(\frac{v_y}{v_x}\right)^2\right] \tag{8.99}$$

を利用することができます。式（8.99）の式変形には $dy/dx = (dy/dt)/(dx/dt) = v_y/v_x$ の関係を利用しています。式（8.99）を用いることで、任意の時刻の物体の位置と速度から、物体が現在運動しているサイクロイド曲線の r パラメータを計算することができます。無論、理論的には r の値は式（8.78）で指定した値と一致するはずです。しかしながら、数値的に式（8.99）から r 値の計算には、球体の速度（v_x）による割り算が存在し、速度は 0 となる可能性があります。そのため、式（8.99）を用いて r 値を更新する v_x に対する条件を課す必要があります。

8.5.4 ルンゲ・クッタでサイクロイド曲線経路に束縛された運動シミュレーション

重力が加わる物体がサイクロイド曲線経路に束縛された運動を、ルンゲ・クッタ法を用いて計算します。これまでと同様、重力の方向を $-z$ 軸方向とするために、y を z に置き換えた xz 平面とします。経路ベクトル、接線ベクトル、曲率ベクトルを与える関数は次に示したとおりです。

プログラムソース 8.5 ●各種経路関連ベクトル計算方法

```
////////////////////////// 解析解 /////////////////////////////////
// サイクロイド曲線の始点と終点のx座標
var x_start = -10; <------------------------------------------ (※1-1)
var x_end = 10; <--------------------------------------------- (※1-2)
// 経路の関する情報を保持するオブジェクト
var Path = {};
// サイクロイド曲線パラメータr
Path.r = ( x_end - x_start ) / ( 2 * Math.PI ); <------------- (※1-3)
// 始点と終点のz座標
var path_z0 = 2 * Path.r ; // 最下点が0となるように <---------- (※2)
// サイクロイド曲線始点の位置ベクトル
Path.start = new Vector3( x_start, 0, path_z0 );
// 球体の初期位置
var theta0 = Math.PI; <--------------------------------------- (※3-1)
// 球体の初期位置ベクトル
var x0 = Path.r * ( theta0 - Math.sin(theta0) ) + Path.start.x; <------- (※3-2)
var y0 = 0;
var z0 = - Path.r * ( 1 - Math.cos(theta0)) + Path.start.z; <----------- (※3-3)
// 球体の位置ベクトルと速度ベクトル
var r = new Vector3( x0, y0, z0 );
var v = new Vector3( v0, 0, 0 );
// 経路の位置ベクトルを指定する媒介変数関数
Path.position = function ( theta ){ <------------------------- 式 (8.78)
  var x = this.r * ( theta - Math.sin(theta) ) + this.start.x;
  var y = 0;
  var z = - this.r * ( 1 - Math.cos(theta) ) + this.start.z;
  return new Vector3(x,y,z);
};
// 接線ベクトルを指定する媒介変数関数
Path.tangent = function ( theta ){ <-------------------------- 式 (8.81)
  var A = 1 / Math.sqrt( 2 );
  var x = A * Math.sqrt( 1 - Math.cos(theta));
  var y = 0;
  var z = - A * Math.sqrt( 1 + Math.cos(theta));
  if( Math.sin(theta) < 0 ) z = - z;
  return new Vector3(x,y,z);
};
// 曲率ベクトルを指定する媒介変数関数
Path.curvature = function ( theta ){ <------------------------ 式 (8.82)
  var A = - 1 / ( 4 * this.r );
  var x = - A * Math.sqrt( ( 1 + Math.cos(theta) ) / ( 1 - Math.cos(theta) ) );
  var y = 0;
  var z = - A;
  if( Math.sin(theta) < 0 ) x = - x;
  return new Vector3(x,y,z);
```

```
  }
  // 媒介変数の取得
  Path.getTheta = function( r, v ){
    // 球体の相対位置ベクトル
    var bar_r = new Vector3().subVectors( r, this.start );  <---------------------------------- (※4)
    if( Math.abs( v.x ) > 1.0 ){
      var _r = Math.abs(bar_r.z) / 2 * (  1 + Math.pow( v.z/v.x, 2 )  );  <------- 式 (8.99)
    } else {
      var _r = this.r;
    }
    if( bar_r.x < _r * Math.PI ) {
      var theta = Math.acos( 1 + bar_r.z/_r );
    } else {
      var theta = 2*Math.PI - Math.acos( 1 + bar_r.z/_r );
    }
    return theta;
  }
```

（※ 1）　サイクロイド曲線の始点と終点からパラメータ r を決めます。
（※ 2）　サイクロイド曲線の最下点の z 座標が 0 となるように、経路の始点の z 座標を与えます。
（※ 3）　球体の初期位置座標を媒介変数を用いて指定します。
（※ 4）　サイクロイド曲線のパラメータ r の更新には速度を用います。分母の v_x が小さい場合に誤差が大きくなるため、r を更新する v_x の最小値を決めておきます。

図 8.7 は、重力中（$g = 10$）をサイクロイド経路で束縛された物体の運動の位置座標（xz 平面）です。サイクロイド曲線の両端の x 座標を −10 と 10 とし、最下点が原点となるように経路を設定しています。初期条件として、原点に置いた物体に x 軸方向の初速度 $v_0 = 10$ を与えています。物体は経路に沿って登り、最高点に到達した後に運動は反転します。

図 8.19 ●【数値解グラフ】サイクロイド曲線経路で束縛された物体の運動の軌跡

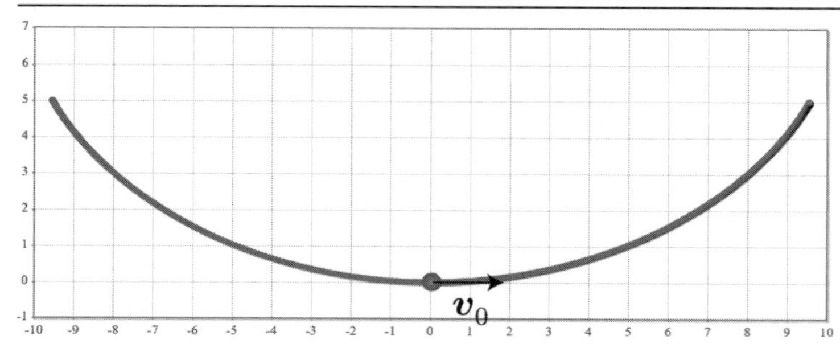

☞ Chapter8/Path_Cycloid_RK.html（HTML）、Path_Cycloid_RK.cpp（C++、数値データのみ／依存オブジェクト：Vector3.o, RK4.o）

試してみよう！

- 初速度を大きくすると式（8.84）で示したサイクロイド曲線の曲率が発散する特異点に到達します。そのときにシミュレーションが破綻することを確かめよう！

8.5.5 サイクロイド曲線振り子の等時性シミュレーション

6.1 節で解説したとおり、単振子運動は振幅によって周期が異なりますが、本節で紹介したサイクロイド曲線経路上を重力を受けて周期運動する「サイクロイド振り子」は、振幅の大きさに関わらず周期が一定という性質が知られています。サイクロイド振り子の周期は次のとおりです。

解析解　サイクロイド振り子の周期

$$T = 4\pi\sqrt{\frac{r}{g}} \tag{8.100}$$

証明は本書の水準を超えるため割愛しますが、シミュレーションによる数値解で確認してみましょう。図 8.20 は、初期条件として初速度 0 を与えた異なる初期位置の物体の運動の様子（t-x グラフ）です。初期位置は式（8.78）（ただし $y \to -z$）の θ で指定することができ、$\theta = 0.25\pi$、0.5π、0.75π の 3 種類を与えています。すべて同一周期で運動していることが確認できます。パラメータ r は、サイクロイド曲線経路の始点（$x = -10$）と終点（$x = 10$）から前項のプログラムソース（※1-3）のとおり計算することができ（$r = 10/\pi$）、周期は式（8.100）から $T = 4\sqrt{\pi} = 7.09$ となり、解析解と数値解が一致することを確認することができました。

図 8.20 ●【数値解グラフ】サイクロイド振り子の周期性

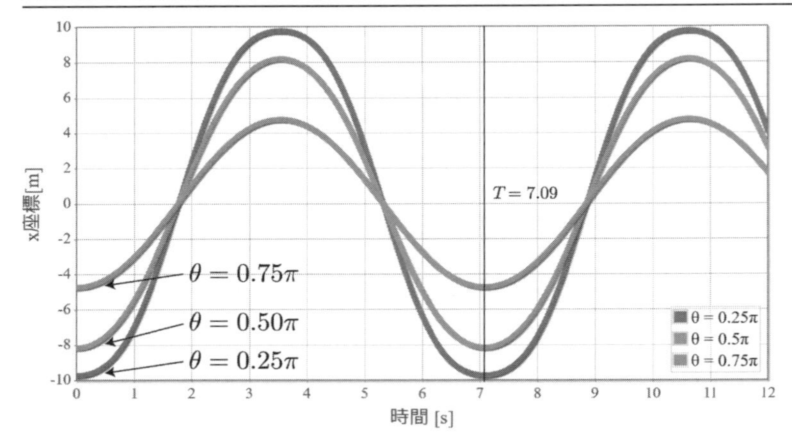

☞ Chapter8/CycloidPendulumMotion_RK.html（HTML）、CycloidPendulumMotion_RK.cpp（C++、数値データのみ／依存オブジェクト：Vector3.o, RK4.o）

8.6 物理シミュレータによる経路束縛運動シミュレーション

8.6.1 経路の与え方

物理シミュレータでは、3 次元オブジェクトの運動を設定した経路に束縛することができます。経路の設定も PhysLab クラスの setInteraction メソッドで行うことができ、第 1 引数に実験室オブジェクト、第 2 引数に対象となる 3 次元オブジェクト、第 3 引数にひもを表すステート定数「PHYSICS.PathBinding」を与えます。第 4 引数には拘束力の計算に必要なパラメータの他、計算には無関係である視覚的なパラメータも指定することができます。

プログラムソース 8.6 ●経路の指定方法

```
// 経路の指定
PHYSICS.physLab.setInteraction(
  PHYSICS.physLab,        // 実験室オブジェクト
  PHYSICS.physLab.ball,   // 球オブジェクト
  PHYSICS.PathBinding,    // 相互作用の種類
  {
    visible : true,       // 表示・非表示の指定  <------------------------- (※1-1)
    color : 0x000000,     // 描画色  <------------------------------------ (※1-2)
```

```
    type : "LineDashed", // 線の種類 ( "LineBasic" || "LineDashed")  <---------------- (※1-3)
    restoringForce : {    // 補正力関連プロパティ  <------------------------------------------------ 8.1.5項
      enabled : true,     // 拘束状態への補正の有無
      k : 1.0,            // 補正力のばね定数
      gamma : 1.0,        // 補正力の減衰係数
      factor : 1.0        // 補正因子
    },
    parametricFunction : {                          // 媒介変数関数
      enabled : true,                               // 媒介変数関数設定の有無
      pointNum : 100,                               // 経路の描画点の数  <-------------------------------- (※2)
      theta : { min:0, max: 2*Math.PI }, // 媒介変数の範囲
      （省略）  <------------------------------------------------------------------------------------------- (※3)
      position: function ( _this, theta ){ （省略） },// 頂点座標を指定する媒介変数関数
  <---------------------------------------------------------------------------------------------------------- (※4-1)
      tangent: function ( _this, theta ) { （省略） },// 接線ベクトルを指定する媒介変数関数
  <---------------------------------------------------------------------------------------------------------- (※4-2)
      curvature: function ( _this,  theta ) { （省略） },// 曲率ベクトルを指定する媒介変数関数
  <---------------------------------------------------------------------------------------------------------- (※4-3)
      getTheta : function( _this, position ) { （省略） }, // 媒介変数の取得  <----------- (※4-4)
    }
  }
);
```

（※ 1）　経路の表示の有無、経路の色、経路の線の種類を指定することができます。この値は拘束力の計算には影響を与えません。

（※ 2）　経路を表す線の頂点数です。この値は大きいほど滑らかな曲線となりますが、拘束力の計算には影響を与えません。

（※ 3）　経路の定義で必要なパラメータを定義することができます。ここで指定したプロパティは（※ 4）の関数の第 1 引数「_this」で参照することができます。

（※ 4）　経路ごとの頂点ベクトル、接線ベクトル、曲率ベクトル並びに媒介変数取得関数を与えます。

8.6.2 重力と経路に束縛された運動シミュレーション

8.2 節から 8.4 節で示した円経路、楕円経路、放物線経路で束縛された運動を、本シミュレータで実現します。前項のプログラムソース（※ 4）に、経路それぞれに対応した媒介変数関数などを与えます。図 8.21、図 8.22、図 8.23 は、円経路、楕円経路、放物線経路で束縛された運動シミュレーションの様子です。最下点に配置した球オブジェクトに、x 軸方向（右向き）に初速度を与えています。

図 **8.21** ●【シミュレータ】重力と円経路に束縛された運動シミュレーション

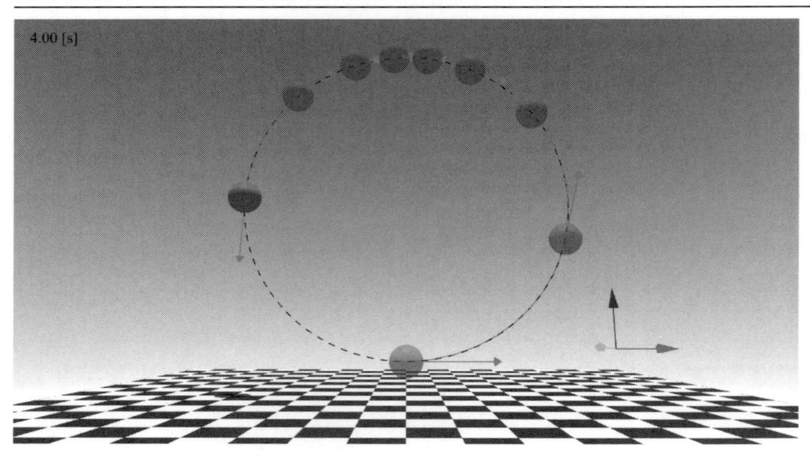

☞ Chapter8/Path_Circle_PhysLab.html（HTML）

図 **8.22** ●【シミュレーション】重力と楕円経路に束縛された運動シミュレーション

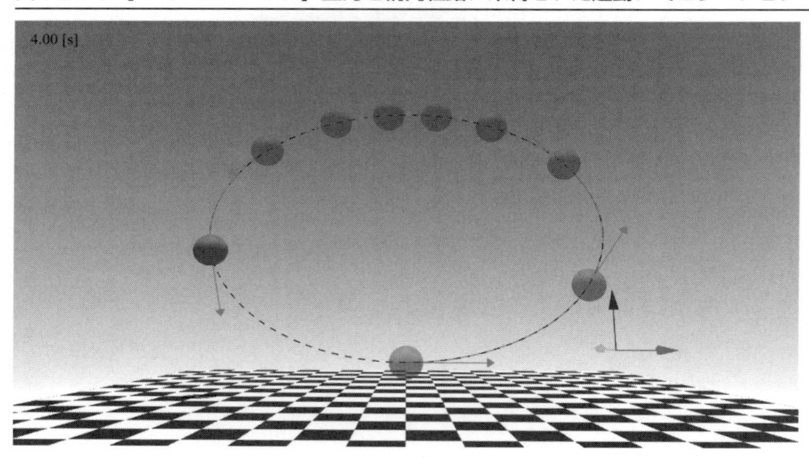

☞ Chapter8/Path_Ellipse_PhysLab.html（HTML）

図 8.23 ●【シミュレーション】重力と放物線経路に束縛された運動シミュレーション

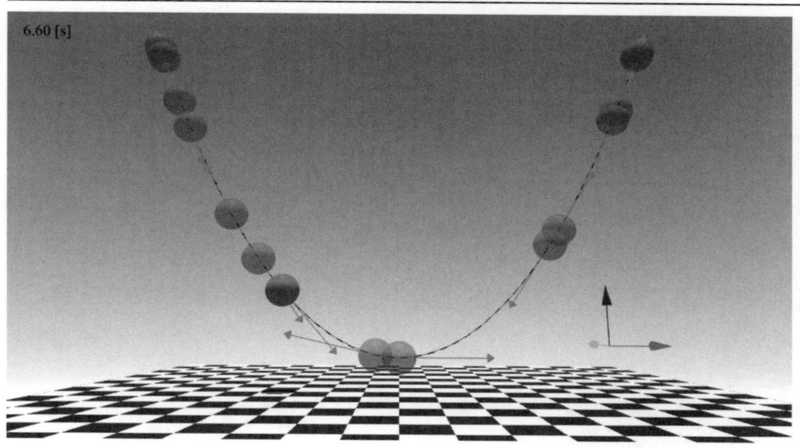

☞ Chapter8/Path_Parabola_PhysLab.html

1 2 3 4 5 6 7 8 9

8.6.3 サイクロイド曲線振り子の等時性シミュレーション

8.5.5 項で解説したサイクロイド曲線振り子の等時性を、本シミュレータで再現してみましょう。8.6.1 項のプログラムソース（※ 4）の各媒介変数関数に 8.5 節で解説した関数を与え、$r = 8/\pi$（サイクロイド曲線の大きさを与える式（8.78））と与えているため、周期は初期位置に依らず式（8.100）から 6.34 秒となります。

図 8.24 は、初期位置として媒介変数 $\theta = \pi/7$、$2\pi/7$、$3\pi/7$、$4\pi/7$、$5\pi/7$、$6\pi/7$ を与えた初期状態です。運動を開始すると最下点で全ての球体の位置が一致し、反対側で初期位置と同じ高さまで運動します。初期位置に依らず周期が一致することが確認できます。

図 8.24 ●【シミュレータ】サイクロイド曲線振り子の等時性シミュレーション

☞ 単独：Chapter8/Path_Cycloid_PhysLab.html、比較：Chapter8/CycloidPendulumMotion_PhysLab.html（HTML）

8.6.4 動く円経路に束縛された運動シミュレーション

これまでの経路は空間に固定されていましたが、経路の位置を与える式（8.18）の $\boldsymbol{r}_0$、経路の速度を与える式（8.20）の $\boldsymbol{v}_0$、経路の加速度を与える式（8.16）の $\boldsymbol{a}_0$ を適切に与えることで、移動する経路に束縛された運動をシミュレーションすることもできます。経路の動きを設定するには、経路を設定する setInteraction メソッドの第 4 引数に、6.9.4 項で登場した dynamicFunction プロパティを与えます。

プログラムソース 8.7 ●経路の動きを設定

```
// 経路の指定
PHYSICS.physLab.setInteraction(
  PHYSICS.physLab,
  PHYSICS.physLab.ball,
  PHYSICS.PathBinding,
  {
    （省略）,
    dynamicFunction : function( time ){
      // 実験室の時刻
      time = (time != undefined )? time : this.physLab.step * this.physLab.dt;
      // 円運動の定義
      var omega = path_omega;
      var R = path_R;
      // 位置ベクトル
      this.position.x = R * Math.sin( omega * time );
```

```
        this.position.z = R * ( 1 - Math.cos( omega * time ) );
        // 速度ベクトル
        this.velocity.x = R * omega * Math.cos( omega * time );
        this.velocity.z = R * omega * Math.sin( omega * time );
        // 加速度ベクトル
        this.acceleration.x = - R * omega * omega * Math.sin( omega * time );
        this.acceleration.z = R * omega * omega * Math.cos( omega * time );
      }
    }
  );
```

図 8.25 は、図 8.21 と同じ円経路に束縛された球体（初速度 0）に対して、円経路自体を半径 5、角速度 $\pi/5$ で円運動させた際の球体の運動の軌跡です。経路の動きを正しく追従しながら拘束された運動が実現できています。

図 8.25 ● 【シミュレータ】動く円経路に束縛された運動シミュレーション

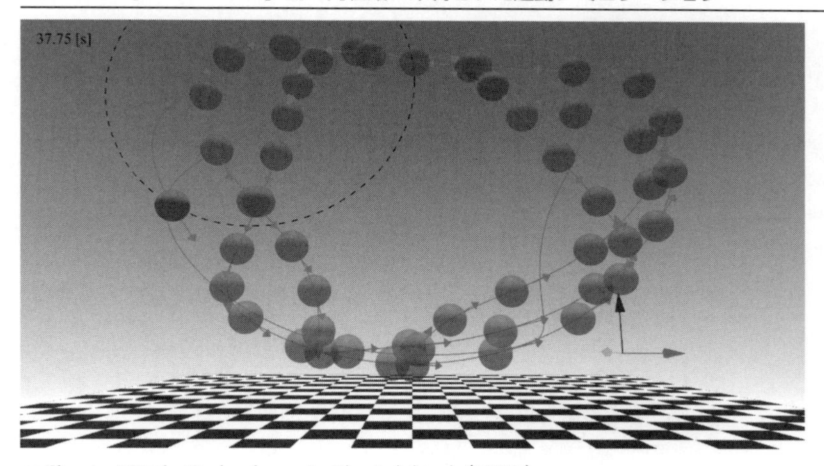

☞ Chapter8/Path_Circle_dynamic_PhysLab.html（HTML）

9

万有引力による軌道運動

ポイント

- 万有引力による 2 つの物体の運動は重心運動の相対運動に分けることができる
- 2 つの物体の重心は等速直線運動する
- 力学的エネルギー保存則と角運動量保存則を満たす
- 拘束力は存在しないので「ニュートンの運動方程式」＝「計算アルゴリズム」→ 4.6 節
- 軌道の種類は円軌道・楕円軌道・放物線軌道・双曲線軌道の 4 種類
- 太陽の回りを周る惑星はケプラーの法則を満たす

9.1 万有引力による運動の理論

9.1.1 万有引力と万有引力定数

万有引力とは、質量をもつ物体同士が引き合う力（引力）です。万有引力は質量に比例し、物体間の距離の 2 乗に反比例することが実験的に確かめられています。図 9.1 は、2 つの物体間に働く万有引力の模式図です。質量 m_1、m_2 の 2 つの物体の位置を $\boldsymbol{r}_1$、$\boldsymbol{r}_2$、1 番目の物体に働く 2 番目との間に働く万有引力を $\boldsymbol{F}_{12}$、反対に 2 番目の物体に働く 1 番目との間に働く万有引力を $\boldsymbol{F}_{21}$ と表しています。

図 9.1 ● 2 つの物体間に働く万有引力の数理モデル

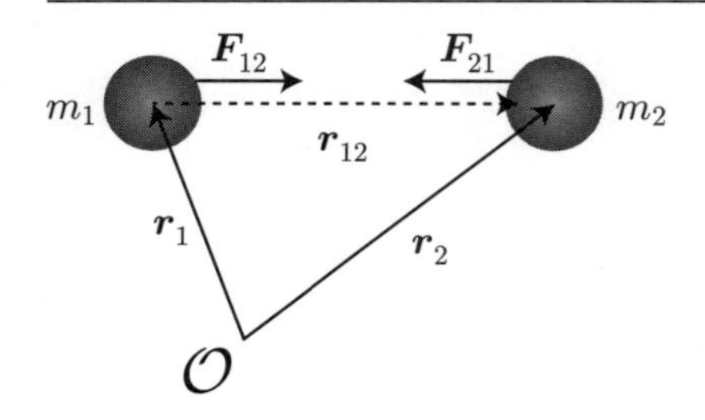

2 番目の物体の位置を基準とした 1 番目の位置ベクトルを $\boldsymbol{r}_{12}$ と表した場合（$\boldsymbol{r}_{12} = \boldsymbol{r}_1 - \boldsymbol{r}_2$）、2 つの物体間に働く万有引力は次のように表されます。ただし、$r_{12} = |\boldsymbol{r}_1 - \boldsymbol{r}_2|$、$\hat{\boldsymbol{r}}_{12} = \boldsymbol{r}_{12}/r_{12}$ です。

物理法則 **2 つの物体間に働く万有引力の法則**

$$\boldsymbol{F}_{12} = -\frac{Gm_1m_2}{r_{12}^2}\,\hat{\boldsymbol{r}}_{12} \tag{9.1}$$

上記の表式は $\boldsymbol{F}_{12} = -\boldsymbol{F}_{21}$ を満たし、作用・反作用の法則を自動的に満たしています。また、G は万有引力定数と呼ばれ、国際的な学際的な科学委員会である科学技術データ委員会によって以下の値が推奨値（2014CODATA）とされています。

物理定数　**万有引力定数**

$$G = 6.67408 \times 10^{-11}\ [\mathrm{m^3/s^2\ kg}] \tag{9.2}$$

万有引力定数は非常に小さな値なので、万有引力が 1 [N] 程度の力となるには、2 つの質量のうち少なくとも片方が天体のような大きな質量、あるいは非常に近距離である必要があります。例えば、地球表面にある物体に働く万有引力は、地球の質量（5.972×10^{24} [kg]）と地球の半径（6.371×10^6 [m]）を m_2 と r_{12} に代入すると、

$$\boldsymbol{F}_{12} = -9.820 m_1 \hat{\boldsymbol{r}}_{12} \tag{9.3}$$

となります。この万有引力から地球上における物体の加速度は

$$g = \left| \frac{\boldsymbol{F}_{12}}{m_1} \right| = 9.820\,[\mathrm{m/s^2}] \tag{9.4}$$

と見積もられます。この万有引力による加速度は、5.1.2 項で示した重力加速度よりも若干（1%程度）大きな値となっています。この原因は、地球表面上の物体には地球の自転に伴う外向きに加わる遠心力が働くためです。万有引力と遠心力の合力によって物体の加速度は若干小さくなり、5.1.2 項で示した重力加速度となるわけです。

9.1.2 運動方程式と力学的エネルギー保存則

万有引力が働く 2 つの物体に対する運動方程式は次のとおりです。

$$m_1 \frac{d^2 \boldsymbol{r}_1}{dt^2} = \boldsymbol{F}_{12}\,,\ m_2 \frac{d^2 \boldsymbol{r}_2}{dt^2} = \boldsymbol{F}_{21} \tag{9.5}$$

この 2 つの常微分方程式は、2 つの変数 $\boldsymbol{r}_1$ と $\boldsymbol{r}_2$ の連立方程式となります。これらの方程式は $\boldsymbol{F}_{12} = -\boldsymbol{F}_{21}$ から

$$m_1 \frac{d^2 r_1}{dt^2} + m_2 \frac{d^2 r_2}{dt^2} = 0 \tag{9.6}$$

となり、両辺を時刻で積分すると各物体の運動量の和が時間に対して一定であることが示されます。

物理法則 **万有引力で運動する物体の運動量保存則**

$$\boldsymbol{P} \equiv m_1\boldsymbol{v}_1 + m_2\boldsymbol{v}_2 = \text{Const.} \tag{9.7}$$

この運動量保存則は、万有引力に限らず作用・反作用の法則を満たす物理系であれば成り立ちます。このような相互作用する 2 つの物体の運動は **2 体系**と呼ばれます。

2 体系の力学的エネルギーの保存則

4.3.1 項で解説した 1 物体の場合と同様、力学的エネルギー保存則を導くことができます。式 (9.5) の第 1 式は $\boldsymbol{r}_1$ で、第 2 式は $\boldsymbol{r}_2$ で両辺それぞれ積分して片々を足し合わせます。左辺は直ちに不定積分を実行することができます。

$$(\text{左辺}) = \frac{1}{2}m_1\boldsymbol{v}_1^2 + \frac{1}{2}m_2\boldsymbol{v}_2^2 \tag{9.8}$$

一方、右辺は $\hat{\boldsymbol{r}}_{21} = -\hat{\boldsymbol{r}}_{12}$、$r_{21} = r_{12}$ を考慮すると次のとおりに変形できます。

$$\begin{aligned}(\text{右辺}) &= -\int \frac{Gm_1m_2}{r_{12}^2}\hat{\boldsymbol{r}}_{12}\cdot d\boldsymbol{r}_1 - \int \frac{Gm_1m_2}{r_{21}^2}\hat{\boldsymbol{r}}_{21}\cdot d\boldsymbol{r}_2 \\ &= -\int \frac{Gm_1m_2}{r_{12}^2}\hat{\boldsymbol{r}}_{12}\cdot(d\boldsymbol{r}_1 - d\boldsymbol{r}_2)\end{aligned} \tag{9.9}$$

この積分を実行するために、$\boldsymbol{r}_1 - \boldsymbol{r}_2 = \boldsymbol{r}$ の変数変換を考えると、被積分関数の各変数が $\hat{\boldsymbol{r}}_{12} = -\hat{\boldsymbol{r}}$、$r_{12} = \mathrm{r}$、$d\boldsymbol{r}_1 - d\boldsymbol{r}_2 = d\boldsymbol{r}$ と変換されます。$\hat{\boldsymbol{r}}\cdot d\boldsymbol{r} = dr$ となることから次のとおり不定積分を実行することができます。

$$(\text{右辺}) = -\int \frac{Gm_1m_2}{r^2}dr = \frac{Gm_1m_2}{r} \tag{9.10}$$

式 (9.8) と式 (9.10) の結果を結合して積分定数を E と置くことで、万有引力による 2 体系の力学的エネルギーが導かれます。

物理法則 **力学的エネルギー**

$$E = \frac{1}{2} m_1 \boldsymbol{v}_1^2 + \frac{1}{2} m_2 \boldsymbol{v}_2^2 - \frac{G m_1 m_2}{|\boldsymbol{r}_1 - \boldsymbol{r}_2|} \tag{9.11}$$

この E が時間に依存しない力学的エネルギーに対応、右辺の第 1 項目と第 2 項目が運動エネルギー、第 3 項目がポテンシャルエネルギーに対応します。

物理法則 **2 体系の運動エネルギーとポテンシャルエネルギー**

$$T = \frac{1}{2} m_1 \boldsymbol{v}_1^2 + \frac{1}{2} m_2 \boldsymbol{v}_2^2 \tag{9.12}$$

$$U = -\frac{G m_1 m_2}{r} = -\frac{G m_1 m_2}{|\boldsymbol{r}_1 - \boldsymbol{r}_2|} \tag{9.13}$$

2 体系の運動エネルギーは 1 体系の単純な和で表されることがわかりますが、ポテンシャルエネルギーは作用と反作用の対に対して 1 つとなります。

本項の最後に、ポテンシャルエネルギーの式（9.13）から力ベクトル式（9.1）の計算方法を示しておきます。ポテンシャルエネルギーに現れる $1/r$ の勾配（ベクトル演算）の計算

$$\nabla \left(\frac{1}{r} \right) = \frac{d}{d\boldsymbol{r}} \left(\frac{1}{r} \right) = \frac{\partial}{\partial r} \left(\frac{1}{r} \right) \hat{\boldsymbol{r}} = -\left(\frac{1}{r^2} \right) \hat{\boldsymbol{r}} \tag{9.14}$$

が理解できれば、1 つ目の物体に加わる力ベクトルは途中に変数変換を挟むことで式（9.1）が得られます。

$$\boldsymbol{F} = -\frac{dU}{d\boldsymbol{r}_1} = -\frac{d\boldsymbol{r}_{12}}{d\boldsymbol{r}_1} \frac{dU}{d\boldsymbol{r}_{12}} = -\frac{G m_1 m_2}{r_{12}^2} \hat{\boldsymbol{r}}_{12} \tag{9.15}$$

9.1.3 重心運動と相対運動

2 体系の運動は、一般的に 2 つの物体の重心（質量中心）の運動と 2 つの物体の相対的な運動に分けることができます。それぞれ**重心運動**と**相対運動**と呼ばれ、分けることで詳しく解析することができます。2 つの運動に分けるには、2 つの物体の位置ベクトルから新たに**重心位置ベクトル**と**相対位置ベクトル**を導入します。

物理量　重心位置ベクトルと相対位置ベクトル

$$\boldsymbol{R} \equiv \frac{m_1\boldsymbol{r}_1 + m_2\boldsymbol{r}_2}{m_1 + m_2}, \ \boldsymbol{r} \equiv \boldsymbol{r}_1 - \boldsymbol{r}_2 \tag{9.16}$$

名前のとおりですが、重心位置ベクトルは重心の位置を表すベクトル、相対位置ベクトルは 2 番目の物体の位置を基準とした 1 番目の物体の相対的な位置ベクトルを表します。この両位置ベクトルは、時間で微分することでそれぞれ**重心速度ベクトル、相対速度ベクトル**も定義されます。

物理量　重心速度ベクトルと相対速度ベクトル

$$\boldsymbol{V} \equiv \frac{m_1\boldsymbol{v}_1 + m_2\boldsymbol{v}_2}{m_1 + m_2}, \ \boldsymbol{v} \equiv \boldsymbol{v}_1 - \boldsymbol{v}_2 \tag{9.17}$$

式（9.7）で示した運動量の和は、この重心速度ベクトルを用いて表すことができます。

物理量　重心の運動量

$$\boldsymbol{P} = M\boldsymbol{V} = M\frac{d\boldsymbol{R}}{dt} \tag{9.18}$$

$$M = m_1 + m_2 \tag{9.19}$$

式（9.20）は、重心速度ベクトルを用いることで式（4.13）の運動量の定義と一致します。つまり、2 つの物体の運動量の和は 2 つの物体の重心そのものの運動量と一致することを意味します。さらに、式（9.7）から $\boldsymbol{P}$ は時間に対して一定なので、重心は等速直線運動していることがわかります。

次は相対位置ベクトルについてです。両辺を時間で 2 回微分して式（9.5）を考慮することで、この相対運動に対する運動方程式を導くことができます。

$$\frac{d^2\boldsymbol{r}}{dt^2} = \frac{\boldsymbol{F}_{12}}{m_1} - \frac{\boldsymbol{F}_{21}}{m_2} = \left(\frac{1}{m_1} + \frac{1}{m_2}\right)\boldsymbol{F}_{12} \tag{9.20}$$

式（8.10）の第 3 式の質量因子と力ベクトルを次とおり定義することで、相対運動に対する運動方程式を導出することができます。

物理量 **換算質量（単位：Kg）**

$$m \equiv \frac{m_1 m_2}{m_1 + m_2} \tag{9.21}$$

物理量 **相対位置ベクトルを用いた万有引力**

$$\boldsymbol{F} \equiv -\frac{Gm_1 m_2}{r^2}\,\hat{\boldsymbol{r}} = -\frac{GmM}{r^2}\,\hat{\boldsymbol{r}} \tag{9.22}$$

物理公式 **相対運動に対する運動方程式**

$$m\,\frac{d^2\boldsymbol{r}}{dt^2} = \boldsymbol{F} \tag{9.23}$$

つまり、相対位置ベクトルは式（9.21）と式（9.22）で定義した量によるニュートンの運動方程式と同一の形となります。以上より、万有引力で引き合う2つの物体に対する運動方程式（9.5）は、重心に対する運動と相対位置ベクトルに対する運動に分解することができ、重心の位置は等速直線運動、相対位置ベクトルは換算質量をもつ1つの物体の運動となることが示されました。なお、上記の議論は万有引力だけでなく、作用・反作用の法則を満たす力に対して成り立つ一般的な議論です。

9.1.4 相対運動に対する力学的エネルギーと角運動量の保存則

相対運動に対する運動方程式（9.23）はニュートンの運動方程式と同じ形なので、4.3.1項で解説した力学的エネルギーに関する議論がそのまま成り立ちます。相対速度ベクトルに対する運動エネルギーは、換算質量を用いて式（4.5）と同じ表式となります。

物理公式 **相対運動に対する運動エネルギー**

$$\bar{T} \equiv \frac{1}{2}\,m\boldsymbol{v}^2 \tag{9.24}$$

さらに、ポテンシャルエネルギーは、式（9.22）の力が動径方向のみを持つため、積分経路を動径方向のみとして式（4.7）の不定積分を実行することで得られます。

物理公式　万有引力のポテンシャルエネルギー

$$\bar{U} = \int \frac{GmM}{r^2}\hat{\boldsymbol{r}}\cdot d\boldsymbol{r} = \int \frac{GmM}{r^2}dr = -\frac{GmM}{r} \tag{9.25}$$

運動エネルギーとポテンシャルエネルギーの和である力学的エネルギーは、時間に対して保存します。

物理法則　万有引力による相対運動に対する力学的エネルギー（保存量）

$$\bar{E} = \bar{T} + \bar{U} = \frac{1}{2}m\boldsymbol{v}^2 - \frac{GmM}{r} \tag{9.26}$$

なお、重心運動は等速直線運動しているため、全エネルギーは式（9.26）の相対運動に対する力学的エネルギーに加えて、重心運動の運動エネルギー $1/2MV^2$ を加えた量となります。

また、力学的エネルギー保存則と同様、4.3.3 項で解説した角運動量の議論もそのまま成り立ちます。

物理量　相対運動に対する角運動量

$$\boldsymbol{L} = \boldsymbol{r}\times\boldsymbol{p} = \mathrm{m}\,\boldsymbol{r}\times\boldsymbol{v} \tag{9.27}$$

この角運動量の時間変化は式（4.20）で示されたとおりですが、式（9.22）で与えた力ベクトルの方向が動径方向のみを持つため、式（4.20）の右辺が必ず 0 となります。つまり、相対運動に対する角運動量 $\boldsymbol{L}$ はそのまま保存量となります。

物理法則　相対運動に対する角運動量保存則

$$\frac{d\boldsymbol{L}}{dt} = \boldsymbol{r}\times\boldsymbol{F} = 0 \tag{9.28}$$

9.2 ルンゲ・クッタで万有引力による運動シミュレーション

9.2.1 万有引力による相対運動の計算アルゴリズム

本項では、ルンゲ・クッタ法を用いて相対運動シミュレーションを行います。相対運動を表す相対位置ベクトルを用いた加速度ベクトルは、式（9.22）と式（9.23）から直ちに次のとおり与えられます。

計算アルゴリズム　相対位置ベクトルを用いた加速度ベクトル

$$\boldsymbol{a} = -\frac{GM}{r^2}\hat{\boldsymbol{r}} = -\frac{GM}{r^3}\boldsymbol{r} \tag{9.29}$$

なお、万有引力のみ物理系の場合、拘束力は存在しないので「ニュートンの運動方程式」=「計算アルゴリズム」となります。式（9.29）は原点に向かう力なので、うまく条件を合わせれば 3.3.2 項で解説した等速円運動を行います。等速円運動の加速度を与える式（3.23）と比較すると

$$\omega^2 = \frac{GM}{r^3} \tag{9.30}$$

となり、ω と v の関係式（3.20）を考慮すると次の条件が得られます。

解析解　万有引力で等速円運動するための速度の条件

$$v_{\rm circle} \equiv \sqrt{\frac{GM}{r}} \tag{9.31}$$

9.2.2 万有引力による相対運動シミュレーション

図 9.2 は、質量 $m_1 = m_2 = 1$、万有引力定数 $G = 1$ にて運動する 2 つの物体の相対位置の軌跡を表しています。初期相対位置ベクトル $\boldsymbol{r}_0 = (1, 0, 0)$、初相対速度 $\boldsymbol{v}_0 = (0, v_0, 0)$ として、$v_0 = 0.5 \times v_{\rm circle}$、$1.0 \times v_{\rm circle}$、$1.25 \times v_{\rm circle}$、$1.5 \times v_{\rm circle}$ をそれぞれ与えています†1。$v_0 = 1.0 \times v_{\rm circle}$ で円軌

†1　等速円運動の条件は速度の大きさだけではありません。3.3.2 項で示したとおり、速度の向きが軌道の接線方向である必要があります。

道、$v_0 = 0.5 \times v_{\mathrm{circle}}$ と $v_0 = 1.25 \times v_{\mathrm{circle}}$ では楕円軌道であることがわかります。$v_0 = 1.5 \times v_{\mathrm{circle}}$ は、初速度が大きすぎて遠ざかってしまう軌道（双曲線軌道）となっています。

図 9.2 ●【数値解】万有引力による相対運動の軌跡

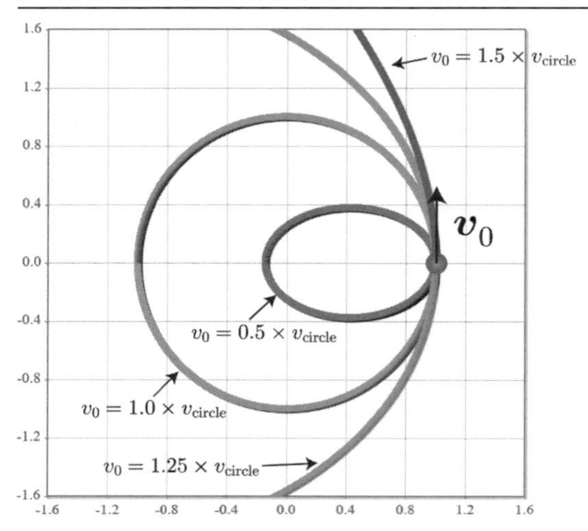

☞ Chapter9/UniversalGravitation_RK.html（HTML）、UniversalGravitation_RK.cpp（C++、数値データのみ／依存オブジェクト：Vector3.o, RK4.o）

プログラムソース 9.1 ●万有引力による相対運動の数値解

```
/////////////////////////// 物理パラメータ //////////////////////////////////
（省略：時刻の範囲）
// 2つの質量
var m1 = 1;
var m2 = 1;
var G  = 1; // 万有引力定数
var r0 = 1; // 初期位置（x座標）
// v_circleを基準とした初速度
var Vs = [0.5, 1.0, 1.25, 1.5 ];
/////////////////////////// 解析解 //////////////////////////////////
var M = m1 + m2;  <---------------------------------------------- 式 (9.19)
// 等速円運動の条件となる速度
var v_circle = Math.sqrt( G *M/ r0 );  <------------------------- 式 (9.31)
////////////////// ルンゲ・クッタ法による数値計算用/////////////////////
// 加速度ベクトル
RK4.A = function( t, r, v ){  <---------------------------------- 式 (9.27)
  var r3 = Math.pow( r.length(), 3);
  var output = r.clone().multiplyScalar( - G *M / r3  );
  return output;
}
```

9.2.3 万有引力による相対運動の力学的エネルギー保存則

続いて、万有引力による相対運動の力学的エネルギーが保存することを数値的に確かめます。図 9.3 は、前項と同じパラメータで初速度 $v_0 = 0.5 \times v_{\rm circle}$ に対する各種エネルギーの時間依存性です。運動エネルギーとポテンシャルエネルギーの和である力学的エネルギーは、一定値を保っていることが確認できます。相対位置の大きさが最小（2 つの物体間の距離が最小）の時に運動エネルギーが最大、ポテンシャルエネルギーが最小となります。なお、力学的エネルギーが負である理由は次節で明らかになります。

図 9.3 ●【数値解】万有引力による相対運動の力学的エネルギー

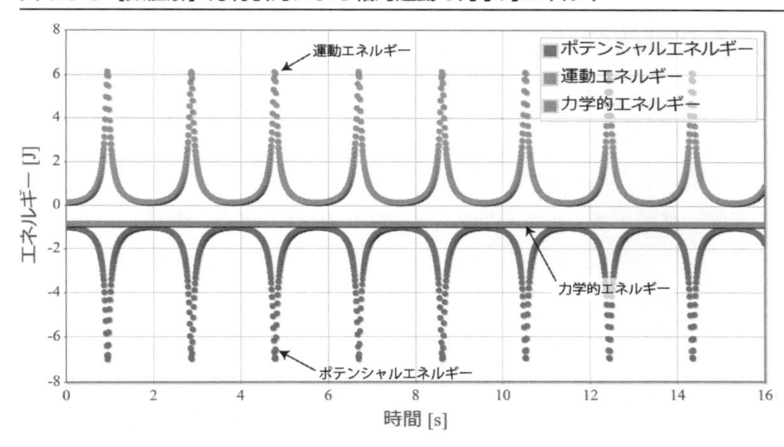

☞ Chapter9/UniversalGravitation_energy_RK.html（HTML）、UniversalGravitation_energy_RK.cpp（C++、数値データのみ／依存オブジェクト：Vector3.o, RK4.o）

プログラムソース 9.2 ●万有引力による相対運動の数値解

```
/////////////////////////// 物理パラメータ //////////////////////////////////
（省略：時刻の範囲、2つの質量、万有引力定数）
/////////////////////////// 解析解 //////////////////////////////////
（省略：等速円運動の条件となる速度）
// 換算質量
var m = m1 * m2 / ( m1 + m2);  <------------------------------- 式（9.21）
// ポテンシャルエネルギー
function U( r ){
  return - G * m * M / r.length();  <------------------------- 式（9.24）
}
// 運動エネルギー
function T( v ){
  return 1.0/2.0 * m * v.lengthSq();  <----------------------- 式（9.25）
}
```

```
    // 初速度
    var v0 = 0.5*v_circle;  <------------------------------- ここを変更！
```

試してみよう！

- 初速度を等速円運動の条件となる速度 `v0 = v_circle` を与えた際の各種エネルギーの時間依存性を調べてみよう！
- 上記の結果、等速円運動であることを言える根拠を考えよう！

9.2.4 万有引力による 2 物体の運動シミュレーション

本節の最後に、万有引力による 2 つの物体の運動を相対運動ではなく個別にシミュレーションします。この場合、2 物体であっても多体系となるため、4.6.5 項で解説した多体系用のルンゲ・クッタ法計算ライブラリを利用する必要があります。図 9.4 は、8.2.2 項の $v_0 = 0.5 \times v_{\rm circle}$ に対応する万有引力による 2 物体の運動の軌跡です。2 つの物体の距離が 1 となるように配置し、重心が移動しないよう式（9.7）で示した運動量の総和が 0（質量が同じ場合は相対速度が 0）となるように、初速度に $v_0 = +0.25 \times v_{\rm circle}$ と $-0.25 \times v_{\rm circle}$ を与えています。2 の物体はそれぞれ楕円軌道を描くことがわかります。

図 9.4 ●【数値解】万有引力による 2 物体の運動の軌跡

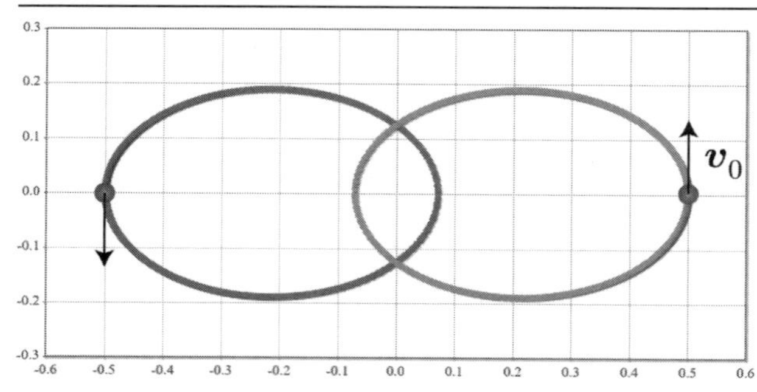

☞ Chapter9/UniversalGravitation_RK_Nbody.html（HTML）、UniversalGravitation_RK_Nbody.cpp（C++、数値データのみ／依存オブジェクト：Vector3.o, RK4_Nbody.o）

多体系用ルンゲ・クッタ法計算ライブラリ RK4_Nbody にて、加速度を指定する関数 A の引数 rs と vs には 2 つの物体の位置ベクトルと速度ベクトルを配列で渡されます。

プログラムソース 9.3 ●万有引力による相対運動の数値解

```
/////////////////////////// 物理パラメータ /////////////////////////////////
（省略：時刻の範囲、万有引力定数、初期相対距離r0）
// 質量配列
var ms = [1 ,1];
////////////////////////// 解析解 /////////////////////////////////
（省略：等速円運動の条件となる速度v_circle）
////////////////// ルンゲ・クッタ法による数値計算用////////////////////
// 初速度
var v0 = v_circle * 0.5 / 2;
// 加速度ベクトル
RK4_Nbody.A = function( t, rs, vs ){
  var N = rs.length;
  var outputs = [];
  for( var i = 0; i < N; i++ ){
    outputs[ i ] = new Vector3();
    for( var j = 0; j < N; j++ ){
      if( i == j ) continue;
      var ri = rs[ i ];
      var rj = rs[ j ];
      var mi = ms[ i ];
      var mj = ms[ j ];
      var rij = new Vector3().subVectors( ri, rj );
      var rij_hat = rij.clone().normalize();
      var absSq_rij = rij.lengthSq();
      var ai = rij_hat.multiplyScalar( - G * mj / absSq_rij );  <----------- 式（9.1），（9.5）
      outputs[ i ].add( ai );
    }
  }
  return outputs;
}
```

試してみよう！

- **初速度を等速円運動の条件となる速度** v0 = ±v_circle/2 **を与えた際の軌跡を予測しよう！**
- **1つの物体の質量を2倍にして軌跡の変化を確かめよう！（運動量の和が0となるように初速度を調整する必要があります。）**

ちなみに、2つの物体の運動方程式（9.5）を数値計算することで得られる力学的エネルギーは、重心運動がない場合には8.2.3項と一致します。プログラムソース「UniversalGravitation_energy_

RK_Nbody.html」を用意して置きましたので、試してみてください。

プログラムソース 9.4 ●万有引力による相対運動の力学的エネルギーの数値解

```
////////////////////////// 物理パラメータ //////////////////////////////////
（省略：時刻の範囲、万有引力定数、初期相対距離r0、質量配列ms）
////////////////////////// 解析解 //////////////////////////////////
（省略：等速円運動の条件となる速度v_circle）
// ポテンシャルエネルギー
function U( rs ){
  var N = rs.length;
  var U = 0;
  for( var i = 0; i < N; i++ ){
    for( var j = i+1; j < N; j++ ){
      var ri = rs[ i ];
      var rj = rs[ j ];
      var mi = ms[ i ];
      var mj = ms[ j ];
      var M = mi + mj;
      var m = mi*mj/(mi + mj);
      var rij = new Vector3().subVectors( ri, rj );
      var abs_rij = rij.length();
      U += - G * m * M /abs_rij;  <------------------------------ 式 (9.13)
    }
  }
  return U;
}
// 運動エネルギー
function T( vs ){
  var N = vs.length;
  var T = 0;
  for( var i = 0; i < N; i++ ){
    T += 1.0/2.0 * ms[ i ] * vs[ i ].lengthSq();  <-------------- 式 (9.12)
  }
  return T;
}
```

9.3 力学的エネルギーによる軌道の分類

9.3.1 2 次元極座標系における運動方程式

9.2.2 項では初速度の大きさによって、楕円軌道、円軌道、双極線軌道と軌道が変化することがわかりました。本節ではその条件を解説します。相対運動の運動方程式における力の向きは、式（9.22）で示したとおり動径方向のみであるため極座標系が有効です。本項では 2 次元極座標系を導入します。$\hat{\boldsymbol{r}} = \hat{\boldsymbol{e}}_r$ として、式（4.25）と式（4.26）から r 方向と θ 方向の運動方程式が得られます。

運動方程式　相対位置ベクトルに対するニュートン運動方程式（2 次元極座標系）

（r 方向）……$m\left[\dfrac{d^2r}{dt^2} - r\left(\dfrac{d\theta}{dt}\right)^2\right] = -\dfrac{GmM}{r^2}$　(9.32)

（θ 方向）……$m\left[r\dfrac{d^2\theta}{dt^2} + 2\dfrac{dr}{dt}\dfrac{d\theta}{dt}\right] = 0$　(9.33)

式（9.33）は時間微分でくくることで

$$\frac{m}{r}\frac{d}{dt}\left(r^2\frac{d\theta}{dt}\right) = 0 \tag{9.34}$$

と表すことができ、

$$L \equiv mr^2\left(\frac{d\theta}{dt}\right) = \text{Const.} \tag{9.35}$$

という保存量が導かれます。この保存量を L と表したのは、角運動量の表式（9.27）に式（2.20）の 2 次元極座標系の速度ベクトルを代入した

$$\boldsymbol{L} = m\boldsymbol{r} \times \boldsymbol{v} = mr^2\left(\frac{d\theta}{dt}\right)\hat{\boldsymbol{e}}_z \tag{9.36}$$

の大きさに対応するためです。上記の $\hat{\boldsymbol{e}}_z$ は 2 次元曲座標平面に垂直な方向の単位ベクトルで、$\hat{\boldsymbol{e}}_z = \hat{\boldsymbol{e}}_r \times \hat{\boldsymbol{e}}_\theta$ を満たします。つまり、式（9.33）は角運動量保存則を示す方程式となっており、この式

を θ について解いた

$$\frac{d\theta}{dt} = \frac{L}{mr^2} \tag{9.37}$$

を式（9.32）に代入することで、動径方向の運動方程式が得られます。

運動方程式　万有引力による動径方向に対する運動方程式

$$m\frac{d^2r}{dt^2} = \frac{L^2}{mr^3} - \frac{GmM}{r^2} \tag{9.38}$$

9.3.2 動径方向のポテンシャルエネルギーの概形

式（9.38）は、左辺が動径方向の大きさ r に対する加速度、右辺が動径方向の大きさを変化させる力

$$F_r \equiv \frac{L^2}{mr^3} - \frac{GmM}{r^2} \tag{9.39}$$

と見なすことができます。第 1 項目は遠心力、第 2 項目は万有引力を意味します。このように考えることで、4.3.1 項の手順と同様に式（9.38）の両辺を r で積分することで動径方向運動に対する力学的エネルギー保存則を導くことができます。

$$\frac{1}{2}m\left(\frac{dr}{dt}\right)^2 + \frac{L^2}{2mr^2} - \frac{GmM}{r} = E_r \tag{9.40}$$

E_r は積分定数で、時間に依らず一定の値となります。あらためて、動径方向運動の運動エネルギー T_r とポテンシャルエネルギー U_r と力学的エネルギー E_r を次のとおり定義することができます。

物理量　動径方向運動の運動エネルギー、ポテンシャルエネルギーと力学的エネルギー

$$T_r \equiv \frac{1}{2}m\left(\frac{dr}{dt}\right)^2 \tag{9.41}$$

$$U_r \equiv \frac{L^2}{2mr^2} - \frac{GmM}{r} \tag{9.42}$$

$$E_r = T_r + U_r \tag{9.43}$$

T_r は動径方向の運動エネルギーなので、動径方向の時間変化がなければ最小値 0 となります。そのため、円運動の場合には時間に依らず 0 です。U_r は、第 1 項目が遠心力、第 2 項目が万有引力に対応するポテンシャルです。先述のとおり E_r は時間に依存しない一定値で、式（9.26）の相対運動の力学的エネルギーと一致します。

万有引力による運動は U_r の r 依存性で決まります。図 9.5 は、万有引力定数 $G = 1$、質量 $m_1 = m_2 = 1$（$m = 1/2$）、角運動量 $L = 1/2$（$= mr_0v_0$、初期半径 $r_0 = 1$、初期速度 $v_0 = 1$）におけるポテンシャルエネルギー U_r の r 依存性です。U_r の第 1 項目（正値）と第 2 項目（負値）をそれぞれ破線で表しています。U_r は $r = 0$ で $U_r = +\infty$、$r = \infty$ で $U_r = 0$ となり、$r = \bar{r}$ で最小値 $U_r = U_{\min}$ をとります。U_r の傾きが式（9.39）の力 F_r に対応するため、最小値となる $\bar{r}$ は $F_r = 0$ から導かれます。また、$\bar{r}$ から $U_{\min}$ も導かれます。

解析解　**ポテンシャルエネルギーの最小値**

$$\bar{r} = \frac{L^2}{Gm^2M} \tag{9.44}$$

$$U_{\min} = U_r(\bar{r}) = -\frac{G^2m^3M^2}{2L^2} \tag{9.45}$$

$r = \bar{r}$ を境にして U_r の傾きの符号が反転し、力は $F_r = -dU_r/dr$ であるため、$r > \bar{r}$ では引力、$r < \bar{r}$ では斥力が働くことになります。

図 9.5 ●【解析解グラフ】動径方向運動のポテンシャルエネルギー

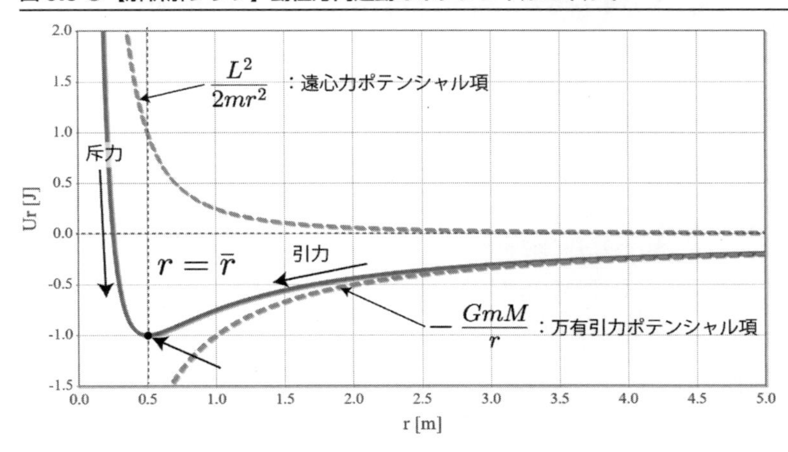

☞ Chapter9/UniversalGravitation_potentialEnergy.html（HTML）

9.3.3 動径方向運動の力学的エネルギーと軌道の分類

前項ではポテンシャルエネルギーの概形を示しました。このポテンシャルエネルギーに運動エネルギー T_r を加えた値が力学的エネルギー E_r ですが、E_r は初期条件によってのみ決まり時間に依りません。また、T_r は必ず $T_r \geq 0$ であることから、$U_r > E_r$ となることはありえないことを考慮すると、E_r と U_r の関係から運動の軌跡の概要を理解することができます。具体的には、r の範囲は $U_r \leq E_r$ を満たす範囲に限定され、r の範囲の下端と上端は、式（9.43）考慮すると $E_r = U_r$（$T_r = 0$）で得られます。そこで、図 9.6 で示したとおり、E_r の値を① $E_r < U_{\rm min}$、② $E_r = U_{\rm min}$、③ $U_{\rm min} < E_r < 0$、④ $E_r = 0$、⑤ $E_r > 0$ の 5 つの場合に分けて、r が満たす条件とその軌道の種類を示します。

図 9.6 ●【解析解グラフ】E_r と U_r の関係

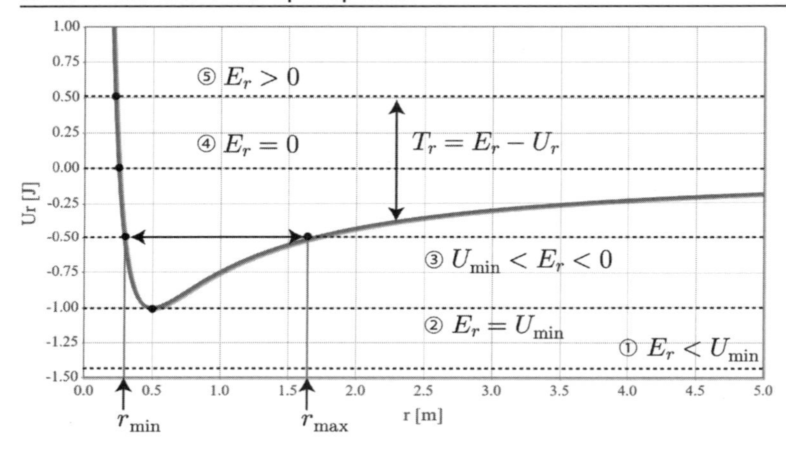

図 9.6 は、図 9.5 のポテンシャルエネルギーの r 依存性の上に、先の 5 つの場合に相当する E_r のグラフ（破線、r に依存しない一定値）を加えています。式（9.43）から $T_r = E_r - U_r$ の値となります。

① $E_r < U_{\rm min}$ の場合

$E_r < U_{\rm min}$ を満たす r は存在しません。なぜならば、式（9.41）で定義される T_r は負値を取らないため、式（9.42）で定義される E_r は U_r の最小値を下回ることができないためです。つまり、この条件を満たす運動は存在し得ないことを意味します。

② $E_r = U_{\rm min}$ の場合（円軌道）

$E_r = U_{\rm min}$ を満たす r の条件は $r = \bar{r}$ の 1 点です。また同時に、T_r は 0 のみ（動径方向の運動が 0）なので $r = \bar{r}$ の**円軌道**となります。

③ $U_{min} < E_r < 0$ の場合（楕円軌道）

$U_{min} < E_r < 0$ を満たす場合、r は、図 9.6 の E_r と U_r との 2 つの交点 r_{min} と r_{max} の間となります。軌道は r が r_{min} と r_{max} の間を変化することを意味し、原点からの距離の最短距離と最長距離を r_{min} と r_{max} とする中心が原点ではない**楕円軌道**となります。r_{min} と r_{max} は、$E_r = U_r$（$T_r = 0$）から得られる r に関する 2 次方程式から次のとおりに得られます。なお、楕円軌道の表式は次節で示します。

解析解　**楕円軌道の最短距離と最長距離**

$$r_{min} = \frac{GmM}{2E_r}\left[-1 + \sqrt{1 + \frac{2E_r L^2}{G^2 m^3 M^2}}\right] \tag{9.46}$$

$$r_{max} = \frac{GmM}{2E_r}\left[-1 - \sqrt{1 + \frac{2E_r L^2}{G^2 m^3 M^2}}\right] \tag{9.47}$$

$E_r < 0$ であるため、第 2 項目の符号は負の場合に正となり、符号が正の場合に負となります。

④ $E_r = 0$ の場合（放物線軌道）

$E_r = 0$ の場合、r を決める条件は $U_r = 0$ です。この条件を満たす r の最小値と最大値は次のとおりです。

解析解　**放物線軌道の最短距離と最長距離**

$$r_{min} = \frac{L^2}{2Gm^2 M} \tag{9.48}$$

$$r_{max} = +\infty \tag{9.49}$$

この軌道は楕円軌道運動のように周期的ではなく、万有引力で近づいて $r = r_{min}$ の最小値を取ったあとに無限遠でちょうど $T_r = 0$ となる開いた軌道となります。次節で導出しますが、この軌道は**放物線軌道**と呼ばれます。

⑤ $E_r > 0$ の場合（双曲線軌道）

$E_r > 0$ を満たす場合、r を決める条件は、楕円軌道の場合と同じ $U_r = E_r$ です。この条件を満たす 2 つの r は式（9.46）と（9.47）と一致しますが、$E_r > 0$ を考慮すると式（9.47）の値は負となってしまいます。これは U_r の $r < 0$ の領域での解となり、物理的な意味を持たない解であるため

無視します。この軌道は放物線軌道運動と同様、万有引力で近づいて $r = r_{\min}$ の最小値を取ったあとに無限遠に飛んでいく開いた軌道となります。次節で導出しますが、この軌道は**双曲線軌道**と呼ばれます。

解析解 **双曲線軌道の最短距離**

$$r_{\min} = \frac{GmM}{2E_r}\left[-1 + \sqrt{1 + \frac{2E_r L^2}{G^2 m^3 M^2}}\right] \tag{9.50}$$

9.4 軌道の解析解とケプラーの法則

9.4.1 万有引力による運動の軌跡の解析解

前項では、初期条件で決まる力学エネルギー E_r の大きさによって動径方向 r のとり得る範囲が異なる様子を確認しました。本項では、軌道を詳しく理解するために、万有引力に対応するニュートンの運動方程式（9.32）と（9.33）から解析解を導きます。出発地点は、運動方程式を r で積分することで得られる力学的エネルギーの式（9.40）からです。この表式は r に関する 1 階の非線形常微分方程式なため解析的に解くことが難しそうですが、高校数学の内容で解くことができます。まずは dr/dt について解きます。

$$\frac{dr}{dt} = \pm\sqrt{\frac{2E_r}{m} + \frac{2GM}{r} - \frac{L^2}{m^2 r^2}} \tag{9.51}$$

この表式の中で時刻 t に依存するのは r のみで、その他は全て定数となります。r は右辺の平方根の中の分数の分母にあるので、r の逆数を新たな変数 u として定義します。この定義から r と u の時間微分の関係も決まります。

$$u \equiv \frac{1}{r} \;\rightarrow\; \frac{du}{dt} = -\frac{1}{r^2}\frac{dr}{dt} \;\rightarrow\; \frac{dr}{dt} = -\frac{1}{u^2}\frac{du}{dt} \tag{9.52}$$

この関係式から、式（9.51）は

$$\frac{du}{dt} = \mp u^2 \sqrt{\frac{2E_r}{m} + 2GMu - \frac{L^2}{m^2} u^2} \tag{9.53}$$

となります。求める変数が全て分数の分母から外れたら良いですが、この微分方程式もこのままでは解くことができません。u の t 依存性を求めることを諦めて、元の運動方程式のもう 1 つの変数である u と θ の関係に着目します。具体的には、式（9.53）の右辺を微分の計算規則に則って次のとおりに変形します。

$$(\text{左辺}) = \frac{du}{d\theta}\frac{d\theta}{dt} = \frac{du}{d\theta}\frac{L}{m}u^2 \tag{9.54}$$

$d\theta/dt$ は、角運動量保存則の式（9.35）と $r = 1/u$ を用いて置き換えています。この式変形の結果、偶然 u^2 の因子が現れることから、式（9.53）に代入することで都合よく平方根の前の u^2 が約分されて無くなります。これにより、式（9.53）の平方根の中は u の 2 次式となるので、平方完成をすることで積分を行える形に持ってくることができます。

$$\frac{du}{d\theta} = \mp \sqrt{\frac{2mE_r}{L^2} + \frac{G^2m^4M^2}{L^4} - \left(u - \frac{Gm^2M}{L^2}\right)^2} \tag{9.55}$$

この表式を分かりやすくするために、u の変数変換と定数をとりまとめた変数 A を定義します。

$$\bar{u} \equiv u - \frac{Gm^2M}{L^2}, \quad A \equiv \frac{2mE_r}{L^2} + \frac{G^2m^4M^2}{L^4} \tag{9.56}$$

これらの変数を用いることで、式（9.55）は

$$\frac{d\bar{u}}{d\theta} = \mp\sqrt{A^2 - \bar{u}^2} \tag{9.57}$$

というすっきりとした形になりました。両辺に $d\theta$ を掛けて両辺を積分します。

$$\int \frac{d\bar{u}}{\sqrt{A^2 - \bar{u}^2}} = \mp \int d\theta \tag{9.58}$$

左辺の積分は変数 $\bar{u}$ を次のとおり三角関数で表して、積分の変数変換を行います。

$$\bar{u} = A\cos\phi \;\rightarrow\; \frac{d\bar{u}}{d\phi} = -A\sin\phi \;\rightarrow\; d\bar{u} = -A\sin\phi\, d\phi \tag{9.59}$$

式（9.59）を式（9.58）に代入すると、分母と分子の因子がちょうど同じになり約分できてしまいます†2。

$$\int d\phi = \pm \int d\theta \ \rightarrow \ \phi = \pm\theta + \alpha \tag{9.60}$$

複数回の変数変換の結果、式（9.51）は両辺とも単なる定数の積分の形となり、直ちに解を得ることができました。α は積分定数です。ここから $\phi \to \bar{u} \to u \to r$ とこれまでに行った変数変換の逆変換を行っていきます。

ϕ から $\bar{u}$ への変換は、式（9.59）の第 1 式を用いることで $\bar{u} = A\cos(\pm\theta + \alpha)$ となります。$\bar{u}$ から u は、式（9.56）の第 1 式から

$$u = \frac{Gm^2M}{L^2} + \sqrt{\frac{2mE_r}{L^2} + \frac{G^2m^4M^2}{L^4}}\cos(\pm\theta + \alpha) \tag{9.61}$$

となります。この表式は微分方程式（9.55）の解に対応します。さらに u から r への変換は、式（9.52）の第 1 式から

$$r = \frac{L^2/(Gm^2M)}{1 + \sqrt{1 + 2L^2E_r/(G^2m^3M^2)}\cos(\pm\theta + \alpha)} \tag{9.62}$$

となります。これは求めたかった r についての微分方程式（9.51）の直接的な解ではない（r の時間依存性に関する解ではない）ですが、元のニュートンの運動方程式（9.32）と（9.33）の 2 つの変数 r と θ の関係を表しており、運動の軌跡は導出することができます。軌跡を調べるために式（9.62）を整理します。

まず、α は積分定数なので、初期条件を課すことで決定することができます。時刻 $t = 0$ の初期条件として $\theta(t) = 0$、かつその時の r が最小値（分母が最大）になるという条件を課すと、$\alpha = 0$ となります。この条件は、時刻 $t = 0$ で相対位置が x 軸上にいて最接近していることを意味します。次に、$\alpha = 0$ にすることで、cos 関数の偶関数性から θ の前の $\pm$ はどちらでも同じ値となります。さらには、θ の値が正負どちらでも r の値は同じになるので、軌道は θ の正負に対して対象となります。続いて、式（9.62）の分子と分母の定数部分をそれぞれ新しい 2 つのパラメータ l、ϵ と表すことで、式（9.62）は次のとおりになります。

---

† 2　厳密には、式（9.58）の分母に現れる $\sqrt{(\sin^2\phi)}$ は平方根を外す際に $|\sin\phi|$ と表す必要があり、そして絶対値を外すには ϕ の値による場合分けが必要になります。しかしながら、この場合はたまたま式（9.58）の右辺は両符号どちらでもよいことになっているので、$\sin\phi$ の符号を気にせず絶対値を外すことができます。

解析解 **万有引力による2次曲線軌道（極座標形式）**

$$r = \frac{l}{1 + \epsilon \cos\theta} \tag{9.63}$$

解析解 **万有引力による2次曲線軌道を決める2つのパラメータ（半直弦と離心率）**

$$l \equiv \frac{L^2}{Gm^2M}, \quad \epsilon \equiv \sqrt{1 + \frac{2L^2E_r}{G^2m^3M^2}} \tag{9.64}$$

式（9.63）は、円、楕円、放物線、双曲線を表す**2次曲線**の極座標形式と呼ばれます。**半直弦**と呼ばれるlは2次曲線の大きさを、**離心率**と呼ばれるϵは形状を決めます。特にϵは特定の値を境にして円、楕円、放物線、双曲線が切り替わります。

数学定義 **2次曲線の分類**

（1）$\epsilon = 0$：円
（2）$0 < \epsilon < 1$：楕円
（3）$\epsilon = 1$：放物線
（4）$1 < \epsilon$：双曲線

なお、式（9.64）で示した万有引力による運動で与えられるlとϵは、それぞれ初期条件で与えられます。

2次元直交座標系における軌道の表式

式（9.63）を極座標系から馴染みのある2次元直交座標系に変換して、各軌道（円軌道、楕円軌道、放物線軌道、双曲線軌道）の解析解を導出します。式（9.63）を極座標系から直交座標系に変換する際に利用する関係式は、①距離と座標の関係「$r^2 = x^2 + y^2$」と②θがx軸とのなす角を表す関係「$x = r\cos\theta$」です。式（9.63）の右辺の分母を払い、関係②を考慮するとθが消去できて、

$$r + \epsilon x = l \tag{9.65}$$

となります。続いてrを消去するために式（9.68）をrについて解いた後に両辺を2乗して関係①を用いるとr、θの関係式からx、yの関係式に変換することができます。

$$x^2 + y^2 = l^2 - 2l\epsilon x + \epsilon^2x^2 \tag{9.66}$$

この表式から、軌道は ϵ の値に依らず y 軸との交点 $(0, l)$ と $(0, -l)$ を通過することがわかります。

9.4.2 円軌道（$\epsilon = 0$）

式（9.66）に $\epsilon = 0$ を代入することで、万有引力による円軌道の解析解が直ちに得られます。

解析解　万有引力による円軌道

$$x^2 + y^2 = l^2 \tag{9.67}$$

これは、原点を中心として半径 l の円の表式です。つまり、相対座標系で表した万有引力による円運動は、原点以外を中心とする円運動は存在し得ないことが示されました。半径 l は、式（9.44）で示した値と一致します。

図 9.7 ●【解析解】万有引力による円軌道

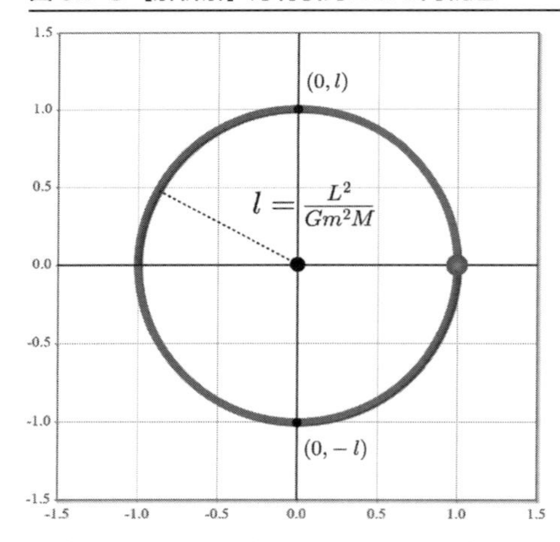

☞ Chapter9/UniversalGravitation_CircleOrbit.html（HTML）

9.4.3 楕円軌道（$0 < \epsilon < 1$）

式（9.66）にて、$\epsilon^2 < 1$ を踏まえて x と y について平方完成することで、万有引力による楕円軌道の解析解が得られます。

解析解 **万有引力による楕円軌道**

$$\frac{\left(x + l\epsilon/(1-\epsilon^2)\right)^2}{\left(l/\left(1-\epsilon^2\right)\right)^2} + \frac{y^2}{\left(l/\sqrt{1-\epsilon^2}\right)^2} = 1 \tag{9.68}$$

楕円の式（8.48）と比較すると、中心座標 (x_0, y_0) と長径 a と短径 b がわかります。

解析解 **万有引力による楕円軌道の中心座標**

$$x_0 = -\frac{l\epsilon}{1-\epsilon^2}, y_0 = 0 \tag{9.69}$$

解析解 **万有引力による楕円軌道の長径 a と短径 b**

$$a = \frac{l}{1-\epsilon^2},\ b = \frac{l}{\sqrt{1-\epsilon^2}} \tag{9.70}$$

図 9.8 ● 【解析解グラフ】万有引力による楕円軌道（l=1, ϵ=0.8）

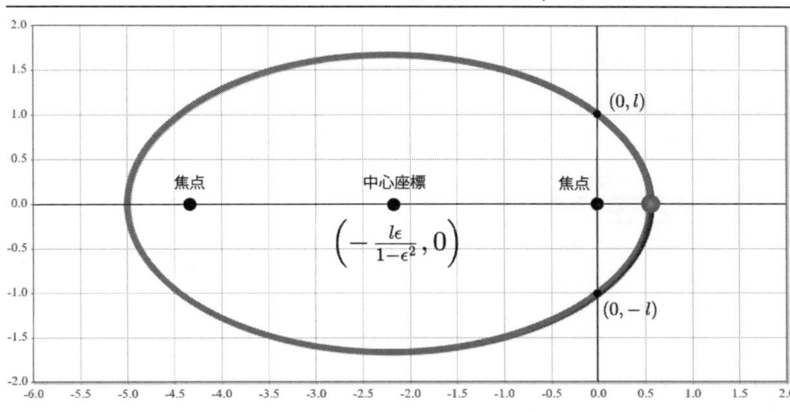

☞ Chapter9/UniversalGravitation_EllipseOrbit.html（HTML）

図 9.8 は、式（9.63）を用いて楕円軌道の解析解を直交座標系でプロットした結果です。パラメータとして $l = 1$、$\epsilon = 0.8$ を与えています。楕円の焦点間距離は式（8.46）で与えられるため、式（9.70）を代入すると次のとおりになります。

解析解　万有引力による楕円軌道の焦点間距離

$$R = 2\sqrt{a^2 - b^2} = \frac{2l\epsilon}{1-\epsilon^2} \tag{9.71}$$

この値はちょうど原点から中心座標までの距離の 2 倍であるので、原点は万有引力による楕円軌道の焦点の 1 つであることが示されています。

なお、式（9.46）と（9.47）で示した r の最小値と最大値は、極座標形式から直ちに得られる値 $r_{\rm min} = l/(1+\epsilon)$、$r_{\rm max} = l/(1-\epsilon)$ と一致することも確認できます。

9.4.4 放物線軌道（$\epsilon = 1$）

式（9.66）に $\epsilon = 1$ を代入することで、万有引力による放物線軌道の解析解が直ちに得られます。

解析解　万有引力による放物線軌道

$$y^2 = l^2 - 2lx \;\rightarrow\; x = -\frac{1}{2l}y^2 + \frac{l}{2} \tag{9.72}$$

式（9.72）は通常の x と y の関係が反対ですが、頂点が $(l/2, 0)$ で x 軸方向に凸な 2 次関数となっています。放物線軌道は開いた軌道であるため周期的な運動ではなく、無限遠方に飛んでいってしまいます（$r_{\rm max} = \infty$）。最短距離は $r_{\rm min} = l/2$ で、式（9.48）と一致します。

図 9.9 ●【解析解グラフ】万有引力による放物線軌道（$l = 1$、$\epsilon = 1$）

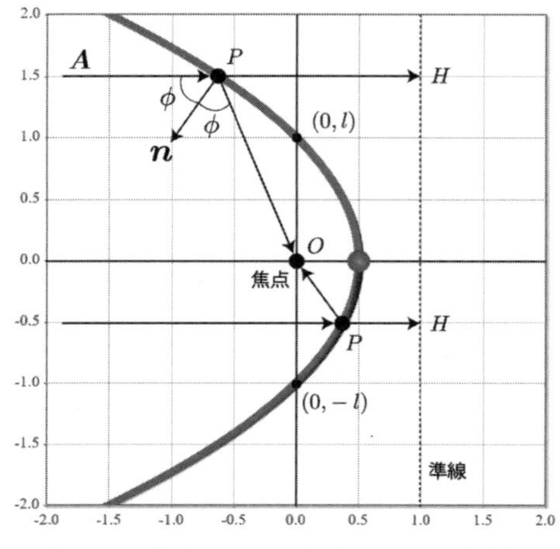

☞ Chapter9/UniversalGravitation_ParabolaOrbit.html（HTML）

図 9.9 は、式 (9.63) を用いて放物線軌道の解析解を直交座標系でプロットした結果です。パラメータとして $l = 1$、$\epsilon = 1$ を与えています。放物線の英語は「parabola（パラボラ）」で、電波をキャッチするパラボラアンテナの「パラボラ」と同じです。パラボラアンテナは、例えば図 9.9 のような形状のアンテナがあった場合、−x 軸方向（左方向）から水平に飛んできた電波はアンテナ表面のどの場所で反射してもある 1 点に収束させるという性質があります。しかもどの場所で反射しても焦点までの到達時間（あるいは伝搬距離）は同じという性質もあります。このある 1 点は**焦点**と呼ばれ、万有引力による放物線軌道の原点が焦点となります。この 2 つの性質を証明します。

アンテナ表面のどの場所で反射しても焦点に収束するという性質は、放物線の幾何学的な性質と反射面に対する入射角と反射角が等しくなるという波動の性質から導くことができます。入射電波は x 軸方向（左から右）に向かうので、入射電波の方向ベクトルを $\boldsymbol{A} = (1, 0)$ と表し、電波が反射する放物線上の点を P とします。この点 P における法線ベクトルは、式 (8.69) で示した放物線の曲率ベクトルを規格化して、x と y を入れかえて規格化することで

$$\boldsymbol{n} = \frac{1}{\sqrt{y^2 + l^2}}(-l, -y) \tag{9.73}$$

となります。入射角と反射角が等しいならば、原点から点 P までのベクトル

$$\overrightarrow{OP} = \frac{1}{\sqrt{y^2 + x^2}}(x, y) \tag{9.74}$$

を用いて $\boldsymbol{n} \cdot \overrightarrow{OP} = \boldsymbol{n} \cdot \vec{A}$ となるはずです。実際にこの内積を式 (9.72) を考慮して計算すると

$$\boldsymbol{A} \cdot \boldsymbol{n} = \overrightarrow{OP} \cdot \boldsymbol{n} = \frac{-l}{\sqrt{y^2 + l^2}} \tag{9.75}$$

となり、入射角と反射角が等しくなることが示されました。入射角と反射角を ϕ と表した場合、$\overrightarrow{PO} \cdot \boldsymbol{n} = \cos\phi$ となるため、ϕ は次のとおりになります。

解析解　**パラボラアンテナの入射角と反射角**

$$\phi = \arccos\left(\frac{l}{\sqrt{y^2 + l^2}}\right) \tag{9.76}$$

もうひとつの「どの場所で反射しても焦点までの到達時間（あるいは伝搬距離）は同じ」ことの証明は、放物線の幾何学的な性質だけで示すことができます。8.4 節では放物線を単純に 2 次関数

として与えましたが、放物線は「焦点と準線と呼ばれる直線上の点から等距離の点の集合」という定義も存在します。図 9.9 では、焦点 O、準線と上の点 H として、$OP = PH$ を満たす P の集合が放物線になるという意味です。実際に点 O を原点、点 H を (l, y) と与えて、$OP = PH$ を満たす点 $P = (x, y)$ は式（9.72）と一致することが確認できます。

ここで –x 軸方向（左方向）から飛んでくる電波を考えます。放物線上の表面での反射がない場合は、準線上の点までの伝搬距離は電波の上下の位置（y 値）に依らず一定です。一方、放物線上の表面で反射して P から O への伝搬距離は、反射がない P から H への伝搬距離と電波の上下の位置（y 値）に依らず等しくなります。つまり、反射がない場合にある時刻でちょうど準線に到達した電波は、反射があった場合には同じ時刻でちょうど焦点に達していることが言えます。証明は以上です。放物線は 2 次関数としてお馴染みですが、意外と興味深い幾何学的性質を有していることがわかります。

9.4.5 双曲線軌道（$\epsilon > 1$）

式（9.66）にて、$\epsilon^2 > 1$ を踏まえて x と y を平方完成します。楕円軌道の式（9.68）の第 2 項に負符号因子が現れる、双曲線と呼ばれる 2 次曲線となります。

解析解　万有引力による双曲線軌道

$$\frac{\left(x - l\epsilon/(\epsilon^2 - 1)\right)^2}{\left(l/(\epsilon^2 - 1)\right)^2} - \frac{y^2}{\left(l/\sqrt{\epsilon^2 - 1}\right)^2} = 1 \tag{9.77}$$

双曲線軌道は放物線と同様、開いた軌道であるため無限遠方へ飛んでいきます（$r_{\max} = \infty$）。最短距離は $r_{\min} = l/(1 + \epsilon)$ で式（9.50）と一致します。

図：9.10 ●【解析解グラフ】万有引力による双曲線軌道（l = 1、ϵ = 2）

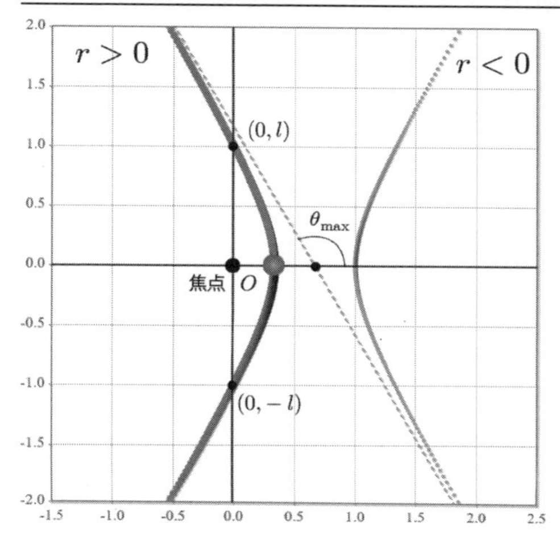

☞ Chapter9/UniversalGravitation_HyperbolaOrbit.html（HTML）

1 2 3 4 5 6 7 8 9

図 9.10 は、式（9.63）を用いて双曲線軌道の解析解を直交座標系でプロットした結果です。パラメータとして $l = 1$、$\epsilon = 2$ を与えています。図には 2 つ曲線が存在しますが、左側と右側の曲線はそれぞれ $r > 0$ と $r < 0$ に対応します。式（9.63）の右辺の分母は $\epsilon > 1$ であるため、x 軸とのなす角 θ がある大きさより大きくなると r は負になります。2 つの曲線が対をなすことから双曲線と呼ばれます。

しかしながら、万有引力による運動の場合、物理的に意味をもつのは $r > 0$ であるため、$r < 0$ の解は存在しません。θ の最大値 $\theta_{\max}$ は、分母が 0 となる条件から次のとおりになります。

解析解　**双曲線軌道の最大角度**

$$\theta_{\max} = \arccos\left(-\frac{1}{\epsilon}\right) \tag{9.78}$$

9.4.6　惑星運動が満たす 3 つの法則：ケプラーの法則

太陽系の惑星は、巨大な質量を持つ太陽との万有引力によって運動します。以下の 3 つの法則が知られており、合わせて**ケプラーの法則**と呼ばれます。

- 第 1 法則（楕円軌道の法則）：惑星は太陽を 1 つの焦点とする楕円軌道となる
- 第 2 法則（面積速度一定の法則）：惑星と太陽とを結ぶ線分が単位時間に描く面積（面積速度）

は一定となる

- 第 3 法則（調和の法則）：惑星の公転周期の 2 乗は、楕円軌道長径の 3 乗に比例する

第 1 法則（楕円軌道の法則）

太陽系の場合、太陽はその回りを周る惑星より質量が数百倍から数千倍大きいため、惑星は他の惑星の引力の影響を太陽に比べて非常に小さいため無視することができ、実質的には太陽と惑星の二体問題となります。そのため、惑星の運動は太陽の位置を基準とした相対運動として考えることができ、本節の議論がそのまま成り立ちます。惑星として周期的な運動を行うためには円軌道運動か楕円軌道運動しかありませんが、厳密な円軌道（$\epsilon = 0$）は実際には存在しないため、惑星は 9.4.3 項で示したとおり太陽を焦点とした楕円軌道運動となります。なお、無限の彼方から飛来して近づいた後にまた無限の彼方に飛んでゆく天体は、9.4.5 項で示した双曲線軌道をとります。

第 2 法則（面積速度一定の法則）

この法則は、式（9.35）で示した角運動量の保存則と実質的に同じです。面積速度を定義して、それが角運動量で表すことができることを示します。まず、図 9.11 のとおり、極座標形式の楕円軌道にて θ が微小角度 $\Delta\theta$ だけ変化した際に囲まれる面積 ΔS を考えます。r は式（9.63）で示したとおり θ に依存しますが、$\Delta\theta$ が小さい場合には r の変化を無視することができ、弧の長さは円弧とみなして $r\theta$ と考えることができます。さらに、$\Delta\theta$ が小さい場合には孤は直線と見なすことができ、かつ半径 r の線と垂直とみなせます。その結果、ΔS は底辺 r、高さ $r\Delta\theta$ の直角三角形の面積と考えることができます。

$$\Delta S = \frac{1}{2} r^2 \Delta\theta \tag{9.79}$$

なお、この ΔS は $\Delta\theta$ が無限小の極限で厳密に成り立ちます。

図 9.11 ●楕円軌道の微小面積の模式図

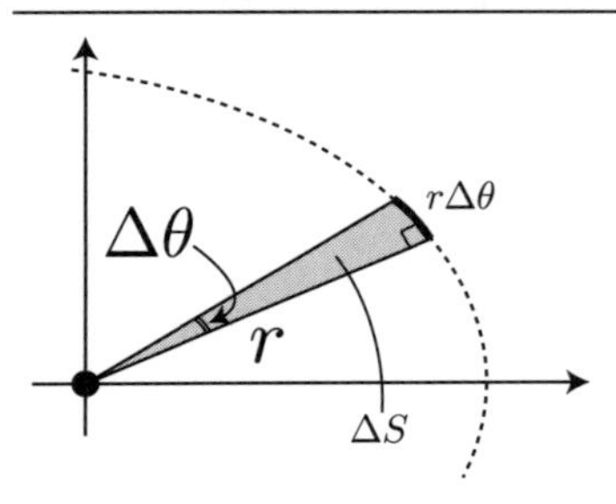

この楕円軌道上の $\Delta\theta$ の変化が Δt 秒間だとすると、単位時間あたりの面積の変化の割合は

$$\frac{\Delta S}{\Delta t} = \frac{1}{2} r^2 \frac{\Delta\theta}{\Delta t} \tag{9.80}$$

と表すことができることから、$\Delta t \to 0$ の極限とした面積速度 S_v を定義することができます。

数学定義　**面積速度（単位：m²/s）**

$$S_v \equiv \frac{dS}{dt} = \lim_{\Delta t \to 0} \frac{\Delta S}{\Delta t} = \frac{1}{2} r^2 \left(\frac{d\theta}{dt} \right) \tag{9.81}$$

式（9.81）の r も $d\theta / dt$ も共に時間に依存しますが、ちょうど式（9.35）で示した角運動量の形になっていることから、面積速度は時間依存しない角運動量 L で表すことができます。

解析解　**万有引力による運動の面積速度（一定値）**

$$S_v = \frac{L}{2m} = \text{Const.} \tag{9.82}$$

なお、面積速度ならびに角運動量保存則の導出は軌道の種類に依らないため、面積速度一定の法則そのものは全ての軌道で成り立ちます。

第 3 法則（調和の法則）

この法則は、楕円軌道の面積と面積速度から直ちに証明ことができます。長径 a、短径 b の楕円の面積は $S = ab\pi$ なので、楕円軌道運動の周期 T は面積を面積速度で割った値となります。そして、万有引力による楕円軌道運動における長径と短径は式（9.70）から $b = \sqrt{a}$ の関係があるので、楕円軌道の周期は次のとおりになります。

解析解　**楕円軌道運動の周期**

$$T = \frac{S}{S_v} = \frac{2m\pi}{L} a^{\frac{3}{2}} \tag{9.83}$$

式（9.83）の両辺を 2 乗すると、T^2 が a^3 に比例するという調和の法則が導かれます。

9.5 物理シミュレータによる万有引力運動シミュレーション

9.5.1 万有引力の与え方

物理シミュレータでは、任意の3次元オブジェクト同士に働く万有引力を設定することができます。万有引力の設定もPhysLabクラスのsetInteractionメソッドで行い、接続する2つオブジェクトを第1引数と第2引数に与え、第3引数に万有引力を表すステート定数「FixedDistanceConnection」を与えます。第4引数には万有引力の計算に必要なパラメータを指定することができます。次のプログラムソースは、6個の球オブジェクトを生成後、1番目の球体（質量10000）と2番目から6番目の球体（質量1）とに対してそれぞれ万有引力を設定しています。図9.12は実行結果です。

プログラムソース 9.5 ●万有引力の与え方

```
for( var i = 0; i < 6; i++ ){
  PHYSICS.physLab.balls[ i ] = new PHYSICS.Sphere({ （省略） })
}
// 1番目の球体オブジェクト
PHYSICS.physLab.balls[ 0 ].position.set( 0, 0, 0 );
PHYSICS.physLab.balls[ 0 ].velocity.set( 0, 0, 0 );
PHYSICS.physLab.balls[ 0 ].mass = 10000;
for( var i=1; i<6; i++ ){
  // 2番目～6番目の球体オブジェクト
  PHYSICS.physLab.balls[ i ].position.set( 10, 0, 0 );
  PHYSICS.physLab.balls[ i ].velocity.set( 0, i/2+1, 0 );  <-------------------初速度を変化させる
  PHYSICS.physLab.balls[ i ].mass = 1;
  // 万有引力相互作用の定義
  PHYSICS.physLab.setInteraction(
    PHYSICS.physLab.balls[ 0 ],   // 1番目の球体
    PHYSICS.physLab.balls[ i ],   // 2番目～6番目の球体
    PHYSICS.UniversalGravitation, // 相互作用の種類
    {
      G : 0.01, // 万有引力定数
    }
  );
}
```

図 9.12 ●【シミュレータ】万有引力による運動シミュレーション

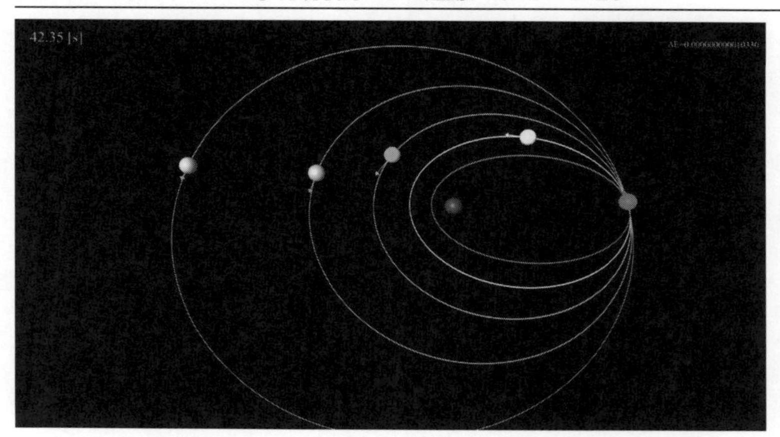

☞ Chapter9/UniversalGravitation_PhysLab.html（HTML）

1 2 3 4 5 6 7 8 9

9.5.2 ポテンシャルエネルギー表示モード

ポテンシャルエネルギー表示モードとは、可視化が難しい万有引力などの力のポテンシャルエネルギーの空間分布を表示させて、そのポテンシャルエネルギー曲面上を運動するように指定することのできる本シミュレータの機能です。前項の図 9.12 は万有引力による xy 平面上における運動を表していますが、図 9.13 のように z 軸方向をポテンシャルエネルギーの大きさとして利用することで、万有引力の様子が分かりやすくなります。ちなみに、万有引力はポテンシャルエネルギー曲面の勾配として与えられます。次のプログラムソースはポテンシャルエネルギー表示モードの設定方法です。運動する各球体ごとに設定します。

プログラムソース 9.6 ●ポテンシャルエネルギー表示モードの設定方法

```
PHYSICS.physLab.balls[ i ] = new PHYSICS.Sphere({
（省略）
  // ポテンシャルエネルギー表示モード
  potential3DMode : {
    enabled : (i!=0)? true : false,     // 有効／無効の設定  <------------------------------------ (※1)
    noGraphics : (i==1)? false : true, // ポテンシャル面表示無しフラグ  <---------------------- (※2)
    visible : true,                     // 表示の有無  <-------------------------------------------- (※3)
    // ポテンシャルエネルギー面の関数形
    potentialFunction : function( x, y, parameter ){  <-------------------------------------- (※4)
      var core = PHYSICS.physLab.balls[ 0 ];  <---------------------------------------------- (※5-1)
      var R2 = PHYSICS.Math.getLengthSq( core.position, {x:x, y:y, z:0} );  <--- (※5-2)
      return -20/Math.sqrt( R2 );  <--------------------------------------------------------- (※5-3)
```

```
    },
    // ポテンシャルエネルギー面の表示位置
    positionFunction : function( ){  <--------------------------------------- (※6)
      var core = PHYSICS.physLab.balls[ 0 ];
      return { x:core.position.x, y:core.position.y, z:core.position.z+2 };  <---- (※7)
    },
    // ポテンシャルエネルギー面の頂点色
    colorFunction : function( x, y, z, parameter ){  <------------------------- (※8)
      var core = PHYSICS.physLab.balls[ 0 ];
      var R2 = PHYSICS.Math.getLengthSq( core.position, {x:x, y:y, z:0} );
      var w = 1; // Math.sqrt(R2)/20;  <--------------------------------------- (※9)
      return { r: w, g: w, b: w };  <----------------------------------------- (※10-1)
    },
    n : 100,            // 一辺あたりの格子数
    width :0.4,         // 格子の一辺の長さ
    color: 0x3e8987,    // 描画色  <------------------------------------------- (※10-2)
    opacity: 1.0        // 透明度
  }
});
```

（※ 1）　1 番目の球体を「false」、2 番目以降を「true」と設定しています。

（※ 2）　noGraphics プロパティに true を与えた場合、ポテンシャルエネルギー面は生成されません。今回、2 番目以降の球体は同じポテンシャルエネルギー面を運動することになるため、3 番目以降のポテンシャルエネルギー面を生成しません。

（※ 3）　visible プロパティは表示／非表示を切り替えるフラグです。（※ 2）で true が与えられた場合には表示することができません。

（※ 4）　ポテンシャルエネルギー面を与える関数を定義します。この関数は実際のポテンシャルエネルギーと一致する必要はありません。

（※ 5）　引数で指定された座標 (x, y) と 1 番目の球体の位置との距離の 2 乗に反比例した値を返す関数として定義しています。「−20」はグラフィックス内のスケールを考慮してちょうどよい値を与えています。

（※ 6）　ポテンシャルエネルギー面の表示位置を設定する関数です。

（※ 7）　ポテンシャルエネルギー面を 1 番目の球体を中心に合わせて配置していますが、グラフィックスの高さを調整するために「+2」しています。

（※ 8）　ポテンシャルエネルギー面の頂点色に指定することができます。

（※ 9）　図 9.13 ではポテンシャルエネルギーの大きさに依らず一定の描画色ですが、コメントアウトしたように（※ 6）の関数形と一致させることで、ポテンシャルエネルギーの大きさに応じた頂点色を与えることができます。

（※ 10）実際の描画色は頂点ごとの描画色（※ 10-1）と材質そのものの描画色（※ 10-2）を 10 進数小数（1/255）で表した値の積で与えられます。

図 9.13 ●【シミュレータ】ポテンシャル表示モードによる運動の可視化

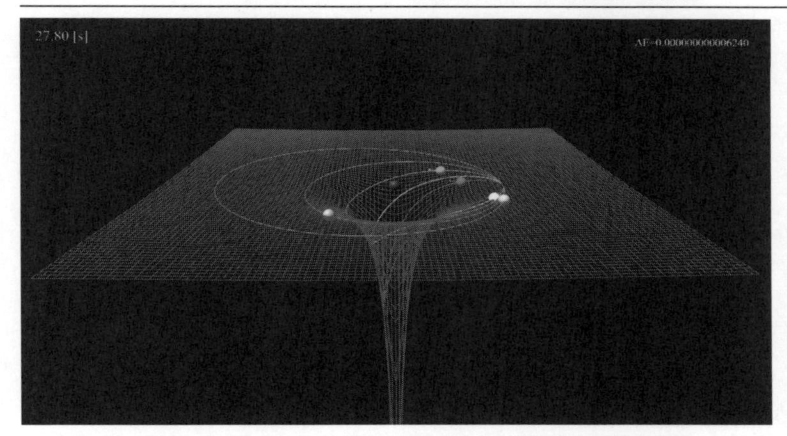

☞ Chapter9/UniversalGravitation_potentialMode_PhysLab.html（HTML）

9.5.3　万有引力運動シミュレーション

本シミュレータを用いて、万有引力による各軌道の運動をシミュレーションします。図 9.13 のように、中心の大質量 10000 [kg] の球体とその回りを周る小質量 1 [kg] の球体が万有引力で引き合うとします。9.4 節で詳しく解説したとおり、どの軌道となるかは初期条件だけで決まります。

図 9.14 は、初速度を式（9.31）、かつ初速度の向きを万有引力に垂直の向きに与えた際に実現する円軌道運動シミュレーションの様子です。中心に配置した大質量の球体との距離が短くなるにつれて万有引力が大きくなるため、大きな初速度が必要となります。

図 9.14 ●【シミュレータ】円軌道運動シミュレーション

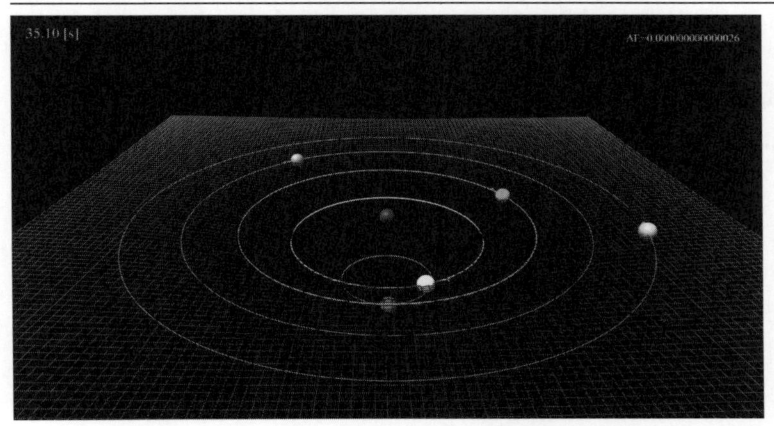

☞ Chapter9/UniversalGravitation_potentialMode_circularOrbit_PhysLab.html（HTML）

9.3 節で詳しく解説したとおり、式（9.43）で定義した動径方向の力学的エネルギー E_r が $E_r > 0$ を満たす場合、軌道は双曲線軌道運動となります。この E_r は相対運動の力学的エネルギーとも一致するため、式（9.26）から初速度の条件

$$v > \sqrt{\frac{2GM}{r}} \tag{9.84}$$

を満たす場合には、初速度の向きに依らず双曲線軌道運動となります。$G = 0.01$、$M = 10000$、$r = 10$ の場合、初速度が $v > 4.47$ [m/s] です。図 9.15 は、初速度として $v = 4.5$ [m/s] を与えた際の双曲線軌道運動シミュレーションの様子です。どの初速度の向きの軌道も無限の遠方へ飛んでいく様子が確認できます。

図 9.15 ●【シミュレータ】双曲線軌道運動シミュレーション

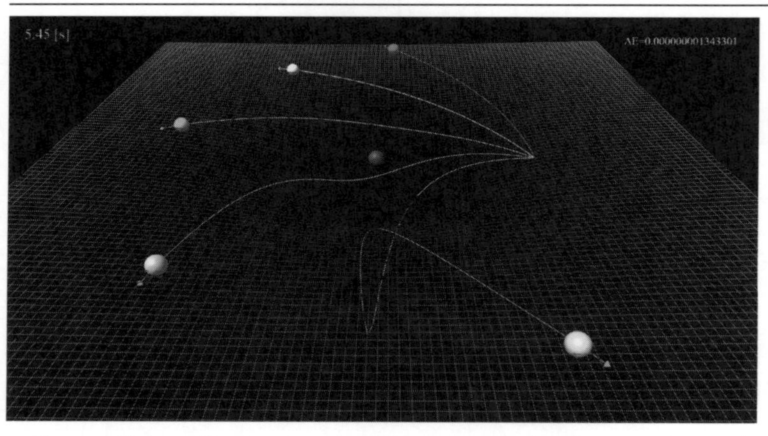

☞ Chapter9/UniversalGravitation_potentialMode_hyperbolicOrbit_PhysLab.html（HTML）

9.5.4 3 体による万有引力運動シミュレーション

万有引力が 2 つの物体間のみに働く場合、運動は相対座標系を導入することで完全に解くことができます。しかしながら、万有引力が 1 つ増えて 3 つの物体間に働く場合には、初期条件が特殊な場合を除いて解析解を得ることはできません。図 9.16 は、質量 10 の球体 1 個と質量 1 の球体 2 個による万有引力運動シミュレーションの様子です（$G = 26$）。真ん中で細かな軌跡なのが質量 10 の球体です。見てわかるとおり、非常に複雑な運動であることがわかります。なお、式（9.18）で定義した重心の運動量が 0 となるように初期条件を与えているため、運動の中心座標は一定となります。

図 9.16 ●【シミュレータ】3 体による万有引力運動シミュレーション

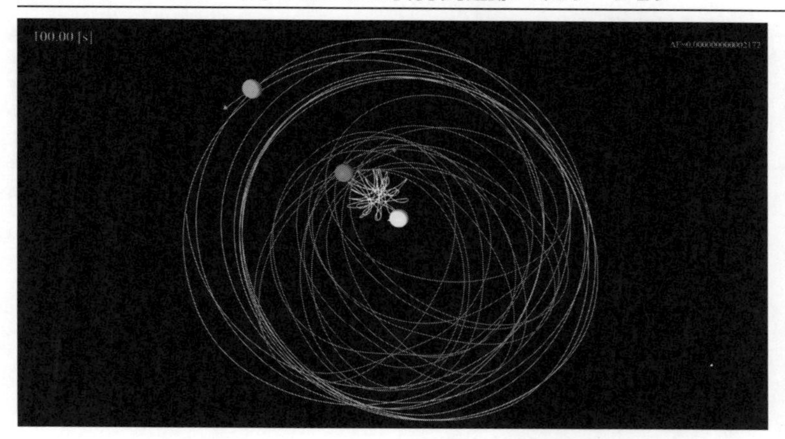

☞ Chapter9/UniversalGravitation_3Body_PhysLab.html（HTML）

1 2 3 4 5 6 7 8 9

9.5.5 多体系における万有引力の与え方

万有引力の与え方は、9.5.1 項で解説した通り setInteraction メソッドで設定することができます。多体系の場合、すべてのペアについてそれぞれ万有引力を設定する必要があります。なお、万有引力定数はペアごとに異なる値を与えることもできます。

プログラムソース 9.7 ●多体系における万有引力の与え方

```
for( var i = 0; i < 3; i++ ){
  PHYSICS.physLab.balls[ i ] = new PHYSICS.Sphere({ (省略) })
}
for( var i=0; i<3; i++ ){
  for( var j=i+1; j<3; j++ ){
    // 万有引力相互作用の定義
    PHYSICS.physLab.setInteraction(
      PHYSICS.physLab.balls[ i ],
      PHYSICS.physLab.balls[ j ],
      PHYSICS.UniversalGravitation,
      {
        G : 26, // 万有引力定数
      }
    );
  }
}
```

試してみよう！

- 万有引力定数 G の大きさを変化させたときの運動の変化を予測して、試してみよう！
- 物体の数を 3 つから 4 つに増やして、より複雑な万有運動シミュレーションを試してみよう！

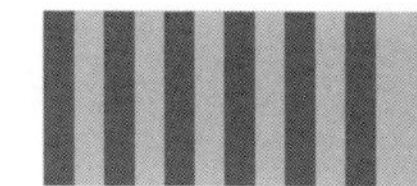

索　引

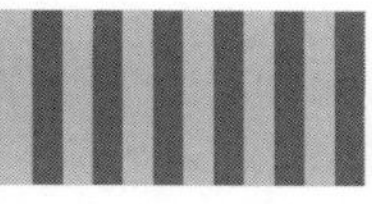

■記号

∇ 42
△ 44

■A

add() 18
addScalar() 18
addVectors() 18
angleTo() 19

■C

clone() 18
copy() 18
cross() 19
crossVectors() 19

■D

distanceTo() 19
distanceToSquared() 19
divide() 19
divideScalar() 19
dot() 19
dynamic プロパティ 97

■E

equals() 19

■F

FPS 92

■G

gcc xi

■L

length() 19
lengthSq() 19

■M

MinGW xi
multiply() 19
multiplyScalar() 19

■N

n 階の導関数 26
normalize() 19

■P

position プロパティ 97

■R

RK4 132
RK4 クラス 137
RK4_Nbody 139
RK4_Nbody クラス 141

■S

set() 18
sinc 関数 28
sub() 18
subScalar() 18
subVectors() 18

■V

Vector3 クラス 18
velocity プロパティ 97
Visual Studio xi

■あ

位置 60
一時停止状態 91
位置ベクトル 60, 65, 71, 82
うなり 204
運動エネルギー 116
運動方程式 114, 121, 295
運動量 118

運動量保存則 118
円経路 299
円錐振子運動 245
円筒座標系 70
オイラー法 126

■か

外積 17
　微分 32
解析解 109
回転 44
ガウスの消去法 47
カオス現象 267
角運動量 120
角運動量保存則 120
角振動数 178
角速度 83
角速度ベクトル 88
角度ベクトル 88
過減衰 191
加速度 63
加速度ベクトル 65, 70, 71, 74, 84, 87
加法定理 7
慣性系 114
慣性抵抗力 153
慣性の法則 113
慣性力 114
奇関数 34
基礎方程式 108
基底ベクトル 64
軌道 354
逆関数の導関数 25
強制減衰振動運動 206
強制振動運動 200
強制振子運動 254
共鳴 205
共鳴角振動数 212
極座標系 66, 72
局所計算誤差 127
曲率 290
曲率ベクトル 289, 300, 308, 315, 322
偶関数 34
空気抵抗力 152
計算アルゴリズム iv, 124
計算誤差 127, 172
計算中状態 91
計算物理学 110
経路 330
経路による積分 45
経路ベクトル 288
経路補正力 296
ケプラーの法則 365
原始関数 35
減衰振動運動 187
後進代入 48
合成関数の積分 39
合成関数の微分 27
勾配 44
勾配ベクトル 42
古典力学 108
弧度法 2
固有角振動数 202

■さ

サイクロイド曲線 320
最大飛距離 166
座標系 60
作用・反作用の法則 115
三角関数 3
　合成 7
　積分 36
　テイラー展開 34
　微分 27
三角比 3
三平方の定理 6
時間 61
時刻 61
指数関数 8
　導関数 29
　積分 36
自然科学 108
自然法則 108
実験物理学 109
質点 96
時定数 155
周期 178

重心運動......341
収束半径......33
終端速度......159
重力......144
焦点......363
衝突......154
導関数......23
振動減衰......194
振動数......178
数値解......110
数値実験......111
数理モデル......111
スカラー関数......39
角加速度......86
角加速度ベクトル......88
正規直交条件......64
積の微分......27
積分......35
接線ベクトル......288, 300, 308, 315, 322
線形ばね......176
前進消去......49
線積分......46
全微分......41
相対運動......341
速度......62
速度ベクトル......65, 69, 71, 73, 82
底の変換......10, 13

■た

第1計算原理......111
第1種楕円積分......243
第2種楕円積分......310
対数関数......11
　導関数......31
楕円......305
多重振子運動......258
多体系......139
多変数関数......39
単位......61
単位ベクトル......64, 67, 70, 72
単振動運動......177
弾性衝突......170
単振子運動......234
力......115
張力......234
直交座標系......64
釣り合いの位置......184
定数係数線形型2階常微分方程式......188
定積分......36
テイラー展開......33
てこの原理......121
等角加速度円運動......85
等加速度直線運動......79
動径方向......67
度数法......2

■な

内積......16
　微分......32
ナブラ......42
2重振子運動......262
2体系......340
ニュートンの法則......114
ニュートンのゆりかご......284
ネイピア数......30
粘性抵抗力......153

■は

はじきの公式......125
斜方投射運動......147
発散......44
離心率......359
ばね弾性力......176
ばね定数......176
ばね反転......216
パラボラ......363
半直弦......359
半値全幅......213
反発係数......171
判別式......189
万有引力......144, 338
万有引力定数......339
非慣性系......114
微小振動......244
非線形ばね弾性力......219
非同次方程式......201

等速円運動 82
等速直線運動 76
微分 23
微分演算子 23
微分係数 24
ピボット操作 54
ひもの長さ補正力 252
ひもベクトル 248
秒 61
フックの法則 176
物理学 108
物理現象 108
物理シミュレーション iii, 110
物理シミュレーター 90
物理法則 108
物理量 112
不定積分 36
部分積分 38
フレームレート 92
振れ角 238
プレ計算モード 281
分数の積分 36
べき関数 25
ベクトル 14
　微分 32
ベクトル関数 39
ベクトル微小量による不定積分 45
ベクトル量 60
偏導関数 40
変数分離形 155
偏微分 40
偏微分演算子 42
放物線経路 313
放物運動 146
補正粘性抵抗力 252
補正ばね弾性力 252
ポテンシャルエネルギー 116

■ま

無限小の変数変換 24

■や

床面 170

■ら

ラジアン 2
ラプラシアン 44
力学的エネルギー保存則 116, 340
理論物理学 109
臨界減衰 196
ルンゲ・クッタ法 iii, 130
連成振子運動 282
連立方程式 46

■ **著者プロフィール**

遠藤 理平（えんどう・りへい）
東北大学大学院理学研究科物理学専攻博士課程修了、博士（理学）。
有限会社 FIELD AND NETWORK 代表取締役、特定非営利活動法人 natural science 代表理事。利酒道二段。宮城の日本酒を片手に物理シミュレーションが趣味。

ルンゲ・クッタで行こう！
物理シミュレーションを基礎から学ぶ

2018 年 5 月 10 日　　初版第 1 刷発行

著　者	遠藤 理平
発行人	石塚 勝敏
発　行	株式会社 カットシステム
	〒 169-0073　東京都新宿区百人町 4-9-7　新宿ユーエストビル 8F
	TEL（03)5348-3850　　FAX（03)5348-3851
	URL　http://www.cutt.co.jp/
	振替　00130-6-17174
印　刷	シナノ書籍印刷 株式会社

本書に関するご意見、ご質問は小社出版部宛まで文書か、sales@cutt.co.jp 宛に e-mail でお送りください。電話によるお問い合わせはご遠慮ください。また、本書の内容を超えるご質問にはお答えできませんので、あらかじめご了承ください。

Cover design　Y.Yamaguchi　
Printed in Japan　ISBN978-4-87783-435-7